高等学校通用教材

飞机系统与结构安全性

Aero-system and Structural Safety

熊峻江　成正强　朱云涛　编著

北京航空航天大学出版社

内 容 简 介

本书着重阐述飞机系统与结构安全性基本原理及其在工程实际中的应用,讲述飞机系统与结构可靠性、安全性分析与设计方法等内容,较详细地阐述了可靠性试验及其数据处理方法,还对飞机系统与结构安全性领域内一些重要的基本概念和定义,如安全性、可靠性、适航性、置信度、故障率、安全寿命、损伤容限、经济寿命等做了必要的介绍。此外,本书按学科体系对重要的理论公式进行了数学推导和论证。

本书可作为高等学校航空、机械等专业研究生的教学用书,也可供从事适航性设计与试验、结构强度设计等的研究人员参考。

图书在版编目(CIP)数据

飞机系统与结构安全性 / 熊峻江,成正强,朱云涛编著. --北京 : 北京航空航天大学出版社,2025.5.
ISBN 978 - 7 - 5124 - 4739 - 4

Ⅰ. V22

中国国家版本馆 CIP 数据核字第 2025D6H879 号

飞机系统与结构安全性
Aero-system and Structural Safety
熊峻江 成正强 朱云涛 编著
策划编辑 周世婷   责任编辑 周世婷
*
北京航空航天大学出版社出版发行

北京市海淀区学院路 37 号(邮编 100191) http://www.buaapress.com.cn
发行部电话:(010)82317024 传真:(010)82328026
读者信箱:goodtextbook@126.com   邮购电话:(010)82316936
大厂回族自治县彩虹印刷有限公司印装 各地书店经销
*
开本:787×1 092 1/16 印张:16.5 字数:422 千字
2025 年 5 月第 1 版 2025 年 5 月第 1 次印刷 印数:1 000 册
ISBN 978 - 7 - 5124 - 4739 - 4 定价:59.00 元

前　言

自 1996 年 1 月从教以来,作者先后讲授了疲劳可靠性、结构可靠性、系统可靠性、疲劳强度与损伤容限、飞机系统与结构安全性等研究生课程。根据工程设计和专业发展需求,课程的专业领域不断拓展、专业知识不断扩充,课程名称随授课内容也有所变动,最后演变为"飞机系统与结构安全性",此课程现为飞行器适航技术和交通运输工程专业核心课,入选北京航空航天大学 2023 年研究生精品课建设项目。由于此课程尚缺少相应的正式出版教材,因此在精品课建设项目的支持下,出版该教材十分必要,也很迫切。

作者在吸收国内外先进知识的基础上,汇集讲授飞机系统与结构安全性课程的教学经验及研究成果,按学科体系纂辑而成本书。

本书总体构思如下:将可靠性、安全性视为系统与结构分析、设计的基础知识,系统讲述可靠性与安全性基本原理、系统可靠性和安全性分析与评估方法、结构寿命可靠性分析与设计方法,使用这些分析方法对工程系统与结构进行安全性及可靠性分析与设计。另外,围绕可靠性试验数据的特点,重点阐述了分布函数的点估计、区间估计、显著性检验方法,利用这些数据分析方法,可以推断飞机系统与结构随机故障或事故的统计规律,预测其安全性。

本书注重理论联系实际,将应用问题穿插于理论分析内容之中,所列举的一些算例都来源于工程实践。因此,本书可作为高等学校航空、机械等专业研究生教学用书,也可供从事适航性设计与试验、结构强度设计等专业的研究人员参考。

本书由熊峻江、成正强、朱云涛编著。成正强博士和朱云涛博士是熊峻江教授的博士毕业生。除熊峻江教授在北航讲授本课程外,成正强博士和朱云涛博士在各自工作单位也讲授该课程。本书第 3 章由朱云涛博士编写,第 4 章由成正强博士编写,其余章节由熊峻江教授编写。

在此,对北京航空航天大学出版社对本书出版给予的大力帮助表示感谢!

作　者

2024 年 10 月

目　　录

第1章 绪 论

　　当今,民用航空技术正以前所未有的速度发展。一方面,民用航空器不断向大型化、多功能化、轻巧化、精密化及智能化发展,它们的工作载荷和工作环境越来越严酷;另一方面,民用航空器因疲劳破坏等原因而可能造成的损失也越来越大;此外,由于经济性要求,民用航空器必须能够最大限度地发挥其潜力,一场变革正在民用航空领域兴起,即从经济性和维修性要求出发,旨在保证民用航空器在规定的时间内、规定的条件下,完成规定的功能时,发生故障(甚至事故)的可能性降至最低,即保证民用航空器的可靠性、安全性。

　　可靠性是指产品无故障工作的能力,即产品在规定的条件下、规定的时间内完成规定功能的能力;安全性是指产品不发生事故的能力,其中事故是指正常功能活动中断,并造成人员伤亡、财产损失或损害环境的意外事件。从定义看,安全性关注的是不发生事故,而可靠性关注的是规定功能的实现。可靠性总是与产品功能需求及假定的使用条件或环境条件相关;而安全性必须考虑正常使用条件之外的情况,例如,某型飞机起落架收放控制系统的可靠性很高,在起飞和着陆时很少发生故障或失效问题,但其在地面停放时却可能由于误操作而使飞机在地面意外收起起落架,造成飞机损伤或人员伤亡;再例如,操作人员不执行规定的程序可能会导致事故,但是,在某种条件下,执行规定的程序也可能导致事故,不执行规定的程序反而会避免事故的发生,这些问题就是安全性问题,而非可靠性问题。

　　可靠性着眼于维持系统功能的发挥,而安全性着眼于防止事故的发生,避免人员伤亡和财产损失。可靠性研究故障发生前至故障发生止的系统状态,而安全性则侧重于故障发生后故障对系统的影响。故障或失效是可靠性问题的核心,有些产品的功能失效是与安全相关的,当系统发生故障时,不仅影响系统功能的实现,而且有时会导致事故,造成人员伤亡或财产损失。例如,飞机的发动机发生故障时,不仅影响飞机的正常飞行,而且可能使飞机失去动力而坠毁,造成机毁人亡的事故。在特定条件下,此类可靠性问题与安全性问题是同义的,尤其对于飞机来说,许多功能的执行都与安全性密切相关,这些功能可靠运行(不发生故障或失效)在一定程度上保证了安全。因此,安全性与可靠性有一部分是重叠的,采取提高系统可靠性的措施,既可以保证实现系统的功能,又可以提高系统的安全性。"安全性提高可以通过提高系统各组成部分的可靠性实现。假如各组成部分没有发生故障或失效,那么就不会发生事故"这一论断是错误的。上述论断认为,安全性问题与组成部分的故障或失效是等价的。但事实证明,组成部分不出故障,系统可能出故障;部件的故障或失效也可以不带来后果严重的事故,这就有可能不影响安全。不可靠的后果有可能影响安全性,但也可能不影响安全性;反之,安全性水平高的系统,其可靠性水平不一定高,例如,失效安全设计(fail - safe)十字路口的交通灯,如出故障则设计成4个方向都亮红灯。

　　由于可靠性与安全性之间有着密切的关联,因此,在安全性定量分析中,广泛利用、借鉴了可靠性理论和方法,仅考虑与故障相关的事故的概率,并不能解决由各个部件正常工作所导致的潜在危害。可靠性通常应用自下而上的方法来评价部件故障的影响,而安全性主要采用自上而下的方法来评价系统的危险状态是如何由正常和不正常的部件共同作用所引发的。采取由顶至下的事故分析容易从系统的层次确定事故的组合因素,而不是由底至上分别分析各个部件。

安全性不一定需要超高的可靠性,对于可能引发危险的系统设计,系统安全性工作考虑的是如何改变设计来消除危险。预防失效的方法(提高可靠性)与预防危险(提高安全性)是不同的,有时还会发生冲突。设备可能会失效,但不会造成损失或伤害,是因为采取了“失效-安全”设计;相反地,很多情况下,在错误的时间使用功能上可靠的设备时,会造成人员的伤害,是因为存在不安全的设计或不安全的程序。安全性是“系统级”属性,在没有背景信息的前提下,“某部件的安全性”的提法是毫无意义的,但可以说“某部件的可靠性”,某个部件在一个系统中运行不会带来安全性问题,并不能代表在另一个系统中或另一种使用条件下运行也不会带来安全性问题,这取决于此部件与系统中其他部件交互结果。部件间潜在的交互可以进行详细地设计和预测,并确保能消除交互的影响。

为了进一步提高民用航空器的安全性水平,除了进一步加强安全性分析、设计和验证工作,还需要综合运用人为因素、软件安全性、风险管理和定量风险评估等各种先进技术,预防事故发生。经过不断积累与发展,目前已经形成了基于系统工程的民用航空器安全性设计与验证方法,将民用航空器系统安全性设计与评估作为全机系统工程的一部分,贯穿飞机全生命周期,进行安全性设计和验证工作时,运用系统工程的理论和系统观点,将航空器当作一个系统对待,从航空器的整体出发,考虑航空器的全生命周期,最终设计出安全的航空器。

第 2 章　可靠性试验数据统计处理

2.1　基础知识

2.1.1　基本概念

全寿命是裂纹形成寿命与裂纹扩展寿命的总和。对于小型标准试件,一旦出现宏观裂纹,很快就会扩展至完全断裂,因此,小试件的裂纹形成寿命与全寿命差别不大。如不特别指明,小试件的疲劳寿命既可代表裂纹形成寿命,也可代表全寿命。在疲劳性能测试中,常常把试件疲劳寿命划分为 3 个区:①短寿命区:大应变循环作用下,试件疲劳寿命大致在 10^4 循环数以内;②中等寿命区:中等应力水平作用下,试件疲劳寿命大致在 $10^4 \sim 10^6$ 循环数范围内;③长寿命区:较低的应力水平作用下,试件疲劳寿命大致在 10^6 循环数以上。

一般来说,长寿命区疲劳寿命的分散性大于短寿命区的分散性。经验指出,对于高强度材料制成的光滑试件,在同一应力水平作用下,长寿命区疲劳寿命最高值和最低值相差可达数十倍以上。影响疲劳试验结果分散性的因素,主要有:①试验设备的不精确性;②试验材料的不均匀性,如试件从原材料中不同的方位截取;③试件尺寸和形状的不一致性;④试件加工过程的不一致性;⑤试件热处理过程的不一致性,如试件在热处理炉中所处的位置不同;⑥试验环境的偶然变迁。上述这些造成疲劳试验结果分散的因素(包括一些未知因素在内),统称为"偶然因素"。每个试件的疲劳寿命取什么数值,事先无法知道,只有待试验做完,才能确定其大小。它的大小受到偶然因素的影响,这种随偶然因素而改变的量称为"随机变量"。除了上述的疲劳寿命之外,疲劳载荷、疲劳极限以及强度极限等都是随机变量。随机变量虽然属于偶然出现的一种变量,但是随机变量的取值是遵循一定规律的。

母体也称作"总体",指的是研究对象的全体;而个体指的是母体中的一个基本单元。母体的性质是由许多个体的性质构成的,所以,要了解母体的性质,必须知道每一个体的性质。但若将母体中所有个体一一加以研究,则会遇到两种主要困难。一般情况下,母体包含的个体为数众多,甚至趋于无限多,因此,不可能把所有个体都进行研究。此外,工业生产中的一些大型部件,批生产量虽不是很多,但对个体疲劳寿命的测定是具有破坏性的,即该部件经疲劳试验后已不能使用,显然不能对所有部件都进行这种破坏性试验。

由于以上两种原因,为了推测母体的性质,常从母体中抽取一部分个体加以研究,这些被抽取出的一部分个体称为"子样"或"样本"。子样所包含的个体数目,称作"子样大小"或"样本容量"。进行疲劳试验时,专供试验用的零部件,或者为了鉴定材料疲劳性能而制作的小型标准件,常称作"试件"。根据每个大型试件或小型标准试件测得的一个疲劳寿命值,就相当于一个个体;根据一组试件测出的一组数据,则相当于一个子样。如子样大小为 $n=5$,即表示这个子样包含 5 个观测数据。

代表子样统计性质的观测数据的特征值可以分为两类:一类是表示数据集中位置的,如平均值和中值;另一类是表示数据分散性质的,如标准差(标准偏差)、方差和变异系数等。

如果从母体中随机地抽取一个大小为 n 的子样,取得了 n 个观测数据 $x_1,x_2,\cdots,x_n$,这 n 个数据的平均值称为"子样平均值",用 $\bar{x}$ 表示为

$$\bar{x} = \frac{1}{n}(x_1 + x_2 + \cdots + x_n)$$

或写成

$$\bar{x} = \frac{1}{n}\sum_{i=1}^{n} x_i \qquad\qquad (2-1)$$

显然,子样平均值反映了数据的平均性质,各个观测数据可看作围绕它而分布的,因此,子样平均值表示数据的集中位置。

在疲劳可靠性分析中,除了最常用的子样算术平均值 $\bar{x}$ 外,还有几何平均值 G。如已知 n 个数据 $x_1,x_2,\cdots,x_n$,则这 n 个数据的几何平均值 G 为

$$G = \left(\prod_{i=1}^{n} x_i\right)^{1/n} \qquad\qquad (2-2)$$

式中,$\prod$ 是连乘号;$\prod_{i=1}^{n} x_i$ 表示 n 个数字 $x_1,x_2,\cdots,x_n$ 连乘。如将式(2-2)两端取对数,则

$$\lg G = \frac{1}{n}(\lg x_1 + \lg x_2 + \cdots + \lg x_n)$$

即

$$\lg G = \frac{1}{n}\sum_{i=1}^{n} \lg x_i \qquad\qquad (2-3)$$

由式(2-3)可知,几何平均值 G 的对数等于各数据对数的算术平均值。习惯上,平均值都指算术平均值。对于几何平均值,必须注明"几何"二字。

"中值"也是一种表示数据集中位置的特征值,中值也称作"中位数"。将一组数据按大小顺序排列,居于正中间位置的数值称为这组数据的"子样中值",用符号 M_e 表示。当观测数据的总数为奇数时,子样中值就是居于正中的那个数,即 M_e。当观测数据的总数为偶数时,子样中值为居于中间位置的两个数据的平均值。

用"子样方差"s^2 作为分散性的度量,其定义为

$$s^2 = \frac{\sum_{i=1}^{n}(x_i - \bar{x})^2}{n-1} \qquad\qquad (2-4)$$

或

$$s^2 = \frac{\sum_{i=1}^{n} x_i^2 - \frac{1}{n}\left(\sum_{i=1}^{n} x_i\right)^2}{n-1} \qquad\qquad (2-5)$$

式中,n 是观测值的个数;$n-1$ 是方差的自由度;$\sum_{i=1}^{n} x_i^2$ 是观测值的"平方和";$\left(\sum_{i=1}^{n} x_i\right)^2$ 是观

测值的"和平方"。

"标准差"为"标准偏差"或"标准离差"的简称,它是表示观测数据分散性的一个特征值。子样方差 s^2 平方根 s 称作"子样标准差",即

$$s = \sqrt{\frac{\sum\limits_{i=1}^{n}(x_i - \bar{x})^2}{n-1}} \qquad (2-6)$$

或

$$s = \sqrt{\frac{\sum\limits_{i=1}^{n}x_i^2 - \frac{1}{n}(\sum\limits_{i=1}^{n}x_i)^2}{n-1}} \qquad (2-7)$$

方差和标准差的计算公式还可分别写成如下形式:

$$s^2 = \frac{\sum\limits_{i=1}^{n}x_i^2 - n\bar{x}^2}{n-1} \qquad (2-8)$$

$$s = \sqrt{\frac{\sum\limits_{i=1}^{n}x_i^2 - n\bar{x}^2}{n-1}} \qquad (2-9)$$

在疲劳统计分析中,常常用子样标准差作为分散性的指标。子样标准差具有如下性质:①标准差是衡量分散性的重要指标,其数值越大,表示观测数据分散程度越大;②标准差恒为正值,其单位与观测值的单位相同;③一组观测值可视为从母体中抽取的一个子样,因此,由观测值求出的 s 称作子样标准差,以便与后面章节将介绍的母体标准差有所区别。

标准差的计算是以与平均值的偏离大小为基准的。如果两种同性质的数据的标准差一样,那么,根据标准差的意义,可以知道这两组数据各个观测值偏离其平均值的程度相同。标准差只与各个观测值的偏差绝对值有关,而与各个观测值本身大小无关。为考虑到观测值本身的影响,将标准差除以平均值 $\bar{x}$,由此得到的特征值就称作"变异系数"或"离差系数"C_v,即

$$C_v = \frac{s}{\bar{x}} \times 100\%$$

变异系数可作为衡量一组数据相对分散程度的指标,有时用百分数表示,变异系数是无量纲的。不同性质、不同单位的两组观测值的分散性,也可用它们的变异系数进行比较。

如上所述,疲劳寿命、疲劳载荷、疲劳极限以及强度极限等都是随机变量,若随机变量用 ξ 表示,则随机变量 ξ 的数学期望定义为

$$E(\xi) = \int_{-\infty}^{\infty} x f(x) \mathrm{d}x \qquad (2-10)$$

算符 $E(\ )$ 可看作施加在 ξ 上的一种运算,$E(\xi)$ 代表随机变量分布的集中位置。随机变量 ξ 的方差用 $\mathrm{Var}(\xi)$ 表示,其定义为

$$\mathrm{Var}(\xi) = \int_{-\infty}^{\infty} [x - E(\xi)]^2 f(x) \mathrm{d}x \qquad (2-11)$$

算符 $\mathrm{Var}(\ )$ 可看作施加在 ξ 上的一种运算。$\mathrm{Var}(\xi)$ 的平方根 $\sqrt{\mathrm{Var}(\xi)}$ 称作随机变量 ξ 的标准差。方差 $\mathrm{Var}(\xi)$ 的表达式可简化为

$$\mathrm{Var}(\xi)=E(\xi^2)-2E(\xi)E(\xi)+\left[E(\xi)\right]^2$$

因此,

$$\mathrm{Var}(\xi)=E(\xi^2)-\left[E(\xi)\right]^2 \tag{2-12}$$

无论两个随机变量 ξ 和 η 各自遵循何种分布,也无论 ξ 与 η 是否互相独立,$\xi+\eta$ 的数学期望等于 ξ 的数学期望与 η 的数学期望之和。当已知 $E(\xi)$ 和 $E(\eta)$ 时,即可求出 $E(\xi+\eta)$。

$$E(\xi+\eta)=E(\xi)+E(\eta) \tag{2-13}$$

同样,可求得两个随机变量之差的数学期望。

$$E(\xi-\eta)=E(\xi)-E(\eta) \tag{2-14}$$

根据式(2-13)给出的两个随机变量之和的数学期望,不难推出 n 个随机变量 $\xi_1,\xi_2,\cdots,\xi_n$ 之和的数学期望。

$$E(\xi_1+\xi_2+\cdots+\xi_n)=E(\xi_1)+E(\xi_2)+\cdots+E(\xi_n) \tag{2-15}$$

随机变量之和的方差为

$$\mathrm{Var}(\xi+\eta)=\mathrm{Var}(\xi)+\mathrm{Var}(\eta)+2\mathrm{Cov}(\xi,\eta) \tag{2-16}$$

当两个随机变量 ξ 和 η 互相独立时,可证明协方差 $\mathrm{Cov}(\xi,\eta)$ 等于零,即 $\mathrm{Cov}(\xi,\eta)=0$。此时,式(2-16)变为

$$\mathrm{Var}(\xi+\eta)=\mathrm{Var}(\xi)+\mathrm{Var}(\eta) \tag{2-17}$$

同样,还可求出两个随机变量之差的方差。依照式(2-16)的推导过程,可得

$$\mathrm{Var}(\xi-\eta)=\mathrm{Var}(\xi)+\mathrm{Var}(\eta)-2\mathrm{Cov}(\xi,\eta) \tag{2-18}$$

当两个随机变量互相独立时,$\mathrm{Cov}(\xi,\eta)=0$。于是式(2-18)可写成

$$\mathrm{Var}(\xi-\eta)=\mathrm{Var}(\xi)+\mathrm{Var}(\eta) \tag{2-19}$$

根据式(2-17)和式(2-19)可得出结论:无论两个相关独立的随机变量 ξ 和 η 各自遵循何种分布,$\xi+\eta$ 的方差与 $\xi-\eta$ 的方差是相等的,其值均为 $\mathrm{Var}(\xi)+\mathrm{Var}(\eta)$;但是,当两个随机变量不相互独立时,必须知道二维随机变量的概率密度函数 $p(x,y)$,由此求出协方差 $\mathrm{Cov}(\xi,\eta)$,方能计算二维随机变量之和(或差)的方差。

根据式(2-17)给出的二维随机变量之和的方差,不难推出 n 个随机变量 $\xi_1,\xi_2,\cdots,\xi_n$ 之和的方差。当 n 个随机变量互相独立时,有

$$\mathrm{Var}(\xi_1+\xi_2+\cdots+\xi_n)=\mathrm{Var}(\xi_1)+\mathrm{Var}(\xi_2)+\cdots+\mathrm{Var}(\xi_n) \tag{2-20}$$

再根据式(2-15),可推出子样平均值 $\bar\xi$ 是随机变量的函数,即

$$\bar\xi=\frac{1}{n}(\xi_1+\xi_2+\cdots+\xi_n)=\frac{1}{n}\sum_{i=1}^{n}\xi_i$$

$\bar\xi$ 的数学期望为

$$E(\bar\xi)=\frac{1}{n}\left[E(\xi_1)+E(\xi_2)+\cdots+E(\xi_n)\right]$$

因为子样中每一个体(观测值)都来自同一母体,所以,$\xi_1,\xi_2,\cdots,\xi_n$ 都具有相同的概率密度函数。设它们共同母体的平均值为 μ,则

$$E(\xi_1)=E(\xi_2)=\cdots=E(\xi_n)=\mu$$

因此,子样平均值的数学期望可写成

$$E(\bar\xi)=\mu \tag{2-21}$$

根据式(2-20)再计算子样平均值的方差,有

$$\mathrm{Var}(\bar{\xi}) = \frac{1}{n^2}\left[\mathrm{Var}(\xi_1) + \mathrm{Var}(\xi_2) + \cdots + \mathrm{Var}(\xi_n)\right]$$

设各随机变量 $\xi_1, \xi_2, \cdots, \xi_n$ 共同母体的方差为 σ^2，则

$$\mathrm{Var}(\xi_1) = \mathrm{Var}(\xi_2) = \cdots = \mathrm{Var}(\xi_n) = \sigma^2$$

于是，子样平均值的方差可写成

$$\mathrm{Var}(\bar{\xi}) = \frac{\sigma^2}{n} \tag{2-22}$$

故，子样平均值的标准差为 $\sigma/\sqrt{n}$。

　　如果从一个指定的母体中，连续不断地抽取大小为 n 的子样，并相应地求出一个又一个的子样平均值，这许许多多的子样平均值必然遵循某一定的概率分布。$E(\bar{\xi})$ 就是该概率分布的母体平均值，$\mathrm{Var}(\bar{\xi})$ 就是该概率分布的母体方差。因为在推导 $E(\bar{\xi})$ 和 $\mathrm{Var}(\bar{\xi})$ 的公式时，并未假定被抽样母体的分布情况，所以，无论母体为何种概率分布，只要母体平均值 μ 和方差 σ^2 都存在，$E(\bar{\xi})$ 必定等于 $E(\mu)$，$\mathrm{Var}(\bar{\xi})$ 必定等于 σ^2/n。

　　需要注意的是，勿将平均值和数学期望这两个概念混淆。如式（2-10）给出的数学期望虽然是从平均值发展得来，但平均值不一定是数学期望。因为一般半均值的含义比较广泛，任一集合体中的任意个数值都存在平均值，如一组观测数据的平均值、子样平均值、母体平均值等，它可以是常数，也可以是随机变量。而数学期望则表示一个随机变量所有可能取得的数值的平均值，它只有对大量观测才有意义。当根据大量观测能够给出随机变量的概率密度函数时，可以由式（2-10）求出其数学期望，即母体平均值，其为常数，如按正态分布的母体平均值为 μ。

2.1.2　统计分布及其性质

　　根据长期工作经验，常常先将疲劳寿命 N 的观测值作对数变换后，再绘制直方图。这样，可以更明显地看出数据的有序变化。进行统计分析时，常需要寻求一条曲线拟合直方图的外形，该曲线称作"实验频率曲线"。根据长期实践经验，构成直方图的研究对象尽管各有不同，但它们的实验频率曲线都具有一些共同的特性：①曲线纵坐标恒为非负值；②在曲线中部至少存在一个高峰；③曲线两端向左右延伸，直至纵坐标等于零或趋近于零；④曲线与横坐标轴所包围的面积应该等于1。

　　当试验观测次数 n 不断增加时，分组数据的组数随之增多，实验频率曲线的形式将作愈来愈小的变化，最后趋于稳定（如图2-1所示）。还可以设想，当 $n \to \infty$ 时，即可用频率近似概率，频率曲线下所包围的面积将表示概率。频率曲线纵坐标则表示概率密集的程度，因此，称为"概率密度"，这种曲线也就称作"概率密度曲线"。实际上，虽然观测次数有限，不可能进行无限多次观测，但只要设想可能存在无限多个个体，则无论是否一一观测，概率密度曲线总是客观存在的。既然概率密度曲线是由无限多个个体构成的，那么概率密度曲线就代表了无限大母体的特性。通过对各种研究对象作出实验频率曲线，根据它们的特征，前人提出了一些概率密度函数 $f(x)$，以数学形式表达出了概率密度曲线。利用数学分析方法，描绘实验频率曲线的数学表达式称为"理论频率函数"，在数理统计学中，理论频率函数常称为概率密度函数。

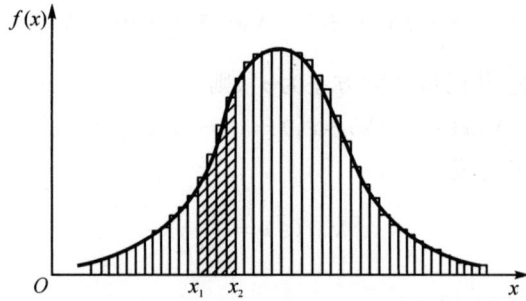

图 2-1　实验频率曲线

最适用于疲劳可靠性的概率密度函数有"正态概率密度函数"和"威布尔概率密度函数"。最常用的概率密度函数为

$$f(x) = \frac{1}{\sigma\sqrt{2\pi}} e^{-\frac{(x-\mu)^2}{2\sigma^2}} \qquad (2-23)$$

也可写成

$$f(x) = \frac{1}{\sigma\sqrt{2\pi}} \exp\left[-\frac{(x-\mu)^2}{2\sigma^2}\right]$$

式中,e=2.718 是自然对数的底;μ 和 σ 是两个常数。

函数 $f(x)$ 称作"正态概率密度函数",按照这一函数所绘出的正态概率密度曲线(见图 2-2),就是通常所说的"高斯曲线"。正态概率密度曲线具备上面所述的那些特性,曲线左右两部分是对称的,适合表达对数疲劳寿命观测值的变化规律。

适用于疲劳统计分析的概率密度函数除了正态概率密度函数外,还有威布尔概率密度函数:

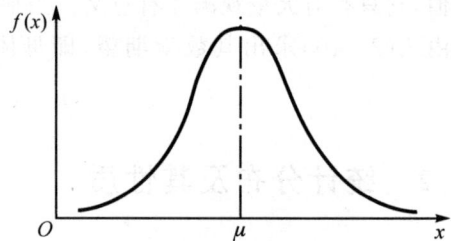

图 2-2　正态概率密度曲线

$$f(N) = \frac{b}{N_a - N_0}\left(\frac{N - N_0}{N_a - N_0}\right)^{b-1} e^{-\left(\frac{N-N_0}{N_a-N_0}\right)^b} \qquad (2-24)$$

或写成

$$f(N) = \frac{b}{N_a - N_0}\left(\frac{N - N_0}{N_a - N_0}\right)^{b-1} \exp\left[-\left(\frac{N - N_0}{N_a - N_0}\right)^b\right]$$

式中,N_0、N_a 和 b 是三个常数。按照威布尔概率密度函数画出的曲线如图 2-3 所示,曲线与横坐标轴交于 N_0,曲线左右两部分不对称,向一方倾斜。在某些情况下,根据实际观测的结果,疲劳寿命 N 的分布规律用威布尔概率密度曲线表达更为适宜。

在疲劳寿命统计推断中,经常要使用统计量 U、χ^2 和 t 等进行区间估计,现对这些统计量作简单介绍。设随机变量 X 服从正态分布,作变换

$$U = \frac{X - \mu}{\sigma} \qquad (2-25)$$

随机变量的函数 U 仍是一随机变量。因为 X 可在区间 $(-\infty,\infty)$ 内取值，故 $U=(X-\mu)/\sigma$ 的取值范围也是 $(-\infty\sim+\infty)$。U 的概率密度函数 $\phi(u)$ 为

$$\phi(u)=\frac{1}{\sqrt{2\pi}}e^{-\frac{u^2}{2}}\quad(-\infty<u<+\infty)\tag{2-26}$$

随机变量 U 就是所谓的"标准正态变量"，$\phi(u)$ 则称为"标准正态概率密度函数"。对比式 (2-23) 与式 (2-26) 可知，它相当于母体平均值 μ 为 0、标准差 σ 为 1 的正态概率密度函数，因此，标准正态分布常用符号 $N(0;1)$ 表示，式 (2-25) 称为正态变量的标准化置换，标准正态概率密度曲线如图 2-4 所示。

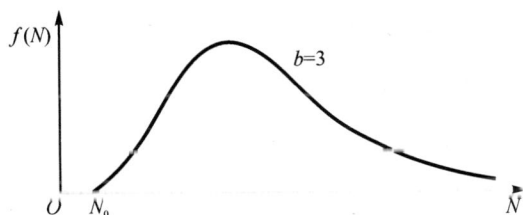

图 2-3　威布尔概率密度曲线　　　　图 2-4　标准正态概率密度曲线

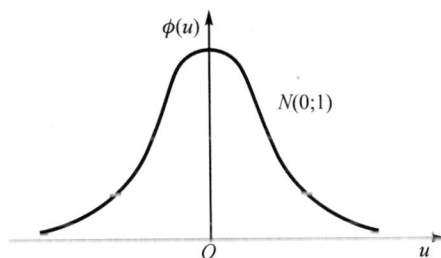

随机变量 χ^2 的概率密度函数表达式为

$$f_\nu(x)=\frac{\left(\frac{1}{2}\right)^{\frac{\nu}{2}}}{\Gamma\left(\frac{\nu}{2}\right)}x^{\frac{\nu}{2}-1}e^{-\frac{x}{2}}\quad(0<x<+\infty)\tag{2-27}$$

式中，x 是 χ^2 变量的取值；ν 是 χ^2 概率密度函数的一个参数，当这个参数改变时，χ^2 概率密度函数也随之改变，参数 ν 称作"自由度"；当 ν 逐渐增大时，χ^2 概率密度曲线接近于对称的形式。

χ^2 变量的数学期望和方差分别是

$$E(\chi^2)=\nu\tag{2-28}$$
$$\mathrm{Var}(\chi^2)=2\nu\tag{2-29}$$

χ^2 分布具有如下性质：

① 若 $U_1,U_2,\cdots,U_\nu$ 为 ν 个互相独立的标准正态变量，则 $\sum_{i=1}^{\nu}U_i^2$ 遵循自由度为 ν 的 χ^2 分布。

② 若 χ_1^2 与 χ_2^2 为互相独立的 χ^2 变量，其自由度各为 ν_1 及 ν_2，则 $\chi_1^2+\chi_2^2$ 也是一个服从 χ^2 分布的随机变量，其自由度为 $\nu_1+\nu_2$。将其推广："有限个互相独立的 χ^2 变量之和仍为一个 χ^2 变量，其自由度为每个 χ^2 变量的自由度之和"。

③ 若 s_x^2 表示从正态母体 $N(\mu;\sigma)$ 中随机抽取的大小为 n 的子样方差，则 $(n-1)s_x^2/\sigma^2$ 为一遵循 χ^2 分布的随机变量，其自由度为 $\nu=n-1$。

$$\chi^2 = \frac{(n-1)s_x^2}{\sigma^2} \tag{2-30}$$

根据 χ^2 统计量分布，可知随机变量函数

$$\eta = \sqrt{\frac{\chi^2}{\nu}} \tag{2-31}$$

的概率密度函数：

$$g(y) = \frac{2\left(\frac{\nu}{2}\right)^{\frac{\nu}{2}}}{\Gamma\left(\frac{\nu}{2}\right)} y^{\nu-1} e^{-\frac{1}{2}\nu y^2} \quad (0 < y < \infty) \tag{2-32}$$

因为 χ^2 的取值范围是 $0 \sim \infty$，所以 $\eta = \sqrt{\dfrac{\chi^2}{\nu}}$ 的取值范围也是 $0 \sim \infty$。

若标准正态变量 U 和 η 是两个互相独立的随机变量，则这两个随机变量的比称作"t_x 变量"：

$$t_x = \frac{U}{\eta} = \frac{U}{\sqrt{\dfrac{\chi^2}{\nu}}} \tag{2-33}$$

t_x 变量的取值范围是 $-\infty \sim +\infty$。设 t 是变量 t_x 的取值，则分布函数 $P(t_x < t_0)$ 为

$$P(t_x < t_0) = \int_{-\infty}^{t_0} h(t) \mathrm{d}t \tag{2-34}$$

式中，$h(t)$ 为 t 概率密度函数。

$$h(t) = \frac{\Gamma\left(\dfrac{\nu+1}{2}\right)}{\sqrt{\pi\nu}\,\Gamma\left(\dfrac{\nu}{2}\right)} \left(1 + \frac{t^2}{\nu}\right)^{-\frac{\nu+1}{2}} \tag{2-35}$$

因为 $h(t)$ 是偶函数，所以 t 概率密度曲线和标准正态概率密度曲线类似，对纵坐标轴是对称的。进一步的数学证明指出：当 $\nu \rightarrow \infty$ 时，t 分布趋于标准正态分布。实际上，当 $\nu \geqslant 30$ 时，两者已十分相近。

如前面所述，"正态概率密度函数"和"威布尔概率密度函数"常用于疲劳寿命可靠性分析。根据式（2-23）可画出正态概率密度曲线（见图 2-5）。当 $x = \mu$ 时，$f(x)$ 为极大值；曲线的对称轴位于横坐标 μ 处。在 $x = \mu \pm \sigma$ 处，曲线存在拐点。对称轴左右两部分曲线向外延伸，并且以横坐标轴为曲线的渐近线。曲线的形状由母体标准差 σ 决定，σ 越大，曲线外形愈扁平，表示分散性越大；σ 越小，曲线外形愈窄高，表示分散性越小。若已知 μ 和 σ，正态概率密度曲线就可以完全确定。为了叙述方便，采用一简单符号 $N(\mu; \sigma)$ 表示母体平均值为 μ、标准差为 σ 的正态分布。

当已知正态概率密度函数时，可以求出正态变量的分布函数 $F(x_p)$，即正态变量 X 小于某一数值 x_p 的概率 $P(X < x_p)$：

$$F(x_p) = P(X < x_p) = \frac{1}{\sigma\sqrt{2\pi}} \int_{-\infty}^{x_p} e^{-\frac{(x-\mu)^2}{2\sigma^2}} \mathrm{d}x \tag{2-36}$$

式中，$F(x_p) = P(X < x_p)$ 的几何意义是，在数值上等于从 $-\infty$ 到 x_p 曲线与横坐标轴之间所

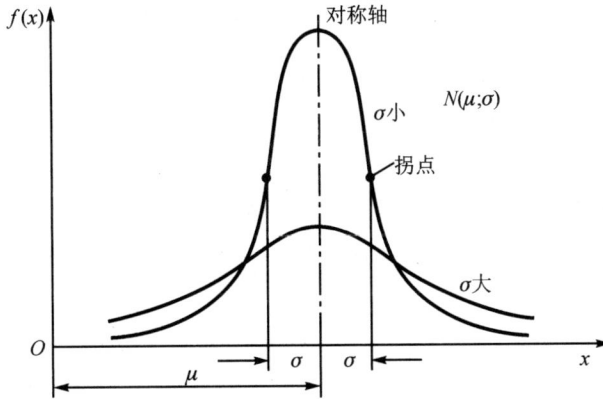

图 2-5 正态概率密度曲线

包围的面积(图 2-6 中的阴影部分)。

当对数疲劳寿命遵循正态分布时,$F(x_p)$ 相当于破坏率,破坏率越小,安全寿命就越短。对于飞机零、部件,破坏率常常取 0.1%(千分之一),它表示 1 000 个零部件中,只可能有一个未达到安全寿命而提前发生破坏。这样小的概率,实际上很难实现,因此,根据破坏率为 0.1% 所确定的安全寿命是比较可靠的。即使对如此小破坏概率的事件,在疲劳可靠性设计中也要注意防范。对于重要的零部件,破坏率还可以取得更低一些;对一般便于更换或易于检查的零部件,破坏率可以取得高一些,从而可以给出比较长的安全寿命。

在正态概率密度函数已知的前提下,由式(2-36)可以看出,$F(x_p)$ 的数值完全取决于 x_p。如以 $F(x_p)$ 为纵坐标,x_p 为横坐标,则可画出分布函数的曲线(见图 2-7)。从图 2-7 中可以看到,$F(x_p)$ 随 x_p 的增加而增加,这是因为当 x_p 增加时,x_p 以左曲线所包围的阴影面积随之扩大的缘故(见图 2-6),当 $x_p = \mu$ 时,此部分面积应等于 0.5,即 $F(x_p) = 0.5$;当 x_p 趋于 $-\infty$ 或 $+\infty$ 时,$F(x_p)$ 分别以 0 和 1 为极限。

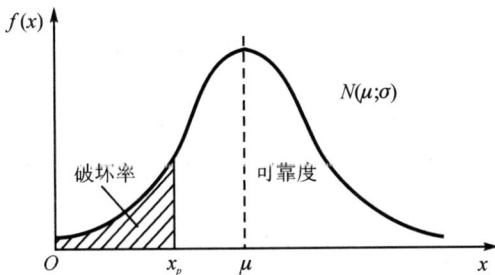

图 2-6 正态概率密度曲线

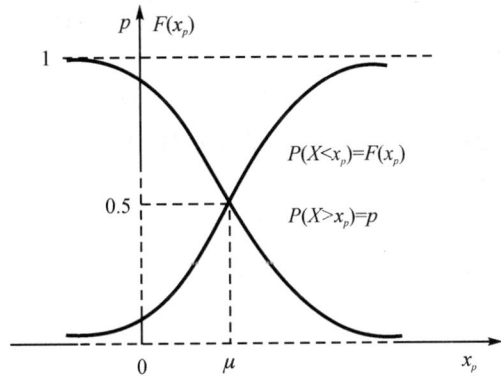

图 2-7 分布函数曲线与超值累积频率曲线

根据正态概率密度函数,还可以求出"超值累积频率函数",即正态变量 X 大于某一数值 x_p 的概率 $P(X > x_p)$:

$$P(X > x_p) = \frac{1}{\sigma \sqrt{2\pi}} \int_{x_p}^{\infty} e^{-\frac{(x-\mu)^2}{2\sigma^2}} \mathrm{d}x \qquad (2-37)$$

显然,当研究对象 x 为对数疲劳寿命时,超值累积频率函数 $P(X>x_p)$ 相当于可靠度 p。$P(X>x_p)$ 也是 x_p 的函数,它与 $P(X<x_p)$ 存在以下关系:

$$P(X>x_p)+P(X<x_p)=1 \tag{2-38}$$

超值累积频率曲线也表示在图(2-7)中,$P(X>x_p)$ 随 x_p 的增大而减小,与 $P(X<x_p)$ 曲线的变化相反。

正态变量的超值累积频率函数 $P(X>x_p)$ 在疲劳可靠性中占有重要地位。下面通过式(2-37)进一步说明 $P(X>x_p)$ 和 x_p 的函数关系。对式(2-37)积分时,可采用标准化变量置换的方法,令

$$u=\frac{x-\mu}{\sigma} \tag{2-39}$$

$$\mathrm{d}u=\frac{\mathrm{d}x}{\sigma}, \quad \mathrm{d}x=\sigma\,\mathrm{d}u$$

利用以上关系式,可将式(2-37)写为

$$P(X>x_p)=\frac{1}{\sigma\sqrt{2\pi}}\int_{x_p}^{\infty}\mathrm{e}^{-\frac{(x-\mu)^2}{2\sigma^2}}\mathrm{d}x=\frac{1}{\sqrt{2\pi}}\int_{u_p}^{\infty}\mathrm{e}^{-\frac{u^2}{2}}\mathrm{d}u \tag{2-40}$$

此时,积分下限按式(2-39)相应地变为

$$u_p=\frac{x_p-\mu}{\sigma} \tag{2-41}$$

由式(2-40)可以看到,经变换后的被积函数自然转化为标准正态概率密度函数:

$$\phi(u)=\frac{1}{\sqrt{2\pi}}\mathrm{e}^{-\frac{u^2}{2}}$$

这样,$P(X>x_p)$ 不仅可用正态概率密度曲线所包围的面积表示,也可用标准正态概率密度曲线所包围的面积表示。u_p 称作与可靠度 p 相关的"标准正态偏量"。由此可见,x_p 与 p 之间的关系是通过 u_p 联系起来的。

若取可靠度为 $p=50\%$,则 $u_p=0$,此时

$$x_{50}=\mu \tag{2-42}$$

可见母体平均值 μ 相当于 50% 可靠度的对数疲劳寿命;50% 可靠度的疲劳寿命 N_{50} 称作"中值疲劳寿命",它是 x_{50} 的反对数;N_{50} 的含义是母体中有一半(50%)个体寿命高于 N_{50},有一半个体寿命低于 N_{50}。

如已知 X_1 和 X_2 为两个互相独立的正态变量,其母体平均值分别为 μ_1 和 μ_2,母体标准差分别为 σ_1 和 σ_2,那么,$\zeta=X_1+X_2$ 必然也是正态变量,根据式(2-13)和式(2-17),可知其数学期望为 $\mu_1+\mu_2$,方差为 $\sigma_1^2+\sigma_2^2$,标准差为 $\sqrt{\sigma_1^2+\sigma_2^2}$,故 ζ 的概率密度函数为

$$f(x)=\frac{1}{\sqrt{\sigma_1^2+\sigma_2^2}\sqrt{2\pi}}\exp\left\{-\frac{[x-(\mu_1+\mu_2)]^2}{2(\sigma_1^2+\sigma_2^2)}\right\} \tag{2-43}$$

根据以上推导过程,可知两个正态变量之差 $\zeta=X_1-X_2$ 也是正态变量,其数学期望为 $\mu_1-\mu_2$,方差为 $\sigma_1^2+\sigma_2^2$。上述两个正态变量之和(或差)的结果推广到 n 个正态变量 $X_1,X_2,\cdots,X_n$ 的情况,它们的母体平均值分别为 $\mu_1,\mu_2,\cdots,\mu_n$,母体标准差分别为 $\sigma_1,\sigma_2,\cdots,\sigma_n$。设

$$\zeta=a_1X_1+a_2X_2+\cdots+a_nX_n \tag{2-44}$$

上式表明 ζ 是正态变量,其数学期望为

$$E(\zeta) = a_1\mu_1 + a_2\mu_2 + \cdots + a_n\mu_n \tag{2-45}$$

方差为

$$\text{Var}(\zeta) = a_1^2\sigma_1^2 + a_2^2\sigma_2^2 + \cdots + a_n^2\sigma_n^2 \tag{2-46}$$

由此可得出结论,互相独立的正态变量的齐次线性函数 ζ 仍然是正态变量,其数学期望及方差分别由式(2-45)和式(2-46)给出。

如以 N 表示疲劳寿命,设随机变量 $X = \lg N$,则对数疲劳寿命的概率密度函数 $f(x)$ 服从正态分布,即

$$f(x) = \frac{1}{\sigma\sqrt{2\pi}}\exp\left[-\frac{(x-\mu)^2}{2\sigma^2}\right]$$

根据上式可得疲劳寿命的概率密度函数 $p(N)$ 为

$$p(N) = \frac{1}{\sigma N\sqrt{2\pi}\ln10}\mathrm{e}^{-\frac{(\lg N-\mu)^2}{2\sigma^2}} \quad (0 < N < \infty) \tag{2-47}$$

值得注意,式(2-47)中 μ 和 σ 分别为对数疲劳寿命的母体平均值和母体标准差,疲劳寿命 N 的概率密度曲线如图 2-8 所示。根据式(2-47)给出的 N 的概率密度函数 $p(N)$,可求得 N 的数学期望,即母体平均值 μ_N:

$$\mu_N = \exp\left(\frac{1}{2}\sigma^2\ln^2 10 + \mu\ln10\right)$$

或写成

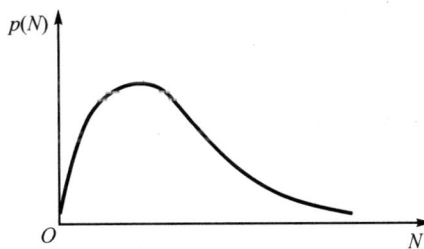

图 2-8　疲劳寿命的概率密度曲线

$$\lg\mu_N = \frac{\ln\mu_N}{\ln10} = \frac{1}{2}\sigma^2\ln10 + \mu \tag{2-48}$$

上式给出了正态变量 X 的母体平均值 μ、方差 σ^2 与随机变量 N 的母体平均值 μ_N 之间的关系。μ 可以看作对数疲劳寿命($x = \lg N$)的母体平均值,如子样大小为 n,则 μ 的估计量为

$$\hat{\mu} = \frac{1}{n}(\lg N_1 + \lg N_2 + \cdots + \lg N_n)$$

对正态分布来说,$\hat{\mu}$ 相当于可靠度为 50% 的对数疲劳寿命估计量,即

$$\hat{\mu} = \lg\hat{N}_{50}$$

式中,$\hat{N}_{50}$ 是可靠度为 50% 的疲劳寿命估计量(中值疲劳寿命估计量),它等于各疲劳寿命观测值 $N_1, N_2, \cdots, N_n$ 的几何平均值。

$$\hat{N}_{50} = (N_1 N_2 \cdots N_n)^{\frac{1}{n}}$$

但是,μ_N 代表疲劳寿命 N 的母体平均值,它的估计量是各疲劳寿命观测值的算术平均值,即

$$\hat{\mu}_N = \frac{1}{n}(N_1 + N_2 + \cdots + N_n)$$

对比估计值 $\hat{\mu}$ 和 $\hat{\mu}_N$ 也可以清楚地看到 μ 和 μ_N 二者不同。式(2-48)给出了 $\lg\mu_N$ 和 μ 之间的差数 $\frac{1}{2}\sigma^2\ln10$,σ^2 为对数疲劳寿命的母体方差,这一关系式仅在对数疲劳寿命服从正态

分布的条件下成立。可以证明,对数疲劳寿命 $\lg N_p$ 的可靠度 p 即代表疲劳寿命 N_p 的可靠度 p_N。由式 $(2-47)$ 还可求得任一指定疲劳寿命 N_p 的可靠度 p_N。

$$p_N = \frac{1}{\sigma\sqrt{2\pi}\ln10}\int_{N_p}^{\infty}\frac{1}{N}\mathrm{e}^{-\frac{(\lg N-\mu)^2}{2\sigma^2}}\mathrm{d}N \qquad (2-49)$$

如上所述,正态分布理论适用于中、短寿命区的情况,而威布尔分布理论不限于在这个范围内,对于疲劳寿命大于 10^6 循环的长寿命区,有些试验结果也近似地符合威布尔分布,从而能给出在长寿命区的安全寿命。特别是对于轴承、齿轮的疲劳寿命,利用威布尔分布理论处理,常常会得到满意的结果,但由于威布尔概率密度函数的数学形式较复杂,使得它在一些统计推断方面受到限制。威布尔概率密度函数的优点在于存在最小安全寿命,即 100% 可靠度的安全寿命,而按照正态分布理论,只有当对数安全寿命 $x_p = \lg N_p$ 趋于 $-\infty$ 时,即 $N_p = 0$ 时,可靠度才等于 100%,显然,这是不符合实际情况的,亦即正态分布理论不足之处。为了弥补这一不足,可增加一个待定参数 N_0,将 $x_p = \lg N_p$ 改换成 $x_p = \lg(N_p - N_0)$,此处 N_0 为 100% 可靠度的最小安全寿命,即使如此,有时还会给出 $N_0 \to 0$ 的结果。采用威布尔分布理论,在极高可靠度范围(99.99%~100%)内所给出的安全寿命或最小安全寿命仍然比较符合实际情况。

在同一循环载荷作用下,各试件疲劳寿命 N 的分布规律,可以由以下威布尔概率密度函数表示:

$$f(N) = \frac{b}{N_a - N_0}\left(\frac{N-N_0}{N_a-N_0}\right)^{b-1}\exp\left[-\left(\frac{N-N_0}{N_a-N_0}\right)^b\right] \quad (N_0 < N < \infty)$$

$$(2-50)$$

式中,N_0 为最小寿命参数;N_a 为特征寿命参数;b 为威布尔形状参数(斜率参数)。由于威布尔概率密度函数中包含三个待定参数(在正态分布中只有两个,即 μ 和 σ),因此,它更能完善地拟合试验数据点。

当 $b=1$ 时,式 $(2-50)$ 中的 $f(N)$ 为一简单的指数概率密度函数;当 $b=2$ 时,$f(N)$ 为瑞利概率密度函数;当 $b=3\sim4$ 时,接近正态概率密度函数;威布尔概率密度曲线如图 2-9 所示,曲线高峰通常偏斜向左,偏斜程度随 b 而变化,对于 $b>1$ 的情况,当 $N=N_0$ 时,曲线与横坐标轴相交,由图 2-9 可以看到,存在有大于零的最小寿命值 N_0;差值 $(N_a - N_0)$ 愈大,曲线外形愈扁平,分散性愈大;曲线右端延伸至无限远处,以横坐标轴为渐近线;威布尔概率密度函数和其他概率密度函数一样,满足 $\int_{N_0}^{\infty}f(N)\mathrm{d}N=1$ 的要求,即曲线和横坐标轴所包围的面积等于 1。

若再取 $b=2$,则得瑞利概率密度函数:

$$f(x) = \frac{2x}{x_a^2}\mathrm{e}^{-\frac{x^2}{x_a^2}}$$

按威布尔分布的随机变量简称威布尔变量,以符号 N_ξ 表示。根据式 $(2-50)$ 给出的威布尔概率密度函数 $f(N)$,可以求出威布尔变量的分布函数 $F(N_p)$,即 N_ξ 小于某一数值 N_p 的概率 $P(N_\xi < N_p)$。

$$F(N_p) = P(N_\xi < N_p) = \int_{N_0}^{N_p}f(N)\mathrm{d}N \qquad (2-51)$$

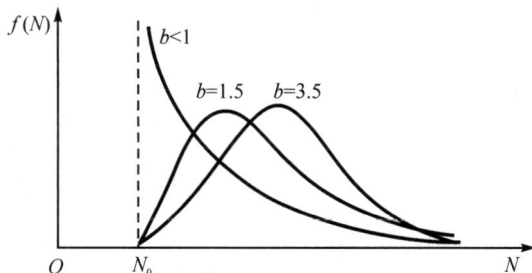

图 2 - 9　威布尔概率密度曲线

以上积分式表示在 N_0 和 N_p 之间曲线与横坐标轴所包围的面积(见图 2 - 10 中的阴影面积)。

将式(2 - 50)代入式(2 - 51),有

$$F(N_p) = \int_{N_0}^{N_p} \frac{b}{N_a - N_0}\left(\frac{N - N_0}{N_a - N_0}\right)^{b-1} \exp\left[-\left(\frac{N - N_0}{N_a - N_0}\right)^b\right] dN \qquad (2 - 52)$$

为了计算以上积分,作如下变量置换:

$$\left(\frac{N - N_0}{N_a - N_0}\right)^b = Z, \qquad \frac{N - N_0}{N_a - N_0} = Z^{\frac{1}{b}}, \qquad \frac{dN}{N_a - N_0} = \frac{1}{b}Z^{\frac{1-b}{b}}dZ$$

当 $N = N_0$ 时,$Z = 0$;当 $N = N_p$ 时,$Z = \left(\dfrac{N_p - N_0}{N_a - N_0}\right)^b$。故对 Z 积分时,积分下限应取零,积分上限应取

$$Z_p = \left(\frac{N_p - N_0}{N_a - N_0}\right)^b$$

于是,式(2 - 52)可写成

$$F(N_p) = \int_0^{Z_p} \frac{b}{N_a - N_0} Z^{b-1} e^{-Z} \frac{N_a - N_0}{b} Z^{\frac{1-b}{b}} dZ$$

$$= \int_0^{Z_p} e^{-Z} dZ = -\left[e^{-Z}\right]_0^{Z_p} = 1 - e^{-Z_p}$$

将 Z_p 值代入上式,即得分布函数:

$$F(N_p) = 1 - \exp\left[-\left(\frac{N_p - N_0}{N_a - N_0}\right)^b\right] \qquad (2 - 53)$$

如以 $P(N_\xi < N_p) = F(N_b)$ 为纵坐标,N_p 为横坐标,可画出分布函数曲线,如图 2 - 11 所示。从图可以看出,$P(N_\xi < N_p)$ 随着 N_p 增加而增大,因为当 N_p 向右推移时,在 N_0 与 N_p 之间曲线 $f(N)$ 与横坐标轴所包围的面积随之扩大(见图 2 - 10)。由式(2 - 53)可知,当 $N_p \to \infty$ 时,$P(N_\xi < N_p)$ 以 1 为极限(见图 2 - 11)。如果将 $P(N_\xi < N_p) = 1$ 和 $N_p = \infty$ 代入式(2 - 51),则得

$$\int_{N_0}^{\infty} f(N)dN = 1$$

上式表明,曲线 $f(N)$ 和横坐标轴所包围的面积等于 1。

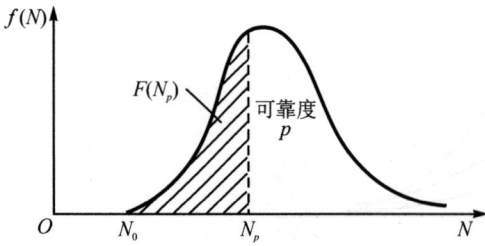

图 2-10　威布尔概率密度曲线

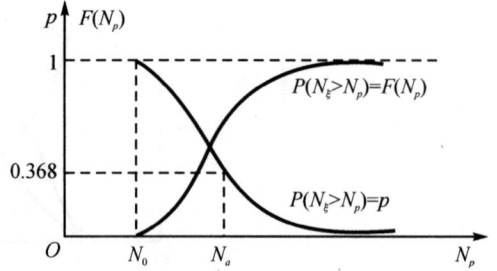

图 2-11　分布函数曲线与超值累积频率曲线

分布函数 $P(N_\xi < N_p)$ 相当于破坏率,相当于可靠度的超值累积频率函数应为

$$P(N_\xi > N_p) = 1 - P(N_\xi < N_p) = \exp\left[-\left(\frac{N_p - N_0}{N_a - N_0}\right)^b\right] \qquad (2-54)$$

用可靠度 p 表示 $P(N_\xi > N_p)$,则

$$p = \exp\left[-\left(\frac{N_p - N_0}{N_a - N_0}\right)^b\right] \qquad (2-55)$$

如已知参数 N_0、N_a 和 b,并给定可靠度 p 时,由式(2-55)可直接求出 N_p,N_p 即表示可靠度为 p 的疲劳寿命。曲线 $p = P(N_\xi > N_p)$ 也表示在图 2-11 中,当 $N_p = N_0$ 时,$p = 1$,可见最小寿命 N_0 也就是可靠度为 100% 的安全寿命。当 $N_p = N_a$ 时,由式(2-55)可得

$$p = \exp\left[-\left(\frac{N_p - N_0}{N_a - N_0}\right)^b\right] = e^{-1} = \frac{1}{2.718} = 36.8\%$$

由此可知,特征寿命参数 N_a 为 36.8% 可靠度的疲劳寿命(见图 2-11)。在威布尔概率密度函数中并不包含 μ 和 σ^2,因此,只能通过威布尔分布的三个参数 N_0、N_a、b 表达 μ 和 σ^2 值。

首先,求威布尔变量 N_ξ 的数学期望,根据式(2-10)所给出的数学期望的定义,可得

$$E(N_\xi) = \int_{N_0}^{\infty} N f(N) \mathrm{d}N$$

将式(2-50)代入上式,并作如下变量置换:

$$\left(\frac{N - N_0}{N_a - N_0}\right)^b = Z, \qquad \frac{N - N_0}{N_a - N_0} = Z^{\frac{1}{b}}, \qquad \frac{\mathrm{d}N}{N_a - N_0} = \frac{1}{b} Z^{\frac{1-b}{b}} \mathrm{d}Z \qquad (2-56)$$

则

$$E(N_\xi) = \int_0^{\infty} b\left(Z^{\frac{1}{b}} + \frac{N_0}{N_a - N_0}\right) Z^{\frac{b-1}{b}} e^{-Z} \frac{(N_a - N_0)}{b} Z^{\frac{1-b}{b}} \mathrm{d}Z =$$
$$(N_a - N_0) \int_0^{\infty} Z^{(1+\frac{1}{b})-1} e^{-Z} \mathrm{d}Z + N_0$$

按 $\Gamma(\alpha)$ 函数定义,上式中的积分

$$\int_0^{\infty} Z^{(1+\frac{1}{b})-1} e^{-Z} \mathrm{d}Z = \Gamma\left(1 + \frac{1}{b}\right)$$

于是,可得威布尔变量的数学期望,即母体平均值 μ:

$$\mu = E(N_\xi) = N_0 + (N_a - N_0)\Gamma\left(1 + \frac{1}{b}\right) \qquad (2-57)$$

当已知威布尔分布的三个参数时,可以根据式(2-57)求出威布尔分布的母体平均值。

　　按照数学期望的几何意义,母体平均值 μ 是概率密度曲线 $f(N)$ 与横坐标轴所包围的面积的形心位置(见图 2 - 12),而母体中值 N_{50} 则是可靠度为 50% 的 N_p。由图 2 - 12 可以看到,当 $b = 1.74$ 时,曲线高峰向左偏斜,此时 $\mu >$ N_{50}。而对正态母体,由于曲线的对称性,母体平均值和母体中值二者是重合的,即 $\mu = N_{50}$,

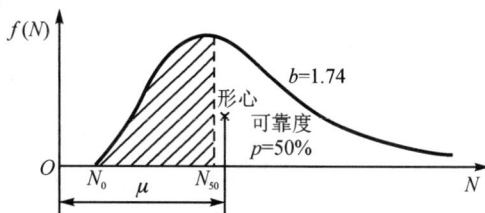

图 2 - 12　威布尔概率密度曲线

见式(2 - 42)。因此,材料疲劳性能应采用中值疲劳寿命或中值疲劳强度来表达,而不使用平均值。因为平均值不能明确地显示可靠度的大小,如威布尔变量的母体平均值 μ 就随威布尔分布参数而变化,从而对应不同可靠度。对于威布尔概率密度函数,当平均值等于中值时,即 $\mu = N_{50}$,则它与正态概率密度函数相当接近,此时威布尔形状参数 $b = 3.57$。

　　根据式(2 - 12),可求威布尔变量的方差:

$$\sigma^2 = \mathrm{Var}(N_\xi) = (N_a - N_0)^2 \left[\Gamma\left(1 + \frac{2}{b}\right) - \Gamma^2\left(1 + \frac{1}{b}\right) \right] \qquad (2 - 58)$$

　　式(2 - 58)可用作母体分散性的度量。由此可知,σ^2 随 $(N_a - N_0)$ 的增加而增加,随 b 的增加而减小。威布尔分布拟合数据点的适应性很强,其概率密度曲线外形可向左、右偏斜,偏斜程度可由偏态系数给出。

2.2　分布函数参数点估计

　　统计推断是根据一个子样或几个子样推断母体,即从母体中抽取一小部分个体来表明母体的某些性质。这种推断并没有百分之百的把握,而是以一定的概率做出判断。统计推断一般包括统计假设的检验和母体参数的估计两类问题。母体参数的估计又可分为"**点估计**"和"**区间估计**"。一些母体参数(如均值 μ、标准差 σ)除了在某些情况给定以外,其真值是未知的。因为理论上的真值是设想经过无限多次观察所获得的数值,而从一个子样得到的数据、观测次数有限,由此求得的母体参数点估计量不可能等于真值。所以,有时需要用区间估计母体参数,区间的限度可以反映估计的误差。在一定概率下,通过子样特征值估计母体参数的所在区间,就是母体参数的区间估计。

2.2.1　母体参数点估计

　　根据一个子样估计母体的参数(如 μ 和 σ^2)属于点估计量的问题。凡子样大小 n 大于 50 的子样称作大子样。在疲劳寿命试验中,一个试件只能测定出一个数据。由于常常受到试验条件的限制,不可能提供那么多数据,因此,对于大多数情况只能采用小子样($n < 50$)的试验方法。

　　将子样特征值作为母体参数估计量时,一般须满足一致性要求和无偏性要求。当子样大小 $n \to \infty$ 时,子样平均值 $\bar{x}$ 将演变为随机变量的数学期望 $E(\xi)$,母体分布也就是指随机变量的分布,因此 $\bar{x}$ 将与母体平均值 μ 接近;同样,当 $n \to \infty$ 时,子样方差 s^2 将与随机变量方差 $\mathrm{Var}(\xi)$(即母体方差 σ^2)接近。可见,如果把子样平均值 $\bar{x}$ 作为母体平均值 μ 的估计量 $\hat{\mu}$,子样方差 s^2 作为母体方差 σ^2 的估计量 $\hat{\sigma}^2$,则当子样大小 n 增大时,估计量将越来越接近被估计的母体参数(真值),此即所谓满足一致性的要求。

无偏性要求指的是每抽取一个大小为 n 的子样,可求得一个估计量,估计量作为一个随机变量,其数学期望必须等于被估计的那个母体参数。如以子样平均值 $\bar{x}$ 作为母体平均值 μ 的无偏估计量 $\hat{\mu}$,则子样平均值的数学期望必须等于 μ,因此,母体平均值无偏估计量 $\hat{\mu}$ 应满足以下条件:

$$E(\hat{\mu}) = \mu \qquad (2-59)$$

作为随机变量的子样平均值可以写成

$$\bar{\xi} = \frac{1}{n} \sum_{i=1}^{n} \xi_i$$

根据式(2-21)可知,$\bar{\xi}$ 的数学期望恰好等于 μ,即

$$E(\bar{\xi}) = \mu$$

上式表明,以子样平均值 $\bar{x}$ 作为母体平均值 μ 的估计量是满足无偏性要求的。因此

$$\bar{x} = \hat{\mu} \qquad (2-60)$$

设各试件疲劳寿命观测值为 $N_1, N_2, \cdots, N_n$,对数疲劳寿命正态母体平均值估计量为

$$\hat{\mu} = \bar{x} = \frac{1}{n} \sum_{i=1}^{n} \lg N_i$$

对于正态分布,有

$$\mu = x_{50} = \lg N_{50}$$

综合以上二式,可以求得中值疲劳寿命估计量 $\hat{N}_{50}$:

$$\lg \hat{N}_{50} = \frac{1}{n} \sum_{i=1}^{n} \lg N_i$$

$$\hat{N}_{50} = (N_1 N_2 \cdots N_n)^{\frac{1}{n}}$$

如果已知疲劳寿命符合威布尔分布,则威布尔分布母体平均值 μ 也可由子样平均值 $\bar{N}$ 来估计,即

$$\hat{\mu} = \bar{N} = \frac{1}{n} \sum_{i=1}^{n} N_i \qquad (2-61)$$

母体方差无偏估计量 $\hat{\sigma}^2$ 应满足以下无偏性要求:

$$E(\hat{\sigma}^2) = \sigma^2 \qquad (2-62)$$

当以子样方差 s^2 作为母体方差 σ^2 的估计量 $\hat{\sigma}^2$ 时,能满足式(2-62)的无偏性要求,故

$$s^2 = \hat{\sigma}^2 \qquad (2-63)$$

无论母体为何种分布,估计式(2-60)和式(2-62)均可适用。但应指出,估计量绝不等于母体参数(真值)μ 和 σ^2;只有当子样足够大时,估计量才接近真值,估计的准确程度与子样大小有关。

母体方差的无偏估计量:

$$\hat{\sigma}^2 = s^2 = \frac{\sum\limits_{i=1}^{n}(x_i - \bar{x})^2}{n-1} = \frac{\sum\limits_{i=1}^{n}x_i^2 - \frac{1}{n}\left(\sum\limits_{i=1}^{n}x_i\right)^2}{n-1}$$

标准差估计量 $\hat{\sigma} = s$ 通过将母体方差的无偏估计量 $\hat{\sigma}^2$ 取平方根得到,但严格来说,s 作为母体标准差估计量是有偏的,因为它不满足无偏性要求:$E(s_\xi) \neq \sigma$,所以在疲劳可靠性中,常将它加以修正。为了消除此种偏倚,通过应用 χ^2 分布寻求母体标准差的无偏估计量,但这样得到的无偏估计量只适用于正态母体。"正态母体标准差的无偏估计式"还可写成

$$\hat{\sigma} = \hat{k}s \tag{2-64}$$

式中,

$$\hat{k} = \sqrt{\frac{n-1}{2}}\,\frac{\Gamma\left(\frac{n-1}{2}\right)}{\Gamma\left(\frac{n}{2}\right)} \tag{2-65}$$

$\hat{k}$ 称作"标准差修正系数"。

当已知母体为正态分布时,可应用式(2-64)求母体标准差无偏估计量。为便于计算,表 2-1 给出了对应不同 n 值的修正系数 $\hat{k}$。

表 2-1　标准差修正系数 $\hat{k}$

n	5	6	7	8	9	10	11	12	13	14
$\hat{k}$	1.063	1.051	1.042	1.036	1.031	1.028	1.025	1.023	1.021	1.020
n	15	16	17	18	19	20	30	40	50	60
$\hat{k}$	1.018	1.017	1.016	1.015	1.014	1.014	1.009	1.006	1.005	1.005

由表 2-1 可以看到,$\hat{k}$ 值与 1 相差无几,所以,在一般工程应用中也可不作修正,而取 $\hat{\sigma} = s$。特别是当 $n > 50$ 时,$\hat{k} \to 1$,因此,对大子样来说,子样标准差 s 恒为母体标准差 σ 的无偏估计量。但在航空产品疲劳可靠性设计中,则经常要对子样标准差 s 进行修正。对于母体平均值 μ 无偏估计量 $\hat{\mu} = \bar{x}$,无论母体为何种分布都是适用的,所以,当已知母体服从正态分布时,将 $\hat{\mu} = \bar{x}$ 和 $\hat{\sigma} = \hat{k}s$ 代入式(2-41),可得对应任一可靠度 p 的 x_p 估计量:

$$\hat{x}_p = \hat{\mu} + u_p\hat{\sigma} = \bar{x} + u_p\hat{k}s \tag{2-66}$$

按小子样可确定各个疲劳寿命 N_i 所对应的可靠度估计量。已知任一分布的母体,从中抽取一个大小为 n 的子样,得到 n 个观测值,将它们按大小顺序排列如下:

$$x_1 < x_2 < \cdots < x_i < \cdots < x_n$$

式中,i 是观测值由小到大按照顺序排列的"序数"。如已知该母体的概率密度函数为 $f(x)$,则第 i 个观测值 x_i 的破坏率 $F(x_i)$(分布函数)即可确定。无论被抽样的母体为何种分布(无论 $f(x)$ 为何种概率密度函数),x_i 破坏率的数学期望为 $i/(n+1)$。$i/(n+1)$ 称作"平均秩",工程上常把平均秩作为母体破坏率的估计量。这样,对应第 i 个观测值 x_i 的母体可靠度 p 估计量为

$$\hat{p} = 1 - \frac{i}{n+1} \tag{2-67}$$

做疲劳试验时,如果在某种加载条件下仅使用一个试件$(n=1)$,那么,根据式$(2-67)$可知,该试件疲劳寿命的可靠度估计量只有50%。

$$\hat{p}=1-\frac{i}{n+1}=1-\frac{1}{1+1}=50\%$$

2.2.2　矩估计法

矩估计法的基本思想是:设$(x_1,x_2,\cdots,x_n)$是来自母体X的一个样本,根据大数定律,对任意$\varepsilon>0$,有

$$\lim_{n\to\infty}P\left\{|\frac{1}{n}\sum_{i=1}^{n}x_i-E(X)|\geqslant\varepsilon\right\}=0 \tag{2-68}$$

对于任何阶次k,只要$E(X^k)$存在,同样有

$$\lim_{n\to\infty}P\left\{|\frac{1}{n}\sum_{i=1}^{n}x_i^k-E(X^k)|\geqslant\varepsilon\right\}=0 \quad (k=1,2,3,\cdots) \tag{2-69}$$

于是可以用样本矩来代替母体矩,从而得到母体分布中参数的一种估计。它的思想实质是用样本的经验分布和样本矩去替换母体的分布和总体矩。

具体解法:母体矩是分布参数$(\alpha_1,\alpha_2,\cdots,\alpha_n)$的函数,令各阶母体矩等于各阶样本矩,解如下方程组:

$$\begin{cases}E(X)=g_1(\alpha_1,\alpha_2,\cdots,\alpha_k)=\frac{1}{n}\sum_{i=1}^{n}x_i\\E(X^2)=g_2(\alpha_1,\alpha_2,\cdots,\alpha_k)=\frac{1}{n}\sum_{i=1}^{n}x_i^2\\\vdots\\E(X^k)=g_k(\alpha_1,\alpha_2,\cdots,\alpha_k)=\frac{1}{n}\sum_{i=1}^{n}x_i^n\end{cases} \tag{2-70}$$

得到分布参数的矩估计结果$(\hat{\alpha}_1,\hat{\alpha}_2,\cdots,\hat{\alpha}_n)$为

$$\begin{cases}\hat{\alpha}_1=\hat{\alpha}_1(x_1,x_2,\cdots,x_n)\\\hat{\alpha}_2=\hat{\alpha}_2(x_1,x_2,\cdots,x_n)\\\vdots\\\hat{\alpha}_k=\hat{\alpha}_k(x_1,x_2,\cdots,x_n)\end{cases} \tag{2-71}$$

特别地,矩估计法简单易行,并不需要事先知道母体是什么分布。但是当母体类型已知时,其没有充分利用分布提供的信息。一般情况下,矩估计量不具有唯一性,主要原因在于建立矩估计法方程时,用样本矩代替母体矩具有一定的随意性。

例 2-1　设母体X服从参数为r的指数分布:$f(x)=re^{-rx}(x\geqslant0)$,其中参数$r$未知,$(x_1,x_2,\cdots,x_n)$是来自母体的一个样本,求参数$r$的矩估计量。

解　母体期望为

$$E(X)=\int_0^{+\infty}xre^{-rx}dx=\frac{1}{r}$$

令母体期望等于样本均值,即

$$\frac{1}{r} = \frac{1}{n} \sum_{i=1}^{n} x_i$$

求得母体参数 r 的矩估计量为

$$\hat{r} = \frac{1}{\dfrac{1}{n} \sum\limits_{i=1}^{n} x_i} = \frac{1}{\bar{x}}$$

例 2 - 2　设母体 X 的均值 μ 和方差 σ^2 都存在,且 $\sigma^2 > 0$,但 μ 和 σ^2 均未知,再设 $(x_1, x_2, \cdots, x_n)$ 是来自母体的一个样本,求参数 μ 和 σ^2 的矩估计量。

解　母体的一阶矩和二阶矩为

$$\begin{cases} E(X) = \mu \\ E(X^2) = D(X) + [E(X)]^2 = \sigma^2 + \mu^2 \end{cases}$$

令母体矩等于样本矩,即

$$\begin{cases} \mu = \dfrac{1}{n} \sum\limits_{i=1}^{n} x_i \\ \sigma^2 + \mu^2 = \dfrac{1}{n} \sum\limits_{i=1}^{n} x_i^2 \end{cases}$$

求得母体参数 μ 和 σ^2 的矩估计量为

$$\begin{cases} \hat{\mu} = \dfrac{1}{n} \sum\limits_{i=1}^{n} x_i = \bar{x} \\ \hat{\sigma}^2 = \dfrac{1}{n} \sum\limits_{i=1}^{n} x_i^2 - \bar{x}^2 = \dfrac{1}{n} \sum\limits_{i=1}^{n} (x_i - \bar{x})^2 \end{cases}$$

2.2.3　极大似然法

由于样本来自母体,因此在一定程度上能反映母体的特征。如果在一次试验中得到了样本的观测值 $t_1, t_2, \cdots, t_n$,那么可以认为,在一次试验中就发生了这事件,这事件发生的概率就应很大。因此,如果总体的待估参数为 α,它可以取很多估计值,由于不知道它的真值,我们在一切可能的 α 值中,选取一个使样本观测值结果出现的概率最大的值作为 α 的估计值,记为 $\hat{\alpha}$,这就是极大似然估计值。

根据上述思想,设母体分布的失效概率密度函数为 $f(t, \alpha)$,其中 α 为待估参数。在参数 α 下,母体分布函数随机取到一组样本的观测值为 $(t_1, t_2, \cdots, t_n)$ 的概率为 $P(t \mid \alpha) = \prod\limits_{i=1}^{n} f(t_i, \alpha) \mathrm{d}t$。则构造似然函数为 $L(\alpha \mid t) = P(t \mid \alpha) = \prod\limits_{i=1}^{n} f(t_i, \alpha) \mathrm{d}t$,由于 $\prod\limits_{i=1}^{n} \mathrm{d}t$ 不随观测值发生变化,故在求似然函数的极大值时可以忽略,即得到似然函数为 $L(\alpha \mid t) = \prod\limits_{i=1}^{n} f(t_i, \alpha)$,又由于 $L(\alpha \mid t)$ 与 $\ln L(\alpha \mid t)$ 同时取极值,故常将似然函数表示为 $\ln L(\alpha \mid t)$ 的形式。为求似然函数的极大值,则须满足

$$\frac{\partial \ln L(\alpha \mid t)}{\partial \alpha} = 0 \tag{2-72}$$

求解方程组，可得到母体参数 α 的极大似然估计值为 $\hat{\alpha}$。

（1）指数分布的极大似然估计

一般情况下，指数分布的失效概率密度函数为 $f(t) = re^{-rt}(t \geqslant 0)$，在一次试验中得到的样本观测值为 $(t_1, t_2, \cdots, t_n)$，则似然函数为

$$L(r) = r^n e^{-r\sum_{i=1}^{n} t_i} \tag{2-73}$$

对式（2-73）两边取自然对数，列出极大似然方程：

$$\frac{\mathrm{d}\ln(r)}{\mathrm{d}r} = \frac{n}{r} - \sum_{i=1}^{n} t_i = 0 \tag{2-74}$$

求解上述极大似然方程，得到失效率的估计量：

$$\hat{r} = \frac{n}{\sum\limits_{i=1}^{n} t_i} \tag{2-75}$$

根据极大似然估计的性质，若 $\hat{\theta}$ 是 θ 的极大似然估计量，$g(\theta)$ 是严格的单调函数，那么 $g(\hat{\theta})$ 就是 $g(\theta)$ 的极大似然估计。根据指数分布知识，可知平均寿命的估计量为

$$\hat{\theta} = \frac{1}{\hat{r}} \tag{2-76}$$

t_0 时刻可靠度 $R(t_0)$ 的极大似然估计量为

$$\hat{R}(t_0) = e^{-\hat{r}t_0} \tag{2-77}$$

可靠性试验实质上是破坏性试验的一种，是用于分析评价系统、机器、零件的可靠度的试验。在可靠性试验中，其障碍有两个：一是数量；二是时间。对于数量障碍，可以停止进行全部数量的试验，抽出其中一部分试样进行可靠性试验，也称"抽样试验"；对于时间障碍，可用缩短时间的可靠性试验的特殊方法，即使用中途停止试验方式，采用加速试验来发挥作用。

为缩短可靠性试验的时间，常采用定数截尾试验和定时截尾试验。**定数截尾试验**是指试验前规定产品的故障数 n_0，试验进行到规定故障数 n_0 就终止试验（见图 2-13）。若试验进行中，产品故障一个就用一个好的样品替换上去继续试验到达规定故障数终止，则这就是**有替换定数截尾试验**，试验自始至终保持样品数不变。若试验中将故障的样品撤下不再补充，而将残存的样品继续试验到规定的故障数才停止，则这就是**无替换定数截尾试验**。**定时截尾试验**是指试验前规定产品的试验时间 t_0，试验进行到规定的试验时间 t_0 就终止试验（见图 2-14）。定时截尾试验也分有替换定时截尾试验和无替换定时截尾试验。

对于图 2-13（a）所示的**无替换定数截尾试验**$(n, 无, n_0)$，观察值为 $t_1 \leqslant t_2 \leqslant \cdots \leqslant t_{n_0}$，$n$ 为样本数，n_0 为故障数。因此似然函数可表示为

$$L(r) = f(t_1, t_2, \cdots t_{n_0}, r) = \left[\prod_{i=1}^{n_0} f(t_i)\right]\left[1 - F(t_{n_0})\right]^{n-n_0}$$

$$= \left[\prod_{i=1}^{n_0} re^{-rt_i}\right](e^{-rt_{n_0}})^{n-n_0} = r^{n_0}e^{-r\left[\sum_{i=1}^{n_0} t_i + (n-n_0)t_{n_0}\right]} \tag{2-78}$$

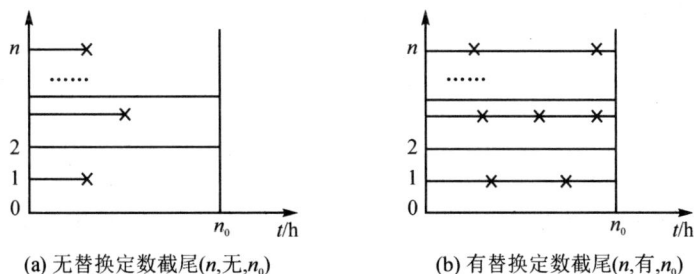

(a) 无替换定数截尾(n,无,n_0)　　　　　　　　(b) 有替换定数截尾(n,有,n_0)

图 2-13　定数截尾试验

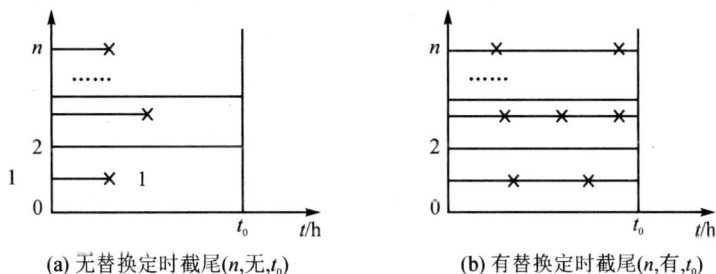

(a) 无替换定时截尾(n,无,t_0)　　　　　　　　(b) 有替换定时截尾(n,有,t_0)

图 2-14　定时截尾试验

对式(2-78)两边取自然对数,求解极大似然方程,得到失效率的估计量:

$$\hat{r} = \frac{n_0}{\sum_{i=1}^{n_0} t_i + (n - n_0)t_{n_0}} \tag{2-79}$$

令 $S(t) = \sum_{i=1}^{n_0} t_i + (n - n_0)t_{n_0}$,易知 $S(t)$ 为总试验寿命,则平均寿命的估计量为

$$\hat{\theta} = \frac{1}{\hat{r}} = \frac{S(t)}{n_0} \tag{2-80}$$

对于如图 2-13(b)所示的有替换定数截尾试验(n,有,n_0),观察值为 $t_1 \leqslant t_2 \leqslant \cdots \leqslant t_{n_0}$,$n$ 为样本数,n_0 为故障数。因此似然函数可表示为

$$L(r) = f(t_1, t_2, \cdots t_{n_0}, r) = (nr)^{n_0} e^{-nrt_{n_0}} \tag{2-81}$$

对式(2-81)两边取自然对数,求解极大似然方程,得到失效率的估计量:

$$\hat{r} = \frac{n_0}{nt_{n_0}} \tag{2-82}$$

此时,总试验寿命为 $S(t) = nt_{n_0}$,同理得到平均寿命的估计量 $\hat{\theta} = \frac{1}{\hat{r}} = \frac{S(t)}{n_0}$。

相似地,对于如图 2-14(a)所示的无替换定时结尾试验(n,无,t_0),在规定时间 t_0 内发生故障的数量为 n_0,设观察值为 $t_1 \leqslant t_2 \leqslant \cdots \leqslant t_{n_0}$,$n$ 为样本数,则似然函数可表示为

$$L(r) = f(t_1, t_2, \cdots t_{n_0}, r) = \prod_{i=1}^{n_0} f(t_i) \left[R(t_0) \right]^{n-n_0} = r^{n_0} e^{-r\left(\sum_{i=1}^{n_0} t_i + (n-n_0)t_0 \right)} \tag{2-83}$$

对式(2-83)两边取自然对数,求解极大似然方程,得到失效率的估计量:

$$\hat{r} = \frac{n_0}{\sum_{i=1}^{n_0} t_i + (n - n_0)t_0} \tag{2-84}$$

此时，总试验寿命为 $S(t) = \sum_{i=1}^{n_0} t_i + (n - n_0)t_0$，同理得到平均寿命的估计量 $\hat{\theta} = \frac{1}{\hat{r}} = \frac{S(t)}{n_0}$。

对于如图 2-14(b)所示的有替换定时结尾试验 $(n, 有, t_0)$，在规定时间 t_0 内发生故障的数量为 n_0，设观察值为 $t_1 \leqslant t_2 \leqslant \cdots \leqslant t_{n_0}$，$n$ 为样本数，则似然函数可表示为

$$L(r) = f(t_1, t_2, \cdots t_{n_0}, r) = (nr)^{n_0} e^{-nrt_0} \tag{2-85}$$

对式(2-85)两边取自然对数，求解极大似然方程，得到失效率的估计量：

$$\hat{r} = \frac{n_0}{nt_0} \tag{2-86}$$

此时，总试验寿命为 $S(t) = nt_0$，同理得到平均寿命的估计量 $\hat{\theta} = \frac{1}{\hat{r}} = \frac{S(t)}{n_0}$。

(2) 正态分布的极大似然估计

一般情况下，正态分布的失效概率密度函数为 $f(t) = \frac{1}{\sqrt{2\pi}\sigma} e^{-\frac{1}{2}\left(\frac{t-\mu}{\sigma}\right)^2}$ $(-\infty < t < +\infty)$，在一次试验中得到的样本观测值为 $t_1, t_2, \cdots, t_n$，则似然函数为

$$L(\mu, \sigma^2) = \frac{1}{(\sqrt{2\pi\sigma^2})^n} e^{-\sum_{i=1}^{n}(t_i-\mu)^2/2\sigma^2} \tag{2-87}$$

对式(2-87)两边取自然对数，列出极大似然方程：

$$\begin{cases} \dfrac{\partial L(\mu, \sigma^2)}{\partial \mu} = 0 \\ \dfrac{\partial L(\mu, \sigma^2)}{\partial \sigma^2} = 0 \end{cases} \tag{2-88}$$

求解上述极大似然方程，得到母体参数 μ 和 σ^2 的极大似然估计量：

$$\begin{cases} \hat{\mu} = \dfrac{1}{n} \sum_{i=1}^{n} t_i \\ \hat{\sigma}^2 = \dfrac{1}{n} \sum_{i=1}^{n} (t_i - \hat{\mu})^2 \end{cases} \tag{2-89}$$

(3) 对数正态分布的极大似然估计

一般情况下，对数正态分布的失效概率密度函数为 $f(t) = \frac{1}{\sqrt{2\pi}\sigma t} e^{-\frac{1}{2}\left(\frac{\ln t - \mu}{\sigma}\right)^2}$ $(t > 0)$，在一次试验中得到的样本观测值为 $(t_1, t_2, \cdots, t_n)$，则似然函数为

$$L(\mu, \sigma^2) = \frac{1}{(\sqrt{2\pi\sigma^2})^n} \prod_{i=1}^{n} \frac{1}{t_i} e^{-(\ln t_i - \mu)^2/2\sigma^2} \tag{2-90}$$

对式(2-90)两边取自然对数，列出极大似然方程并求解，得到母体参数 μ 和 σ^2 的极大似然估计量：

$$\begin{cases} \hat{\mu} = \dfrac{1}{n} \sum_{i=1}^{n} \ln t_i \\[3mm] \hat{\sigma}^2 = \dfrac{1}{n} \sum_{i=1}^{n} (\ln t_i - \hat{\mu})^2 \end{cases} \tag{2-91}$$

(4) 威布尔分布极大似然估计

威布尔分布的失效概率密度函数一般为 $f(t) = \dfrac{m}{\eta} \left(\dfrac{t-\gamma}{\eta} \right)^{m-1} \mathrm{e}^{-\left(\frac{t-\gamma}{\eta}\right)^m}$，其中 $t \geqslant \gamma$、$m > 0$、$\eta > 0$，在一次试验中得到的样本观测值为 $(t_1, t_2, \cdots, t_n)$，则似然函数为

$$L(m, \eta, \gamma) = \prod_{i=1}^{n} \frac{m}{\eta} \left(\frac{t_i - \gamma}{\eta} \right)^{m-1} \mathrm{e}^{-\left(\frac{t_i - \gamma}{\eta}\right)^m} \tag{2-92}$$

对式(2-92)两边取自然对数，得到对数似然函数：

$$\ln L(m, \eta, \gamma) = n \ln \frac{m}{\eta} + (m-1) \sum_{i=1}^{n} \ln \frac{t_i - \gamma}{\eta} - \frac{1}{\eta^m} \sum_{i=1}^{n} (t_i - \gamma)^m \tag{2-93}$$

为求解上述函数的极大值，通常令 $\partial \ln L / \partial \alpha_i = 0$，得到似然方程组.

$$\begin{cases} \dfrac{\partial \ln L(m, \eta, \gamma)}{\partial m} = \dfrac{n}{m} + \sum_{i=1}^{n} \ln \dfrac{t_i - \gamma}{\eta} - \sum_{i=1}^{n} \left(\dfrac{t_i - \gamma}{\eta} \right)^m \ln \dfrac{t_i - \gamma}{\eta} = 0 \\[4mm] \dfrac{\partial \ln L(m, \eta, \gamma)}{\partial \eta} = -\dfrac{nm}{\eta} + \dfrac{1}{\eta} \sum_{i=1}^{n} \left(\dfrac{t_i - \gamma}{\eta} \right)^m = 0 \\[4mm] \dfrac{\partial \ln L(m, \eta, \gamma)}{\partial \gamma} = \dfrac{1}{\eta} \sum_{i=1}^{n} \left(\dfrac{t_i - \gamma}{\eta} \right)^{m-1} - (m-1) \sum_{i=1}^{n} \dfrac{1}{t_i - \gamma} = 0 \end{cases} \tag{2-94}$$

采用数值方法求解式(2-94)，得到威布尔分布参数的极大似然估计量 $\hat{m}$、$\hat{\eta}$、$\hat{\gamma}$。

2.2.4　最小二乘法

在坐标系中，n 个数据的观测值为 (x_i, y_i)，$i = 1, 2, \cdots, n$，如果变量 x 与 y 之间存在着线性关系，则可用直线 $\hat{y} = a + bx$ 来拟合它们之间的变化关系。由最小二乘法，参数 a、b 应当满足离差平方和最小，即

$$\min E = \sum_{i=1}^{n} (y_i - \hat{y}_i)^2 \tag{2-95}$$

为使得 E 取最小值，分别对参数 a、b 求偏微分，并令其等于 0，即

$$\begin{cases} \dfrac{\partial E}{\partial a} = -2 \sum_{i=1}^{n} (y_i - a - bx_i) = 0 \\[4mm] \dfrac{\partial E}{\partial b} = -2 \sum_{i=1}^{n} (y_i - a - bx_i) x_i = 0 \end{cases} \tag{2-96}$$

联立求解方程(2-96)得

$$\begin{cases} \hat{b} = \dfrac{\sum\limits_{i=1}^{n} x_i y_i - n\bar{x}\bar{y}}{\sum\limits_{i=1}^{n} x_i^2 - n\bar{x}^2} = \dfrac{\sum\limits_{i=1}^{n}(x_i-\bar{x})(y_i-\bar{y})}{\sum\limits_{i=1}^{n}(x_i-\bar{x}^2)} \\ \hat{a} = \bar{y} - \hat{b}\bar{x} \end{cases} \tag{2-97}$$

式中，

$$\begin{cases} \bar{x} = \dfrac{1}{n}\sum\limits_{i=1}^{n} x_i \\ \bar{y} = \dfrac{1}{n}\sum\limits_{i=1}^{n} y_i \end{cases} \tag{2-98}$$

采用相关系数 ρ 表示两个变量线性相关的密切程度，即

$$\rho = \dfrac{\sum\limits_{i=1}^{n}(x_i-\bar{x})(y_i-\bar{y})}{\sqrt{\sum\limits_{i=1}^{n}(x_i-\bar{x})^2 \sum\limits_{i=1}^{n}(y_i-\bar{y})^2}} \tag{2-99}$$

ρ 的取值在 $0\sim\pm1$ 范围内，ρ 接近于 ±1 说明变量的线性关系比较密切。

两变量之间存在有线性关系，按最小二乘法可得到一条偏差最小的回归直线。但是试验数据通常不属于线性关系的情况是很多的，此时需要通过必要的变量转换，将它们进行线性化处理，再利用最小二乘法估计参数。

（1）指数分布的最小二乘法估计

由于指数分布的失效概率密度函数为 $f(t)=re^{-rt}(t\geqslant0)$，则其失效概率函数为 $F(t)=1-e^{-rt}$，对其取自然对数得

$$\ln\dfrac{1}{1-\hat{F}(t)} = rt \tag{2-100}$$

式中，$\hat{F}(t)=\dfrac{i}{n+1}$，$i$ 为观测数据从小到大排列的序数。

式（2-100）可转化为 $y=bx$，其中，$y=\ln\dfrac{1}{1-F(t)}$，$b=r$，$x=t$。对于数据 $\left(t_i,\ln\dfrac{1}{1-\hat{F}(t_i)}\right)$，采用最小二乘法求出分布参数的估计值 $\hat{r}=b$。

（2）正态分布的最小二乘法估计

由正态分布函数知 $F(t)=\varphi\left(\dfrac{t-\mu}{\sigma}\right)$，令 $Z=\dfrac{t-\mu}{\sigma}$，得

$$t = \mu + \sigma Z \tag{2-101}$$

其可转化为 $y=a+bx$，其中，$y=t$，$a=\mu$，$b=\sigma$，$x=Z$。对于数据 (Z_i,t_i)，由已知的 $F(t_i)$ 查标准正态分布表得 Z_i，再采用最小二乘法求出分布参数的估计值 $\hat{\mu}=a$，$\hat{\sigma}=b$。

（3）对数正态分布的最小二乘法估计

由对数正态分布知 $F(t)=\varphi\left(\dfrac{\ln t-\mu}{\sigma}\right)$，令 $Z=\dfrac{\ln t-\mu}{\sigma}$，得

$$\ln t = \mu + \sigma Z \tag{2-102}$$

其可转化为 $y = a + bx$，其中，$y = \ln t$，$a = \mu$，$b = \sigma$，$x = Z$。对于数据 $(Z_i, \ln t_i)$，由已知的 $F(t_i)$ 查标准正态分布表得 Z_i，再采用最小二乘法求出分布参数的估计值 $\hat\mu = a$，$\hat\sigma = b$。

（4）威布尔分布的最小二乘法估计

由于威布尔分布的失效概率函数为 $F(t) = 1 - e^{-\left(\frac{t-\gamma}{\eta}\right)^m}$，令 $t_0 = \eta^m$，再对其进行线性化处理后得

$$\ln \ln \frac{1}{1-F(t)} = m \ln(t - \gamma) - \ln t_0 \tag{2-103}$$

其可转化为 $y = a + bx$，其中，$y = \ln \ln \dfrac{1}{1-F(t)}$，$a = -\ln t_0$，$b = m$，$x = \ln(t - \gamma)$，且 $\hat F(t) = \dfrac{i}{n+1}$。由最小二乘法得

$$\begin{cases} b = \dfrac{\displaystyle\sum_{i=1}^{n}(x_i - \bar x)(y_i - \bar y)}{\displaystyle\sum_{i=1}^{n}(x_i - \bar x^2)} \\[4mm] a = \bar y - b\bar x \end{cases} \tag{2-104}$$

由于 x 是 γ 的函数，故得到的 a 和 b 均为 γ 的函数。根据相关系数最大的原则，有

$$\frac{\partial \rho}{\partial \gamma} = 0 \tag{2-105}$$

数值求解式（2-105）得到 $\hat\gamma$，再将其代入式（2-104）得到 $\hat a$ 和 $\hat b$，最终得到分布参数 $\hat\gamma$，$\hat m = \hat b$ 和 $\hat t_0 = e^{-\hat a}$，因此 $\hat\eta = \hat t_0^{\frac{1}{\hat m}}$。

2.3　分布函数参数区间估计

2.3.1　平均值区间估计

由于一些母体参数（如平均值 μ、标准差 σ）除了在某些情况给定以外，其真值是不知道的。因为理论上的真值是设想经过无限多次观察所获得的数值，而从一个子样得到的数据，观测次数有限，由此求得的母体参数点估计量不可能等于真值，所以，有时须用区间估计母体参数，区间的限度可以反映出估计的误差。在一定概率下，通过子样特征值估计母体参数的所在区间，就是母体参数的区间估计。虽然作为母体平均值 μ 的估计量 $\bar x$ 满足一致性和无偏性的要求，但对于一个小子样，观测次数非常有限，由此求得的子样平均值 $\bar x$ 只可能接近而不可能等于母体平均值 μ，甚至有时差别很大，所以，根据有限次数的观测值估计母体平均值时，没有十分把握。然而，在一定概率下，可以用子样平均值估计母体平均值的所在区间，这就是母体

平均值的区间估计。

对母体平均值 μ 进行区间估计时,预先假定 μ 为某一未知数值,此时,写出标准正态变量的取值:

$$u = \frac{\bar{x} - \mu}{\sigma_0 / \sqrt{n}}$$

在一般情况下,从标准正态概率密度曲线围成的面积内选取任一概率 γ（见图 2-15 阴影面积）,曲线两端与横坐

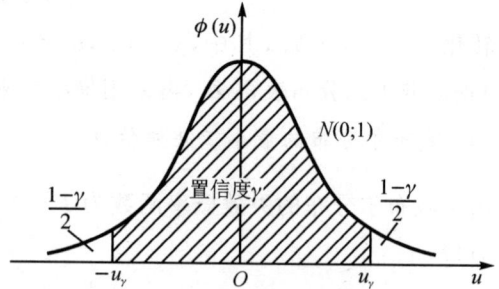

图 2-15　标准正态概率密度曲线

标轴所包围的空白面积各为 $(1-\gamma)/2$。按正态分布数值表,确定出相应的 u_γ 值,这样,标准正态变量就以概率 γ 位于区间 $(-u_\gamma, u_\gamma)$ 内,即

$$-u_\gamma < u < u_\gamma$$

γ 称为"置信度",亦即可信的程度,以通俗语言表达就是有多大把握,因此可以说,有 γ 的把握以下不等式成立:

$$-u_\gamma < \frac{\bar{x} - \mu}{\sigma_0 / \sqrt{n}} < u_\gamma$$

$$\bar{x} - u_\gamma \frac{\sigma_0}{\sqrt{n}} < \mu < \bar{x} + u_\gamma \frac{\sigma_0}{\sqrt{n}} \tag{2-106}$$

式(2-106)称作正态母体平均值 μ 的区间估计式。该式表明,以置信度 γ（有 γ 的把握）来说,区间 $(\bar{x} - u_\gamma \sigma_0 / \sqrt{n}, \bar{x} + u_\gamma \sigma_0 / \sqrt{n})$ 包含 μ 值,这个区间称作"置信区间",$\bar{x} + u_\gamma \sigma_0 / \sqrt{n}$ 和 $\bar{x} - u_\gamma \sigma_0 / \sqrt{n}$ 分别称作"置信上限"和"置信下限"。式(2-106)的使用条件是已知母体标准差或使用大子样,但有时无法满足上述条件。根据实践经验,应用 t 分布理论,子样大小 n 一般在 5 以上即可。设 $\bar{X}$ 表示从正态母体 $N(\mu; \sigma)$ 中随机抽取的大小为 n 的子样平均值,于是,可写出标准正态变量:

$$U = \frac{\bar{X} - \mu}{\frac{\sigma}{\sqrt{n}}} \tag{2-107}$$

将变量 U 代入式(2-33),可得

$$t_x = \frac{\frac{\bar{X} - \mu}{\sigma} \sqrt{n}}{\sqrt{\frac{\chi^2}{\nu}}} = \frac{(\bar{X} - \mu) \sqrt{\nu n}}{\sigma \sqrt{\chi^2}}$$

如以 s_x^2 表示从正态母体 $N(\mu; \sigma)$ 中随机抽取的子样的方差,且 $\chi^2 = (n-1) s_x^2 / \sigma^2$,其自由度为 $\nu = n - 1$。将 χ^2 及 ν 值代入上式,可得自由度为 $\nu = n - 1$ 的 t_x 变量:

$$t_x = \frac{(\bar{X} - \mu) \sqrt{n(n-1)}}{\sigma \sqrt{\frac{(n-1) s_x^2}{\sigma^2}}}$$

即

$$t_x = \frac{\bar{X} - \mu}{s_x} \sqrt{n} \qquad (2-108)$$

首先,选定一置信度 γ(见图 2-16),以确定两横坐标 t_γ 和 $-t_\gamma$ 值,使得在 t_γ 和 $-t_\gamma$ 之间曲线以下所包围的面积(图中阴影面积)等于 γ。由此,t_γ 值可按以下条件求出:

$$\int_{t_\gamma}^{\infty} h(t)\mathrm{d}t = \frac{1-\gamma}{2} \qquad (2-109)$$

于是,t_x 变量位于区间 $(-t_\gamma, t_\gamma)$ 内的概率等于 γ,即以 γ 置信度,以下不等式成立:

$$-t_\gamma < t_x < t_\gamma \qquad (2-110)$$

将式(2-108)代入上式,则

$$-t_\gamma < \frac{\bar{X} - \mu}{s_r} \sqrt{n} < t_\gamma$$

此处假定 μ 为某一未知数值,设在一次抽样中,随机变量 $\bar{X}$ 和 s_x 分别取得 $\bar{x}$ 和 s 值,则上式可写成

$$-t_\gamma < \frac{\bar{x} - \mu}{s} \sqrt{n} < t_\gamma \qquad (2-111)$$

经移项后,不等式(2-111)还可写成

$$\bar{x} - t_\gamma \frac{s}{\sqrt{n}} < \mu < \bar{x} + t_\gamma \frac{s}{\sqrt{n}} \qquad (2-112)$$

此即正态母体平均值 μ 的区间估计式。式(2-112)表明,以置信度 γ 来说,置信区间 $\left(\bar{x} - t_\gamma \frac{s}{\sqrt{n}}, \bar{x} + t_\gamma \frac{s}{\sqrt{n}}\right)$ 包含 μ 值。

由图 2-16 可以看到,置信度 γ 愈大,$|t_\gamma|$ 就愈大,置信区间(估计的范围)也就愈宽。而人们希望置信区间小些,置信度大些才好。但根据以上理论给出的结果,置信区间减小,置信度也将随之减小。若要解决这一矛盾,既不降低置信度,又能缩小置信区间,则只有采取增加子样大小 n 的办法。这是因为当 n 增加时,$t_\gamma \frac{s}{\sqrt{n}}$ 值减小,置信区间 $\left(\bar{x} - t_\gamma \frac{s}{\sqrt{n}}, \bar{x} + t_\gamma \frac{s}{\sqrt{n}}\right)$ 也随之变小。

对于正态母体,母体平均值 μ 即母体中值,由母体中抽取的子样的平均值即母体中值估计量。如已知一组 n 个观测值 $x_1, x_2, \cdots, x_n$,则子样平均值和标准差分别为

$$\bar{x} = \frac{1}{n} \sum_{i=1}^{n} x_i$$

$$s = \sqrt{\frac{\sum_{i=1}^{n} x_i^2 - \frac{1}{n}\left(\sum_{i=1}^{n} x_i\right)^2}{n-1}}$$

根据 t 分布理论即式(2-112),母体平均值 μ(中值)的区间估计式为

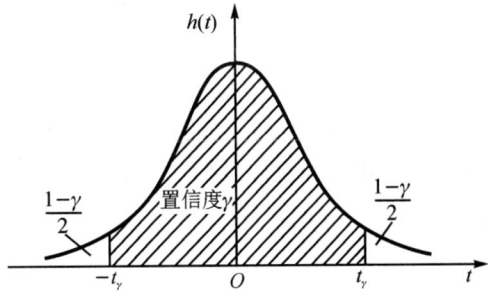

$$\bar{x} - t_{\gamma} \frac{s}{\sqrt{n}} < \mu < \bar{x} + t_{\gamma} \frac{s}{\sqrt{n}}$$

移项后,上式还可写成

$$- \frac{s t_{\gamma}}{\bar{x} \sqrt{n}} < \frac{\mu - \bar{x}}{\bar{x}} < \frac{s t_{\gamma}}{\bar{x} \sqrt{n}} \tag{2-113}$$

式中,$(\mu - \bar{x})/\bar{x}$ 表示子样平均值 $\bar{x}$ 与母体真值 μ 的相对误差。

令 δ 表示相对误差限度(绝对值),即

$$\delta = \frac{s t_{\gamma}}{\bar{x} \sqrt{n}} \tag{2-114}$$

δ 为一小量,根据实际情况选取 $1\% \sim 10\%$,一般取 $\delta = 5\%$。当 $\bar{x}$、s、n 满足式(2-114)判据时,式(2-113)表明,用子样平均值作为母体中值的估计量时,以 γ 的置信度,相对误差不超过 $\pm \delta$。这样,利用式(2-114)的判据,则可给出最少观测值个数,即最少有效试件个数。

2.3.2　标准差区间估计

对母体标准差进行区间估计时,先选定一置信度 γ(见图 2-17 中阴影面积),使曲线左右两端与横坐标轴所包围的面积各为 $(1-\gamma)/2$,以确定区间 $(\chi^2_{\gamma_1}, \chi^2_{\gamma_2})$。当已知自由度 $\nu = n-1$ 时,$\chi^2_{\gamma_1}$ 和 $\chi^2_{\gamma_2}$ 的数值可由以下两个积分式确定:

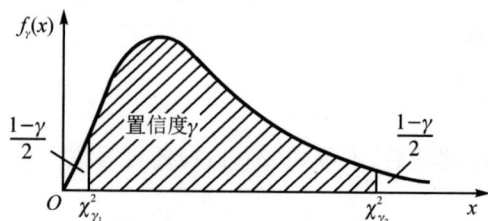

图 2-17　χ^2 概率密度曲线

$$P(\lambda^2 > \lambda^2_{\gamma_1}) = \int_{\lambda^2_{\gamma_1}}^{\infty} f_{\nu}(x) \mathrm{d}x = 1 - \frac{1-\gamma}{2} = \frac{1+\lambda}{2}$$

$$P(\lambda^2 > \lambda^2_{\gamma_2}) = \int_{\lambda^2_{\gamma_2}}^{\infty} f_{\nu}(x) \mathrm{d}x = \frac{1-\lambda}{2}$$

当 γ 和 ν 已知时,同样可由 χ^2 分布数值表查得 $\chi^2_{\gamma_1}$ 和 $\chi^2_{\gamma_2}$ 值。这样,χ^2 变量位于区间 $(\chi^2_{\gamma_1}, \chi^2_{\gamma_2})$ 内的概率必然等于 γ,也就是,以置信度 γ 来说,以下不等式成立:

$$\chi^2_{\gamma_1} < \chi^2 < \chi^2_{\gamma_2}$$

将式(2-30)代入上式,可得

$$\chi^2_{\gamma_1} < \frac{(n-1)s_x^2}{\sigma^2} < \chi^2_{\gamma_2}$$

假定 σ 为某一待定的未知数值。设在一次抽样中,随机变量 s_x 取得 s 值,则上式可写成

$$\chi^2_{\gamma_1} < \frac{(n-1)s^2}{\sigma^2} < \chi^2_{\gamma_2}$$

经移项后,可写成

$$\frac{1}{\chi^2_{\gamma_2}} < \frac{\sigma^2}{(n-1)s^2} < \frac{1}{\chi^2_{\gamma_1}}$$

即

$$s\sqrt{\frac{n-1}{\chi^2_{\gamma_2}}} < \sigma < s\sqrt{\frac{n-1}{\chi^2_{\gamma_1}}} \tag{2-115}$$

此即"正态母体标准差 σ 区间估计式"。该式表明,以置信度 γ 来说,置信区间 $(s\sqrt{(n-1)/\chi^2_{\gamma_2}}, s\sqrt{(n-1)/\chi^2_{\gamma_1}})$ 包含 σ 值。

2.3.3　分位值区间估计

正态母体"百分位值" x_p 按以下概率表达式定义:

$$P(X > x_p) = \int_{x_p}^{\infty} f(x)\mathrm{d}x = p$$

式中, $f(x)$ 为正态变量 X 的概率密度函数。

式(2-41)给出的对应任一可靠度 p 的 $x_p = \mu + u_p\sigma$ 即为百分位值,该值可表示对数安全寿命或安全疲劳强度,其估计量由式(2-66)给出,即

$$\hat{x}_p = \hat{\mu} + u_p\hat{\sigma}$$

式中, $\hat{\sigma} = \hat{k}s$。

由子样确定的百分位值 $(\bar{x} + u_p\hat{\sigma})$ 可能大于母体真值 $(\mu + u_p\sigma)$,也可能小于真值,没有十分把握恰好等于真值,而是以一定概率发生在它的左右区间(见图2-18),该区间随着观测值个数 n 增多而缩小。

首先,根据式(2-60)、式(2-64)和式(2-66),将 $\bar{x} + u_p\hat{\sigma}$ 写成随机变量函数的形式:

$$\zeta = \bar{X} + u_p\hat{k}s_x$$

式中, $\bar{X}$ 和 s_x 分别表示作为随机变量的了样平均值和子样标准差。在实际应用中,可假定 ζ 近似遵循正态分布,分别计算 ζ 的数学期望 $E(\zeta)$ 和方差 $\mathrm{Var}(\zeta)$。

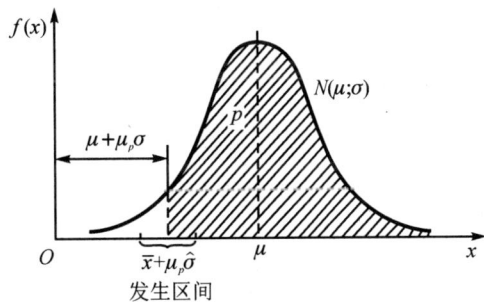

图 2-18　正态概率密度曲线

$$E(\zeta) = E(\bar{X} + u_p\hat{k}s_x) = E(\bar{X}) + u_p E(\hat{k}s_x)$$

由式(2-60)和式(2-64)可知, $E(\bar{X}) = \mu$ 和 $\hat{\sigma} = \hat{k}s$ 为正态母体标准差无偏估计量,即

$$E(\hat{k}s_x) = \sigma$$

于是, $E(\zeta)$ 可写成

$$E(\zeta) = \mu + u_p\sigma \tag{2-116}$$

再计算 ζ 的方差:

$$\mathrm{Var}(\zeta) = \mathrm{Var}(\bar{X} + u_p\hat{k}s_x)$$

$$\mathrm{Var}(\zeta) = \mathrm{Var}(\bar{X}) + u_p^2\hat{k}^2\mathrm{Var}(s_x) \tag{2-117}$$

由式(2-22)可知

$$\mathrm{Var}(\bar{X}) = \frac{\sigma^2}{n}$$

又已知自由度为 $\nu = n - 1$ 的 χ^2 变量:

$$\frac{(n-1)s_x^2}{\sigma^2} = \chi^2$$

$$s_x = \frac{\sigma}{\sqrt{n-1}}\chi$$

因此

$$\mathrm{Var}(s_x) = \mathrm{Var}\left(\frac{\sigma}{\sqrt{n-1}}\chi\right) = \frac{\sigma^2}{n-1}\mathrm{Var}(\chi)$$

根据式(2-12)可得

$$\mathrm{Var}(s_x) = \frac{\sigma^2}{n-1}\left\{E(\chi^2) - [E(\chi)]^2\right\} \tag{2-118}$$

由式(2-28)可知,χ^2 的数学期望为

$$E(\chi^2) = \int_0^\infty x f_\nu(x)\mathrm{d}x = \nu$$

根据统计学知识,还可知

$$E(\chi) = \sqrt{2}\,\frac{\Gamma\left(\dfrac{\nu+1}{2}\right)}{\Gamma\left(\dfrac{\nu}{2}\right)}$$

将 $E(\chi^2)$ 与 $E(\chi)$ 代入式(2-118),则

$$\mathrm{Var}(s_x) = \frac{\sigma^2}{n-1}\left\{\nu - 2\left[\frac{\Gamma\left(\dfrac{\nu+1}{2}\right)}{\Gamma\left(\dfrac{\nu}{2}\right)}\right]^2\right\}$$

即

$$\mathrm{Var}(s_x) = \frac{\sigma^2}{n-1}\left\{n - 1 - 2\left[\frac{\Gamma\left(\dfrac{n}{2}\right)}{\Gamma\left(\dfrac{n-1}{2}\right)}\right]^2\right\} \tag{2-119}$$

再将 $\mathrm{Var}(\bar{X})$ 和 $\mathrm{Var}(s_x)$ 代入式(2-117),得到

$$\mathrm{Var}(\zeta) = \frac{\sigma^2}{n} + \frac{u_p^2 \hat{k}^2 \sigma^2}{n-1}\left\{n - 1 - 2\left[\frac{\Gamma\left(\dfrac{n}{2}\right)}{\Gamma\left(\dfrac{n-1}{2}\right)}\right]^2\right\}$$

利用式(2-65),可将上式简化为

$$\mathrm{Var}(\zeta) = \sigma^2\left[\frac{1}{n} + u_p^2(\hat{k}^2 - 1)\right] \tag{2-120}$$

由式(2-116)和式(2-120),可写出标准正态变量:

$$U = \frac{\zeta - E(\zeta)}{\sqrt{\mathrm{Var}(\zeta)}} = \frac{(\bar{X} + u_p \hat{k} s_x) - (\mu + u_p \sigma)}{\sigma\sqrt{\dfrac{1}{n} + u_p^2(\hat{k}^2 - 1)}}$$

由式(2-30)可知，t_x 变量为

$$t_x = \frac{U}{\sqrt{\dfrac{\chi^2}{\nu}}}$$

将 U、χ^2 和 $\nu = n-1$ 各值代入上式，可得

$$t_x = \frac{(\bar{X} + u_p \hat{k} s_x) - (\mu + u_p \sigma)}{\sqrt{\dfrac{(n-1)s_x^2}{(n-1)\sigma^2}} \sigma \sqrt{\dfrac{1}{n} + u_p^2(\hat{k}^2 - 1)}} = \frac{(\bar{X} + u_p \hat{k} s_x) - (\mu + u_p \sigma)}{s_x \sqrt{\dfrac{1}{n} + u_p^2(\hat{k}^2 - 1)}}$$

在一次抽样中，t_x 的取值为

$$t = \frac{(\bar{x} + u_p \hat{\sigma}) - (\mu + u_p \sigma)}{s \sqrt{\dfrac{1}{n} + u_p^2(\hat{k}^2 - 1)}} \qquad (2-121)$$

当给定置信度 γ 和自由度 $\nu = n-1$ 时，可由 t 分布数值表查得 t_γ 值，则 t 将以置信度 γ 位于 $(-t_\gamma, t_\gamma)$ 区间内，即

$$-t_\gamma < t < t_\gamma$$

$$-t_\gamma < \frac{(\bar{x} + u_p \hat{\sigma}) - (\mu + u_p \sigma)}{s \sqrt{\dfrac{1}{n} + u_p^2(\hat{k}^2 - 1)}} < t_\gamma$$

移项后，即得百分位值的区间估计式：

$$-\frac{t_\gamma s \sqrt{\dfrac{1}{n} + u_p^2(\hat{k}^2 - 1)}}{\bar{x} + u_p \hat{\sigma}} < \frac{(\bar{x} + u_p \hat{\sigma}) - (\mu + u_p \sigma)}{\bar{x} + u_p \hat{\sigma}} < \frac{t_\gamma s \sqrt{\dfrac{1}{n} + u_p^2(\hat{k}^2 - 1)}}{\bar{x} + u_p \hat{\sigma}}$$

下面在给定置信度 γ 下，确定使 $(\bar{x} + u_p \hat{\sigma})$ 与 $(\mu + u_p \sigma)$ 之间误差不超出某一限度时的最少观测值个数 n，即最少试件个数判据。如以 δ 表示误差限度，则

$$\delta = \frac{t_\gamma s \sqrt{\dfrac{1}{n} + u_p^2(\hat{k}^2 - 1)}}{\bar{x} + u_p \hat{\sigma}}$$

利用 $\hat{\sigma} = \hat{k}s$，将 δ 写成变异系数 $s/\bar{x}$ 的函数，即

$$\delta = \frac{t_\gamma \left(\dfrac{s}{\bar{x}}\right) \sqrt{\dfrac{1}{n} + u_p^2(\hat{k}^2 - 1)}}{1 + u_p \hat{k} \left(\dfrac{s}{\bar{x}}\right)} \qquad (2-122)$$

对于可靠度 $p = 50\%$，$u_p = 0$，此时式(2-122)即退化成式(2-114)，误差限度可选取 $1\% \sim 10\%$。

若给定 δ 取值，则由式(2-122)可给出变异系数 $s/\bar{x}$、可靠度 p、置信度 γ 和观测值个数 n 之间的关系式，即估计母体百分位值的最少试件个数判据：

$$\frac{s}{\bar{x}} \leqslant \frac{\delta}{t_\gamma \sqrt{\dfrac{1}{n} + u_p^2(\hat{k}^2 - 1)} - 0.05 u_p \hat{k}} \qquad (2-123)$$

$s/\bar{x}$ 是通过试验由 n 个观测值计算出的。当 n 满足式（2－123）要求，且不存在系统误差时，将 $(\bar{x}+u_p\hat{\sigma})$ 作为母体真值 $(\mu+u_p\sigma)$ 的估计量，以置信度 γ 来说，相对误差不超过 $\pm\delta$。

应该指出，可靠度与置信度是两个不同的概念，譬如，对于置信度 $\gamma=95\%$，意味着由 100 个子样求出的 100 个可靠度 p 的对数安全寿命 $(\bar{x}+u_p\hat{\sigma})$，其中有 95 个与真值 $(\mu+u_p\sigma)$ 相对误差不超过 $\pm5\%$。可见，置信度是针对子样而言，而可靠度是针对个体而言。

根据 t 分布理论，可以确定给定置信度 γ 下疲劳寿命的置信下限，即

$$P(t<t_\gamma)=\gamma \tag{2－124}$$

式中，t_γ 为 t 分布的 γ 分位值。将式（2－121）和式（2－64）代入式（2－124），变换后得到

$$P\left\{(\bar{x}+u_p\hat{k}s)-t_\gamma s\sqrt{\frac{1}{n}+u_p{}^2(\hat{k}^2-1)}<(\mu+u_p\sigma)\right\}=\gamma \tag{2－125}$$

由式（2－125）可得可靠度 p 和置信度 γ 对应的对数疲劳寿命的单侧置信下限：

$$\hat{x}_{p\gamma}=\lg\hat{N}_{p\gamma}=(\bar{x}+u_p\hat{k}s)-t_\gamma s\sqrt{\frac{1}{n}+u_p{}^2(\hat{k}^2-1)} \tag{2－126}$$

同样，可得可靠度 p 和置信度 γ 对应的对数疲劳寿命的单侧置信上限：

$$\hat{x}_{p\gamma}=\lg\hat{N}_{p\gamma}=(\bar{x}+u_p\hat{k}s)+t_\gamma s\sqrt{\frac{1}{n}+u_p{}^2(\hat{k}^2-1)} \tag{2－127}$$

2.4　显著性检验方法

统计推断的另一个问题是统计假设检验，为了说明统计假设检验的意义，先介绍两种不同性质的误差。

偶然误差（随机误差）是由于一些偶然因素引起的。如试件尺寸、材质以及受力不完全等同，将会使试验结果产生分散性，此种分散性起源于偶然误差。偶然误差的出现常常包含很多未知因素在内。无论怎样精确地控制试验条件的一致，也不可能完全避免偶然误差的存在。

系统误差是由于某种确定因素引起的。系统误差的出现会使观测值具有倾向性，不是偏大，就是偏小。

系统误差又可分为两类：

一类是**条件误差**，它来源于测试的对象，如试件所处环境、试件的材料成分、工艺方法、构造形式等条件改变所引起的差异，均属条件误差。为了研究某种因素的影响，人们常常有意识地改变试验条件，对试验结果进行分析，看是否有条件误差存在，以断定该种因素是否起作用。

另一类是**设备误差**或**测量误差**，如试验设备测力系统未经校准、加载装置偏心以及测试仪器故障等。在试验过程中，如发现有设备误差或测量误差存在，应该设法把它排除。为了保证试验的正常进行，纠正偏倚，将此类误差控制在一定限度内是必要的，也是可能的。

本节着重讨论偶然误差和条件误差。

偶然误差和条件误差经常一起出现，除了特别明显的情况外，一般是难于分辨的。譬如，根据长期经验得知，某零件的对数疲劳寿命母体平均值为 μ_0。即使工艺条件不变，从生产出的一批零件中，任意抽取几件所测得的对数疲劳寿命平均值 $\bar{x}$ 也不可能恰好等于 μ_0。显然这

种差异可归结于偶然误差。但是,如果工艺方法改变,所测得的子样平均值 $\bar{x}$ 自然更不会等于 μ_0,此时,$\bar{x}$ 与 μ_0 之间的差异,则不仅包含偶然误差,而且还可能有条件误差。如何判断此种差异纯属偶然误差,还是同时有条件误差存在,统计假设检验提供了解决这类问题的方法。其做法是:首先假设"试验条件改变后仍然不存在条件误差,$\bar{x}$ 与 μ_0 的差异纯属偶然误差",即假设"被抽取子样的母体平均值为 μ_0",或者说"子样来自平均值为 μ_0 的母体"。然后,根据实测出的子样平均值 $\bar{x}$ 和已知的母体平均值 μ_0,通过一定运算结果,检验这个假设是否成立,从而决定"接受"还是"拒绝"假设。若必须拒绝假设,则表明 $\bar{x}$ 与 μ_0 之间的差异包含条件误差,否则只有偶然误差。

　　统计假设检验与产品质量检验密切相关。衡量一批产品的质量,要有较高的平均水平,同时还要有较好的均匀性。这是因为母体平均值代表产品的平均水平;母体标准差反映产品的均匀性,标准差越小,均匀性就越好。因此,母体平均值检验和母体标准差检验构成了疲劳可靠性假设检验的重要组成部分。

2.4.1　u 检验法

　　u 检验法分为大子样和小子样两种情况。如果从一个正态母体(μ,σ_0)中,随机抽取一个大小为 n 的子样,同时求出一个又一个的子样平均值,那么只要子样足够大,则无论母体分布如何,作为随机变量的子样平均值 $\bar{\xi}$ 总是服从正态分布,并且 $\bar{\xi}$ 分布的母体平均值等于 μ,母体标准差等于 $\sigma/\sqrt{n}$。

　　在检验"一个子样是否来自平均值为 μ_0 的母体"时,总是先假设"这个子样来自平均值为 μ_0 的母体",然后视其给出什么结果。如果根据子样求得的平均值位于"舍弃区间"内,则认为先前的假设是不可信的,而应该拒绝原假设,表明有条件误差存在;若求得的平均值位于"接受区间"内,则认为原假设成立,表明不存在条件误差。统计假设检验应用的就是这种反证的逻辑推理方法。令 $\mu_0-1.96\sigma/\sqrt{n}$ 点以左、曲线以下包围的面积是 2.5%,$\mu_0+1.96\sigma/\sqrt{n}$ 点以右、曲线以下包围的面积也是 2.5%,两部分面积之和为 $\alpha=5\%$,中间部分面积为 95%。

　　进行检验时,通常将正态变量 $\bar{\xi}$ 作标准化变量置换。因为 $\bar{\xi}$ 的取值为 $\bar{x}$,母体平均值为 μ_0,标准差为 $\sigma/\sqrt{n}$,故可写出标准正态变量的取值:

$$u=\frac{\bar{x}-\mu_0}{\sigma/\sqrt{n}} \tag{2-128}$$

　　因为不等式 $-1.96<u<1.96$ 等价于不等式 $\mu_0-1.96\sigma/\sqrt{n}<u<\mu_0+1.96\sigma/\sqrt{n}$,所以,对于 u 来说,接受区间为($-1.96,1.96$),舍弃区间为($-\infty,-1.96$]和[$1.96,+\infty$)。特别地,接受区间为($-1.96,1.96$)是根据所取的 $\alpha=5\%$ 数值而确定的,这个 α 值称为"显著度"。可见,进行这种显著性检验时,接受区间和舍弃区间与显著度 α 的大小有关。如果 α 不取5%,而取另一数字,那么接受区间的范围必然也要相应地改变。当然,显著度 α 的选取并非一成不变,应根据实际情况而定。譬如,改进工艺方法的目的是提高生产率,那么,对零件疲劳寿命进行显著性检验时,只要寿命不明显降低即可。在这种情况下,如果采用新工艺方法能大大提高生产率,而且改装设备的成本不大,则显著度 α 可取得小一些($\alpha=1\%$),以便放宽接受区

间,有意识地力图接受统计假设:$\mu=\mu_0$。又譬如改进工艺方法的目的是提高零件疲劳寿命,并且新工艺比较容易实现,费用也不大,则对零件疲劳寿命进行显著性检验时,α可取得大一些($\alpha=10\%$),有意识地力图拒绝统计假设,也就是$\bar{x}$只要比μ_0稍大一点即认为有显著差异,于是可采用新工艺方法生产。

对于大子样的情况,子样标准差s在数值上接近母体标准差σ,因此,式(2-128)中的σ可用s来代替,于是有

$$u=\frac{\bar{x}-\mu_0}{s/\sqrt{n}} \tag{2-129}$$

式中,

$$s=\sqrt{\frac{\sum\limits_{i=1}^{n}x_i^2-\frac{1}{n}\left(\sum\limits_{i=1}^{n}x_i\right)^2}{n-1}} \tag{2-130}$$

这样,根据子样观测值,可求出$\bar{x}$和s。在给定μ_0后,即可由式(2-129)求出u值的大小。若u值位于接受区间($-1.96,+1.96$)内,则接受假设;若u值位于舍弃区间,则拒绝假设。此即大子样的"u检验法"。

对小子样的情况,当随机变量ξ符合正态分布$N(\mu_0,\sigma)$时,$\bar{\xi}$恒为正态分布$N(\mu_0,\sigma/\sqrt{n})$。但母体标准差σ不能用小子样的标准差s代替,而必须事先给定母体标准差数值$\sigma=\sigma_0$。此时式(2-128)应写成

$$u=\frac{\bar{x}-\mu_0}{\sigma_0/\sqrt{n}} \tag{2-131}$$

检验方法与大子样情况相同,不再重述。在使用小子样进行u检验时,必须附加两个条件:①母体按正态分布;②且已知母体标准差σ_0。对数疲劳寿命的母体标准差是根据长期实践经验得到的,在疲劳试验中,它随材料、应力水平以及试件形状的不同而有所变化。该经验数据很重要,有多方面用途,平时应注意积累。

2.4.2　成组对比试验的u检验法

由于疲劳试验结果的分散性,即使名义上完全相同的一批试件,从中任意抽取两组试件进行疲劳试验,也会发现这两组数据的平均值总存在一些差异。当然,这种差异应归于偶然误差。因为这两个子样取自同一母体,不能由于它们的平均值之间存在差异,而误认为一组试件的疲劳性能优于另一组。由此可见,不能仅仅根据两组试验结果平均值大小的不同,而简单地做出结论。由于偶然误差的存在,平均值不同的两个子样有可能来自同一母体。

在疲劳可靠性设计中,常需要比较两种设计方案,哪一种对疲劳强度好?或者在改进工艺方法时,新工艺方法比旧工艺方法在疲劳性能方面是否有所提高?进行这种对比试验时,对比的两组试件分别取自两个母体,两组数据的子样平均值必然会有一些差异。检验这种差异纯属偶然误差还是同时存在条件误差,则是需要解决的问题。

成组对比试验是将待对比的两种类型的试件各作为一组,在同一应力水平下进行试验。每组试件不少于4~5个。根据两组试验结果,检验"两个小子样是否来自平均值相同的两个

母体"。在某些情况下,产品的疲劳性能往往在不同的应力水平下表现不一样。譬如,在较高的应力水平下,疲劳性能较好;在较低的应力水平下,疲劳性能较差。为了全面地比较两种产品的疲劳性能,常选取高、低两个不同应力水平,或者选用模拟工作状态的典型谱载荷进行试验。

两组平均值对比试验仍属于小子样的"u 检验法"。假定被抽样的两个母体都按正态分布,且两个母体的标准差相等,都等于已知数值 σ_0。此种"u 检验法"用来检验"两个子样是否来自平均值相同的两个母体"。

现以 μ_1 和 μ_2 分别表示两个母体平均值,σ_0 表示两个母体标准差。设从第一母体中抽取的大小为 n_1 的子样平均值为 $\bar{X}_1$,从第二母体中抽取的大小为 n_2 的子样平均值为 $\bar{X}_2$,则 $\bar{X}_1$ 和 $\bar{X}_2$ 都是正态变量。$\bar{X}_1$ 的母体平均值和标准差分别为 μ_1 和 $\sigma_0/\sqrt{n_1}$;$\bar{X}_2$ 的母体平均值和标准差分别为 μ_2 和 $\sigma_0/\sqrt{n_2}$。两个正态变量之差$(\bar{X}_1-\bar{X}_2)$仍是正态变量,且

$$E(\bar{X}_1 - \bar{X}_2) = E(\bar{X}_1) - E(\bar{X}_2) = \mu_1 - \mu_2 \tag{2-132}$$

$$\mathrm{Var}(\bar{X}_1 - \bar{X}_2) - \mathrm{Var}(\bar{X}_1) + \mathrm{Var}(\bar{X}_2) = \frac{\sigma_0^2}{n_1} \mid \frac{\sigma_0^2}{n_2} \tag{2-133}$$

(X_1-X_2)的标准差为

$$\sqrt{\mathrm{Var}(\bar{X}_1 - \bar{X}_2)} = \sqrt{\frac{\sigma_0^2}{n_1} + \frac{\sigma_0^2}{n_2}} = \sigma_0 \sqrt{\frac{1}{n_1} + \frac{1}{n_2}} \tag{2-134}$$

下面作统计假设:"被抽样的两个母体的平均值相同",即 $\mu_1 = \mu_2$。在这个假设下,由式(2-132)可知,$(\bar{X}_1 - \bar{X}_2)$的母体平均值应等于零。若取显著度 $\alpha = 5\%$,又知母体平均值 $\mu = 0$,母体标准差为 $\sigma = \sigma_0\sqrt{1/n_1 + 1/n_2}$,故接受区间的上限为 $\mu + 1.96\sigma = 1.96\sigma_0\sqrt{1/n_1 + 1/n_2}$,下限为 $\mu - 1.96\sigma = -1.96\sigma_0\sqrt{1/n_1 + 1/n_2}$。此时,$(\bar{X}_1 - \bar{X}_2)$将以 95% 的概率发生在接受区间$(-1.96\sigma_0\sqrt{1/n_1 + 1/n_2}, +1.96\sigma_0\sqrt{1/n_1 + 1/n_2})$内,而发生在区间以外的概率只有 5%。按照小概率事件在一次试验中几乎不可能出现的原理,若假设 $\mu_1 = \mu_2$ 成立,则在一次抽样中$(\bar{x}_1 - \bar{x}_2)$必位于区间$(-1.96\sigma_0\sqrt{1/n_1 + 1/n_2}, +1.96\sigma_0\sqrt{1/n_1 + 1/n_2})$内。

习惯上,常常将正态变量$(\bar{X}_1 - \bar{X}_2)$作标准化变量置换,于是,

$$u = \frac{(\bar{x}_1 - \bar{x}_2) - 0}{\sigma_0 \sqrt{\dfrac{1}{n_1} + \dfrac{1}{n_2}}} = \frac{\bar{x}_1 - \bar{x}_2}{\sigma_0 \sqrt{\dfrac{1}{n_1} + \dfrac{1}{n_2}}} \tag{2-135}$$

当取显著度 $\alpha = 5\%$ 时,接受区间为$(-1.96, +1.96)$。若由式(2-135)求出的 u 值位于接受区间$(-1.96, +1.96)$内,则表示 $\bar{x}_1$ 与 $\bar{x}_2$ 之间没有显著差异,接受假设 $\mu_1 = \mu_2$,认为两个子样来自平均值相同的两个母体。鉴于两个正态母体的标准差又相同,故可简略地说成"两个子样来自同一母体"。若 u 值位于舍弃区间,则表示 $\bar{x}_1$ 与 $\bar{x}_2$ 之间有显著差异,拒绝假设,认为两个子样不是来自同一母体,$\bar{x}_1$ 与 $\bar{x}_2$ 之间不仅包含偶然误差,而且有条件误差存在。此处所谓同一母体是指母体平均值和标准差相同的正态母体,譬如,两组试样的对数疲劳寿命来自同一正态母体,但该两组试件的外形或材料工艺可能各不相同。

特别地,u 检验法在实际应用中不太方便。因为当利用大子样进行检验时,需要提供 50 个以上的试件。这对于疲劳试验来说,人力、物力都消耗太大。当利用小子样进行检验时,虽然母体按正

态分布这一条件容易得到满足(如以前曾指出过对数疲劳寿命一般按正态分布),但必须知道母体标准差。这后一条件对具有丰富经验和充裕资料的试验室才能办到,通常标准差是未知的。

2.4.3　χ^2 检验法

母体标准差 σ 表征产品的均匀性。当 σ 增大时,安全寿命将随之缩短。为了保证个体产品质量大体均同,有必要对产品的母体标准差进行检验,以检验被抽样的母体标准差是否符合标准,即检验"一个子样是否来自已知标准差的母体"。此种显著性检验称作"χ^2 检验",无论子样大小如何,χ^2 检验法均可适用。

设 s_x^2 是从正态母体 $N(\mu,\sigma)$ 中随机抽取的大小为 n 的子样方差,其为 $s_x^2 = \dfrac{1}{n-1}\sum_{i=1}^{n}(X_i-\bar{X})^2$,此处使用符号 s_x^2 而未用 s_ξ^2,是因为 s_ξ^2 取自正态母体。自由度 $\nu=n-1$ 的 χ^2 变量为

$$\chi^2 = \frac{(n-1)s_x^2}{\sigma^2} \qquad (2-136)$$

下面作统计假设:被抽样的正态母体的标准差 σ 为一已知数值 σ_0,即 $\sigma=\sigma_0$。此时式(2-136)可写成

$$\chi^2 = \frac{(n-1)s_x^2}{\sigma_0^2} \qquad (2-137)$$

如果取显著度为 α,并使曲线左右两端与横坐标轴所围成的面积各为 $\alpha/2$,则可由以下两个积分式分别确定出 $\chi_{\alpha_1}^2$ 和 $\chi_{\alpha_2}^2$ 的数值:

$$P(\chi^2 > \chi_{\alpha_1}^2) = \int_{\chi_{\alpha_1}^2}^{\infty} f_\nu(x)dx = 1-\frac{\alpha}{2} \qquad (2-138)$$

$$P(\chi^2 > \chi_{\alpha_2}^2) = \int_{\chi_{\alpha_2}^2}^{\infty} f_\nu(x)dx = \frac{\alpha}{2} \qquad (2-139)$$

例如,当 $\alpha=5\%$ 时,$P(\chi^2>\chi_{\alpha_1}^2)=97.5\%$,$P(\chi^2>\chi_{\alpha_2}^2)=2.5\%$,又已知自由度 ν 时,即可由统计表查得 $\chi_{\alpha_1}^2$ 和 $\chi_{\alpha_2}^2$。这样,若假设成立,$\sigma=\sigma_0$,则 $\chi^2=(n-1)s_x^2/\sigma_0^2$ 位于接受区间 $(\chi_{\alpha_1}^2,\chi_{\alpha_2}^2)$ 内的概率应该是 95%。平均来说,在 100 次抽样中取得的 100 个 χ^2 值,有 95 个可能落在区间 $(\chi_{\alpha_1}^2,\chi_{\alpha_2}^2)$ 内。那么,根据一次抽样,χ^2 的取值总会落在这个区间内,即

$$\chi_{\alpha_1}^2 < \frac{(n-1)s^2}{\sigma_0^2} < \chi_{\alpha_2}^2 \qquad (2-140)$$

式中,s 是作为随机变量的子样标准差 s_x 的取值。

由式(2-140)可以看到:比值 s/σ_0 过大或过小就有可能导致 $(n-1)s_x^2/\sigma_0^2$ 落在接受区间 $(\chi_{\alpha_1}^2,\chi_{\alpha_2}^2)$ 以外。当发生此种情况时,可以解释为 s 与 σ_0 之间有显著差异,被抽样的母体的标准差不是 σ_0,而是其他数值,因此不能接受 $\sigma=\sigma_0$ 的假设。对任一显著度 α,均可确定出相应的接受区间 $(\chi_{\alpha_1}^2,\chi_{\alpha_2}^2)$,从而利用式(2-140)对母体标准差进行 χ^2 检验。

2.4.4　t 检验法

t 检验法和 u 检验法目的相同,都是检验"一个子样是否来自已知平均值的母体",或者说

检验统计假设:"被抽样的母体的平均值等于某一数值 μ_0, 即 $\mu=\mu_0$"。不同的是, t 检验法可以使用小子样。当然, 在满足母体为正态分布的前提下, u 检验法也可使用小子样, 但其必须已知母体标准差 σ, 而 t 检验法不必知道母体标准差。

设 $\bar{X}$ 表示从正态母体 $N(\mu,\sigma)$ 中随机抽取的大小为 n 的子样平均值, 如以 s_x^2 表示从正态母体 $N(\mu,\sigma)$ 中随机抽取的子样的方差, $\chi^2=(n-1)s_x^2/\sigma^2$, 其自由度为 $\nu=n-1$。将 χ^2 及 ν 值代入, 可得自由度为 $\nu=n-1$ 的 t_x 变量:

$$t_x = \frac{\bar{X}-\mu}{s_x}\sqrt{n} \tag{2-141}$$

现作统计假设: $\mu=\mu_0$。于是式(2-141)变成

$$t_x = \frac{\bar{X}-\mu_0}{s_x}\sqrt{n} \tag{2-142}$$

如在一次抽样中 $\bar{X}$ 和 s_x 分别取 $\bar{x}$ 和 s, 则式(2-142)中 t_x 变量的取值为

$$t = \frac{\bar{x}-\mu_0}{s}\sqrt{n} \tag{2-143}$$

当给定显著度 α 并已知自由度 ν 时, 查阅 t 分布数值表, 即可确定接受区间 $(-t_\alpha,t_\alpha)$, 例如当 $\nu=9$, $\alpha=10\%$ 时, 由统计用表可查得 $t_\alpha=1.833$。当 t 值位于接受区间 $(-t_\alpha,t_\alpha)$ 内时, 则接受统计假设: $\mu=\mu_0$, 认为子样来自平均值为 μ_0 的正态母体。若 t 值位于接受区间以外, 则表明被抽取子样的这个母体的平均值不是 μ_0, 而是其他数值, 不能接受假设。

例 2-3　根据长期经验, 某零件在循环载荷作用下, 其对数疲劳寿命的母体平均值为 1.8(疲劳寿命单位为:千次循环)。现实行工艺改进, 从生产出的一批零件中随机抽取 8 件, 分别测得它们的疲劳寿命如表 2-2 所列。试问工艺改进后疲劳寿命是否有所提高?

表 2-2　疲劳寿命数据

疲劳寿命/千次循环	x_i(对数疲劳寿命)	x_i^2
69.2	1.840 1	3.386 0
85.0	1.929 4	3.722 7
87.3	1.941 0	3.767 5
89.0	1.949 4	3.800 1
93.2	1.969 4	3.878 6
96.0	1.982 3	3.929 4
107.4	2.031 0	4.125 0
121.0	2.082 8	4.338 0
总　和	15.725 4	30.947 3

解　采用 t 检验法, 假定零件对数疲劳寿命遵循正态分布, 并假设抽取的子样 $n=8$ 来自平均值为 $\mu_0=1.8$ 的母体。首先, 根据表 2-2 中数据分别求出子样平均值 $\bar{x}$ 和子样标准差 s:

$$\bar{x} = \frac{1}{n}\sum_{i=1}^{n} x_i = \frac{15.7254}{8} = 1.966$$

$$s = \sqrt{\frac{\sum_{i=1}^{n} x_i^2 - \frac{1}{n}\left(\sum_{i=1}^{n} x_i\right)^2}{n-1}} = \sqrt{\frac{30.9473 - \frac{1}{8} \times 15.7254^2}{8-1}} = 0.072$$

根据公式(2-143),可得

$$t = \frac{\bar{x} - \mu_0}{s}\sqrt{n} = \frac{1.966 - 1.8}{0.072} \times \sqrt{8} = 6.52$$

选取显著度 $\alpha = 5\%$,对于自由度 $\nu = 8 - 1 = 7$,由统计用表查得 $t_a = 2.365$。因 $t > t_a$,$\bar{x}$ 与 μ_0 差异显著,故拒绝假设,不能认为抽取的子样来自平均值为 μ_0 的母体。又鉴于 $\bar{x} > \mu_0$,由此得出结论:工艺改进后,疲劳寿命显著提高。

2.4.5 F 检验法

为了鉴别两种产品质量的优劣,或者辨别两种不同处理条件的效应,除比较它们的平均水平(平均值)外,还要比较它们的均匀性(标准差),也就是,当条件改变时,两组观测值(两个子样)的标准差是否有显著差异,它们之间是否存在条件误差。本小节所介绍的标准差对比试验称为"F 检验法"。F 检验法是应用 F 分布检验"两个小子样是否来自标准差相同的两个母体"。由于 F 概率密度函数是根据 χ^2 分布理论推导出的,因此在进行 F 检验时,被抽取子样的母体须按正态分布。

若从两个正态母体 $N(\mu_1, \sigma_1)$ 和 $N(\mu_2, \sigma_2)$ 中,各随机抽取的子样的大小分别为 n_1 和 n_2,子样的方差分别为 $s_{x_1}^2$ 和 $s_{x_2}^2$,作统计假设:"被抽样的两个正态母体的标准差相同,即 $\sigma_1 = \sigma_2$"。于是,F_x 变量可写成

$$F_x = \frac{s_{x_1}^2}{s_{x_2}^2} \qquad (2-144)$$

F_x 变量的分子自由度是 $\nu_1 = n_1 - 1$;分母自由度是 $\nu_2 = n_2 - 1$。在一次抽样中,如果 $s_{x_1}^2$ 和 $s_{x_2}^2$ 分别取得 s_1^2 和 s_2^2 值,那么 F_x 的取值 F 应为

$$F = \frac{s_1^2}{s_2^2} \qquad (2-145)$$

当已知自由度和显著度 α 时,接受区间即可确定。若根据两个子样求出的 F 值位于接受区间以内,则接受统计假设 $\sigma_1 = \sigma_2$,表明 s_1 和 s_2 之间无显著差异,可以认为两个子样来自标准差相同的两个正态母体。若 F 值位于接受区间以外,则拒绝假设。

当统计假设 $\sigma_1 = \sigma_2$ 成立时,s_1 和 s_2 之间的差异纯属偶然误差所致。因此,s_1 和 s_2 应相差无几,F 值也必将在 1 左右偏摆。当有系统误差存在时,F 值将远大于 1 或远小于 1,从而落在接受区间以外。为了制表方便,一般 F 分布数值表只给出接受区间的上限 F_a。因此,在计算 F 值时,必须事先作如下约定,根据子样求出的两个方差 s_1^2 和 s_2^2,选取其中数值较大的作为分子,较小的作为分母。从理论上看是完全可行的,这样,对任何情况,F 值恒大于 1。进行显著性检验时,只用这个大于 1 的 F 值与上限 F_a 互相比较即可。若 $F > F_a$,则拒绝假设;若 $F < F_a$,则接受假设。应该指出:利用以上所述 F 检验法,只能知道两个母体的标准差是否相同,而不能对两个母体平均值得出任何结论。

2.4.6　成组对比试验的 t 检验法

疲劳对比试验除了对母体平均值(产品平均水平)进行检验外,还需要对母体标准差(产品均匀性)进行检验。关于小子样的标准差对比试验(F 检验法)前面已作了详细说明,不再重述,现着重讨论小子样的平均值对比试验。u 检验虽然也是小子样的平均值对比试验,但必须已知母体标准差 σ_0。而下面所介绍的小子样平均值对比试验,无须知道母体标准差。因此,容易实施并为一般实验室工作人员所采用。由于这类对比试验是以 t 分布理论为依据的,故亦属于 t 检验法。采用 t 检验法时,仍然必须满足正态母体的条件。

成组对比试验必须满足被抽样的两个母体的标准差相等的条件,即 $\sigma_1 = \sigma_2$。后续在公式建立过程中要使用这一条件。所以,在应用 t 检验法之前,需要通过 F 检验,以证实 $\sigma_1 = \sigma_2$。根据实践经验,对于大多数情况,该条件容易得到满足。

现作统计假设:"被抽样的两个正态母体的平均值相同,即 $\mu_1 = \mu_2$"。在一次抽样中,$\bar{X}_1$ 和 $\bar{X}_2$ 分别取得 $\bar{x}_1$ 和 $\bar{x}_2$ 值;$s_{\bar{x}_1}^2$ 和 $s_{\bar{x}_2}^2$ 分别取得 s_1^2 和 s_2^2 值,则 t_x 的取值为

$$t = \frac{\bar{x}_1 - \bar{x}_2}{\sqrt{\dfrac{(n_1-1)s_1^2 + (n_2-1)s_2^2}{n_1 + n_2 - 2}}\sqrt{\dfrac{1}{n_1} + \dfrac{1}{n_2}}} \qquad (2-146)$$

已知 $\bar{x}_1$、$\bar{x}_2$、s_1^2、s_2^2 值,即可由公式(2-146)求出 t 值。当 $\bar{x}_1 > \bar{x}_2$ 时,t 值为正,反之为负。如给定显著度 α,并已知自由度 $\nu = n_1 + n_2 - 2$,查阅 t 分布数值表,则可确定出接受区间 $(-t_\alpha, t_\alpha)$,若 $|t| < t_\alpha$,则接受统计假设:$\mu_1 = \mu_2$,即认为两个子样来自平均值相同的两个母体。若 $|t| > t_\alpha$,则拒绝统计假设。在应用该统计检验方法时,不仅考虑了子样平均值的大小,而且还考虑了数据的分散性和子样大小。

例 2-4　为了采用喷丸成型工艺,了解铝合金板材经单面喷丸后疲劳性能是否受到影响,分别取 8 个未喷丸试件和 10 个喷丸试件,做成组对比试验。在同一应力水平下,测得两组试件的疲劳寿命如表 2-3 所列。试进行显著性检验。

表 2-3　两组疲劳寿命数据

编号 i	未喷丸试件疲劳寿命 N_{1i}/千次循环	喷丸试件疲劳寿命 N_{2i}/千次循环
1	723	737
2	1 077	560
3	1 373	844
4	526	630
5	867	1 685
6	1 462	515
7	662	808
8	1 277	468
9	—	1 329
10	—	604

解 （1）取对数疲劳寿命

将所有试件的疲劳寿命取对数 $x_i = \lg N_i$，并为下一步计算需要列表求出它们的平方（如表 2-4 所列）。

表 2-4　两组对数疲劳寿命数据

编号 i	未喷丸试件疲劳寿命 N_{1i}/千次循环		喷丸试件疲劳寿命 N_{2i}/千次循环	
	$x_{1i}=\lg N_{1i}$	x_{1i}^2	$x_{2i}=\lg N_{2i}$	x_{2i}^2
1	2.859 1	8.174 7	2.867 5	8.222 4
2	3.032 2	9.194 3	2.748 2	7.552 5
3	3.137 7	9.845 0	2.926 3	8.563 5
4	2.721 0	7.403 8	2.799 3	7.836 3
5	2.938 0	8.632 0	3.226 6	10.410 9
6	3.164 9	10.016 9	2.711 8	7.353 9
7	2.820 9	7.957 2	2.907 4	8.453 0
8	3.106 2	9.648 4	2.670 2	7.130 2
9			3.123 5	9.756 4
10			2.781 0	7.734 2
总和	23.780 0	70.872 3	28.762 0	83.013 4

（2）计算子样平均值 $\bar{x}$ 和方差 s^2

对于未喷丸试件，子样大小 $n_1=8$，有

$$\bar{x}_1 = \frac{1}{n_1}\sum_{i=1}^{n_1} x_{1i} = \frac{1}{8}\times 23.78 = 2.972\ 5$$

$$s_1^2 = \frac{\sum_{i=1}^{n_1} x_{1i}^2 - \frac{1}{n_1}\left(\sum_{i=1}^{n_1} x_{1i}\right)^2}{n_1-1} = \frac{70.872 - \frac{1}{8}\times 23.78^2}{8-1} = 0.026\ 56$$

对于喷丸试件，子样大小 $n_2=10$，有

$$\bar{x}_2 = \frac{1}{n_2}\sum_{i=1}^{n_2} x_{2i} = \frac{1}{10}\times 28.7618 = 2.876\ 2$$

$$s_2^2 = \frac{\sum_{i=1}^{n_2} x_{2i}^2 - \frac{1}{n_2}\left(\sum_{i=1}^{n_2} x_{2i}\right)^2}{n_2-1} = \frac{83.0126 - \frac{1}{10}\times 28.7618^2}{10-1} = 0.032\ 05$$

（3）F 检验

在应用 t 检验法之前，必须通过 F 检验。计算 F 值时，把较大的方差 0.032 05 作为分子，较小的方差 0.026 56 作为分母，得

$$F = \frac{0.032\ 05}{0.026\ 56} = 1.21$$

分子自由度对应于较大的方差,其值为 $10-1=9$,分母自由度为 $8-1=7$。如取显著度 $\alpha=5\%$,则由统计用表查得 $F_{\alpha}=4.82$。因此,$F<F_{\alpha}$,表示两个母体标准差相等,即 $\sigma_1=\sigma_2$。

（4）t 检验

根据式(2-146),计算 t 值:

$$t = \frac{(\bar{x}_1 - \bar{x}_2)}{\sqrt{\dfrac{(n_1-1)s_1^2 + (n_2-1)s_2^2}{n_1+n_2-2}}\ \sqrt{\dfrac{1}{n_1} + \dfrac{1}{n_2}}}$$

$$= \frac{2.972\ 5 - 2.876\ 2}{\sqrt{\dfrac{(8-1)\times 0.026\ 56 + (10-1)\times 0.032\ 05}{8+10-2}}\ \sqrt{\dfrac{1}{8} + \dfrac{1}{10}}} = 1.179$$

其自由度为 $\nu=n_1+n_2-2=8+10-2=16$,取 $\alpha=5\%$,由统计用表查得 $t_{\alpha}=2.12$,因此 $t<t_{\alpha}$。故可得出结论:就疲劳寿命而言,两个子样来自平均值相同的两个母体。又鉴于两个正态母体标准差相同,所以还可说成"两个子样来自同一母体"。也就是,单面喷丸工艺对材料的疲劳性能没有影响,未喷丸试件和喷丸试件疲劳寿命的差异纯属偶然因素引起的。

2.4.7　成组对比试验的 t' 检验法

前面介绍的成组对比试验必须满足两个母体标准差相同的条件。如果两个母体标准差不同,则成组对比试验的 t 检验法是不适用的。为此,介绍一种近似的 t' 检验法,它可以用于两个母体标准差不同($\sigma_1\neq\sigma_2$)的情况。成组对比试验的 t' 检验法具体步骤如下:首先按下式求出 t' 值。

$$t' = \frac{\bar{x}_1 - \bar{x}_2}{\sqrt{\dfrac{s_1^2}{n_1} + \dfrac{s_2^2}{n_2}}} \qquad (2-147)$$

其自由度为

$$\nu = \frac{\left(\dfrac{s_1^2}{n_1} + \dfrac{s_2^2}{n_2}\right)^2}{\dfrac{1}{n_1-1}\left(\dfrac{s_1^2}{n_1}\right)^2 + \dfrac{1}{n_2-1}\left(\dfrac{s_2^2}{n_2}\right)^2} \qquad (2-148)$$

如果求出的 ν 值不是整数,则采用最接近该数值但比它小的整数。当已知自由度时,即可由 t 分布数值表确定接受区间 $(-t_{\alpha}, t_{\alpha})$。若 $|t'|<t_{\alpha}$,则接受统计假设 $\mu_1=\mu_2$;若 $|t'|>t_{\alpha}$,则拒绝统计假设。

例 2-5　已知两组试件的疲劳试验数据如表 2-5 所列。试问被抽取子样的两个母体平均值是否相同?

表 2 - 5　两组试件疲劳试验数据

参　数	第一组	第二组
子样大小	$n_1 = 9$	$n_2 = 12$
子样平均值	$\bar{x}_1 = 2.38$	$\bar{x}_2 = 2.62$
子样方差	$s_1^2 = 0.052$	$s_2^2 = 0.014$

解　（1）F 检验

将较大方差 0.052 作为分子，较小方差 0.014 作为分母，计算 F 值：

$$F = \frac{0.052}{0.014} = 3.71$$

已知分子自由度为 8，分母自由度为 11。如取 $\alpha = 5\%$，则由统计用表查得 $F_\alpha = 3.66$。因为 $F > F_\alpha$，表示两个母体标准差不同，所以不宜采用 t 检验法。

（2）t' 检验

按公式（2 - 147）计算 t' 值：

$$t' = \frac{\bar{x}_1 - \bar{x}_2}{\sqrt{\dfrac{s_1^2}{n_1} + \dfrac{s_2^2}{n_2}}} = \frac{2.38 - 2.62}{\sqrt{\dfrac{0.052}{9} + \dfrac{0.014}{12}}} = -2.88$$

按公式（2 - 148）计算自由度：

$$\nu = \frac{\left(\dfrac{s_1^2}{n_1} + \dfrac{s_2^2}{n_2}\right)^2}{\dfrac{1}{n_1 - 1}\left(\dfrac{s_1^2}{n_1}\right)^2 + \dfrac{1}{n_2 - 1}\left(\dfrac{s_2^2}{n_2}\right)^2} = \frac{\left(\dfrac{0.052}{9} + \dfrac{0.014}{12}\right)^2}{\dfrac{1}{9 - 1}\left(\dfrac{0.052}{9}\right)^2 + \dfrac{1}{12 - 1}\left(\dfrac{0.014}{12}\right)^2} = 11.22$$

当取自由度为 11，$\alpha = 5\%$ 时，由统计用表查得 $t_\alpha = 2.201$。由于 $|t'| > t_\alpha$，故可认为被抽取子样的两个母体平均值不同，即 $\mu_1 \neq \mu_2$。

2.4.8　各子样大小相同时的筛选试验

在疲劳可靠性设计中，为了从几个方案中选取一两个最佳方案，常常需要进行筛选试验。前面所介绍的成组对比法是根据两组试件的试验结果进行对比，而筛选试验则是多组试件试验结果的对比，所以，筛选试验实际上是成组对比试验的推广。

筛选试验的理论依据是数理统计学中的"方差分析"。首先，举例说明方差分析的意义。譬如，某工厂要研制一种钢材，为了了解何种热处理状态对疲劳性能最好，采用了 5 种不同热处理状态的试件进行疲劳试验（见表 2 - 6）。将同一种热处理状态的试件作为一组，共分 5 组，其中：第 2 组平均值（5.799 7）最低，第 4 组平均值（6.006 6）最高，但不能由此得出第 4 种热处理状态最佳、第 2 种热处理状态最差的结论。因为，在第 2 组中还有 5.984 5 那样高的数据，而在第 4 组中也还有 5.762 4 比较低的数据，很难断定再继续做若干试验后，第 4 组的平均值仍然最高，第 2 组的平均值仍然最低。不能做出这样结论的原因和上述对比试验一样，由于始终有偶然误差存在，从直观上分辨不出各平均值之间的差异纯属偶然误差，还是包含条件误差,方差分析提供了解决这一问题的方法。此法仍必须满足母体按正态分布的条件,因此适于在中等寿命区所进行的疲劳试验。在满足正态分布条件下,也可推广用于断裂性能试验。

表 2 - 6　对数疲劳寿命的分组数据

试件编号	热处理状态(试验分组)				
	1	2	3	4	5
1	6.270 0	5.597 0	5.947 6	5.882 5	5.921 8
2	6.017 8	5.741 3	5.845 1	5.762 4	5.725 3
3	5.487 7	5.964 1	5.910 7	6.242 3	5.929 9
4	5.746 7	5.711 8	5.910 8	6.288 0	5.813 9
5	5.851 3	5.984 5	5.989 4	6.027 8	6.033 0
6	5.707 7		5.637 9	6.013 7	5.855 6
7	5.657 2		5.732 2	5.829 3	5.821 2
Σ	40.738 4	29.998 7	40.973 7	42.046 0	41.100 6
平均值	5.819 8	5.799 7	5.853 4	6.006 6	5.871 5

为了说明在方差分析中各符号的意义,将筛选试验的观测值 x_{ji} 列于表 2 - 7 中。

本节只考虑子样大小相同的情况,各子样大小均等于 n,i 为各试件编号,$i=1,2,\cdots,n$。表(2 - 7)中,m 表示子样个数,$j=1,2,\cdots,m$;$T_1,T_2,\cdots,T_m$ 分别表示各组观测值之和;$\bar{x}_1,\bar{x}_2,\cdots,\bar{x}_m$ 分别表示各组观测值的平均值。

表 2 - 7　筛选试验的分组

试件编号	子样(试验分组)			
	1	2	$\cdots j \cdots$	m
1	x_{11}	x_{21}	$\cdots x_{j1} \cdots$	x_{m1}
2	x_{12}	x_{22}	$\cdots x_{j2} \cdots$	x_{m2}
$\vdots$	$\vdots$	$\vdots$	$\vdots$	$\vdots$
i	x_{1i}	x_{2i}	$\cdots x_{ji} \cdots$	x_{mi}
$\vdots$	$\vdots$	$\vdots$	$\vdots$	$\vdots$
n	x_{1n}	x_{2n}	$\cdots x_{jn} \cdots$	x_{mn}
Σ	T_1	T_2	$\cdots T_j \cdots$	T_m
平均值	$\bar{x}_1$	$\bar{x}_2$	$\cdots \bar{x}_j \cdots$	$\bar{x}_m$

$$T_j = \sum_{i=1}^{n} x_{ji} \qquad (2-149)$$

$$\bar{x}_j = \frac{1}{n}\sum_{i=1}^{n} x_{ji} = \frac{T_j}{n} \qquad (2-150)$$

令 T 与 $\bar{x}$ 分别表示全体 $m \times n$ 个观测值的总和与总平均值：

$$T = \sum_{j=1}^{m} \sum_{i=1}^{n} x_{ji} = \sum_{j=1}^{m} T_j \qquad (2-151)$$

$$\bar{x} = \frac{T}{mn} = \frac{1}{mn} \sum_{j=1}^{m} \sum_{i=1}^{n} x_{ji} = \frac{1}{m} \sum_{j=1}^{m} \bar{x}_j \qquad (2-152)$$

式(2-152)表明：总平均值 $\bar{x}$ 等于各组平均值 $\bar{x}_j$ 的平均值。于是，可得

$$F_x = \frac{\left[\dfrac{n \sum\limits_{j=1}^{m} (\bar{X}_j - \bar{X})^2}{m-1} \right]}{\left[\dfrac{\sum\limits_{j=1}^{m} \sum\limits_{i=1}^{n} (X_{ji} - \bar{X}_j)^2}{m(n-1)} \right]} \qquad (2-153)$$

公式(2-153)中包括组内偏差平方和 $\sum\limits_{j=1}^{m} \sum\limits_{i=1}^{n} (X_{ji} - \bar{X}_j)^2$ 及组间偏差平方和 $n \sum\limits_{j=1}^{m}$ $(\bar{X}_j - \bar{X})^2$。组内偏差平方和来源于同一组内部观测值之间的差异，因此纯属偶然误差。而组间偏差平方和则反映了组与组之间平均值的差异，故除了包含偶然误差外，还可能存在条件误差。因为 F_x 与组间偏差平方和成正比，所以条件因素影响愈大，F_x 取值就愈大。当 F_x 取值大得超过某一限度时，表明子样平均值之间有显著差异。在这种情况下，设立舍弃区间的原则应该是单边的，即只由 F 概率密度曲线右侧尾部构成。若取显著度为 α，接受区间的下限为 0，则上限 F_α 由下式确定：

$$P(F_x > F_\alpha) = \alpha \qquad (2-154)$$

根据试验结果的一批观测值 x_{ji}，可知 F_x 变量的取值为

$$F = \frac{\dfrac{\dfrac{1}{n} \sum\limits_{j=1}^{m} T_j^2 - \dfrac{T^2}{mn}}{m-1}}{\dfrac{\sum\limits_{j=1}^{m} \sum\limits_{i=1}^{n} x_{ji}^2 - \dfrac{1}{n} \sum\limits_{j=1}^{m} T_j^2}{m(n-1)}} \qquad (2-155)$$

若 $F < F_\alpha$，则接受统计假设：$\mu_1 = \mu_2 = \cdots = \mu_m = \mu$，认为 m 个子样都来自同一正态母体，即当试验条件改变时各子样平均值之间无显著差异。反之，若 $F > F_\alpha$，则拒绝统计假设。

例 2-6　为了研制某种合金，使用了 4 种热处理状态。试通过试验从 4 种热处理状态中筛选出对疲劳裂纹扩展性能最优的热处理状态。对每种状态都做了 5 次试验，试验结果列于表 2-8 中，表中数据是在同一应力水平下测得的对数裂纹扩展寿命。

表 2-8　4 种热处理状态的对数疲劳寿命

试件编号	热处理状态（试验分组）			
	1	2	3	4
1	4.036 3	4.122 2	4.256 0	4.231 2
2	4.026 0	4.072 3	4.340 3	4.211 2

试件编号	热处理状态(试验分组)			
	1	2	3	4
3	4.158 4	4.262 5	4.331 8	4.337 6
4	4.159 9	4.167 1	4.117 3	4.182 5
5	4.123 2	4.074 5	4.262 4	4.122 7

解　假设不同的热处理状态对疲劳裂纹扩展性能无影响,4 种热处理状态试件对数裂纹扩展寿命母体平均值相同。现在,利用方差分析检验这一假设是否成立。表 2 - 9 中,T_j 为每组内观测值的总和,$\bar{x}_j$ 为每组观测值的平均值,$\sum\limits_{i=1}^{n} x_{ji}^2$ 为每组内观测值的平方和。对于本例题,$m=4$,$n=5$。

表 2 - 9　4 种热处理状态的对数疲劳寿命的筛选分析结果

参　数	热处理状态(试验分组)			
	1	2	3	4
T_j	20.503 8	20.698 6	21.307 8	21.085 0
$\bar{x}_j$	4.100 8	4.139 7	4.261 6	4.217 0
T_j^2	420.405 8	428.430 0	454.022 0	444.585 7
$\sum\limits_{i=1}^{n} x_{ji}^2$	84.098 2	85.711 3	90.836 0	88.942 0

根据表中数据进行以下计算:

$$T = \sum_{j=1}^{m} T_j = 20.503\ 8 + 20.698\ 6 + 21.307\ 8 + 21.085\ 0 = 83.595\ 2$$

$$\sum_{j=1}^{m} T_j^2 = 420.405\ 8 + 428.430\ 0 + 454.022\ 0 + 444.585\ 7 = 1\ 747.443\ 5$$

$$\sum_{j=1}^{m} \sum_{i=1}^{n} x_{ji}^2 = 84.098\ 0 + 85.711\ 0 + 90.836\ 0 + 88.942\ 0 = 349.587\ 0$$

组间偏差平方和:

$$\frac{1}{n} \sum_{j=1}^{m} T_j^2 - \frac{T^2}{mn} = \frac{1}{5} \times 1\ 747.443\ 5 - \frac{83.595\ 2^2}{4 \times 5} = 0.081\ 298$$

组内偏差平方和:

$$\sum_{j=1}^{m} \sum_{i=1}^{n} x_{ji}^2 - \frac{1}{n} \sum_{j=1}^{m} T_j^2 = 349.587\ 0 - \frac{1}{5} \times 1\ 747.443\ 5 = 0.098\ 837$$

分子自由度为 $m-1=4-1=3$,分母自由度为 $m(n-1)=4 \times (5-1)=16$。

将以上各值代入公式(2 - 155),得

$$F = \frac{\dfrac{0.081\ 298}{3}}{\dfrac{0.098\ 837}{16}} = 4.386\ 9$$

取显著度 $\alpha = 5\%$，由统计用表查得 $F_\alpha = 3.24$。因为 $F > F_\alpha$，故应拒绝假设，表明这 4 种热处理状态试件的对数裂纹扩展寿命有显著差异。由表 2-7 可以看出，第 1、2 组观测值的平均值 $\bar{x}_1 = 4.100\ 8$、$\bar{x}_2 = 4.139\ 7$ 都小于 4.2；而第 3、4 组观测值的平均值 $\bar{x}_3 = 4.261\ 6$、$\bar{x}_4 = 4.217\ 0$ 都大于 4.2。为了从中筛选出对疲劳裂纹扩展性能最优的热处理状态，进一步对第 3、4 组观测值再进行方差分析，检验其是否有显著差异。若差异不显著，则它们就都是最优的热处理状态。若差异显著，则平均值较大的那一种即最优热处理状态。

对 3、4 组观测值的方差分析如下（此时，$m = 2$，$n = 5$）。

$$\frac{1}{n}\sum_{j=1}^{m}T_j^2 - \frac{T^2}{mn} = \frac{1}{5}(454.022\ 0 + 444.585\ 7) - \frac{(21.307\ 8 + 21.085\ 0)^2}{5 \times 2} = 0.006\ 591$$

$$\sum_{j=1}^{m}\sum_{i=1}^{n}x_{ji}^2 - \frac{1}{n}\sum_{j=1}^{m}T_j^2 = (90.836\ 0 + 88.942\ 0) - \frac{1}{5}(454.022\ 0 + 444.585\ 7) = 0.056\ 46$$

分子自由度：$m - 1 = 2 - 1 = 1$，分母自由度：$m(n-1) = 2 \times (5-1) = 8$。

将以上各值代入公式（2-155），得

$$F = \frac{0.006\ 591}{\dfrac{0.056\ 46}{8}} = 0.933\ 9$$

对于 $\alpha = 5\%$，由统计用表查得 $F_\alpha = 5.32$。由于 $F < F_\alpha$，故可认为没有显著差异，第 3、4 种热处理状态都是最优的。

最后还应指出，当 $m = 2$ 时，筛选试验法就退化为成组对比法，二者给出的结果完全相同。下面再将第 3、4 组的数据应用成组对比法进行验算。首先，分别求出第 3、4 组观测值的方差：

$$s_3^2 = \frac{90.836 - \dfrac{1}{5}\times 21.307\ 8^2}{5 - 1} = 0.007\ 883$$

$$s_4^2 = \frac{88.942\ 0 - \dfrac{1}{5}\times 21.085\ 0^2}{5 - 1} = 0.006\ 639$$

再按公式（2-146）计算 t 值：

$$t = \frac{\bar{x}_3 - \bar{x}_4}{\sqrt{s_3^2 + s_4^2}}\sqrt{n} = \frac{4.261\ 6 - 4.217\ 0}{\sqrt{0.007\ 883 + 0.006\ 639}} \times \sqrt{5} = 0.827\ 6$$

其自由度为

$$\nu = n + n - 2 = 5 + 5 - 2 = 8$$

对于显著度 $\alpha = 5\%$，由统计用表查得 $t_\alpha = 2.306$。由于 $t < t_\alpha$，故可认为没有显著差异，第 3、4 种热处理状态都是最优的，其结果与上述检验结果保持一致。

2.4.9　各子样大小不同时的筛选试验

2.4.8 小节介绍的筛选试验法适用于各子样大小相同的情况。但在许多场合下，各子样大小不一定相同，即每个试验组的试件个数不同。下面介绍这种子样大小不同的筛选试验。

全部观测值的总和为 $T = \sum_{j=1}^{m}T_j$，总平均值为 $\bar{x} = \dfrac{1}{m}\sum_{j=1}^{m}\bar{x}_j$，以 A 表示所有观测值的

个数：

$$A = \sum_{j=1}^{m} n_j \qquad (2-156)$$

则可写出 F_x 变量：

$$F_x = \frac{\dfrac{\sum\limits_{j=1}^{m} n_j (\bar{X}_j - \bar{X})^2}{m-1}}{\dfrac{\sum\limits_{j=1}^{m} \sum\limits_{i=1}^{n_j} (X_{ji} - \bar{X}_j)^2}{A-m}} \qquad (2-157)$$

如果令 $n_1 = n_2 = \cdots = n_m = n$，则式（2-157）转化为式（2-153），此时 $A=mn$，分母自由度变成 $m(n-1)$。

根据试验结果的一批观测值 x_{ji}，可知 F_x 变量的取值为

$$F = \frac{\dfrac{\sum\limits_{j=1}^{m} \dfrac{T_j^2}{n_j} - \dfrac{T^2}{A}}{m-1}}{\dfrac{\sum\limits_{j=1}^{m} \sum\limits_{i=1}^{n_j} x_{ji}^2 - \sum\limits_{j=1}^{m} \dfrac{T_j^2}{n_j}}{A-m}} \qquad (2-158)$$

利用式（2-158）求出的 F 值，即可进行显著性检验。

例 2-7　根据表 2-10 所列的 5 种热处理状态的电渣熔铸钢疲劳试验结果，推断该铸钢疲劳性能是否因热处理状态不同而有显著差异。

解　表 2-10 中 n_j 是每组观测值个数，T_j 是每组内观测值的总和，$\sum\limits_{i=1}^{n_j} x_{ji}^2$ 是每组内观测值的平方和；观测值总个数 $A=33$。根据表 2-8 中的数据进行以下计算：

$$T = \sum_{j=1}^{m} T_j = 40.738\ 4 + 28.998\ 7 + 40.973\ 7 + 42.046\ 0 + 28.998\ 7 = 193.857\ 5$$

$$\sum_{j=1}^{m} \frac{T_j^2}{n_j} = 237.088\ 2 + 168.184\ 9 + 239.834\ 9 + 252.552\ 3 + 241.323\ 9 = 1\ 138.984\ 2$$

$$\sum_{j=1}^{m} \sum_{i=1}^{n_j} x_{ji}^2 = 237.485\ 7 + 168.30 + 240.0 + 252.80 + 241.323\ 9 = 1\ 139.891\ 5$$

表 2-10　5 种热处理状态下对数疲劳寿命的筛选分析结果

参　　数	热处理状态（试验分组）				
	1	2	3	4	5
n_j	7	5	7	7	7
T_j	40.738 4	28.998 7	40.973 7	42.046	28.998 7
$\bar{x}_j$	5.82	5.80	5.85	6.00	4.14
T_j^2	1 659.617 2	840.924 6	1 678.844 0	1 767.866 0	1 689.267 5

续表 2 - 10

参　数	热处理状态（试验分组）				
	1	2	3	4	5
$\dfrac{T_j^2}{n_j}$	237.088 2	168.184 9	239.834 9	252.552 3	241.323 9
$\displaystyle\sum_{i=1}^{n} x_{ji}^2$	237.485 7	168.30	240.0	252.80	241.305 2

组间偏差平方和：

$$\sum_{j=1}^{m} \frac{T_j^2}{n_j} - \frac{T^2}{A} = 1\ 138.984\ 2 - \frac{193.857\ 5^2}{33} = 0.174\ 2$$

组内偏差平方和：

$$\sum_{j=1}^{m} \sum_{i=1}^{n_j} x_{ji}^2 - \sum_{j=1}^{m} \frac{T_j^2}{n_j} = 1\ 139.891\ 5 - 1\ 138.984\ 2 = 0.907\ 3$$

分子自由度：$m-1=5-1=4$，分母自由度：$A-m=33-5=28$。

将以上各值代入公式(2 - 158)，得

$$F = \frac{\dfrac{0.174\ 2}{4}}{\dfrac{0.907\ 3}{28}} = 1.346$$

取显著度 $\alpha = 10\%$，由统计用表查得 $F_{\alpha} = 2.16$。由于 $F < F_{\alpha}$，故可得出结论：就疲劳寿命而言，这 5 个子样来自同一母体，不同热处理状态对疲劳性能无影响。

习　题

习题 2 - 1　试述概念：母体、子样、个体、随机变量的定义。

习题 2 - 2　试述平均值、标准差、变异系数的定义及其异同点。

习题 2 - 3　试述可靠度、置信度、显著度的定义及其异同点。

习题 2 - 4　某产品疲劳寿命试验数据如表 2 - 11 所列，试求疲劳寿命的可靠度，以及可靠度和置信度均为 95％ 的安全寿命。

表 2 - 11

序号 i	疲劳寿命 N_i/千次循环	对数疲劳寿命 $\lg N_i$	可靠度估计量 p_i	序号 i	疲劳寿命 N_i/千次循环	对数疲劳寿命 $\lg N_i$	可靠度估计量 p_i
1	350	2.54		11	550		
2	380	2.58		12	570		
3	400	2.60		13	600		

序号 i	疲劳寿命 N_i/千次循环	对数疲劳寿命 $\lg N_i$	可靠度估计量 p_i	序号 i	疲劳寿命 N_i/千次循环	对数疲劳寿命 $\lg N_i$	可靠度估计量 p_i
4	430	2.63		14	610		
5	450	2.65		15	630		
6	470	2.67		16	650		
7	480	2.68		17	670		
8	500	2.70		18	730		
9	520	2.72		19	770		
10	540	2.73		20	840		

习题 2 - 5　　在某一轴向循环载荷作用下,测得一组中 3 个试件的疲劳寿命(列于表 2 - 12),试确定该组最少试件个数。

表 2 - 12

疲劳寿命 N_i/次循环	对数疲劳寿命 $\lg N_i$	平均值 $\bar{x}$	标准差 s	变异系数 $s/\bar{x}$
2.73×10^5	5.436 2			
1.37×10^5	5.136 7	5.263 5	0.155	0.029 4
1.65×10^5	5.217 5			

第 3 章　可靠性分析与评估

3.1　可靠性定义与指标

3.1.1　定　义

可靠性是产品在规定的条件下和规定的时间内完成规定功能的能力。其中,规定的条件主要指运输、储存、使用时的环境条件,如温度、压力、湿度、载荷、振动、腐蚀、磨损等,民机的典型运行环境如图 3-1 所示;规定的时间主要指飞行小时与飞行起落数。完成规定的功能意味着不发生故障,能正常工作,且工作状况态正常。

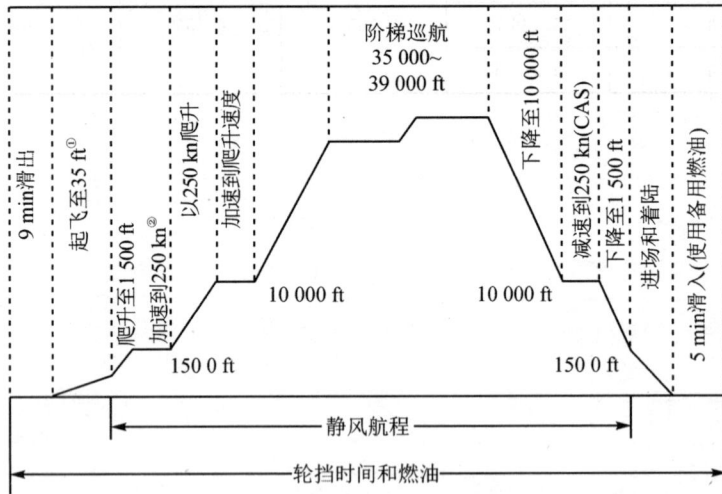

图 3-1　民机的典型运行环境

任务可靠性是在规定的任务剖面内完成规定功能的能力,是系统完成任务能力的度量,其只考虑引起任务失败的故障,通常采用冗余设计来提高任务可靠性。

基本可靠性是在规定的条件下和规定的时间内无故障工作的能力,是系统在没有后勤保障情况下工作能力的度量,其需要考虑所有需要维修保障的故障,采用冗余设计通常会降低基本可靠性。基本可靠性通常等于或低于任务可靠性。

固有可靠性是在生产工程中已经确立的可靠性。

---

① 1 ft=0.308 m。

② 1 kn=1 n mile/h=1.852 km/h。

　　使用可靠性是考虑使用环境、操作水平、保养与维修等因素的可靠性。

3.1.2　指　标

　　在可靠性理论中,描述可靠性(或其反面,破坏)的指标有许多种,下面介绍可靠性分析中最基本的几种指标。

　　(1) 可靠度(存活率)$R(t)$

　　可靠度(存活率)是部件在规定的条件下和规定的时间内,完成规定功能的概率。根据定义,可靠度 $R(t)$ 是部件使用到 t 时刻不破坏(不失效或不故障)的概率,因此

$$R(t) = P(T \geqslant t) \tag{3-1}$$

式中,随机变量 T 为部件正常工作时间。

　　可靠度 $R(t)$ 的观测值可表示为

$$R(t) = \frac{N - n(t)}{N} \tag{3-2}$$

式中,N 为 $t=0$ 时,在规定条件下进行工作的部件总数;$n(t)$ 为在 $0 \sim t$ 时刻内,部件的累计故障数。显然,在一般情况下,有 $R(0)=1, R(\infty)=0$。

　　例 3-1　有 3 个部件,分别在工作 2 h、6 h、10 h 后发生故障,求工作 1 h、5 h、15 h 时的可靠度。

　　解　当工作 1 h 时,因为 3 个部件都正常工作,可靠度 $R(1)=3/3=100\%$;当工作 5 h 时,因为 3 个部件中有 2 个正常工作,可靠度 $R(5)=2/3=67\%$;当工作 15 h 时,因为 3 个部件都不正常工作,可靠度 $R(15)=0/3=0\%$。

　　(2) 不可靠度(累积失效概率)$F(t)$

　　不可靠度(累积破坏概率、累积失效概率或累积故障概率)是部件在规定的条件下和规定的时间内,丧失规定功能的概率。根据定义,不可靠度 $F(t)$ 是部件在 t 时刻前发生破坏(也称失效、故障)的概率,于是

$$F(t) = P(T < t) \tag{3-3}$$

　　不可靠度 $F(t)$ 的观测值可表示为

$$F(t) = \frac{n(t)}{N} \tag{3-4}$$

式中,N 为 $t=0$ 时,在规定条件下进行工作的部件总数;共 $n(t)$ 为在 0 到 t 时刻内,部件的累计故障数。显然,在一般情况下,有 $F(0)=0, F(\infty)=1$。

　　(3) 破坏(失效)概率密度函数 $f(t)$

　　破坏概率密度函数(失效概率密度函数或故障概率密度函数)$f(t)$ 是部件在单位时间内发生破坏(失效或故障)的概率,于是

$$f(t) = \frac{\mathrm{d}F(t)}{\mathrm{d}t} = -\frac{\mathrm{d}R(t)}{\mathrm{d}t} \tag{3-5}$$

　　破坏概率密度函数的基本特性为 $\int_0^\infty f(t) = 1$。

可靠度 $R(t)$、不可靠度 $F(t)$ 与破坏概率密度函数 $f(t)$ 有如下关系（见图 3-2）：

$$R(t) = 1 - F(t) = 1 - \int_0^t f(t)\,\mathrm{d}t = \int_t^\infty f(t)\,\mathrm{d}t \qquad (3-6)$$

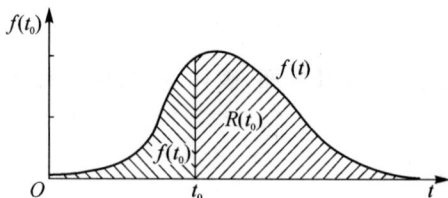

图 3-2　可靠度、不可靠度与失效密度函数的关系

（4）危险率（失效率）$r(t)$

危险率（失效率或故障率）$r(t)$ 指使用到某一时刻 t 未破坏的部件，再继续使用下去，在随后的单位时间内发生破坏（也称失效、故障）的概率。

设 $t=0$ 时，工作的部件总数为 N，工作到 t 时刻，失效的部件个数为 $n(t)$，工作到 $t+\Delta t$ 时刻，失效的部件个数为 $n(t+\Delta t)$，则在 t 时刻的平均失效率 $\bar{r}(t)$ 为

$$\bar{r}(t) = \frac{1}{N-n(t)} \cdot \frac{n(t+\Delta t) - n(t)}{\Delta t} \qquad (3-7)$$

特别地，t 时刻的瞬时失效率 $r(t)$ 为

$$r(t) = \lim_{\Delta t \to 0} \bar{r}(t) = \lim_{\Delta t \to 0} \frac{1}{N-n(t)} \cdot \frac{n(t+\Delta t) - n(t)}{\Delta t} \qquad (3-8)$$

化简式（3-8），可得

$$r(t) = \frac{1}{N-n(t)} \lim_{\Delta t \to 0} \frac{n(t+\Delta t) - n(t)}{\Delta t} = \frac{1}{N-n(t)} \cdot \frac{\mathrm{d}n(t)}{\mathrm{d}t} \qquad (3-9)$$

将式（3-4）代入式（3-9），得

$$r(t) = \frac{1}{N-n(t)} \frac{\mathrm{d}N \cdot F(t)}{\mathrm{d}t} = \frac{N}{N-n(t)} \frac{\mathrm{d}F(t)}{\mathrm{d}t} = \frac{1}{\dfrac{N-n(t)}{N}} \frac{\mathrm{d}F(t)}{\mathrm{d}t} \qquad (3-10)$$

将式（3-2）和式（3-5）代入式（3-10），得

$$r(t) = \frac{f(t)}{R(t)} = \frac{f(t)}{1-F(t)} \qquad (3-11)$$

下面分析 $r(t)$ 与 $R(t)$、$F(t)$ 和 $f(t)$ 的关系，联立式（3-5）和式（3-11），可得

$$r(t) = \frac{-\dfrac{\mathrm{d}R(t)}{\mathrm{d}t}}{R(t)} = -\frac{\mathrm{d}\ln R(t)}{\mathrm{d}t} \qquad (3-12)$$

对式（3-12）积分，可得

$$\ln R(t) = -\int_0^t r(t)\,\mathrm{d}t \qquad (3-13)$$

于是

$$R(t) = \mathrm{e}^{-\int_0^t r(t)\,\mathrm{d}t} \qquad (3-14)$$

$$F(t) = 1 - \mathrm{e}^{-\int_0^t r(t)\,\mathrm{d}t} \qquad (3-15)$$

$$f(t) = r(t) e^{-\int_0^t r(t)dt} \tag{3-16}$$

大多数部件的失效率随时间的变化曲线形似浴盆,故称之为浴盆曲线。由于部件失效机理的不同,产品的失效率随时间的变化大致可以分为三个阶段(见图3-3):早期失效期、偶然失效期、耗损故障期。

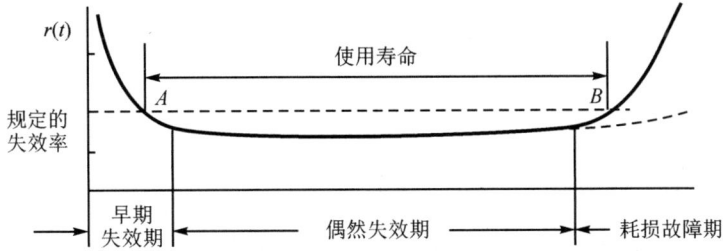

图 3-3　典型的失效率函数

例 3-2　有某种部件 100 个,已工作了 6 年,工作满 5 年时共有 3 个失效,工作满 6 年时共有 9 个失效。试计算这批部件工作满 5 年时的失效率。

解　当时间以年为单位,即 $\Delta t = 1$ 年时,有

$$\bar{r}(5) = \frac{1}{N - n(5)} \frac{n(6) - n(5)}{1} = \frac{9-3}{(100-3)\times 1} = 6.19\%/年$$

当时间以 10^3 h 为单位为时,即 $\Delta t = 8.76 \times 10^3$ h,则有

$$\bar{r}(5) = \frac{1}{N - n(5)} \frac{n(6) - n(5)}{1} = \frac{9-3}{(100-3)\times 8.76 \times 10^3} = 0.706\%/(10^3 h)$$

(5) 平均寿命 θ

对于不可修复的部件,其寿命是指部件失效前的工作时间,因此,平均寿命是指该部件从开始使用到失效前工作时间的平均值,或称为失效前平均时间,记为 MTTF(Mean Time to Failure):

$$MTTF = \frac{1}{N} \sum_{i=1}^N t_i \tag{3-17}$$

式中,N 为测试的部件总数;t_i 为第 i 个部件失效前的工作时间。

对于可修复产品,其寿命是指部件在相邻两次故障间的工作时间。因此,平均寿命是指平均无故障工作时间,或称为平均故障间隔,记为 MTBF(Mean Time Between Failures):

$$MTBF = \frac{1}{\sum_{i=1}^N n_i} \sum_{i=1}^N \sum_{j=1}^{n_i} t_{ij} \tag{3-18}$$

式中,N 为测试的部件总数;n_i 为第 i 个部件的故障次数;t_{ij} 为第 i 个部件的第 $j-1$ 次到第 j 次故障的工作时间。

实际上,MTTF 与 MTBF 在本质上是一样的,因此统称为平均寿命,用 θ 表示,即

$$\theta = \frac{1}{N} \sum_{i=1}^N t_i = \frac{所有部件总的工作时间}{总的故障数} \tag{3-19}$$

若已知部件总体的破坏概率密度函数 $f(t)$,则平均寿命 θ 为寿命 t 的数学期望,即

$$\theta = \mu_T = \int_0^{+\infty} t f(t) \, dt = \int_0^{+\infty} -t \, \frac{dR(t)}{dt} dt$$

$$= -\left[tR(t) \right] \Big|_0^{+\infty} + \int_0^{+\infty} R(t) \, dt \qquad (3-20)$$

$$= \int_0^{+\infty} R(t) \, dt$$

当失效率 $r(t)$ 为常数 r 时,由式(3-14)可知,$R(t) = e^{-rt}$,将其代入式(3-20)可得平均寿命为

$$\theta = \int_0^{+\infty} e^{-rt} \, dt = \frac{1}{r} \qquad (3-21)$$

例 3-3 某部件工作 10 h 发生故障,维修后该部件工作了 25 h 又发生故障,马上又维修,该部件工作了 30 h 再次发生故障。虽然再次维修好,但该部件工作了 15 h 又发生故障。求这个部件的 MTBF 平均无故障时间。

解 该部件总的工作时间是各次故障间隔时间总和,而发生故障次数是 4 次,则部件的平均无故障间隔时间为

$$\text{MTBF} = \frac{10 + 25 + 30 + 15}{4} = \frac{80}{4} = 20 \text{ h}$$

(6) 安全寿命(可靠寿命)t_R

安全寿命(可靠寿命)对应于一定的可靠度或存活率 R_0,故有 $P(t \geqslant t_R) = R_0$,于是

$$t_R = R^{-1}(R_0) \qquad (3-22)$$

式中,$R^{-1}(t)$ 表示可靠度函数的逆函数。中位寿命为 $t_{0.5} = R^{-1}(0.5)$;特征寿命为 $t_{e^{-1}} = R^{-1}(e^{-1})$。

例 3-4 已知某部件的失效率为常数,即 $r(t) = r = 0.25 \times 10^{-4}/h$,可靠度函数 $R(t) = e^{-rt}$,求可靠寿命 $t_{0.99}$、中位寿命 $t_{0.5}$ 和特征寿命 $t_{e^{-1}}$。

解 由于 $R(t_R) = e^{-rt_R} \Rightarrow \ln R(t_R) = -rt_R \Rightarrow t_R = -\dfrac{\ln R(t_R)}{r}$,故

$$t_{0.99} = -\frac{\ln(0.99)}{0.25 \times 10^{-4}/h} = 402 \text{ h}$$

$$t_{0.5} = -\frac{\ln(0.5)}{0.25 \times 10^{-4}/h} = 27\,726 \text{ h}$$

$$t_{e^{-1}} = -\frac{\ln(e^{-1})}{0.25 \times 10^{-4}/h} = 40\,000 \text{ h}$$

(7) 安全检查间隔 ΔT

安全检查间隔(检查周期)是部件在容许破坏概率或危险率下的检查间隔时间 ΔT。它是制定飞机结构"首次翻修期限(首翻期)"和"翻修间隔期限(翻修间隔)"的理论依据。飞机由于结构疲劳破坏失事是公众所不能原谅的事,因此容许的破坏概率或危险率极小。通常飞机的破坏概率或危险率指标可以用下列不同方式衡量:a)飞机整个使用寿命内的破坏概率;b)飞机每飞行小时的平均破坏概率;c)飞机每飞行小时的当时破坏概率;d)飞机每单

位飞行时间的当时危险率(和破坏概率稍有不同);e)飞机每飞行公里的平均破坏概率;f)飞机每飞行公里的当时破坏概率;g)飞机每单位飞行距离的当时危险率(和破坏概率稍有不同);h)整个机队首先发生破坏时刻的预测限等。

目前普通的建议是:飞机整个使用寿命内的容许破坏概率为 $P=10^{-5}$;飞机每飞行小时的平均容许破坏概率为 $P=10^{-9}$(这里近似地取世界上飞机平均寿命为一万飞行小时的数量级)。

在飞机结构和系统研制及使用维护过程中,由于经验的积累,可靠性不断改善,可靠度的数值在增加,这种现象称为可靠性增长。表 3-1 和表 3-2 列出了飞机失事或事故的部分统计资料,而图 3-4 所示的统计数据清楚地表示了可靠性增长的情况。大家可利用这一增长情况建立可靠性增长模型,并可通过外推预测将来的可靠性水平,合理地建立可靠性目标。当可靠性水平接近设计的固有水平时,可靠性增长将趋于饱和,否则,将不断逐渐增长。表 3-3 列出了部分文献中统计的和建议的破坏概率。

表 3-1　喷气旅客机的事故统计

事故原因		失　事	事　故	失事/事故
不满足适航性	机体结构破坏	1	21	5%
	失火(座舱、厕所等)	2	7	29%
	起落架结构破坏、失火	1	20	5%
	起落架机构破坏	0	13	0%
	发动机破坏、失火	5	58	9%
	系统破坏、失火	7	14	50%
操纵或飞行条件影响	鸟撞	0	19	0%
	气候	6	18	33%
	撞击地面高起部分	14	14	100%
	着陆未达跑道	23	45	51%
	着陆超过跑道/滑跑超过跑道	4	28	14%
	跑离跑道	0	23	0%
	严重着陆	0	16	0%
	其他	8	42	19%
总计		71	338	21%

表 3-2　飞机事故原因统计

事故原因	失事/事故	事故原因	失事/事故
破坏活动	10%	气候等客观原因	20%
不满足适航性	28%	人的失误	42%

喷气式飞机机体失事率
(每百万飞行小时)

全部情况

技术原因

J.A.R.(欧洲联合适航条例)允许的系统毁灭性破坏率目标

累计飞行小时

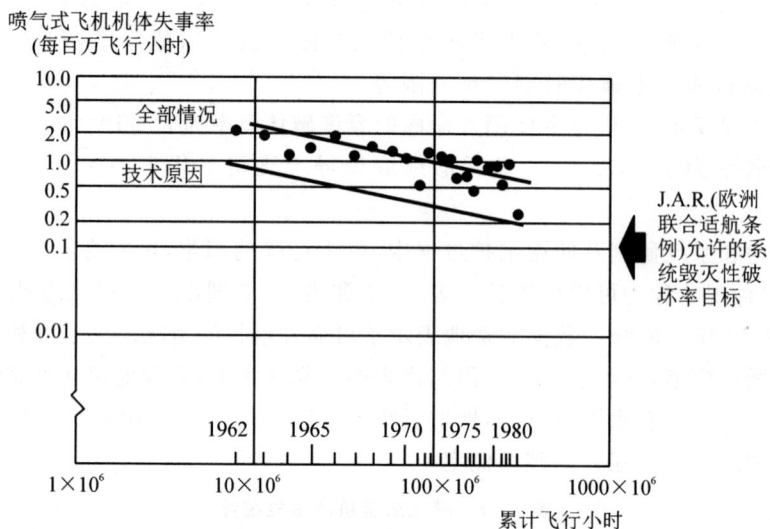

图 3-4 世界民用喷气运输机机体失事率

表 3-3 部分文献中统计的和建议的破坏概率

数据来源	作者	民用机	军用机	备注
统计数据	Freudenthal & Payne	2×10^{-7}/h	5×10^{-7}/h	英国
	苏联指南	$(2 \sim 3) \times 10^{-7}$/h	$(1 \sim 10) \times 10^{-5}$/h	
		2.5×10^{-6}/h		
	上山中夫	$(0.6\% \sim 1.2\%) \times 10^{-8}$ 人/km		
	Pugsley	—	10^{-7}/h	英国,20 世纪 30 年代
	RAE	2.5×10^{-6}/h		英国,20 世纪 30 年代
建议数据	ICAO	10^{-5}/飞机		
	Payne	$\leqslant 10^{-7}$/h	$\leqslant 10^{-6}$/h	危险率
		$\leqslant 10^{-8}$/h	$\leqslant 2 \times 10^{-7}$/h	平均破坏率
		$\leqslant 10^{-3}$/飞机	$\leqslant 10^{-3}$/飞机	破坏概率
	苏联指南	10^{-5}/h		
	RAE	10^{-7}/飞机		
	RAE	$10^{-5} \sim 10^{-7}$/h		
	Kennedy	10^{-7}/h		
	Black	$(1 \sim 10)\% \times 10^{-7}$/h		20 世纪 70 年代
	Lundberg	10^{-9}/h		平均破坏率
	Shaw	10^{-8}/h		危险率
		4×10^{-7}/飞机		

3.2 常用寿命分布函数

3.2.1 指数分布

在可靠性理论中,指数分布是最基本、最常用的分布,适合于失效率 $r(t)=r$ 为常数的情况。电子产品的寿命分布一般服从指数分布。若部件的寿命服从指数分布,则其失效概率密度函数为

$$f(t)=r\mathrm{e}^{-rt}\ (t\geqslant 0) \tag{3-23}$$

可靠度函数 $R(t)$ 和不可靠度函数 $F(t)$ 分别为

$$R(t)=\int_{t}^{+\infty}f(t)\mathrm{d}t=\mathrm{e}^{-rt} \tag{3-24}$$

$$F(t)=\int_{0}^{t}f(t)\mathrm{d}t=1-\mathrm{e}^{-rt} \tag{3-25}$$

平均寿命为

$$\theta=\int_{0}^{+\infty}tf(t)\mathrm{d}t=\frac{1}{r} \tag{3-26}$$

特别地,指数分布的均值和方差分别为

$$E(T)=\frac{1}{r};\quad \mathrm{Var}(T)=\sigma^2=\frac{1}{r^2} \tag{3-27}$$

指数分布最重要的性质是"无记忆性",即若一个部件的寿命服从指数分布,则部件在 t_0 以前可靠工作的条件下,在 t_0+t 期间仍正常工作的概率等于部件在 $(0,t)$ 正常工作的概率,与过去的工作时间 t_0 无关。用条件概率表示指数分布的无记忆性为

$$P\{(T\geqslant t_0+t)\mid (T\geqslant t_0)\}=P(T\geqslant t) \tag{3-28}$$

证明 根据条件概率,式(3-28)可表示为

$$P\{(T\geqslant t_0+t)\mid (T\geqslant t_0)\}=\frac{P(T\geqslant t_0+t)\bigcap P(T\geqslant t_0)}{P(T\geqslant t_0)}$$

$$=\frac{P(T\geqslant t_0+t)}{P(T\geqslant t_0)}=\frac{\mathrm{e}^{-r(t_0+t)}}{\mathrm{e}^{-rt_0}}=\mathrm{e}^{-rt}=P(T\geqslant t)$$

例 3-5 已知某部件的寿命服从指数分布,均值为 500 h,求该部件至少可靠工作 600 h 的概率。若有三个同样的部件,求在前 400 h 里至少一个部件发生故障的概率。

解 因为

$$r=\frac{1}{\theta}=\frac{1}{500}\mathrm{h}^{-1},且\ R(t)=\mathrm{e}^{-rt}$$

所以

$$P(T>600)=\mathrm{e}^{-\frac{1}{500}\cdot 600}=0.30$$

设 A 表示在前 400 h 里没有部件发生故障,P_1、P_2、P_3 分别表示前 400 h 里部件1、部件

2、部件 3 不发生故障的概率,并假设各部件互相独立工作,则在前 400 h 里至少一个部件发生故障的概率 P 为

$$P = 1 - P(A) = 1 - P_1 \bigcap P_2 \bigcap P_3$$

$$= 1 - P_1 \cdot P_2 \cdot P_3 = 1 - e^{-rt} \cdot e^{-rt} \cdot e^{-rt}$$

$$= 1 - (e^{-rt})^3 = 1 - (e^{-\frac{1}{500} \cdot 400})^3 \approx 0.91$$

3.2.2　正态分布

正态分布是机械产品和结构工程中,研究应力分布和强度分布时最常用的一种分布形式,特别适用于描述因腐蚀、磨损、疲劳而引起故障的部件寿命分布。若部件的寿命服从正态分布,则其失效概率密度函数为

$$f(t) = \frac{1}{\sqrt{2\pi}\sigma} e^{-\frac{1}{2}(\frac{t-\mu}{\sigma})^2} \quad (-\infty < t < +\infty) \qquad (3-29)$$

式中,μ 为均值,表示部件寿命的期望值;σ 为标准差,表示偏离均值的散布程度;σ^2 为方差。按照这一函数所绘出的正态分布概率密度曲线如图 3-5 所示。

可靠度函数 $R(t)$ 和不可靠度函数 $F(t)$ 分别为

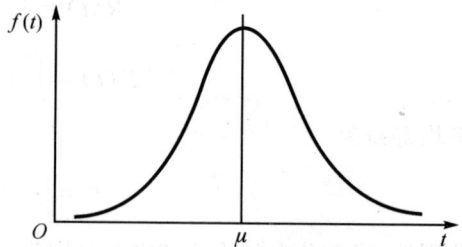

图 3-5　正态分布概率密度曲线

$$R(t) = \frac{1}{\sqrt{2\pi}\sigma} \int_{t}^{+\infty} e^{-\frac{1}{2}(\frac{t-\mu}{\sigma})^2} dt \qquad (3-30)$$

$$F(t) = \frac{1}{\sqrt{2\pi}\sigma} \int_{-\infty}^{t} e^{-\frac{1}{2}(\frac{t-\mu}{\sigma})^2} dt \qquad (3-31)$$

平均寿命为

$$\theta = \int_{-\infty}^{+\infty} t f(t) dt = \mu \qquad (3-32)$$

当正态分布的 $\mu=0$,$\sigma=1$ 时,其称为标准正态分布,此时可表示为

$$\varphi(t) = \frac{1}{\sqrt{2\pi}} e^{-\frac{1}{2}t^2} \quad (-\infty < t < +\infty) \qquad (3-33)$$

$$\phi(t) = \frac{1}{\sqrt{2\pi}} \int_{-\infty}^{t} e^{-\frac{1}{2}t^2} dt \qquad (3-34)$$

由标准正态分布的性质可知,$\phi(+\infty)=1$,$\phi(-\infty)=0$,$\phi(-t)=1-\phi(t)$。可以证明 $F(t) = \phi\left(\frac{t-\mu}{\sigma}\right)$ 可将任意正态分布的求解转化为标准正态分布的求解,因此

$$R(t) = 1 - F(t) = 1 - \phi\left(\frac{t-\mu}{\sigma}\right) \qquad (3-35)$$

例 3-6　已知某部件的寿命 T 服从均值为 μ,方差为 σ^2 的正态分布,求失效概率 $P(\mu - \sigma \leqslant T \leqslant \mu + \sigma)$?（注:查表可知 $\phi(1) = 0.8413$）

解
$$P(\mu - \sigma \leqslant T \leqslant \mu + \sigma) = P(T \leqslant \mu + \sigma) - P(T \leqslant \mu - \sigma)$$
$$= F(\mu + \sigma) - F(\mu - \sigma)$$
$$= \phi\left(\frac{\mu + \sigma - \mu}{\sigma}\right) - \phi\left(\frac{\mu - \sigma - \mu}{\sigma}\right)$$
$$= \phi(1) - \phi(-1)$$
$$= 2\phi(1) - 1 = 0.682\,6$$

3.2.3　对数正态分布

若部件寿命的对数服从正态分布,则部件寿命就服从对数正态分布,对数正态分布的失效概率密度函数为

$$f(t) = \frac{1}{\sqrt{2\pi}\sigma t} e^{-\frac{1}{2}\left(\frac{\ln t - \mu}{\sigma}\right)^2} \quad (t > 0) \tag{3-36}$$

式中,μ 和 σ 为 $\ln T$ 的均值与标准差。

可靠度函数 $R(t)$、不可靠度函数 $F(t)$ 和失效率函数 $r(t)$ 分别为

$$R(t) = \int_t^{+\infty} \frac{1}{\sqrt{2\pi}\sigma t} e^{-\frac{1}{2}\left(\frac{\ln t - \mu}{\sigma}\right)} dt = 1 - \phi\left(\frac{\ln t - \mu}{\sigma}\right) \tag{3-37}$$

$$F(t) = \int_0^t \frac{1}{\sqrt{2\pi}\sigma t} e^{-\frac{1}{2}\left(\frac{\ln t - \mu}{\sigma}\right)} dt = \phi\left(\frac{\ln t - \mu}{\sigma}\right) \tag{3-38}$$

$$r(t) = \frac{f(t)}{R(t)} = \frac{1}{\sigma t \sqrt{2\pi}} \frac{e^{-\frac{1}{2}\left(\frac{\ln t - \mu}{\sigma}\right)^2}}{1 - \phi\left(\frac{\ln t - \mu}{\sigma}\right)} \tag{3-39}$$

平均寿命为

$$\theta = \int_0^{+\infty} t f(t) dt = E(T) = e^{\mu + \frac{\sigma^2}{2}} \tag{3-40}$$

特别地,对数分布的方差 σ^2 为

$$\text{Var}(T) = e^{2u + \sigma^2}(e^{\sigma^2} - 1) \tag{3-41}$$

3.2.4　威布尔分布

威布尔分布是瑞典物理学家 Weibull 在分析材料强度时推导出的一种分布函数,常用来描述部件的寿命,例如部件的疲劳失效、轴承失效等寿命分布。部件的寿命或疲劳强度总有一个极限值,例如材料有疲劳极限值,而带裂纹的材料有疲劳裂纹扩展门槛值。若低于这些极值,则材料的失效概率可以看作零。因此,从物理模型出发描述部件寿命分布时,不应是正态的而是偏态的,威布尔分布正适应了这种情况。威布尔分布的失效概率密度函数为

$$f(t) = \frac{m}{\eta}\left(\frac{t - \gamma}{\eta}\right)^{m-1} e^{-\left(\frac{t - \gamma}{\eta}\right)^m} \quad (t \geqslant \gamma, m > 0, \eta > 0) \tag{3-42}$$

式中，m 表征分布曲线的形状，称为形状参数；η 表征坐标尺度，称为尺度参数；γ 表征分布曲线的起始位置，称为位置参数。这一函数所绘出的威布尔分布概率密度曲线如图 3 - 6 所示，曲线与横坐标轴交于 γ，曲线左右两部分不对称，而是向一方倾斜。

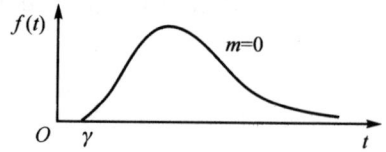

图 3 - 6 威布尔分布概率密度曲线

可靠度函数 $R(t)$、不可靠度函数 $F(t)$ 和失效率函数 $r(t)$ 分别为

$$R(t) = \int_t^{+\infty} f(t)\mathrm{d}t = \mathrm{e}^{-\left(\frac{t-\gamma}{\eta}\right)^m} \qquad (3-43)$$

$$F(t) = \int_\gamma^t f(t)\mathrm{d}t = 1 - \mathrm{e}^{-\left(\frac{t-\gamma}{\eta}\right)^m} \qquad (3-44)$$

$$r(t) = \frac{f(t)}{R(t)} = \frac{m}{\eta}\left(\frac{t-\gamma}{\eta}\right)^{m-1} \qquad (3-45)$$

平均寿命为

$$\theta = \int_0^{+\infty} tf(t)\mathrm{d}t = E(T) = \eta\Gamma\left(1 + \frac{1}{m}\right) \qquad (3-46)$$

式中，$\Gamma(n)$ 为伽马函数，其表达式为

$$\Gamma(n) = \int_0^{+\infty} \tau^{n-1}\mathrm{e}^{-\tau}\mathrm{d}\tau \qquad (3-47)$$

由于威布尔分布失效概率密度函数中包含三个待定参数（正态分布只有两个），因此它更能完善地拟合试验数据点。特别地，由其失效率函数 $r(t)$ 可知，当 $m<1$ 时，$r(t)$ 为减函数，其对应于部件的早期失效类型；当 $m=1$ 时，$r(t)$ 为常数，其对应于部件的偶发失效类型，且此时威布尔分布退化为指数分布；当 $m>1$ 时，$r(t)$ 为增函数，其对应于部件的耗损失效类型。特别地，当 $m=2$ 时，威布尔分布退化为瑞利分布，其失效概率密度函数为

$$f(t) = \frac{2(t-\gamma)}{\eta^2}\mathrm{e}^{-\left(\frac{t-\gamma}{\eta}\right)^2} \qquad (t \geqslant \gamma, \eta > 0) \qquad (3-48)$$

当形状参数 $m>3$ 以后，威布尔分布就趋向于正态分布。

3.3 系统可靠度预计

系统是由相互作用的零部件组成，研究系统可靠性时，最重要的工作就是建立系统可靠性模型。这种可靠性模型通常用可靠性框图表示，它是一种显示系统整体可靠性或失效的诸多零部件之间逻辑关系的示意图。

可靠度预计是运用以往的工程经验、故障数据和当前技术水平，尤其是以零部件的失效率作为依据，预报系统实际可能达到的可靠度，即预报这些系统在特定的应用中完成规定功能的概率。可靠度预计的主要目的有：①检验设计是否满足给定的可靠性目标，预计产品的可靠度值；②比较不同系统设计方案的特点及可靠度，选择最佳方案；③发现影响系统可靠度的主要因素，找出薄弱环节，采取必要的措施，提高其可靠度。

系统是由许多零部件组成的，故系统可靠度预计是以零部件可靠度为基础。预计零部件

的可靠度,首先确定零部件的基本失效率 r_G,它们是在一定的环境条件下得到的,设计时可从手册和资料中查到。零部件的基本失效率 r_G 确定以后,根据使用条件确定其应用失效率,即零部件在现场使用时的失效率 $r=K_F r_G$,其中 K_F 为失效率修正参数。一些零部件的基本失效率如表 3-4 所列,失效率修正参数如表 3-5 所列。

对于能直接给出系统可靠性模型的串联系统、并联系统、串-并联系统、表决系统、旁联系统,可以直接采用相应公式进行可靠性预计。对于不能用前述数学模型求解的复杂系统,采用边值法(也称上下限法)求解该系统可靠度预计值的上限值与下限值,并逐渐逼近。美国已将边值法用于阿波罗飞船的可靠度预计,其精度已经被实践所证明。

表 3-4　一些零部件的基本失效率值

零部件	受载情况	$r_G/(10^5 h)$
向心球轴承	低速轻载	0.003~0.17
	高速轻载	0.05~0.35
	高速中载	0.2~2
	高速重载	1~8
滚子轴承	—	0.2~2.5
齿轮	轻载	0.01~0.1
	普通载荷	0.01~0.3
	重载	0.1~0.5

表 3-5　失效率修正系数值

实验室设备	固定地面设备	活动地面设备	船载设备	飞机设备	导弹设备
1~2	5~20	10~30	15~40	25~100	200~1 000

3.3.1　串联系统

串联系统指的是系统整体中各零部件从功能和逻辑关系上看,如同许多链环连接成的一个链条。图 3-7 为 n 个零部件的串联系统逻辑框图。

图 3-7　串联系统逻辑框图

假定系统整体中 n 个零部件互相独立,即其中任何一个零部件的失效都与其他零部件的失效无关。串联系统的特点是系统整体中任何一个零部件失效,都引起整个系统失效;反之,系统整体若能正常工作,则每个零部件都必须处于可靠状态。

串联系统的寿命为

$$T_s = \min\{t_1, t_2, \cdots, t_n\} \qquad (3-49)$$

设系统整体中各零部件的可靠度分别为 $R_1, R_2, \cdots, R_n$,失效率分别为 $r_1, r_2, \cdots, r_n$,串联系统的可靠度和失效率分别为

$$R_s(t) = P(T_s > t) = P(\min\{t_1, t_2, \cdots, t_n\} > t)$$

$$= P(t_1 > t, t_2 > t, \cdots, t_n > t) = P(t_1 > t) P(t_2 > t) \cdots P(t_n > t)$$

$$= R_1(t) R_2(t) \cdots R_n(t) = \prod_{i=1}^{n} R_i(t) \tag{3-50}$$

$$r_s(t) = \sum_{i=1}^{n} r_i(t) \tag{3-51}$$

如果各零部件的寿命都服从指数分布,即 $R_i(t) = e^{-r_i t}$, $t \geqslant 0$, 其中 r_i 为第 i 个零部件的失效率,则系统整体的可靠度和失效率分别为

$$R_s(t) = \prod_{i=1}^{n} e^{-r_i t} = e^{-\sum_{i=1}^{n} r_i t} = e^{-r_s t} \tag{3-52}$$

$$r_s = \sum_{i=1}^{n} r_i \tag{3-53}$$

系统整体的平均寿命为

$$\theta = \int_{0}^{+\infty} R_s(t) \, dt = \frac{1}{r_s} = \frac{1}{\sum\limits_{i=1}^{n} r_i} \tag{3-54}$$

在串联系统中串联的零部件数 n 愈大,则系统整体的可靠度 $R_s(t)$ 和平均寿命就愈小。串联系统的可靠度比任一零部件的可靠度小;相比于其他部件,改善薄弱环节,提高最低可靠度部件的可靠度,对提升串联系统可靠度的效果更好。

3.3.2　并联系统

假定系统整体中 n 个零部件互相独立,即其中任何一个零部件的失效都与其他零部件的失效无关。并联系统的特点是系统整体中所有零部件都失效时,系统才失效,只要其中一个零部件能工作,系统仍处于工作状态。图 3-8 是 n 个零部件并联系统的功能逻辑框图。

并联系统的寿命为

$$T_s = \max\{t_1, t_2, \cdots, t_n\} \tag{3-55}$$

图 3-8　并联系统逻辑框图

设系统整体中各零部件的可靠度为 $R_1, R_2, \cdots, R_n$, 不可靠度即破坏概率为 $F_1, F_2, \cdots, F_n$, 则根据概率乘法定理,其并联系统的可靠度为

$$R_s(t) = P(T_s > t) = P(\max\{t_1, t_2, \cdots, t_n\} > t) = 1 - P(\max\{t_1, t_2, \cdots, t_n\} \leqslant t)$$

$$= 1 - P(t_1 \leqslant t, t_2 \leqslant t, \cdots, t_n \leqslant t) = 1 - P(t_1 \leqslant t) P(t_2 \leqslant t) \cdots P(t_n \leqslant t)$$

$$= 1 - \prod_{i=1}^{n} F_i(t) = 1 - \prod_{i=1}^{n} [1 - R_i(t)] \tag{3-56}$$

并联系统的失效率为

$$r_s(t) = \frac{f(t)}{R(t)} = -\frac{R_s'(t)}{R_s(t)} \tag{3-57}$$

如果各零部件的寿命都服从指数分布,即 $R_i(t) = e^{-r_i t}$, $t \geqslant 0$, 其中 r_i 为第 i 个零部件的失效率,则系统整体的可靠度和平均寿命分别为

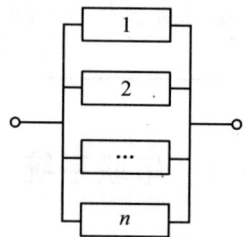

$$R_s(t) = 1 - \prod_{i=1}^{n}(1 - \mathrm{e}^{-r_i t}) = \sum_{i=1}^{n}\mathrm{e}^{-r_i t} - \sum_{1 \leqslant i < j \leqslant n}\mathrm{e}^{-(r_i + r_j)t} +$$

$$\sum_{1 \leqslant i < j < k \leqslant n}\mathrm{e}^{-(r_i + r_j + r_k)t} + \cdots + (-1)^{n-1}\mathrm{e}^{-(\sum\limits_{i=1}^{n}r_i)t} \tag{3-58}$$

$$\theta_s(t) = \sum_{i=1}^{n}\frac{1}{r_i} - \sum_{1 \leqslant i < j \leqslant n}\frac{1}{r_i + r_j} + \sum_{1 \leqslant i < j < k \leqslant n}\frac{1}{r_i + r_j + r_k} + \cdots + (-1)^{n-1}\frac{1}{\sum\limits_{i=1}^{n}r_i} \tag{3-59}$$

当零部件数 $n = 2$ 时,有

$$\begin{cases} R_s(t) = \mathrm{e}^{-r_1 t} + \mathrm{e}^{-r_2 t} - \mathrm{e}^{-(r_1 + r_2)t} \\ \theta_s = \dfrac{1}{r_1} + \dfrac{1}{r_2} - \dfrac{1}{r_1 + r_2} \\ r_s(t) = \dfrac{r_1\mathrm{e}^{-r_1 t} + r_2\mathrm{e}^{-r_2 t} - (r_1 + r_2)\mathrm{e}^{-(r_1 + r_2)t}}{\mathrm{e}^{-r_1 t} + \mathrm{e}^{-r_2 t} - \mathrm{e}^{-(r_1 + r_2)t}} \end{cases} \tag{3-60}$$

如果各零部件的寿命服从指数分布且失效率相等,则有

$$\begin{cases} R_s(t) = 1 - (1 - \mathrm{e}^{-rt})^n \\ \theta_s = \dfrac{1}{r}\left(1 + \dfrac{1}{2} + \cdots + \dfrac{1}{n}\right) \\ r_s(t) = \dfrac{nr\mathrm{e}^{-rt}(1 - \mathrm{e}^{-rt})^{n-1}}{1 - (1 - \mathrm{e}^{-rt})^n} \end{cases} \tag{3-61}$$

并联系统的可靠度 $R_s(t)$ 随零部件可靠度 $R_i(t)$ 的增加而增大。系统可靠度大于零部件可靠度的最大值;并联零部件数越多,系统可靠度越大,但并联零部件多,结构尺寸大,重量大、造价高,且随着零部件数的增多,系统可靠度增加越来越缓慢。

例 3 - 7　某飞控系统由三通道并联组成,假设单通道服从指数分布,故障率为 $r_i(t) = 1 \times 10^{-3}/\mathrm{h}$,求飞控系统工作 1 h 的可靠度、故障率和平均寿命。

解　对于单通道而言,由于其服从指数分布且 $r_i(t) = 1 \times 10^{-3}/\mathrm{h}$,则

$$R_{单}(t=1) = \mathrm{e}^{-\lambda t} = \mathrm{e}^{-0.001/\mathrm{h} \times 1\mathrm{h}} = 0.999$$

$$\theta = \frac{1}{r} = \frac{1}{0.001/\mathrm{h}} = 1\,000\ \mathrm{h}$$

对于二通道并联系统,有

$$R_s(t=1) = 1 - \prod_{i=1}^{3}[1 - R_i(t)] = 1 - (1 - \mathrm{e}^{-rt})^3 = 3\mathrm{e}^{-rt} - 3\mathrm{e}^{-2rt} + \mathrm{e}^{-3rt} = 0.999\,999\,998$$

$$r_s(t=1) = -\frac{R_s'(t)}{R_s(t)} = \frac{3r\mathrm{e}^{-rt} - 6r\mathrm{e}^{-2rt} + 3r\mathrm{e}^{-3rt}}{3\mathrm{e}^{-rt} - 3\mathrm{e}^{-2rt} + \mathrm{e}^{-3rt}} = 3 \times 10^{-9}/\mathrm{h}$$

$$\theta = \int_0^{\infty}R_s(t)\mathrm{d}t = \int_0^{\infty}(3\mathrm{e}^{-rt} - 3\mathrm{e}^{-2rt} + \mathrm{e}^{-3rt})\mathrm{d}t = \frac{3}{r} - \frac{3}{2r} + \frac{1}{3r} = 1\,833.3\mathrm{h}$$

由此可知,采用了三通道并联系统极大提高了飞控系统任务时间内的可靠度。

3.3.3　串-并联系统

许多系统是由串联结构和并联结构组合而成的,称为串-并联系统。串-并联组合结构的形式很多,它可以是由一组串联子结构与另一组串联子结构组成的并联结构,也可以是由两个或更多的并联子结构串联成的系统,还可以是混合串并联的组合系统。图 3-9 是串-并联系统逻辑框图,其可靠度的计算方法是:先将系统中相应的串、并联子结构归并起来,简化为一个等效的串联结构或并联结构,然后计算等效系统的可靠度,即为原系统的可靠度。

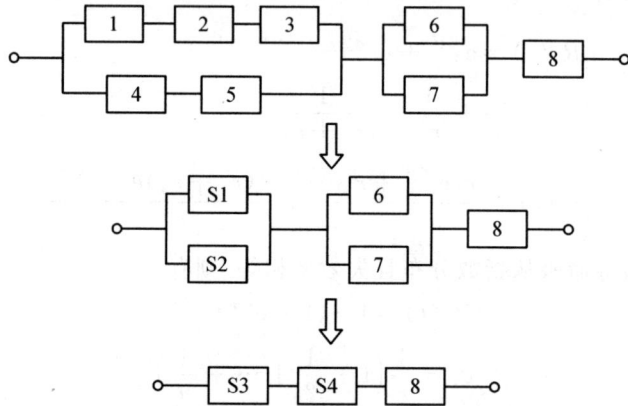

图 3-9　串-并联结构逻辑框图

对于图 3-10 所示的静不定桁架,其系统的逻辑框图可视作串-并联结构。

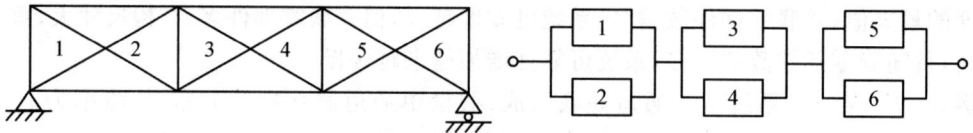

图 3-10　静不定桁架的逻辑框图

对于图 3-11 所示的串-并联系统,若各部件的可靠度为 $R_{ij}(t)(i=1,2,\cdots,m_j;j=1,2,\cdots,n)$,且所有部件的失效都相互独立,则串-并联系统的可靠度为

$$R_s(t) = \prod_{j=1}^{n} \left\{ 1 - \prod_{i=1}^{m_j} [1 - R_{ij}(t)] \right\} \qquad (3-62)$$

当所有 $R_{ij}(t) = R_0(t)$,所有 $m_j = m$ 时,有

$$R_s(t) = \{1 - [1 - R_0(t)]^m\}^n \qquad (3-63)$$

进一步,当所有 $R_0(t) = \mathrm{e}^{-rt}$ 时,有

$$\begin{cases} R_s(t) = [1 - (1 - \mathrm{e}^{-rt})^m]^n \\ \theta = \dfrac{1}{r} \sum_{j=1}^{n} (-1)^j \dbinom{n}{j} \sum_{k=1}^{m_j} (-1)^k \dbinom{m}{k} \dfrac{1}{k} \end{cases} \qquad (3-64)$$

对于图 3-12 所示的串-并联系统,若各部件的可靠度为 $R_{ij}(t)(i=1,2,\cdots,m;j=1,2,\cdots,n_i)$,且所有部件的失效都相互独立,则串-并联系统的可靠度为

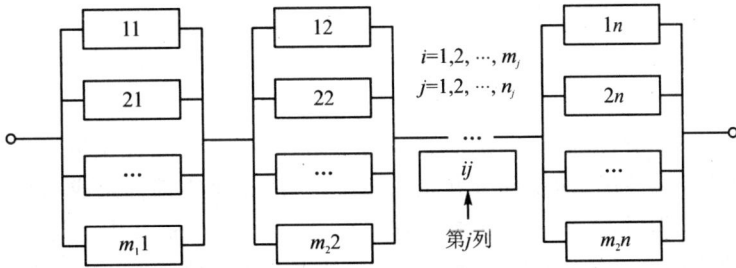

图 3-11 串-并联系统 I

$$R_s(t) = 1 - \prod_{i=1}^{m} \left\{ 1 - \prod_{j=1}^{n_i} R_{ij}(t) \right\} \tag{3-65}$$

当所有 $R_{ij}(t) = R_0(t)$，所有 $n_i = n$ 时，有

$$R_s(t) = 1 - [1 - R_0^n(t)]^m \tag{3-66}$$

进一步，当所有 $R_0(t) = e^{-rt}$ 时，有

$$\begin{cases} R_s(t) = 1 - \lfloor 1 - e^{-nrt} \rfloor^m \\ \theta = \dfrac{1}{nr} \sum_{i=1}^{m} \dfrac{1}{i} \end{cases} \tag{3-67}$$

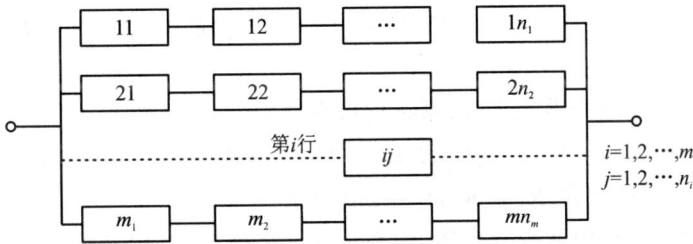

图 3-12 串-并联系统 II

例 3-8 某系统由 4 个部件组成，每个部件的可靠度均为 $R_i = 0.9$，其中 $i = 1,2,3,4$，试分析图 3-13(a)和(b)所示的两种形式构成的系统的可靠度。

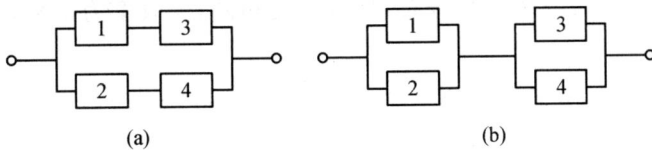

(a)   (b)

图 3-13 4 个部件组成的系统

解 图 3-13(a)所示系统的可靠度为

$$R_s(t) = 1 - (1 - R_1 R_3)(1 - R_2 R_4) = 0.963\ 9$$

图 3-13(b)所示系统的可靠度为

$$R_s(t) = [1 - (1 - R_1)(1 - R_2)][1 - (1 - R_3)(1 - R_4)] = 0.980\ 1$$

由以上结果可知，采用分机冗余比整机冗余系统可靠度高，因此在设计余度系统时常采用分机余度设计技术。

3.3.4 表决系统

从逻辑功能关系上看,串联结构是非冗余的系统,并联结构是完全冗余的系统,许多系统并不一定是这两种极端情况,而是部分冗余的系统,即由 n 个零部件组成的系统中有 k 个或 k 个以上零部件正常工作时,系统才能正常工作($1 \leqslant k \leqslant n$),记 k/n 表决系统。特别地,当 $k=n$ 时,表决系统退化为串联系统;当 $k=1$ 时,表决系统退化为并联系统。

为了研究问题方便,先讨论由 3 个零部件并联的系统中至少要求 2 个零部件正常工作,系统才能正常工作的情况,如图 3-14 所示。

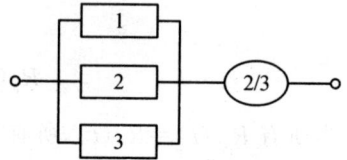

图 3-14　2/3 表决系统

此系统正常运行有 4 种情况:

① 1、2、3 零部件皆正常,为一交事件。若以 E_i ($i=1,2,3$)为正常事件,则有事件$(E_1 \cap E_2 \cap E_3)$。

② 1 零部件失效,2、3 零部件正常,$\bar{E}_i$ 为失效事件,则有事件$(\bar{E}_1 \cap E_2 \cap E_3)$。

③ 2 零部件失效,1、3 零部件正常,即$(E_1 \cap \bar{E}_2 \cap E_3)$。

④ 3 零部件失效,1、2 零部件正常,即$(E_1 \cap E_2 \cap \bar{E}_3)$,则系统正常工作的模型可表示为

$$E_s = (E_1 \cap E_2 \cap E_3) \cup (\bar{E}_1 \cap E_2 \cap E_3) \cup (E_1 \cap \bar{E}_2 \cap E_3) \cup (E_1 \cap E_2 \cap \bar{E}_3)$$

$$(3-68)$$

根据概率的加法定理和乘法定理,系统的可靠度为

$$
\begin{aligned}
R_s &= R_1 R_2 R_3 + (1-R_1) R_2 R_3 + R_1 (1-R_2) R_3 + R_1 R_2 (1-R_3) \\
&= R_2 R_3 + R_1 R_3 + R_1 R_2 - 2R_1 R_2 R_3
\end{aligned}
$$

$$(3-69)$$

若各零部件的寿命均服从指数分布,则系统的可靠度与平均寿命为

$$
\begin{cases}
R_s(t) = e^{-(r_1+r_2)t} + e^{-(r_2+r_3)t} + e^{-(r_1+r_3)t} - 2e^{-(r_1+r_2+r_3)t} \\
\theta_s(t) = \displaystyle\int_0^{+\infty} R_s(t)\,dt = \frac{1}{r_1+r_2} + \frac{1}{r_2+r_3} + \frac{1}{r_1+r_3} - \frac{2}{r_1+r_2+r_3}
\end{cases}
$$

$$(3-70)$$

若各零部件的寿命均服从指数分布,且可靠度相同,失效率为常数,即 $R_1 = R_2 = R_3 = R(t) = e^{-rt}$,则有

$$
\begin{cases}
R_s(t) = 3R^2(t) - 2R^3(t) = 3e^{-2rt} - 2e^{-3rt} \\
\theta_s(t) = \displaystyle\int_0^{+\infty} R_s(t)\,dt = \frac{3}{2r} - \frac{2}{3r} = \frac{5}{6r}
\end{cases}
$$

$$(3-71)$$

对于一般的 k/n 表决系统,当零部件的可靠度为 $R(t)$ 时,其可靠度为

$$R_s(t) = \sum_{i=k}^{n} C_n^i R^i(t) [1-R(t)]^{n-i} = R^n(t) + nR^{n-1}(t)[1-R(t)] +$$

$$(3-72)$$

$$\frac{n(n-1)}{2!} R^{n-2}(t)[1-R(t)]^2 + \cdots + \frac{n!}{k!(n-k)!} R^k(t)[1-R(t)]^{n-k}$$

若各零部件的寿命均服从指数分布,且可靠度相同,失效率为常数,即 $R_1 = R_2 = R_3 = R(t) = e^{-rt}$,则系统的可靠度与平均寿命为

$$
\begin{cases}
R_s(t) = \sum_{i=k}^{n} C_n^i \mathrm{e}^{-irt}(1-\mathrm{e}^{-rt})^{n-i} \\
\theta_s(t) = \int_0^{+\infty} R_s(t)\,\mathrm{d}t = C_n^i \sum_{i=k}^{n} \mathrm{e}^{-irt}(1-\mathrm{e}^{-rt})^{n-i} = \sum_{i=k}^{n}\frac{1}{ir}
\end{cases}
\tag{3-73}
$$

3.3.5　旁联系统

图 3-15 为由 n 个零部件组成的旁联系统逻辑框图。旁联系统又可称为储备系统,其特征是:其中一个零部件工作,其余 $n-1$ 个工作的零部件处于非工作状态的储备,当工作的零部件发生故障时,通过转换装置使储备的零部件逐个地去替换,直到所有的零部件都发生故障,则系统失效。旁联系统应该有监测装置和转换装置。监测装置的作用是当工作的零部件失效时,监测装置及时发现这一故障并发出信号,使转换装置及时工作。转换装置的作用就是及时地使储备零部件逐个地

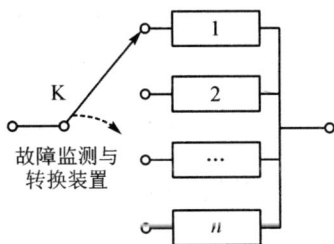

图 3-15　旁联系统逻辑框图

去顶替失效的零部件,保证旁联系统正常工作。飞机的正常放起落架和应急放起落架系统是典型的旁联系统。

旁联系统中储备零部件有两种情况:一是储备部件在储备期间失效率为零;二是储备单元在储备期间可能失效,分别对应为储备部件完全可靠的旁联系统和储备部件不完全可靠的旁联系统。

(1) 储备部件完全可靠的旁联系统

对于储备部件完全可靠的旁联系统,还可以分为监测装置完全可靠与不完全可靠、转换装置完全可靠与不完全可靠 4 种情况。为了分析简便,略去监测装置不可靠的影响,分析转换装置对旁联系统的影响。

在转换装置完全可靠的情况下:设旁联系统 n 个零部件的寿命分别为随机变量 $T_1, T_2, \cdots, T_n$,且相互独立,则旁联系统的寿命为随机变量 $T_s = T_1 + T_2 + \cdots + T_n$,该旁联系统的可靠度和平均寿命为

$$
\begin{cases}
R_s(t) = P(T_s > t) = P(T_1 + T_2 + \cdots + T_n > t) \\
\theta_s = \theta_1 + \theta_2 + \cdots + \theta_n = \sum_{i=1}^{n}\theta_i
\end{cases}
\tag{3-73}
$$

式中,$\theta_1, \theta_2, \cdots, \theta_n$ 分别为各零部件的平均寿命。

当系统由两个零部件组成,且零部件寿命服从指数分布,失效率分别为 r_1 和 r_2 时,旁联系统寿命为两个零部件寿命之和,即随机变量 $T_s = T_1 + T_2$。设零部件寿命的失效概率密度函数分别为 $f_1(t)$ 和 $f_2(t)$,旁联系统寿命的失效概率密度函数为 $f_s(t)$,则利用卷积公式及拉普拉斯变换可求得系统的可靠度 $R_s(t)$。具体地,若零部件寿命的失效概率密度函数分别为

$$\begin{cases} f_1(t) = r_1 \mathrm{e}^{-r_1 t} \\ f_2(t) = r_2 \mathrm{e}^{-r_2 t} \end{cases} \tag{3-74}$$

利用卷积公式,该旁联系统寿命的失效概率密度函数 $f_s(t)$ 为

$$f_s(t) = f_1(t) \times f_2(t) \tag{3-75}$$

利用拉普拉斯变换公式 $P(t) = \mathrm{e}^{-rt}$、$P(s) = \dfrac{1}{s+r}$ 和拉普拉斯的性质 $L[af(t)] = aL \cdot [f(t)]$,可得

$$L[f_1(t)] = \frac{r_1}{s+r_1}, \quad L[f_2(t)] = \frac{r_2}{s+r_2} \tag{3-76}$$

根据两个函数卷积的拉普拉斯变换等于两个函数拉普拉斯变换的卷积,有

$$L[f_s(t)] = L[f_1(t) \times f_2(t)] = L[f_1(t)]L[f_2(t)] = \frac{r_1}{s+r_1} \frac{r_2}{s+r_2} \tag{3-77}$$

进行反拉普拉斯变换,则

$$f_s(t) = \frac{r_1 r_2}{r_2 - r_1}(\mathrm{e}^{-r_1 t} - \mathrm{e}^{-r_2 t}) \tag{3-78}$$

该旁联系统的可靠度和平均寿命分别为

$$\begin{cases} R_s(t) = \displaystyle\int_t^{+\infty} f_s(t)\mathrm{d}t = \frac{r_2}{r_2 - r_1}\mathrm{e}^{-r_1 t} + \frac{r_1}{r_1 - r_2}\mathrm{e}^{-r_2 t} \\ \theta_s = \displaystyle\int_0^{+\infty} R_s(t)\mathrm{d}t = \frac{1}{r_1} + \frac{1}{r_2} \end{cases} \tag{3-79}$$

若 $r_1 = r_2 = r$,则有 $L[f_s(t)] = L[f_1(t)]L[f_2(t)] = \dfrac{r^2}{(s+r)^2}$,于是有

$$\begin{cases} f_s(t) = r^2 t \mathrm{e}^{-rt} \\ R_s(t) = \displaystyle\int_t^{+\infty} f_s(t)\mathrm{d}t = (1+rt)\mathrm{e}^{-rt} \\ \theta_s = \displaystyle\int_0^{+\infty} R_s(t)\mathrm{d}t = \frac{2}{r} \end{cases} \tag{3-80}$$

当系统由 n 个零部件组成,且零部件寿命服从指数分布,失效率分别为 $r_1, r_2, \cdots, r_n$,且相互独立时,该旁联系统的可靠度和平均寿命分别为

$$\begin{cases} R_s(t) = \displaystyle\sum_{k=1}^n \Big(\prod_{\substack{i=1 \\ i \ne k}}^{i=1} \frac{r_i}{r_i - r_k}\mathrm{e}^{-r_k t} \Big) \\ \theta_s = \displaystyle\sum_{i=1}^n \theta_i = \sum_{i=1}^n \frac{1}{r_i} \end{cases} \tag{3-81}$$

当失效率 $r_1 = r_2 = \cdots = r_n = r$ 时,该旁联系统的可靠度和平均寿命分别为

$$\begin{cases} R_s(t) = \Big[1 + rt + \dfrac{(rt)^2}{2!} + \cdots + \dfrac{(rt)^{n-1}}{(n-1)!} \Big]\mathrm{e}^{-rt} = \displaystyle\sum_{k=0}^{n-1} \Big[\frac{(rt)^k}{k!}\mathrm{e}^{-rt} \Big] \\ \theta_s = \displaystyle\sum_{i=1}^n \theta_i = \frac{n}{r} \end{cases} \tag{3-82}$$

例 3-9　请比较由 2 个完全相同部件组成的串联、并联、旁联(转换装置完全可靠,储备

部件完全可靠)系统的可靠度,其中部件寿命服从指数分布,且可靠度为 $R(t)=\mathrm{e}^{-rt}=0.9$。

解　对于串联系统:

$$R_s(t)=R^2(t)=R^2=0.81$$

对于并联系统:

$$R_s(t)=1-[1-R(t)]^2=2R-R^2=0.99$$

对于旁联系统:

$$R_s(t)=(1+rt)\mathrm{e}^{-rt}=[1-\ln R(t)]R(t)=0.9948$$

在转换装置不完全可靠的情况下:以两个部件组成的旁联系统为例。若转换装置的失效率为 r_0,部件寿命服从指数分布,失效率分别为 r_1 和 r_2,且相互独立。另假设两个部件的寿命为随机变量 T_1 和 T_2,可靠度分别为 $R_1(t)=\mathrm{e}^{-r_1t}$ 和 $R_2(t)=\mathrm{e}^{-r_2t}$,转换装置寿命为 T_0,可靠度为 $R_0(t)=\mathrm{e}^{-r_0t}$。当工作部件 1 发生失效时,若转换装置已经失效,即 $T_0\leqslant T_1$,则系统失效,系统的寿命为部件 1 的寿命;若转换装置未发生失效,即 $T_0>T_1$,备用部件 2 马上接替部件 1 工作直到失效,因此该旁联系统的寿命为

$$T_s=\begin{cases}T_1, & T_0\leqslant T_1\\ T_1+T_2, & T_0>T_1\end{cases} \tag{3-83}$$

该旁联系统寿命的分布函数,即不可靠度为

$$\begin{aligned}F_s&=P(T_s\leqslant t)=P(T_1\leqslant t,T_0\leqslant T_1)+P(T_1+T_2\leqslant t,T_0>T_1)\\ &=\int_0^t\left[\int_0^{t_1}f_0(t_0)f_1(t_1)\mathrm{d}t_0\right]\mathrm{d}t_1+\int_0^t\left\{\int_0^{-t_2+t}\left[\int_{t_1}^{+\infty}f_0(t_0)f_1(t_1)f_2(t_2)\mathrm{d}t_0\right]\mathrm{d}t_1\right\}\mathrm{d}t_2\\ &=1-\mathrm{e}^{-r_1t}-\frac{r_1}{r_1+r_0-r_2}\left[\mathrm{e}^{-r_2t}-\mathrm{e}^{-(r_1+r_0)t}\right]\end{aligned}$$
$$\tag{3-84}$$

该旁联系统的可靠度和平均寿命分别为

$$\begin{cases}R_s(t)=\mathrm{e}^{-r_1t}+\dfrac{r_1}{r_1+r_0-r_2}\left[\mathrm{e}^{-r_2t}-\mathrm{e}^{-(r_1+r_0)t}\right]\\ \theta_s=\int_0^{+\infty}R_s(t)\mathrm{d}t=\dfrac{1}{r_1}+\dfrac{r_1}{r_2(r_1+r_0)}\end{cases} \tag{3-85}$$

当失效率 $r_1=r_2=r$ 时,该旁联系统的可靠度和平均寿命分别为

$$\begin{cases}R_s(t)=\mathrm{e}^{-rt}+\dfrac{r}{r_0}\left[\mathrm{e}^{-rt}-\mathrm{e}^{-(r+r_0)t}\right]\\ \theta_s=\dfrac{1}{r}+\dfrac{1}{r+r_0}\end{cases} \tag{3-86}$$

特别地,当 $r_0=0$ 时,上述结果与转换装置完全可靠的情况一致。

已知由两个部件组成的旁联系统,部件寿命服从指数分布,失效率分别为 r_1,r_2,且相互独立。设两个部件的寿命为随机变量 T_1 和 T_2,可靠度分别为 $R_1(t)=\mathrm{e}^{-r_1t}$ 和 $R_2(t)=\mathrm{e}^{-r_2t}$,转换装置寿命为 T_0。转换装置不使用时的失效率为 $r_0=0$,使用时的可靠度为常数,即 $R_0(t)=R_0$。这样转换装置在使用时的不可靠度为 $F_0=1-R_0$,该旁联系统寿命为 T_1;转换装置在使用中不发生失效,可靠度为 R_0,该旁联系统寿命为 T_1+T_2。因此,该旁联系统的可靠度和平均寿命分别为

$$R_s(t) = P(T_1 > t)(1 - R_0) + P(T_1 + T_2 > t)R_0$$

$$= e^{-r_1 t}(1 - R_0) + \left(\frac{r_2}{r_2 - r_1} e^{-r_1 t} + \frac{r_1}{r_1 - r_2} e^{-r_2 t} \right) R_0$$

$$= e^{-r_1 t} + \frac{r_1 R_0}{r_1 - r_2} (e^{-r_2 t} - e^{-r_1 t}) \tag{3-87}$$

$$\theta_s = \frac{1}{r_1} + \frac{R_0}{r_2} \tag{3-88}$$

当失效率 $r_1 = r_2 = r$ 时，该旁联系统的可靠度和平均寿命分别为

$$\begin{cases} R_s(t) = e^{-rt}(1 - R_0) + R_0(1 + rt)e^{-rt} = e^{-rt}(1 + rtR_0) \\ \theta_s = \frac{1}{r}(1 + R_0) \end{cases} \tag{3-89}$$

如果已知转换装置的可靠度为 R_0，旁联系统是由 n 个部件和一个转换装置组成的。若各部件寿命均服从指数分布，且失效率相同，即 $r_1 = r_2 = \cdots = r_n = r$，则该旁联系统的可靠度和平均寿命分别为

$$\begin{cases} R_s(t) = \sum_{i=0}^{n-1} \frac{(rR_0 t)^i}{i!} e^{-rt} \\ \theta_s = \frac{1}{r(1 - R_0)}(1 - R_0^n) \end{cases} \tag{3-90}$$

(2) 储备部件不完全可靠的旁联系统

储备部件由于受到环境因素的影响，在储备期间失效率不为零，当然这种失效率比工作期间的失效率要小。储备部件在储备期失效率不为零的旁联系统比储备部件在储备期失效率为零的旁联系统要复杂得多。考虑上述复杂情况，下面仅介绍由两个部件组成且储备部件在储备期间不完全可靠的旁联系统。

在转换装置完全可靠的情况下：已知由两个部件组成的旁联系统，部件寿命服从指数分布。设系统中部件 1 工作的失效率为 r_1，部件 2 作为储备部件，其储备期的失效率为 r_h。假定部件 2 进入工作状态后的工作寿命与储备期长短无关，且失效率为 r_2，各部件之间是相互独立的，则该旁联系统的可靠度和平均寿命为

$$\begin{cases} R_s(t) = e^{-r_1 t} + \frac{r_1}{r_1 + r_h - r_2} \left[e^{-r_2 t} - e^{-(r_1 + r_h)t} \right] \\ \theta_s = \frac{1}{r_1} + \frac{r_1}{r_1 + r_h - r_2} \left(\frac{1}{r_2} - \frac{1}{r_1 + r_h} \right) = \frac{1}{r_1} + \frac{1}{r_2} \left(\frac{r_1}{r_1 + r_h} \right) \end{cases} \tag{3-91}$$

当失效率 $r_1 = r_2 = r$ 时，该旁联系统的可靠度和平均寿命分别为

$$\begin{cases} R_s(t) = e^{-rt} + \frac{r}{r_h} \left[e^{-rt} - e^{-(r + r_h)t} \right] \\ \theta_s = \frac{1}{r} + \frac{r}{r_h} \left(\frac{1}{r} - \frac{1}{r + r_h} \right) = \frac{1}{r} + \frac{1}{r + r_h} \end{cases} \tag{3-92}$$

特别地，当 $r_h = 0$ 时，该旁联系统退化为两个部件组成的储备单元在储备期完全可靠的旁联系统。当 $r_h = r_2$ 时，该旁联系统退化为两个部件组成的并联系统。

在转换装置不完全可靠的情况下：已知由两个部件组成的旁联系统，部件寿命服从指数分

布。设工作单元和储备部件在工作期间的寿命为 T_1，T_2，转换装置的寿命为 T_0，储备部件在储备期间的寿命为 T_h，这些都是相互独立服从指数分布的随机变量，其失效率分别为 r_1，r_2，r_0，r_h。当工作部件 1 失效时，若转换装置已经失效，即 $T_0 \leqslant T_1$，则该旁联系统寿命为 T_1；若转换装置未发生失效，即 $T_0 > T_1$，但储备单元在储备期间失效，即 $T_h \leqslant T_1$，则该旁联系统寿命仍为 T_1；若转换装置和储备部件在储备期均未发生失效，$T_0 > T_1$，$T_h > T_1$，则该旁联系统直到储备部件工作发生失效时才失效，此时该旁联系统寿命为 $T_1 + T_2$。该旁联系统的不可靠度为

$$F_s = P(T_s \leqslant t)Z = P(T_1 \leqslant t, T_0 \leqslant T_1) + P(T_1 \leqslant t, T_0 > T_1, T_h < T_1) +$$
$$P(T_1 + T_2 \leqslant t, T_0 > T_1, T_h > T_1)$$
$$= 1 - \mathrm{e}^{-r_1 t} - \frac{r_1}{r_0 + r_h + r_1 - r_2}\left[\mathrm{e}^{-r_2 t} - \mathrm{e}^{-(r_0 + r_h + r_1)t}\right]$$

$$(3-93)$$

该旁联系统的可靠度和平均寿命为

$$\begin{cases} R_s(t) = \mathrm{e}^{-r_1 t} + \dfrac{r_1}{r_0 + r_h + r_1 - r_2}\left[\mathrm{e}^{-r_2 t} - \mathrm{e}^{-(r_0 + r_h + r_1)t}\right] \\ \theta_s = \dfrac{1}{r_1} + \dfrac{r_1}{r_2(r_0 + r_h + r_1)} \end{cases}$$

$$(3-94)$$

当失效率 $r_h = r_2$ 时，该旁联系统的可靠度和平均寿命分别为

$$\begin{cases} R_s(t) = \mathrm{e}^{-r_1 t} + \dfrac{r_1}{r_0 + r_1}\left[\mathrm{e}^{-r_2 t} - \mathrm{e}^{-(r_0 + r_1 + r_2)t}\right] \\ \theta_s = \dfrac{1}{r_1} + \dfrac{r_1}{r_2(r_0 + r_1 + r_2)} \end{cases}$$

$$(3-95)$$

当转换装置的可靠度为常数 R_0 时，该旁联系统的可靠度和平均寿命分别为

$$\begin{cases} R_s(t) = \mathrm{e}^{-r_1 t} + R_0 \dfrac{r_1}{r_h + r_1 - r_2}\left[\mathrm{e}^{-r_2 t} - \mathrm{e}^{-(r_h + r_1)t}\right] \\ \theta_s = \dfrac{1}{r_1} + R_0 \dfrac{r_1}{r_2(r_h + r_1)} \end{cases}$$

$$(3-96)$$

3.3.6　复杂系统

对于复杂系统，采用边值法进行可靠度预计。其基本思想是将复杂系统简单地看成某些零部件的串联系统，求该串联系统的可靠度预计值的上限值和下限值，然后再逐步考虑系统的复杂情况，并逐次求出可靠度愈来愈精确的上限值和下限值。

（1）可靠度上限值计算

认为系统中并联部件的可靠度为 1，只考虑系统中的串联部件对系统可靠度的影响，于是系统可靠度上限初始值为

$$R_{U0} = R_1 R_2 \times \cdots \times R_m = \prod_{i=1}^{m} R_i \tag{3-97}$$

式中，R_1，R_2，$\cdots$，R_m 为系统中各串联部件的可靠度；m 为系统中串联部件数。

对于图 3-16 所示的系统,串联部件数 $m=2$,当系统中并联子系统的可靠度较差时,若只考虑串联部件则所算得系统可靠度上限值会偏高。应当考虑并联子系统对系统可靠度上限值的影响。当系统中部件 3 与 5,3 与 6,4 与 5,4 与 6,7 与 8 中任一对部件失效,均将导致系统失效。任一对并联部件失效而引起系统失效的概率为 $F_0=R_1 R_2 (F_3 F_5 + F_3 F_6 + F_4 F_5 + F_4 F_6 + F_7 F_8)$,因此考虑一对并联部件失效对系统上限值的影响后,该系统可靠度的上限值为 $R_U=R_1 R_2 - F_0$。

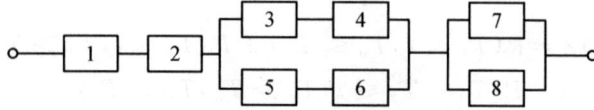

图 3-16　复杂系统示例

对于一般的复杂系统,考虑一对并联部件失效对系统上限值的影响后,该系统可靠度的上限值为

$$R_U = \prod_{i=1}^{m} R_i - \prod_{i=1}^{m} R_i \sum_{j,k \in s} (F_j F_k) = \prod_{i=1}^{m} R_i \left[1 - \sum_{j,k \in s} (F_j F_k) \right] \qquad (3-98)$$

式中,m 为系统中串联部件数;$F_j F_k$ 为并联的两个部件同时失效而导致系统失效时,该两个部件的失效概率之积;m 为一对并联部件同时失效而导致系统失效的部件对数。

(2) 可靠度下限值计算

将系统中所有部件,不管是串联、并联、储备,都视作串联。系统可靠度下限初始值为

$$R_{L0} = R_1 R_2 \times \cdots \times R_n = \prod_{i=1}^{n} R_i \qquad (3-99)$$

式中,R_i 为系统中第 i 个部件的可靠度;n 为系统的部件总数。

系统的并联子系统中若仅有 1 个部件失效,系统仍能正常工作。有的并联子系统,其至允许 2 个、3 个或更多部件失效而不影响整个系统正常工作。例如,对于图 3-16 所示的系统,如果在 3 与 4,3 与 7,4 与 7,5 与 6,5 与 8,6 与 8 中有一对部件失效,或 3,4,7 和 5,6,8 部件组中有一组部件失效,系统仍能正常工作。若考虑上述因素的影响,系统可靠度下限值应按如下公式逐步计算。

$$R_{L1} = R_{L0} + P_1$$
$$R_{L2} = R_{L1} + P_2 \qquad (3-100)$$
$$\cdots$$

式中,P_1 为考虑系统的并联子系统中有 1 个部件失效,系统仍正常工作的概率;P_2 为考虑系统任一并联子系统中有 2 个部件失效,系统仍正常工作的概率。例如,对于图 3-16 所示的系统,考虑系统的并联子系统中有 1 个部件失效,系统仍正常工作的概率为

$$P_1 = R_1 R_2 (F_3 R_4 R_5 R_6 R_7 R_8 + R_3 F_4 R_5 R_6 R_7 R_8 + \cdots + R_3 R_4 R_5 R_6 R_7 F_8) =$$
$$R_1 R_2 R_3 R_4 R_5 R_6 R_7 R_8 \left(\frac{F_3}{R_3} + \frac{F_4}{R_4} + \cdots + \frac{F_8}{R_8} \right)$$

考虑系统的并联子系统中有 2 个部件失效,系统仍正常工作的概率为

$$P_2 = R_1 R_2 (F_3 F_4 R_5 R_6 R_7 R_8 + F_3 R_4 R_5 R_6 F_7 R_8 + \cdots + R_3 R_4 R_5 F_6 R_7 F_8) =$$

$$R_1 R_2 R_3 R_4 R_5 R_6 R_7 R_8 \left(\frac{F_3 F_4}{R_3 R_4} + \frac{F_3 F_7}{R_3 R_7} + \cdots + \frac{F_6 F_8}{R_6 R_8} \right)$$

对于一般的复杂系统,考虑系统的并联子系统中有 1 个部件失效或系统的并联子系统中有 2 个部件失效,系统仍正常工作的概率分别为

$$P_1 = \prod_{i=1}^{n} R_i \left(\sum_{j=1}^{n_1} \frac{F_j}{R_j} \right)$$
$$P_2 = \prod_{i=1}^{n} R_i \left(\sum_{j, k \in n_2} \frac{F_j F_k}{R_j R_k} \right)$$

$$(3-101)$$

式中,n 为系统的部件总数;n_1 为系统中并联部件数目;R_j 和 F_j 分别为部件 j 的可靠度和不可靠度;$R_j R_k$ 和 $F_j F_k$ 分别为并联子系统中的部件可靠度和不可靠度。这种部件对中的两个部件同时失效时,系统仍能正常工作。

由此,该系统的可靠度下限值为

$$R_{L1} = \prod_{i=1}^{n} R_i \left(1 + \sum_{j=1}^{n_1} \frac{F_i}{R_j} \right)$$
$$R_{L2} = \prod_{i=1}^{n} R_i \left(1 + \sum_{j=1}^{n_1} \frac{F_j}{R_j} + \sum_{j, k \in n_2} \frac{F_j F_k}{R_j R_k} \right)$$

$$(3-102)$$

（3）可靠度计算

随着计算步数或考虑部件数的增加,复杂系统的可靠度上、下限值将逐渐逼近。按上、下限值综合预计系统的可靠度为

$$R_s = 1 - \sqrt{(1 - R_U)(1 - R_L)} \qquad (3-103)$$

注:R_U 和 R_L 同级,例如,R_{U0} 和 R_{L0},或者 R_{U1} 和 R_{L1},这样计算出的复杂系统的可靠度精度较高。

3.3.7　网络系统

在工程应用中,会遇到大量非串联、非并联系统,如通信网络、计算机网络、飞行控制系统等存在着多级多重表决系统及储备系统,形成广义网络。在这种情况下,建立其可靠性数学模型是很困难的,但由于无论是串、并联系统还是复杂系统,都可以用网络表示,因此研究网络可靠性分析方法来解决复杂系统可靠性预计问题十分重要。网络分析方法是利用网络图表示大规模复杂系统的逻辑关系,从成功角度分析部件与系统成功之间的关系,从中寻找所有最小路集,进而计算复杂系统可靠度的方法。该方法利用图论的理论把网络用矩阵形式表示,便于实现计算机辅助复杂系统可靠性分析。

网络由节点和节点间的连线(弧)连接而成。以某地区通信网络系统为例(如图 3-17 所示),它有 8 个节点(如图中 1、2、3、…、8)代表 8 个城镇,10 条弧(如图中 A、B、…、J)表示城镇之间的通信线。网络表示的是系统各部分之间的逻辑关系,因此图上点的准确位置和弧的长短曲直都无关紧要,重要的是点与点之间相互联结的情况。弧可以分为有向弧(图中 A、B、C、D、E、F、G、H)和无向弧(图中 I、J)。节点分为输入节点、输出节点和中间节点。输入节

点为只有输出弧而无输入弧的节点(图中节点 1),输出节点为只有输入弧而无输出弧的节点(图中节点 8),其他非输入输出节点为中间节点(图中节点 2、3、4、5、6、7)。组成网络系统的弧全是有向弧时,称为有向网络;全为无向弧组成的网络称为无向网络。在无向网络中,因各节点间的弧既可看作流出弧,又可看作流入弧,所以输入节点和输出节点可以任意指定。但要注意,在无向网络中,一旦指定了输入节点和输出节点,则与此节点相连的弧就是有向弧了,因而这个网络实际上也不再是无向网络了。

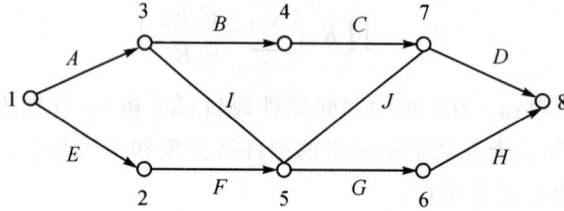

图 3 - 17 网络系统示例

在计算网络系统可靠度时,为了使问题简化,需要做以下几点假设:

① 系统或弧只有两种可能的状态,正常或故障;

② 节点的可靠度等于 1;

③ 无向弧两个方向的可靠度相同;

④ 弧之间的故障是相互独立的,即一条弧的故障不会引起别的弧故障。

有许多方法计算复杂网络系统的可靠性,例如最小路集法、布尔真值表法、全概率解法等。下面重点介绍最小路集法。

路集是从系统及某些弧正常工作的观点出发。网络系统的一些弧的集合,当这些弧正常工作时,能使系统正常,即能使输入节点和输出节点沟通,则称这些弧的集合为路集。弧的全集合都正常,系统当然正常。所以,弧的全集肯定是一个路集,这一论断对所用网络系统都适用。在任一路集的基础上再添加正常弧,仍是路集,但如果某个路集,任意的减掉一条弧(即该弧发生故障),就不再是路集,这样的路集就是最小路集。最小路集含的弧数称为路长。在最小路集中,没有重复的弧,其所形成的通路没有重复的节点,因此,一个 n 节点的网络系统,路长最大(即弧数最多)的最小路集最多只能包含 n 个节点。即最小路集的最大路长为 $n-1$,路长等于 n 的路集是不存在的。

根据定义,若系统存在 m 个最小路集,计为 $A_1, A_2, \cdots, A_m$,那么至少要有一个最小路集存在,即保持正常工作状态,则有

$$S = \bigcup_{i=1}^{m} A_i \qquad (3-104)$$

由于最小路集之间是相互包容的,因此用包容事件的加法概率公式来计算系统的可靠度,即

$$R_s = P\left(\bigcup_{i=1}^{m} A_i\right) =$$

$$\sum_{i=1}^{m} P(A_i) - \sum_{i<j=2}^{m} P(A_i \cap A_j) + \sum_{i<j<k=3}^{m} P(A_i \cap A_j \cap A_k) + \cdots + (-1)^{m-1} P\left(\bigcap_{i=1}^{m} A_i\right)$$

$$(3-105)$$

使用最小路集计算系统可靠度的前提是已经求出输入节点和输出节点的所有最小路集。下面介绍联络矩阵法求网络系统的最小路集。

给定一个任意类型(有向、无向、混合)网络系统,它有 n 个节点,节点编号为 $1,2,3,\cdots,n$,则该网络的联络矩阵 $\boldsymbol{C}$ 为

$$\boldsymbol{C}=\begin{bmatrix} c_{11} & c_{12} & c_{13} & \cdots & c_{1n} \\ c_{21} & c_{22} & c_{23} & \cdots & c_{2n} \\ c_{31} & c_{32} & c_{33} & \cdots & c_{3n} \\ \vdots & \vdots & \vdots & & \vdots \\ c_{n1} & c_{n2} & c_{n3} & \cdots & c_{nn} \end{bmatrix} \tag{3-106}$$

简写为

$$\boldsymbol{C}=\begin{bmatrix} c_{ij} \end{bmatrix}_{n\times n} \tag{3-107}$$

式中,矩阵元素定义如下:

$$c_{ij}=\begin{cases} x,\text{节点 } i\sim j \text{ 之间有弧 } x \text{ 直接连接} \\ 0,\text{节点 } i\sim j \text{ 之间无弧直接连接} \end{cases} \tag{3-108}$$

联络矩阵的主要特点如下:

① 对角线上各元素 c_{ij} 均为 0;

② 对于输入节点 i,第 i 列的所有元素均为 0;

③ 对于输出节点 j,第 j 行的所有元素均为 0;

④ 节点 i 和 j 之间的弧 x 若是无向弧,则可看成是双向的,即 $c_{ij}=c_{ji}=x$;

⑤ 元素 c_{ij} 反映了节点 i 到节点 j 之间是否有一条弧直接相连。

联络矩阵 $\boldsymbol{C}$ 的平方为

$$\boldsymbol{C}^2=\begin{bmatrix} c_{ij}^{(2)} \end{bmatrix}_{n\times n} \tag{3-109}$$

式中,

$$c^{(2)ij}=\bigcup_{k=1}^{n}(c_{ik}\bigcap c_{kj})=\sum_{k=1}^{n}c_{ik}\bigcap c_{kj} \tag{3-110}$$

其中,$c^{(2)ij}$ 表示从节点 i 到节点 k,再从节点 k 到节点 j 的最小路集;上标 2 表示节点 i,j 之间有两条弧相连,称为路长为 2,如果得到的路长小于 2 的要除去。

联络矩阵 $\boldsymbol{C}$ 的 l 次方为

$$\boldsymbol{C}^l=\boldsymbol{C}\boldsymbol{C}^{l-1}=\begin{bmatrix} c_{ij}^{(l)} \end{bmatrix}_{n\times n},l=2,3,\cdots,n-1 \tag{3-111}$$

式中,$c_{ij}^{(l)}$ 表示节点 i,j 之间有 l 条弧的最小路集,上标 l 表示节点 i,j 之间的路长为 l。同样地,得到的路长小于 l 的要除去。$\boldsymbol{C}^l$ 与 $\boldsymbol{C}$ 一样,第 j 行和第 i 列的所有元素都为 0。

在一个有 n 个节点的网络 S 中,任一两节点之间的最小路集的最大路长不大于 $n-1$,因此,只要通过多次乘法就可以计算得到各种长度的最小路集全体。由于研究目的是得到网络系统的可靠性,所以只须求出输入节点 i 到输出节点 j 之间所有的最小路集,对于其他节点之间的最小路集并不感兴趣。因此,只需要求出 $\boldsymbol{C}^2,\boldsymbol{C}^3,\cdots,\boldsymbol{C}^{n-1}$ 中的第 i 行第 j 列的元素即可。

例 3-10　对于图 3-18 所示系统,当开关 E 打开时,电机 A 向设备 B 供电,电机 C 向设备 D 供电。若电机 A 坏了,合上开关 E,由电机 C 向设备 B 或 D 供电;若电机 C 坏了,合上开关 E,由电机 A 向设备 B 或 D 供电。求输入节点 1 与输出节点 4 之间的全体最小路集。若 $R_A=R_B=0.8,R_C=R_D=0.7,R_E=0.64$,求系统的可靠度。

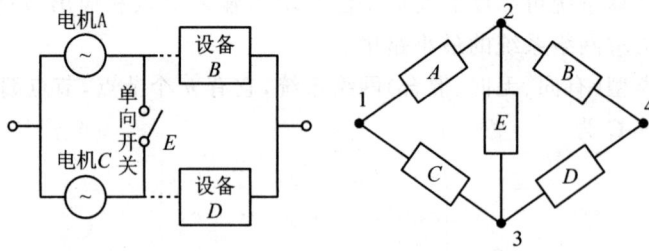

图 3 - 18 　网络系统示例原理图与可靠性框图

解 　该系统简化的网络系统如下：

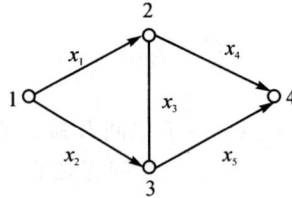

该网络的联络矩阵$(l=1)$为

$$C = \begin{bmatrix} 0 & x_1 & x_2 & 0 \\ 0 & 0 & x_3 & x_4 \\ 0 & x_3 & 0 & x_5 \\ 0 & 0 & 0 & 0 \end{bmatrix}$$

当 $l=2$ 时，

$$C^2 = C \times C = \begin{bmatrix} 0 & x_1 & x_2 & 0 \\ 0 & 0 & x_3 & x_4 \\ 0 & x_3 & 0 & x_5 \\ 0 & 0 & 0 & 0 \end{bmatrix} \begin{bmatrix} 0 & x_1 & x_2 & 0 \\ 0 & 0 & x_3 & x_4 \\ 0 & x_3 & 0 & x_5 \\ 0 & 0 & 0 & 0 \end{bmatrix} = \begin{bmatrix} 0 & x_2 x_3 & x_1 x_3 & x_1 x_4 + x_2 x_5 \\ 0 & x_3 & 0 & x_3 x_5 \\ 0 & 0 & x_3 & x_3 x_4 \\ 0 & 0 & 0 & 0 \end{bmatrix}$$

当 $l=3$ 时，

$$C^3 = C \times C^2 = \begin{bmatrix} 0 & x_1 & x_2 & 0 \\ 0 & 0 & x_3 & x_4 \\ 0 & x_3 & 0 & x_5 \\ 0 & 0 & 0 & 0 \end{bmatrix} \begin{bmatrix} 0 & x_2 x_3 & x_1 x_3 & x_1 x_4 + x_2 x_5 \\ 0 & x_3 & 0 & x_3 x_5 \\ 0 & 0 & x_3 & x_3 x_4 \\ 0 & 0 & 0 & 0 \end{bmatrix}$$

$$= \begin{bmatrix} 0 & x_1 x_3 & x_2 x_3 & x_1 x_3 x_5 + x_2 x_3 x_4 \\ 0 & 0 & x_3 & x_3 x_4 \\ 0 & x_3 & 0 & x_3 x_5 \\ 0 & 0 & 0 & 0 \end{bmatrix}$$

因此，输入节点 1 与输出节点 4 之间的全体最小路集为

$$S = x_1 x_4 + x_2 x_5 + x_1 x_3 x_5 + x_2 x_3 x_4$$

令 $A_1 = \{A, B\}, A_2 = \{C, D\}, A_3 = \{A, E, D\}, A_4 = \{C, E, B\}$，系统可靠度为

$$R_S = P\left(\bigcup_{i=1}^{4} A_i\right)$$

$$= \sum_{i=1}^{4} P(A_i) - P(A_1 A_2) - P(A_1 A_3) - P(A_1 A_4) - P(A_2 A_3) - P(A_2 A_4) - P(A_3 A_4)$$
$$+ P(A_1 A_2 A_3) + P(A_1 A_2 A_4) + P(A_1 A_3 A_4) + P(A_2 A_3 A_4) - P(A_1 A_2 A_3 A_4)$$
$$= P(AB) + P(CD) + P(ADE) + P(BCE) - P(ABCD) - P(ABDE) - P(ABCE)$$
$$- P(ACDE) - P(BCDE) + 2P(ABCDE)$$
$$= P(A)P(B) + P(C)P(D) + P(A)P(D)P(E) + P(B)P(C)P(E)$$
$$- P(A)P(B)P(C)P(D) - P(A)P(B)P(D)P(E) - P(A)P(B)P(C)P(E)$$
$$- P(A)P(C)P(D)P(E) - P(B)P(C)P(D)P(E) + 2P(A)P(B)P(C)P(D)P(E)$$

将 $P(A) = P(B) = 0.8, P(C) = P(D) = 0.7, P(E) = 0.64$ 代入上式,得 $R_s = 0.859\,4$。

3.4 可修复系统可靠性分析

实际系统中多数属于可修复系统。可修复系统是由一些部件和一个或多个修理设备(或修理人员)组成的系统。修理设备对故障的部件进行修理,修复后的部件可继续进行工作。在实际工程中,为了改善系统的可靠性,往往需要采用维修手段。由于故障发生的原因、部位、程度不同,系统所处的环境不同,以及维修设备及修理人员水平不同,因而修复所用时间是一个随机变量。就可靠性而言,设计出的产品能正常工作的时间越长越好;而就维修性而言,设计出来的产品在发生故障时故障被排除得越快越好。将高可靠性和维修性结合起来,就可以得到高可用度。

由于可修复系统不仅存在由正常状态向故障状态的转换,而且经过修复后还存在由故障状态向正常状态的转换,因此可修复系统状态与状态之间的转移情况要比不可修复系统要复杂得多。可修复系统可靠性特征量主要包括首次平均无故障工作时间和平均无故障工作间隔时间、平均修复时间、修复率、可用度等。

3.4.1 马尔可夫过程

研究可修复系统的主要数学工具是随机过程理论。当构成系统的各部件的寿命分布和故障后的修理时间分布均为指数分布时,只要适当定义系统的状态,总可以用马尔可夫过程描述。马尔可夫随机过程于 1907 年提出,它研究的是系统"状态"与"状态"之间相互转移的关系。假如当系统完全由定义为"状态"的变量取值来描述时,则说系统处于一个"状态"。假如描述系统的变量从一个状态的特定值变化到另一个状态的特定值时,则说明系统实现了状态的转移。如图 3-19 所示,对于某一系统,运行时存在正常状态 S 和故障状态 F。处于 S 状态的系统由于故障会转移到 F 状态。相反,处于 F 状态的系统经过修复又会从 F 状态转移到 S 状态。这种由一个状态转移到另一个状态完全是随机的,因此称这种状态随机转移的过程为随机过程。在一个随机过程中,如果在某一时刻,由一种状态转移到另一种状态的转移概率只与现在处于什么状态有关,而与在这时刻以前所处的状态完全无关,即这种转移概率只与现在状态有关,与有限次以前的状态完全无关,则这种过程就叫马尔可夫过程。

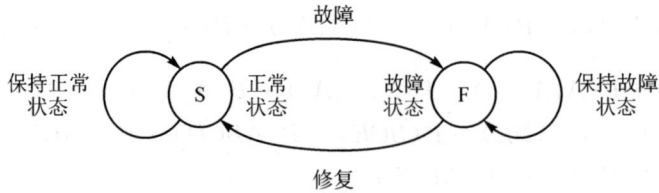

图 3-19　状态转移示意图

马尔可夫过程用数学式表示为

$$P\{X(t_n)=x_n \mid X(t_1)=x_1, X(t_2)=x_2, \cdots, X(t_{n-1})$$
$$=x_{n-1}\}=P\{X(t_n)=x_n \mid X(t_{n-1})=x_{n-1}\} \tag{3-112}$$

式中，$X(t_i)=x_i$ 表示处于 $t_i(i=1,2,\cdots,n)$ 时刻的状态。

式(3-112)说明 t_n 时刻的状态 $X(t_n)$ 在以前 $n-1$ 个时刻的状态 $X(t_1), X(t_2), \cdots,$ $X(t_{n-1})$ 下的条件概率等于在 t_{n-1} 时刻的状态 $X(t_{n-1})$ 下的条件概率。只要前一个状态 $X(t_{n-1})$ 一经决定，则 $X(t_n)$ 状态概率就确定。若 $X(t)$ 是马尔可夫过程，且 $X(t)$ 是离散型随机变量，则这种马尔可夫过程称为马尔可夫链。

若一个马尔可夫链 $X(t)$ 的有限状态空间是 $E=\{0,1,2,\cdots,N\}$，对于固定的 $j \in E$，$P_j(t)=P\{X(t)=j\}$ 表示时刻 t 系统处于状态 j 的概率。若对于任意 $u,t \geqslant 0$，且 $i,j \in E$，均有

$$P\{X(t+u)=j \mid X(u)=i\}=P_{ij}(t) \tag{3-113}$$

与 u 无关，则称马尔可夫过程 $X(t)$ 是齐次的，即 $P_{ij}(t)$ 只与时间区间 t 有关，而与时间起点 u 的位置无关。$P_{ij}(t)$ 是齐次马尔可夫链在 t 这段时间内从状态 i 转移到状态 j 的转移概率。

3.4.2　单部件可用度

在利用马尔可夫过程方法建立系统的可用度模型时，作如下假设：

① 系统的部件只能取两种状态：正常或者故障；

② 部件的状态转移率（故障率 r 和修复率 μ）均为常数，即部件的故障分布和维修时间分布均服从指数分布，从而证明可以用马尔可夫过程来描述；

③ 状态转移可以在任意时刻进行，但在相当小的时间区间 Δt 内不会发生两个及两个以上的状态转移，即同时发生两次或两次以上故障的概率为零；

④ 每次故障或维修的时间与其他时间无关。

单部件是最简单的可修复系统，利用单部件建立可用度模型可以指导其他复杂系统的可用度建模。假设单部件的寿命 X 和维修时间 Y 服从指数分布：

$$P\{X \leqslant t\}=1-e^{-rt} \quad (t \geqslant 0, r > 0) \tag{3-114}$$
$$P\{Y \leqslant t\}=1-e^{-\mu t} \quad (t \geqslant 0, \mu > 0) \tag{3-115}$$

根据假设，单部件的寿命 X 和维修时间 Y 相互独立，因此，故障修复后寿命分布与新的部件相同。定义系统状态为 $E=\{0,1\}$，其中 0 状态表示系统正常，1 状态表示系统故障，其相应的随机过程 $\{X(t), t \geqslant 0\}$ 是一个连续时间和 t 有限状态空间 $E=\{0,1\}$ 的随机过程（见图 3-20）。由于指数分布的无记忆性，可以证明 $\{X(t), t \geqslant 0\}$ 是一个齐次马尔可夫过程。

由图 3-20 可以看出，单部件系统存在两个状态：0 和 1，存在四个状态转移途径 P_{00}

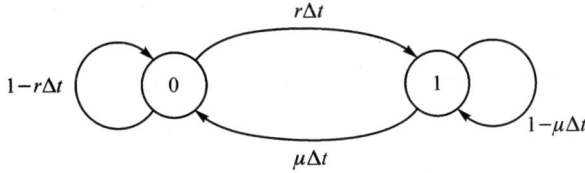

图 3 - 20　单部件状态转移概率图

(Δt)，$P_{01}(\Delta t)$，$P_{10}(\Delta t)$，$P_{11}(\Delta t)$。假设状态与状态之间的转移时间很短，则在$(t, t + \Delta t)$发生故障或完成修理的条件概率为$r\Delta t$ 和$\mu\Delta t$，因此可以得到马尔可夫过程的状态转移概率为

$$\begin{cases} P_{00}(\Delta t) = P\{X(t + \Delta t) = 0 \mid X(t) = 0\} = 1 - r\Delta t + o(\Delta t) \\ P_{01}(\Delta t) = P\{X(t + \Delta t) = 1 \mid X(t) = 0\} = r\Delta t + o(\Delta t) \\ P_{10}(\Delta t) = P\{X(t + \Delta t) = 0 \mid X(t) = 1\} = \mu\Delta t + o(\Delta t) \\ P_{11}(\Delta t) = P\{X(t + \Delta t) = 1 \mid X(t) = 1\} = 1 - \mu\Delta t + o(\Delta t) \end{cases} \quad (3-116)$$

式中，$o(\Delta t)$是关于间隔时间 Δt 的无穷小量。

由式(3-116)可以得到状态转移概率矩阵为

$$\boldsymbol{P}(\Delta t) = \begin{bmatrix} 1 - r\Delta t & r\Delta t \\ \mu\Delta t & 1 - \mu\Delta t \end{bmatrix} \quad (3-117)$$

其相应的马尔可夫过程曲线一般被称为状态转移概率图(如图 3-20 所示)。对式(3-117)进行变换，得到状态转移速率矩阵为

$$\boldsymbol{V} = \frac{\boldsymbol{P}(\Delta t) - \boldsymbol{I}}{\Delta t} = \begin{bmatrix} -r & r \\ \mu & -\mu \end{bmatrix} \quad (3-118)$$

式中，$\boldsymbol{I}$ 为单位矩阵。

由全概率公式可得

$$\begin{cases} P_0(t + \Delta t) = P_0(t)(1 - r\Delta t) + P_1(t)\mu\Delta t + o(\Delta t) \\ P_1(t + \Delta t) = P_0(t)r\Delta t + P_1(t)(1 - \mu\Delta t) + o(\Delta t) \end{cases} \quad (3-119)$$

由式(3-119)可以得到如下状态方程：

$$P'(t) = \boldsymbol{V}^{\mathrm{T}} P \quad (3-120)$$

式(3-120)是马尔可夫可修复系统建立可用度模型的通式。对于单部件系统，式(3-120)可以表示为

$$\begin{cases} P_0'(t) = -rP_0(t) + \mu P_1(t) \\ P_1'(t) = rP_0(t) - \mu P_1(t) \end{cases} \quad (3-121)$$

为求解状态方程，对式(3-121)两边取拉氏变换：

$$\begin{cases} L[P_0'(t)] = -rL[P_0(t)] + \mu L[P_1(t)] \\ L[P_1'(t)] = rL[P_0(t)] - \mu L[P_1(t)] \end{cases} \quad (3-122)$$

由于

$$\begin{cases} L[P'(t)] = sP(s) - P(0) \\ L[P(t)] = P(s) \end{cases} \quad (3-123)$$

式中，s 为拉氏变换引入的变量。

将式(3-123)代入式(3-122)，得

$$\begin{cases} sP_0(s) - P_0(0) = -rP_0(s) + \mu P_1(s) \\ sP_1(s) - P_1(0) = rP_0(s) - \mu P_1(s) \end{cases} \tag{3-124}$$

若 $t=0$ 时刻处于工作状态，即初始条件为 $P_0(0)=1, P_1(0)=0$，将其代入式(3-124)，可以得到

$$\begin{cases} sP_0(s) - 1 = -rP_0(s) + \mu P_1(s) \\ sP_1(s) = rP_0(s) - \mu P_1(s) \end{cases} \tag{3-125}$$

解该方程组，得

$$\begin{cases} P_0(s) = \dfrac{s+\mu}{s(s+r+\mu)} \\ P_2(s) = \dfrac{r}{s(s+r+\mu)} \end{cases} \tag{3-126}$$

经过拉氏反变换，即

$$P(s) = \frac{1}{s+r}, \quad P(t) = \mathrm{e}^{-rt} \tag{3-127}$$

得

$$\begin{cases} P_0(t) = \dfrac{\mu}{r+\mu} + \dfrac{r}{r+\mu}\mathrm{e}^{-(r+\mu)t} \\ P_1(s) = \dfrac{r}{r+\mu} - \dfrac{r}{r+\mu}\mathrm{e}^{-(r+\mu)t} \end{cases} \tag{3-128}$$

系统可用度为系统在随机时刻 t 处于正常工作的概率为

$$A(t) = P_0(t) = \frac{\mu}{r+\mu} + \frac{r}{r+\mu}\mathrm{e}^{-(r+\mu)t} \tag{3-129}$$

若 $t=0$ 时刻处于故障状态，即初始条件为 $P_0(0)=0, P_1(0)=1$，将其代入式(3-124)，同理，再进行拉氏反变换，可以得到

$$\begin{cases} P_0(t) = \dfrac{\mu}{r+\mu} - \dfrac{\mu}{r+\mu}\mathrm{e}^{-(r+\mu)t} \\ P_1(s) = \dfrac{r}{r+\mu} + \dfrac{\mu}{r+\mu}\mathrm{e}^{-(r+\mu)t} \end{cases} \tag{3-130}$$

系统可用度为

$$A(t) = P_0(t) = \frac{\mu}{r+\mu} - \frac{\mu}{r+\mu}\mathrm{e}^{-(r+\mu)t} \tag{3-131}$$

当 $t \to \infty$ 时，由式(3-129)和式(3-131)可得系统的稳态可用度为

$$A(\infty) = \lim_{t \to \infty} A(t) = \frac{\mu}{r+\mu} \tag{3-132}$$

由于 $r = \dfrac{1}{\mathrm{MTBF}}, \mu = \dfrac{1}{\mathrm{MTTR}}$，故稳态可用度还可以表示为

$$A(\infty) = \frac{\mathrm{MTBF}}{\mathrm{MTBF} + \mathrm{MTTR}} \tag{3-133}$$

系统的平均可用度为

$$\bar{A}(t) = \frac{1}{t}\int_0^t A(t)\,\mathrm{d}t = \frac{\mu}{r+\mu} + \frac{r}{(r+\mu)^2 t} - \frac{r\,\mathrm{e}^{-(r+\mu)t}}{(r+\mu)^2 t} \tag{3-134}$$

当利用马尔可夫过程计算不可修复系统可靠度时,只需要令 $\mu=0$ 即可构成一个新的马尔可夫过程(如图 3-21 所示),根据式(3-120)可以得到不可修复系统的模型为

$$\begin{bmatrix} P'_0(t) \\ P'_1(t) \end{bmatrix} = \begin{bmatrix} -r & 0 \\ r & 0 \end{bmatrix} \begin{bmatrix} P_0(t) \\ P_1(t) \end{bmatrix} \tag{3-135}$$

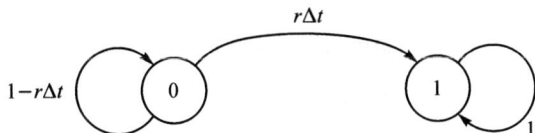

图 3-21　状态转移概率图

相似地,求解式(3-135),可以得到系统的可靠度为

$$R(t) = P_0(t) = e^{-rt} \tag{3-136}$$

系统首次故障前平均时间为

$$\text{MTTF} = \int_0^\infty R(t)\mathrm{d}t = \frac{1}{r} \tag{3-137}$$

由此可见,利用马尔可夫过程不仅可以建立可修复系统的可用度模型,而且可以计算不可修复系统的可靠性指标。系统的可用度 $A(t)$ 与可靠度 $R(t)$ 的关系曲线如图 3-22 所示。

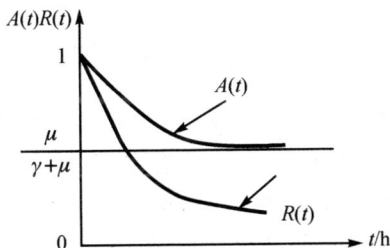

图 3-22　可用度与可靠度曲线

3.4.3　串联可修复系统可用度

由 n 个部件构成的串联系统,每个部件的失效及维修时间均服从指数分布。n 个部件全部正常工作时系统处于正常状态,当其中一个部件出现故障时,系统就处于故障状态,此时,维修组立即进行修复。修理期间,未发生故障的部件也停止工作。故障部件修复后,n 个部件又进入工作状态,系统恢复正常工作。修复后的部件寿命仍服从指数分布。

对于有 n 个相同部件组成的串联系统,各个部件的故障率和修复率分别为 r 和 μ,且均为常数。系统存在两种状态,状态 0 为 n 个部件全正常工作,系统处于正常状态;状态 1 为任一个部件故障,系统处于故障状态。因为任一部件故障,系统立即停止工作,不会出现两个及以上部件同时发生故障的情况。图 3-23 为该串联系统的状态转移图。

根据图 3-23 可以得到状态转移概率矩阵 $\mathbf{P}(\Delta t)$ 为

$$\mathbf{P}(\Delta t) = \begin{bmatrix} 1-nr\Delta t & nr\Delta t \\ \mu\Delta t & 1-\mu\Delta t \end{bmatrix} \tag{3-138}$$

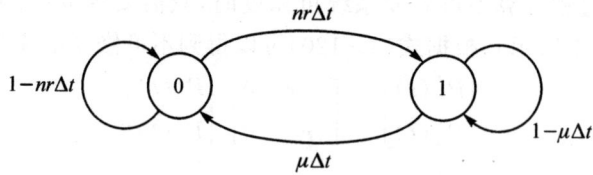

图 3 - 23　n 个相同部件组成的串联系统的状态转移图

得到状态转移速率矩阵为

$$V = \frac{P(\Delta t) - I}{\Delta t} = \begin{bmatrix} -nr & nr \\ \mu & -\mu \end{bmatrix} \tag{3-139}$$

根据式(3-120),可以得到状态方程:

$$\begin{cases} P'_0(t) = -n \cdot rP_0(t) + \mu P_1(t) \\ P'_1(t) = n \cdot rP_0(t) - \mu P_1(t) \end{cases} \tag{3-140}$$

在初始状态,$P_0(0)=0$,$P_1(0)=1$。将其代入式(3-140),借助拉氏变换与反变换,可解出系统可用度:

$$A(t) = P_0(t) = \frac{\mu}{nr+\mu} + \frac{nr}{nr+\mu} e^{-(nr+\mu)t} \tag{3-141}$$

系统稳态可用度:

$$A(\infty) = \lim_{t \to \infty} A(t) = \frac{\mu}{nr+\mu} \tag{3-142}$$

对于有 n 个不同部件组成的串联系统,各个部件的故障率和修复率分别为 r_i 和 μ_i($i=1,2,\cdots,n$),且均为常数。因此系统存在 $n+1$ 个状态,状态 0 为 n 个部件全正常工作,系统处于正常状态;状态 1 为部件 1 故障,其余正常,系统处于故障状态;状态 2 为部件 2 故障,其余正常,系统处于故障状态;……;状态 n 为部件 n 故障,其余正常,系统处于故障状态。图 3 - 24 为该串联系统的状态转移图。

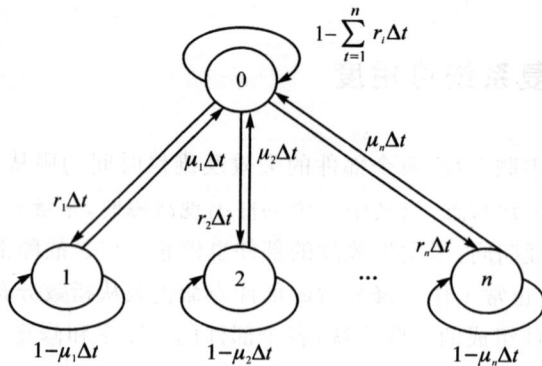

图 3 - 24　n 个不同部件组成的串联系统的状态转移图

根据图 3 - 24 可以得到状态转移概率矩阵:

$$\boldsymbol{P}(\Delta t)=\begin{bmatrix}1-\sum_{i=1}^{n}r_{i}\Delta t & r_{1}\Delta t & r_{2}\Delta t & \cdots & r_{n}\Delta t\\ \mu_{1}\Delta t & 1-\mu_{1}\Delta t & 0 & \cdots & 0\\ \mu_{2}\Delta t & 0 & 1-\mu_{2}\Delta t & \cdots & 0\\ \vdots & \vdots & \vdots & \vdots & \vdots\\ \mu_{n}\Delta t & 0 & 0 & \cdots & 1-\mu_{n}\Delta t\end{bmatrix} \tag{3-143}$$

和状态转移速率矩阵:

$$\boldsymbol{V}=\begin{bmatrix}-\sum_{i=1}^{n}r_{i} & r_{1} & r_{2} & \cdots & r_{n}\\ \mu_{1} & -\mu_{1} & 0 & \cdots & 0\\ \mu_{2} & 0 & -\mu_{2} & \cdots & 0\\ \vdots & \vdots & \vdots & \vdots & \vdots\\ \mu_{n} & 0 & 0 & \cdots & -\mu_{n}\end{bmatrix} \tag{3-144}$$

根据式(3-120),可以得到状态方程

$$\begin{bmatrix}P_{0}'(t)\\ P_{1}'(t)\\ \vdots\\ P_{n}'(t)\end{bmatrix}=\boldsymbol{V}^{\mathrm{T}}\begin{bmatrix}P_{0}(t)\\ P_{1}(t)\\ \vdots\\ P_{n}(t)\end{bmatrix} \tag{3-145}$$

状态方程展开后为

$$\begin{cases}P_{0}'(t)=-\sum_{i=1}^{n}r_{i}P_{0}(t)+\sum_{i=1}^{n}\mu_{i}P_{i}(t)\\ PP_{j}'(t)=r_{i}P_{0}(t)-\mu_{i}P_{i}(t),(j=1,2,\cdots,n)\end{cases} \tag{3-146}$$

给定初始条件:$[P_{0}(0),P_{1}(0),\cdots,P_{n}(0)]=[1,0,\cdots,0]$,对式(3-146)进行拉氏变换,可以得到

$$\begin{cases}P_{0}(s)=\dfrac{1}{s+s\sum_{i=1}^{n}\dfrac{r_{i}}{s+\mu_{i}}}\\ P_{j}(t)=\dfrac{r_{j}}{s+\mu_{j}}P_{0}(s),(j=1,2,\cdots,n)\end{cases} \tag{3-147}$$

式(3-147)无法进行拉氏反变换,故求不出 $P_{0}(t)$ 和 $P_{j}(t)$,$(j=1,2,\cdots,n)$,但可以利用终值定理求 $t\to\infty$ 时系统的稳态可用度:

$$A(\infty)=\lim_{t\to\infty}A(t)=\lim_{t\to\infty}P_{0}(t)=\dfrac{1}{1+\sum_{i=1}^{n}\dfrac{r_{i}}{\mu_{i}}} \tag{3-148}$$

令 $\rho_{i}=\dfrac{r_{i}}{\mu_{i}}$,$(i=1,2,\cdots,n)$,其表示第 i 个部件的维修系数,则系统的维修系数为

$$\rho_{s}=\sum_{i=1}^{n}\rho_{i}=\sum_{i=1}^{n}\dfrac{r_{i}}{\mu_{i}},\quad(i=1,2,\cdots,n) \tag{3-149}$$

因此系统的稳态可用度还可以表示为

$$A(\infty) = \lim_{t \to \infty} A(t) = \lim_{t \to \infty} P_0(t) = \frac{1}{1 + \rho_s} \quad\quad (3-150)$$

当 $\mu_i = 0, (i = 1, 2, \cdots, n)$，该系统为不可修复系统，其可靠度为

$$R(t) = \mathrm{e}^{-\sum_{i=1}^{n} r_i t} \quad\quad (3-151)$$

3.4.4　并联可修复系统可用度

由于并联系统的可用度模型比较复杂，这里仅对两个部件并联的情况进行分析。

对于两个相同部件组成的并联系统，且只有一组维修人员，两个部件的故障率和修复率分别为 r 和 μ，且均为常数。这种情况下系统存在 3 种状态，状态 0 为两个部件都正常工作，系统处于正常状态；状态 1 为任一个部件故障，系统处于正常工作状态；状态 2 为两个部件都故障，系统处于故障状态。图 3-25 为该并联系统的状态转移图。

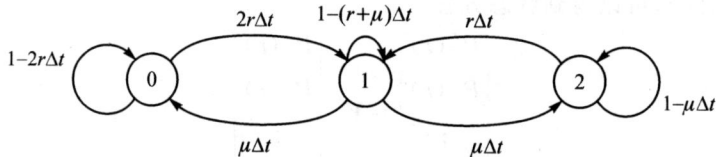

图 3-25　2 个相同部件组成的并联系统的状态转移图

根据图 3-25 可以得到状态转移概率矩阵：

$$\boldsymbol{P}(\Delta t) = \begin{bmatrix} 1 - 2r\Delta t & 2r\Delta t & 0 \\ \mu\Delta t & 1 - (r + \mu)\Delta t & r\Delta t \\ 0 & \mu\Delta t & 1 - \mu\Delta t \end{bmatrix} \quad\quad (3-152)$$

和状态转移速率矩阵：

$$\boldsymbol{V} = \frac{\boldsymbol{P}(\Delta t) - \boldsymbol{I}}{\Delta t} = \begin{bmatrix} -2r & 2r & 0 \\ \mu & -(r + \mu) & r \\ 0 & \mu & -\mu \end{bmatrix} \quad\quad (3-153)$$

根据式（3-120），可以得到状态方程：

$$\begin{bmatrix} P_0'(t) \\ P_1'(t) \\ P_2'(t) \end{bmatrix} = \begin{bmatrix} -2r & \mu & 0 \\ 2r & -(r + \mu) & \mu \\ 0 & r & -\mu \end{bmatrix} \begin{bmatrix} P_0(t) \\ P_1(t) \\ P_2(t) \end{bmatrix} \quad\quad (3-154)$$

给定初始条件，求解式（3-154），可以得到 $P_0(t)$，$P_1(t)$ 和 $P_2(t)$，则系统的可用度为

$$A(t) = P_0(t) + P_1(t) \quad\quad (3-155)$$

当 $t \to \infty$ 时，可得系统的稳态可用度为

$$A(\infty) = \lim_{t \to \infty} A(t) = \frac{\mu^2 + 2r\mu}{\mu^2 + 2r\mu + 2r^2} \quad\quad (3-156)$$

对于两个不同部件组成的并联系统，且只有一组维修人员，两个部件的故障率和修复率分别为 r_1, r_2, μ_1, μ_2，且均为常数。这种情况下系统存在 5 种状态，状态 0 为两个部件都正常工

作,系统处于正常工作状态;状态 1 为部件 1 正常工作,部件 2 故障,系统处于正常工作状态;状态 2 为部件 2 正常工作,部件 1 故障,系统处于正常工作状态;状态 3 为部件 1 修理,部件 2 故障待修理,系统处于故障状态;状态 4 为部件 2 修理,部件 1 故障待修理,系统处于故障状态。该并联系统的状态转移图见图 3-26。

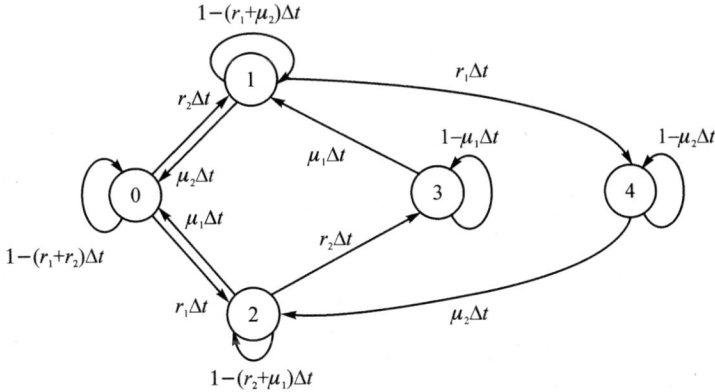

图 3-26　2 个不同部件组成的并联系统的状态转移图

根据图 3-26 可以得到状态转移概率矩阵:

$$
\boldsymbol{P}(\Delta t) = \begin{bmatrix}
1 - (r_1 + r_2)\Delta t & r_2 \Delta t & r_1 \Delta t & 0 & 0 \\
\mu_2 \Delta t & 1 - (r_1 + \mu_2)\Delta t & 0 & 0 & r_1 \Delta t \\
\mu_1 \Delta t & 0 & 1 - (r_2 + \mu_1)\Delta t & r_2 \Delta t & 0 \\
0 & \mu_1 \Delta t & 0 & 1 - \mu_1 \Delta t & 0 \\
0 & 0 & \mu_2 \Delta t & 0 & 1 - \mu_2 \Delta t
\end{bmatrix}
$$

$$(3-157)$$

和状态转移速率矩阵:

$$
\boldsymbol{V} = \frac{\boldsymbol{P}(\Delta t) - \boldsymbol{I}}{\Delta t} = \begin{bmatrix}
-(r_1 + r_2) & r_2 & r_1 & 0 & 0 \\
\mu_2 & -(r_1 + \mu_2) & 0 & 0 & r_1 \\
\mu_1 & 0 & -(r_2 + \mu_1) & r_2 & 0 \\
0 & \mu_1 & 0 & -\mu_1 & 0 \\
0 & 0 & \mu_2 & 0 & 1 - \mu_2
\end{bmatrix}
$$

$$(3-158)$$

根据式(3-120),可以得到状态方程:

$$
\begin{bmatrix}
P'_0(t) \\
P'_1(t) \\
P'_2(t) \\
P'_3(t) \\
P'_4(t)
\end{bmatrix} = \begin{bmatrix}
-(r_1 + r_2) & \mu_2 & \mu_1 & 0 & 0 \\
r_2 & -(r_1 + \mu_2) & 0 & \mu_1 & 0 \\
r_1 & 0 & -(r_2 + \mu_1) & 0 & \mu_2 \\
0 & 0 & r_2 & -\mu_1 & 0 \\
0 & r_1 & 0 & 0 & 1 - \mu_2
\end{bmatrix} \begin{bmatrix}
P_0(t) \\
P_1(t) \\
P_2(t) \\
P_3(t) \\
P_4(t)
\end{bmatrix}
$$

$$(3-159)$$

给定初始条件,求解式(3-159),可以得到 $P_0(t)$,$P_1(t)$,$P_2(t)$,$P_3(t)$ 和 $P_4(t)$,则系统

的可用度为

$$A(t) = P_0(t) + P_1(t) + P_2(t) \tag{3-160}$$

3.4.5　表决可修复系统可用度

若系统由 n 个相同部件组成,部件寿命分布及故障后维修时间均服从指数分布,部件的故障率和修复率分别为 r 和 μ,且均为常数。n 个部件相互独立,且只有一组维修人员,那么,当一个部件处于维修状态时,其他故障部件必然处于待修理状态。当且仅当至少 k 个部件工作时,系统处于正常工作状态;当有 $n-k+1$ 个部件故障时,系统处于故障状态。未发生故障的 $k-1$ 个部件也停止工作,不再发生故障。直到一个部件被修复后,又有 k 个单元同时进入工作状态时,系统才重新进入工作状态。

一般来讲,k/n 表决系统有 $n-k+2$ 个不同状态,分别为:

状态 0:n 个部件均处于工作状态,系统正常工作;

状态 1:$n-1$ 个部件均处于工作状态,有 1 个部件故障,故障部件进入维修状态,但系统仍正常工作;

状态 2:$n-2$ 个部件均处于工作状态,有 2 个部件故障,1 个部件处于维修状态,另 1 个部件处于待修状态,但系统仍正常工作;

状态 $n-k$:k 个部件均处于工作状态,有 $n-k$ 个部件故障,其中 1 个部件处于维修状态,其余部件处于待修状态,但系统仍正常工作;

状态 $n-k+1$:$k-1$ 个部件均处于工作状态,有 $n-k+1$ 个部件发生故障,系统处于故障状态。

图 $3-27$ 为该表决系统的状态转移图。

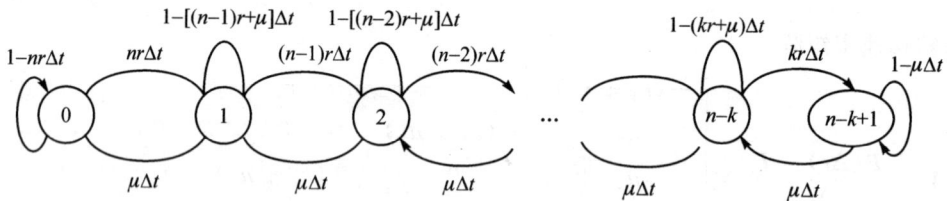

图 3-27　n 个相同部件组成的 k/n 表决系统的状态转移图

根据图 $3-27$ 可以得到状态转移概率矩阵:

$$\boldsymbol{P}(\Delta t) = \begin{bmatrix} 1-nr\Delta t & nr\Delta t & 0 & \cdots & 0 & 0 \\ \mu\Delta t & 1-[(n-1)r+\mu]\Delta t & (n-1)r\Delta t & \cdots & 0 & 0 \\ 0 & \mu\Delta t & 1-[(n-2)r+\mu]\Delta t & \cdots & 0 & 0 \\ \vdots & \vdots & \vdots & \vdots & \vdots & \vdots \\ 0 & 0 & 0 & \cdots & 1-(kr+\mu)\Delta t & kr\Delta t \\ 0 & 0 & 0 & \cdots & \mu\Delta t & 1-\mu\Delta t \end{bmatrix}$$

$$\tag{3-161}$$

和状态转移速率矩阵:

$$
\boldsymbol{V} = \begin{bmatrix}
-nr & nr & 0 & \cdots & 0 & 0 \\
\mu & -[(n-1)r+\mu] & (n-1)r & \cdots & 0 & 0 \\
0 & \mu & -[(n-2)r+\mu] & \cdots & 0 & 0 \\
\vdots & \vdots & \vdots & \vdots & \vdots & \vdots \\
0 & 0 & 0 & \cdots & -(kr+\mu) & kr \\
0 & 0 & 0 & \cdots & \mu & -\mu
\end{bmatrix}
$$

$$(3-162)$$

根据式(3-120),可以得到状态方程,然后给定初始条件,求解状态方程组,可以得到 $P_0(t), P_1(t), P_2(t), \cdots, P_{n-k}(t)$ 和 $P_{n-k+1}(t)$,则系统的可用度为

$$
A(t) = P_0(t) + P_1(t) + P_2(t) + \cdots + P_{n-k}(t) \tag{3-163}
$$

当 $t \to \infty$ 时,系统的稳态可用度为

$$
A(\infty) = \lim_{t \to \infty} A(t) = \frac{\displaystyle\sum_{j=0}^{n-k} \frac{1}{(n-j)!} \left(\frac{r}{\mu}\right)^j}{\displaystyle\sum_{i=0}^{n-k+1} \frac{1}{(n-i)!} \left(\frac{r}{\mu}\right)^i} \tag{3-164}
$$

3.4.6　旁联可修复系统可用度

由于旁联系统的可用度模型比较复杂,这里仅仅讨论转换装置完全可靠,储备部件在储备期间也完全可靠的旁联系统。

(1) 两个相同部件且有一组维修人员的旁联系统

由两个相同部件组成的旁联系统,其中一个部件工作,另一个部件储备。当工作部件发生故障时,储备部件立刻替换进入工作状态,而故障部件立刻进行修复。在顶替部件没有发生故障前,修复部件已经修好并进入储备状态,以保证系统处于正常工作状态。若修复部件没修好,顶替部件也发生了故障,则会因为只有一组维修人员,顶替部件处于待修状态,系统故障。当一个部件修复后投入工作,另外一个故障部件进入修复状态,这时,系统又处于工作状态。假设转换开关完全可靠,部件工作寿命服从参数为 r 的指数分布,维修时间服从参数为 μ 的指数分布,且两个部件寿命及维修时间等随机变量均相互独立。

该旁联系统存在三种不同的状态:状态 0 为 2 个部件都正常,系统正常;状态 1 为 1 个部件正常,系统正常;状态 2 为两个部件故障,系统故障。状态转移图见图 3-28。

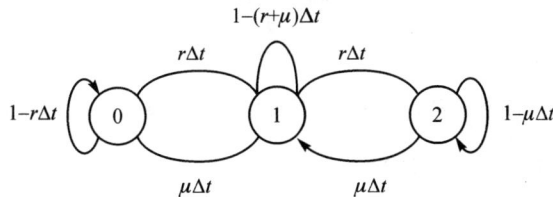

图 3-28　两个相同部件且有一组维修人员的旁联系统的状态转移图

根据图 3-28 可以得到状态转移概率矩阵:

$$\boldsymbol{P}(\Delta t)=\begin{bmatrix}1-r\Delta t & r\Delta t & 0 \\ \mu\Delta t & 1-(r+\mu)\Delta t & r\Delta t \\ 0 & \mu\Delta t & 1-\mu\Delta t\end{bmatrix} \tag{3-165}$$

和状态转移速率矩阵：

$$\boldsymbol{V}=\begin{bmatrix}-r & r & 0 \\ \mu & -(r+\mu) & r \\ 0 & \mu & -\mu\end{bmatrix} \tag{3-166}$$

根据式(3-120)，可以得到状态方程，然后给定初始条件，求解状态方程组，可以得到 $P_0(t)$，$P_1(t)$ 和 $P_2(t)$，则系统的可用度为 $A(t)=P_0(t)+P_1(t)$。当 $t\to\infty$ 时，系统的稳态可用度为

$$A(\infty)=\frac{r\mu+\mu^2}{r^2+r\mu+\mu^2} \tag{3-167}$$

(2) 两个不同部件且有一组维修人员的旁联系统

对于两个不同部件组成的旁联系统，且只有一组维修人员，两个部件的故障率和修复率分别为 r_1，r_2，μ_1，μ_2，且均为常数。这种情况下系统存在 6 种状态：状态 0 为部件 1 工作，部件 2 储备，系统正常；状态 1 为部件 2 工作，部件 1 储备，系统正常；状态 2 为部件 1 工作，部件 2 修理，系统正常；状态 3 为部件 2 工作，部件 1 修理，系统正常；状态 4 为部件 1 在修理，部件 2 等待修理，系统故障；状态 5 为部件 2 在修理，部件 1 等待修理，系统故障。图 3-29 为该系统的状态转移图。

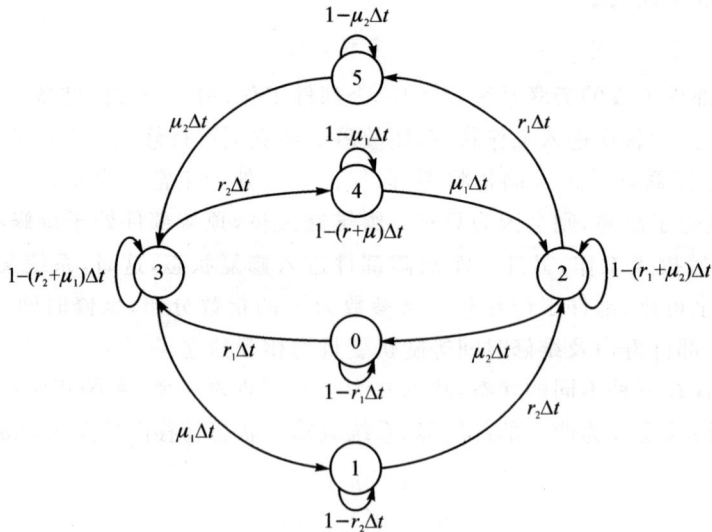

图 3-29　两个不同部件且有一组维修人员的旁联系统的状态转移图

根据图 3-29 可以得到状态转移概率矩阵：

$$\boldsymbol{P}(\Delta t)=\begin{bmatrix}1-r_1\Delta t & 0 & 0 & r_1\Delta t & 0 & 0 \\ 0 & 1-r_2\Delta t & r_2\Delta t & 0 & 0 & 0 \\ \mu_2\Delta t & 0 & 1-(r_1+\mu_2)\Delta t & 0 & 0 & r_1\Delta t \\ 0 & \mu_1\Delta t & 0 & 1-(r_2+\mu_1)\Delta t & r_2\Delta t & 0 \\ 0 & 0 & \mu_1\Delta t & 0 & 1-\mu_1\Delta t & 0 \\ 0 & 0 & 0 & \mu_2\Delta t & 0 & 1-\mu_2\Delta t\end{bmatrix}$$

$$(3-168)$$

和状态转移速率矩阵：

$$\boldsymbol{V}=\begin{bmatrix}-r_1 & 0 & 0 & r_1 & 0 & 0 \\ 0 & -r_2 & r_2 & 0 & 0 & 0 \\ \mu_2 & 0 & -(r_1+\mu_2) & 0 & 0 & r_1 \\ 0 & \mu_1 & 0 & -(r_2+\mu_1) & r_2 & 0 \\ 0 & 0 & \mu_1 & 0 & -\mu_1 & 0 \\ 0 & 0 & 0 & \mu_2 & 0 & -\mu_2\end{bmatrix}$$

$$(3-169)$$

根据式(3-120)，可以得到状态方程，然后给定初始条件，求解状态方程组，可以得到 $P_0(t),P_1(t),P_2(t),P_3(t),P_4(t)$ 和 $P_5(t)$。因此系统的可用度为 $A(t)=P_0(t)+P_1(t)+P_2(t)+P_3(t)$。

当 $t\to\infty$ 时，系统的稳态可用度为

$$A(\infty)=P_0(\infty)+P_1(\infty)+P_2(\infty)+P_3(\infty) \qquad (3-170)$$

式中，

$$P_0(\infty)=\left[1+\frac{r_1}{\mu_2}+\frac{r_1^2}{\mu_2^2}+\frac{r_1(r_1+\mu_2)}{\mu_2(r_2+\mu_1)}+\frac{r_1r_2(r_1+\mu_2)}{\mu_1\mu_2(r_2+\mu_1)}+\frac{r_1\mu_1(r_1+\mu_2)}{r_2\mu_2(r_2+\mu_1)}\right]^{-1}$$

$$(3-171a)$$

$$P_1(\infty)=\frac{r_1\mu_2(r_1+\mu_2)}{r_2\mu_1(r_2+\mu_1)}P_0(\infty) \qquad (3-171b)$$

$$P_2(\infty)=\frac{r_1}{\mu_2}P_0(\infty) \qquad (3-171c)$$

$$P_3(\infty)=\frac{r_1(r_1+\mu_2)}{\mu_2(r_2+\mu_1)}P_0(\infty) \qquad (3-171d)$$

3.5　系统可靠度分配

可靠度分配是将工程设计规定的系统可靠度指标合理地分配给组成系统的各个部件，确定系统各组成部件的可靠度定量要求，从而使整个系统可靠度指标得到保证。在实际工作中，可靠度分配只是一个近似的分配过程。分配给分系统的可靠度指标可作为确定设计可行性的指南。如果在现有技术水平下，分配给某一特定分系统的可靠度指标无法达到时，则应修改设计，必要时采用余度技术，并重新分配可靠度。这个程序要反复进行，直到满足整个系统的可

靠度要求。

对可靠性指标进行分配时,分配给每个分系统(部件、组件、零件或考核部位)可靠度指标的大小,应考虑有关的影响因素和分配原则,典型的影响因素和对应的可靠度分配原则如下:

① 重要性:对保证飞行安全影响越大的分系统应分配越高的可靠度;

② 技术复杂程度:技术越简单的分系统应分配越高的可靠度;

③ 技术成熟程度:技术越成熟的分系统应分配越高的可靠度;

④ 检查和维修的方便程度:检查和维护越不方便的分系统应分配越高的可靠度;

⑤ 成本:成本越低的分系统应分配越高的可靠度;

⑥ 重量:重量越小的分系统应分配越高的可靠度;

⑦ 所含的分系统或考核部位数量:对数量越少的分系统应分配越高的可靠度。

系统可靠度分配的方法很多,但都满足解以下基本不等式:

$$f(R_1, R_2, \cdots, R_n) \geqslant R_s^* \qquad (3-172)$$

式中,R_i 为分配给第 i 个分系统的可靠度;R_s^* 为系统可靠度的要求指标;f 为分系统和整个系统可靠度间的函数关系。对简单的串联系统来说,式(3-172)就变为

$$R_1(t)R_2(t) \cdots R_n(t) \geqslant R_s^*(t) \qquad (3-173)$$

式(3-173)具有不定解,必须另外加上补充约束条件,才能获得唯一解或有限数量的解。下面介绍几种常用的约束条件及其分配方法。

3.5.1 等分配法

等分配法是对系统中的全部部件分配到相等的可靠度指标。对于串联系统,若 n 个部件具有相似的复杂程度、重要性以及制造成本,则可采用等分配法。同时串联系统的可靠度取决于系统中最弱部件的可靠度,其他部件分配更高的可靠度无实际意义。因此,

$$R_s^* = \prod_{i=1}^{n} R_i = (R_i)^n \qquad (3-174)$$

$$R_i^* = (R_s^*)^{\frac{1}{n}} \quad (i=1,2,\cdots,n) \qquad (3-175)$$

式中,R_i^* 为分配给第 i 个部件的可靠度;R_s^* 为系统可靠度的要求指标。

当系统的可靠度指标要求很高,而选用的已有部件又不能满足要求时,可用 n 个部件组成并联系统,这时部件的可靠度 R_i 可显著低于系统的可靠度 R_s^*。此时,

$$R_s^* = 1 - (1-R_i)^n \qquad (3-176)$$

$$R_i^* = 1 - (1-R_s^*)^{\frac{1}{n}} \quad (i=1,2,\cdots,n) \qquad (3-177)$$

3.5.2 再分配法

串联系统各部件的可靠度预计值为 $\hat{R}_1, \hat{R}_2, \cdots, \hat{R}_n$,系统可靠度预计 $\hat{R}_s = \prod_{i=1}^{n} \hat{R}_i$,若 $\hat{R}_s < R_s^*$,则表示预计值不能满足要求,需要改进部件的可靠度值,并按规定的 R_s^* 值进行再分配。

提高低可靠度单元的可靠度并按等分配法再分配效果好且相对简单。

若 $\hat{R}_1<\hat{R}_2<\cdots<\hat{R}_m<\hat{R}_{m+1}<\cdots<\hat{R}_n$，总可以找到一个值 R_0，使得 $\hat{R}_m<R_0<\hat{R}_{m+1}$。令

$$\hat{R}_1=\hat{R}_2=\cdots=\hat{R}_m=R_0 \tag{3-178}$$

找出 m 值，使得

$$R_0^m\hat{R}_{m+1}\cdots\hat{R}_n=R_s^* \tag{3-179}$$

例 3-11　设串联系统中 4 个部件的可靠度预计值由小到大的排列为 0.950 7，0.957 0，0.985 6，0.999 8。若设计规定串联系统的可靠度 $R_s^*=0.956\,0$，试对该串联系统部件进行可靠度再分配。

解　由于串联系统的可靠度预计值 $\hat{R}_s=\prod_{i=1}^n\hat{R}_i=0.896\,5$，不能满足设计指标，因此需要提高部件的可靠度，并进行可靠度再分配。若 $m=1$，则 $R_0=\left(\dfrac{R_s^*}{R_2R_3R_4}\right)^{\frac{1}{1}}=1.013\,8>\hat{R}_2$，于是再分配无效；若 $m=2$，则 $R_0=\left(\dfrac{R_s^*}{R_3R_4}\right)^{\frac{1}{2}}=0.985\,0$，于是 $R_2<R_0<R_3$，故再分配有效，且分配结果为 $R_1=R_2=R_0,R_3=\hat{R}_3,R_4=\hat{R}_4$。

3.5.3　相对失效率法

相对失效率法是使系统中各部件的容许失效率正比于该系统的预计失效率值，并根据这一原则来分配系统中各部件的可靠度。该方法适用于失效率为常数的串联系统。设由 n 个部件组成的串联系统，第 i 个部件的失效率预计值为常数 $\hat{r}_i$，则串联系统失效率为各部件失效率之和，即

$$\hat{r}_s=\sum_{i=1}^n\hat{r}_i \tag{3-180}$$

各部件的相对失效率，即加权因子为

$$W_i=\frac{\hat{r}_i}{\sum_{i=1}^n\hat{r}_i} \tag{3-181}$$

若该系统可靠度设计指标为 R_s^*，则系统失效率设计指标为

$$r_s^*=\frac{-\ln R_s^*}{t} \tag{3-182}$$

于是，分配给各部件的失效率为

$$r_i^*=W_ir_s^*=\frac{\hat{r}_i}{\sum_{i=1}^n\hat{r}_i}r_s^* \tag{3-183}$$

例 3-12　串联系统由 3 个部件组成，各部件的预计失效率分别为 $\hat{\lambda}_1=0.003,\hat{\lambda}_2=0.001,\hat{\lambda}_3=0.004$。该系统的工作任务时间是 20 h，规定的可靠度为 0.9，试问分配给各部件的可靠度要求应为多少？

解　首先,确定预计失效率,一般情况下根据统计数据或现场使用经验给出各部件的预计失效率 $\hat{\lambda}_i$,本题已给出。由此得到系统的失效率预计值为 $\hat{r}_s = \sum_{i=1}^{3} \hat{r}_i = 0.008$。其次,校验校核 $\hat{r}_s$ 能否满足系统的设计要求,由预计失效率 $\hat{r}_s$ 决定的工作 20 h 的系统可靠度为 $R_s = \mathrm{e}^{-\hat{r}_s t} = 0.85 < R_s^* = 0.90$。因此需要重新分配各部件的失效率。

首先,计算各部件的相对失效率:

$$\begin{cases} W_1 = \dfrac{\hat{r}_1}{\sum\limits_{i=1}^{3}\hat{r}_i} = 0.375 \\[3mm] W_2 = \dfrac{\hat{r}_2}{\sum\limits_{i=1}^{3}\hat{r}_i} = 0.125 \\[3mm] W_3 = \dfrac{\hat{r}_3}{\sum\limits_{i=1}^{3}\hat{r}_i} = 0.5 \end{cases}$$

其次,计算系统允许的失效率:

$$r_s^* = \frac{-\ln 0.9}{20} = 0.005/\mathrm{h}^{-1}$$

再计算各部件的允许失效率:

$$\begin{cases} \hat{r}_1^* = W_1 r_s^* = 0.001\ 875/\mathrm{h}^{-1} \\ \hat{r}_2^* = W_2 r_s^* = 0.000\ 625/\mathrm{h}^{-1} \\ \hat{r}_3^* = W_3 r_s^* = 0.002\ 5/\mathrm{h}^{-1} \end{cases}$$

相应分配给各部件的可靠度为

$$\begin{cases} \hat{R}_1^*(20) = \mathrm{e}^{-\hat{r}_1^* t} = 0.96/\mathrm{h}^{-1} \\ \hat{R}_2^*(20) = \mathrm{e}^{-\hat{r}_2^* t} = 0.99/\mathrm{h}^{-1} \\ \hat{R}_3^*(20) = \mathrm{e}^{-\hat{r}_3^* t} = 0.95/\mathrm{h}^{-1} \end{cases}$$

最后再次检验系统的可靠度是否满足要求:

$$R_s(20) = \hat{R}_1^*(20)\hat{R}_2^*(20)\hat{R}_3^*(20) = 0.902\ 88 > \hat{R}_s^* = 0.90$$

由此可见,各部件的可靠度满足系统的可靠度要求。

3.5.4　AGREE 法

AGREE 分配法是美国国防部电子设备可靠性顾问团(缩写 AGREE)所提出的一种方法。考虑了系统的各部件或各子系统的复杂度、重要度、工作时间以及它们与系统之间的失效关系,适用于各部件工作期间失效为常数的串联系统的可靠度分配问题。

假设某串联系统中各部件相互独立,且在工作期间的失效率为常数。系统的可靠度设计

指标为 R_s^*。当系统由 m 个部件串联组成时,由于部件 A_i 的失效率为常数 r_i,且系统要求 A_i 工作时间为 t_i,因此部件 A_i 的可靠度为

$$R_i(t_i) = e^{-r_i t_i} \approx 1 - r_i t_i \quad (i = 1, 2, \cdots, m) \tag{3-184}$$

若部件 A_i 的重要度为 w_i,则系统分配给 A_i 的可靠度为

$$R_i^*(t_i) = e^{-w_i r_i t_i} \approx 1 - w_i r_i t_i, \quad i = 1, 2, \cdots, m \tag{3-185}$$

由等分配法可知,部件 A_i 的可靠度为 $R_i^*(t_i) = (R_s^*)^{\frac{1}{m}}$,即

$$e^{-w_i r_i t_i} = (R_s^*)^{\frac{1}{m}} \tag{3-186}$$

对式(3-186)取自然对数,有

$$-w_i r_i t_i = \frac{1}{m} \ln R_s^* \tag{3-187}$$

于是,可得系统分配给 A_i 的失效率为

$$r_i^* = \frac{-\ln R_s^*}{m w_i t_i} \quad (i = 1, 2, \cdots, m) \tag{3-188}$$

将式(3-188)代入式(3-184),可得系统分配给 A_i 的可靠度:

$$R_i^*(t_i) = e^{-r_i^* t_i} \approx 1 - r_i^* t_i = 1 - \frac{-\ln R_s^*}{m w_i t_i} t_i = 1 - \frac{-\ln(R_s^*)^{\frac{1}{m}}}{w_i} \tag{3-189}$$

由于 $\ln(R_s^*)^{\frac{1}{m}} \approx (R_s^*)^{\frac{1}{m}} - 1$,因此

$$R_i^*(t_i) \approx 1 - \frac{1 - (R_s^*)^{\frac{1}{m}}}{w_i}, \quad i = 1, 2, \cdots, m \tag{3-190}$$

当系统由 m 个分系统串联组成,且第 i 个分系统部件有 n_i 个部件串联时,根据式(3-188)可知,系统分配给第 i 个分系统的失效率为

$$r_i^* = \frac{-n_i \ln R_s^*}{N w_i t_i}, \quad i = 1, 2, \cdots, m \tag{3-191}$$

式中,$N = \sum_{i=1}^{m} n_i$,为系统中的总部件数。

将式(3-191)代入式(3-184),可得系统分配给第 i 个分系统可靠度:

$$R_i^*(t_i) \approx 1 - \frac{1 - (R_s^*)^{\frac{n_i}{N}}}{w_i} \quad (i = 1, 2, \cdots, m) \tag{3-192}$$

例 3-13　由 4 个分系统组成的串联系统,要求其在连续工作 48 h 期间内的可靠度为 0.96。已知分系统 1 和分系统 2 同系统工作 48 h 的重要度为 1;分系统 3 工作时间为 10 h,重要度为 0.90;分系统 4 的工作时间为 12 h,重要度为 0.85。已知各分系统的零部件数分别为 10、20、40 和 50,试用 AGREE 分配法分配各分系统的可靠度。

解　首先,确定系统的重要零部件总数:

$$N = \sum_{i=1}^{4} n_i = 10 + 20 + 40 + 50 = 120$$

其次,计算分配给第 i 个分系统的失效率:

$$\begin{cases} r_1^* = \dfrac{-n_1 \ln R_s^*}{N w_1 t_1} = \dfrac{-10 \times \ln 0.96}{120 \times 1 \times 48} = 0.000\ 07/\text{h} \\[3mm] r_2^* = \dfrac{-n_2 \ln R_s^*}{N w_2 t_2} = \dfrac{-20 \times \ln 0.96}{120 \times 1 \times 48} = 0.000\ 14/\text{h} \\[3mm] r_3^* = \dfrac{-n_3 \ln R_s^*}{N w_3 t_3} = \dfrac{-40 \times \ln 0.96}{120 \times 0.90 \times 10} = 0.001\ 5/\text{h} \\[3mm] r_4^* = \dfrac{-n_4 \ln R_s^*}{N w_4 t_4} = \dfrac{-50 \times \ln 0.96}{120 \times 0.85 \times 12} = 0.001\ 67/\text{h} \end{cases}$$

于是,分配给第 i 个分系统的可靠度为

$$\begin{cases} R_1^*(48) \approx 1 - \dfrac{1-(R_s^*)^{\frac{n_1}{N}}}{w_1} = 1 - \dfrac{1-0.96^{\frac{10}{120}}}{1} = 0.996\ 60 \\[3mm] R_2^*(48) \approx 1 - \dfrac{1-(R_s^*)^{\frac{n_2}{N}}}{w_2} = 1 - \dfrac{1-0.96^{\frac{20}{120}}}{1} = 0.993\ 22 \\[3mm] R_3^*(48) \approx 1 - \dfrac{1-(R_s^*)^{\frac{n_3}{N}}}{w_3} = 1 - \dfrac{1-0.96^{\frac{40}{120}}}{0.90} = 0.984\ 98 \\[3mm] R_4^*(48) \approx 1 - \dfrac{1-(R_s^*)^{\frac{n_4}{N}}}{w_4} = 1 - \dfrac{1-0.96^{\frac{50}{120}}}{0.85} = 0.980\ 16 \end{cases}$$

最后,检验系统的可靠度是否满足要求:

$$R_s = R_1^* R_2^* R_3^* R_4^* = 0.9556 < R_s^* = 0.96$$

由此证明,该可靠度分配方法分配的结果不满足要求,需要采用其他方法进行可靠度分配。

3.5.5 比例法

如果一个新设计的系统与旧系统非常相似,也就是组成系统的各部件类型相同,对这个新系统提出新的可靠性要求,那么就可以根据旧系统中各部件的失效率,按照新系统可靠性的要求,给新系统的各部件分配失效率。其数学表达式为

$$r_{i,1}^* = r_{s,1}^* \frac{r_{i,0}}{r_{s,0}} \tag{3-193}$$

式中,$r_{s,1}^*$ 和 $r_{s,0}$ 分别为新、旧系统的失效率指标;$r_{i,1}^*$ 和 $r_{i,0}$ 分别为新、旧系统第 i 个部件的失效率(1/h)。

比例法的本质是任务原有系统基本上反映了一定时期内部件能实现的可靠性,新系统没有个别部件在技术上有重大突破,那么按照现实水平,可把新的可靠性指标按其原有能力成比例地进行调整。该方法只适用于新、旧系统相似,且旧系统统计数据或者在已有各组成部件预计数据基础进行分配的情况。

一般情况下,新、旧系统不可能完全相似,某些部件可能属于已经定型的产品,即该部件的

分配值已确定,那么可以按照下式进行分配:

$$r_{i,1}^* = \frac{r_{s,1}^* - r_c}{r_{s,0}^* - r_c} r_{i,0} \tag{3-194}$$

式中,r_c 为已定型部件的失效率(1/h)。

3.5.6　评分法

评分法是通过有经验的设计人员或专家对影响可靠性的几种因素评分,对评分进行综合分析而获得各部件之间的可靠度相对比值,再根据评分情况给每个分系统分配可靠度指标。评分因素主要考虑:复杂度、技术发展水平、工作时间、环境条件。评分原则:各种因素评分值范围为 1~10,评分越高说明可靠度越差。其中,复杂度根据组成分系统的部件数量以及它们组装的难易程度来评定,最复杂的评 10 分,最简单的评 1 分;技术发展水平根据分系统目前的技术水平和成熟程度来评定,水平最低的评 10 分,水平最高的评 1 分;工作时间根据分系统工作时间来评定,工作时间最长的评 10 分,最短的评 1 分;环境条件根据分系统所处的环境来评定,分系统工作过程中会经受极其恶劣而严酷的环境条件的评 10 分,环境条件最好的评 1 分。注:聘请的评分专家人数不宜过少(至少 5 人)。

设系统的可靠性设计指标为失效率 r_s^*,则分配给第 i 个分系统的失效率 r_i^* 为

$$r_i^* = C_i r_s^*, \quad (i=1,2,\cdots,n) \tag{3-195}$$

式中,n 为分系统数量;C_i 为第 i 个分系统的评分系数,具体为

$$C_i = \frac{w_i}{w} = \sum_{j=1}^{4} d_{ij} \bigg/ \sum_{i=1}^{n} w_i \tag{3-196}$$

式中,w_i 为第 i 个分系统的评分;w 为系统的评分;d_{ij} 为第 i 个分系统中第 j 个因素的评分,$j=1,2,3,4$ 分别对应复杂度、技术发展水平、工作时间、环境条件因素。

例 3-14　发动机有燃油、滑油、防喘、供气防水、点火等主要系统。发动机总可靠度要求为 0.90,工作时间为 400 h。已知 5 个系统的专家评分的平均数据如表 3-6 所列,试按评分法给各系统分配可靠度指标。

表 3-6　各分系统的专家评分的平均数据

序　号	系统名称	复杂度 d_{i1}	技术水平 d_{i2}	工作时间 d_{i3}	环境条件 d_{i4}	分系统评分
1	燃油	10	6	10	5	31
2	滑油	6	5	10	8	29
3	防喘	5	4	4	7	20
4	供气防水	4	4	4	4	16
5	点火	4	2	2	2	10
总计						106

解　假设各分系统为串联,则发动机的失效率 $r_s^* = (-\ln R_s^*)/t = (-\ln 0.90)/400 = 26.34 \times 10^{-5} \cdot h^{-1}$。根据各分系统的 4 种因素评分,计算得到评分系数 C_i 和各分系统失效率 r_i^*,再求得 $R_i^* = e^{-r_i^* t}$。具体值见表 3-7。

表 3 - 7　分系统评分系数 C_i、失效率 r_i^*、可靠度 R_i^* 数值

序　号	分系统评分	分系统评分系数 C_i	分系统失效率 r_i^*	分系统可靠度 R_i^*
1	31	0.292	7.69	0.970
2	29	0.274	7.22	0.972
3	20	0.189	4.98	0.980
4	16	0.151	3.98	0.984
5	10	0.094	2.48	0.990
总计	106	1.000	26.34	0.90

3.5.7　模糊法

当能用于新设计的部件可靠性信息较少,不能处理出可直接用于可靠性设计的数据,而对系统和各分系统的工作模式和影响因素虽有了解但又不很清楚时,可由专业人员根据设计系统中的各项影响因素,分别对各分系统的可靠度要求进行排序,并用排序的顺序号表示。然后采用模糊法的计算模型进行可靠度分配。模糊法的串联系统的计算模型为

$$R_i^* = 1 - \omega_i(1 - R_s^*) \qquad (3-197)$$

其中,

$$\omega_i = (1 - k_i) \Big/ \sum_{i=1}^{n} (1 - k_i) \qquad (3-198)$$

$$[k_i] = [h_{ij}][a_j] \qquad (3-199)$$

$$h_{ij} = \frac{n - q_{ij} + 0.5}{n} \qquad (3-200)$$

式中,R_s^* 为系统的可靠度设计指标;R_i^* 为分配给第 i 个分系统的可靠度;ω_i 为第 i 个分系统的模糊系数列阵;$[k_i]$ 为分系统的模糊重要度列阵;a_j 为第 j 个影响因素的归一化权系数,且 $\sum a_j = 1$;$[a_j]$ 为系统各影响因素的模糊权系数列阵,权系数的确定原则是:影响因素的重要性越大则权系数越大;$[h_{ij}]$ 为分系统对应于各影响因素"排列名次"的量化矩阵;q_{ij} 为第 i 个分系统对应于第 j 个影响因素的"排列名次",且 $1 \leqslant q_{ij} \leqslant n$;$n$ 为分系统个数。

特别地,名次排列原则为:各分系统对应于该影响因素的可靠度要求越高,则在该影响因素的排列名次越靠前,具有相同要求的名次也可以相同。

例 3 - 15　已知直升机动部件系统的可靠度为 $R_s^* = 0.999\,986\,2$,试采用模糊法对旋翼、尾桨、操纵和支撑连接 4 个分系统进行可靠度分配。

解　首先确定各项影响因素的权系数 a_j,见表 3 - 8。

表 3 - 8　各项影响因素的权系数

影响因素	重要性	复杂程度	成熟程度	检查维修	成本因素	重　量	考核部位
权系数 a_j	0.150	0.150	0.150	0.050	0.150	0.150	0.200

其次,确定各分系统的排列名次 q_{ij},见表 3 - 9。

表 3 - 9　各分系统的排列名次

分系统名称	排列名次						
	重要性	复杂程度	成熟程度	检查维修	成本因素	重量	考核部位
旋翼	1	4	4	4	4	4	4
尾桨	2	3	3	3	3	2	2
操纵	2	2	2	2	2	3	3
支撑连接	2	1	1	1	1	1	1

然后,按照式(3-200)计算"排列名次"的量化矩阵$[h_{ij}]$:

$$[h_{ij}] = \begin{bmatrix} 0.875\ 0 & 0.125\ 0 & 0.125\ 0 & 0.125\ 0 & 0.125\ 0 & 0.125\ 0 \\ 0.625\ 0 & 0.375\ 0 & 0.375\ 0 & 0.375\ 0 & 0.625\ 0 & 0.625\ 0 \\ 0.625\ 0 & 0.625\ 0 & 0.625\ 0 & 0.625\ 0 & 0.375\ 0 & 0.375\ 0 \\ 0.625\ 0 & 0.875\ 0 & 0.875\ 0 & 0.875\ 0 & 0.875\ 0 & 0.875\ 0 \end{bmatrix}$$

接下米按照式(3-199)计算各系统的模糊重要度列阵$[k_i]$:

$$\lfloor k_i \rfloor' = [0.237\ 500 \quad 0.500\ 000 \quad 0.537\ 500 \quad 0.837\ 500]$$

再次,按照式(3-198)计算各系统的模糊系数列阵$[\omega_i]$:

$$[\omega_i]^T = [0.403\ 973 \quad 0.264\ 901 \quad 0.245\ 033 \quad 0.086\ 093]$$

最后,按照式(3-197)计算各系统分配的可靠度列阵$[R_i^*]$:

$$[R_i^*]^T = [0.999\ 944\ 270 \quad 0.999\ 963\ 462 \quad 0.999\ 966\ 204 \quad 0.999\ 988\ 139]$$

即旋翼、尾桨、操纵和支撑连接 4 个分系统分配的可靠度分别为 0.999 944 270、0.999 963 462、0.999 966 204 和 0.999 988 139。

3.5.8　拉格朗日乘数法

可靠性优化设计是在满足一定的可靠度(或限制一定的破坏概率)的条件下使结构重量(或成本)最小;或在一定的重量(或成本)的限制条件下,使结构可靠度最大。拉格朗日乘数法实际上就是拉格朗日待定系数法在可靠性分配中的应用。通过引入待定系数(拉格朗日乘子),将原约束最优化问题的目标函数和约束条件组合成一个称为拉格朗日函数的新目标函数,使新目标函数的无约束最优解就是目标函数的约束最优解。拉格朗日乘数法实质上是将多元函数的条件极值变为无条件极值方法,也称条件极值法。欲求多元函数 $f(x_1, x_2, \cdots, x_n)$ 满足约束条件 $\phi_j(x_1, x_2, \cdots, x_n) = 0$ $(j = 1, 2, \cdots, m; m < n)$ 的极值,可构造一个新的哈密顿函数:

$$H = f(x_1, x_2, \cdots, x_n) + \sum_{i=1}^{m} k_i \varphi_i(x_1, x_2, \cdots, x_n) \tag{3-201}$$

于是求多元函数 $f(x_1, x_2, \cdots, x_n)$ 的条件极值转化为求函数 $H(x_1, x_2, \cdots, x_n)$ 的无条件极值。多元函数无条件极值的必要条件为

$$\begin{cases} \dfrac{\partial H}{\partial x_i} = \dfrac{\partial f}{\partial x_i} + \sum_{j=1}^{m} k_j \dfrac{\partial \varphi_j}{\partial x_i} = 0, & (i=1,2,\cdots,n) \\[3mm] \dfrac{\partial H}{\partial k_j} = \varphi_j(x_1, x_2, \cdots, x_n) = 0, & (j=1,2,\cdots,m) \end{cases} \tag{3-202}$$

解方程组（3-202），可得方程组的唯一解 $(x_1, x_2, \cdots, x_n)$，$(k_1, k_2, \cdots, k_m)$。若式（3-202）为非线性方程组，则可采用牛顿迭代法进行求解。

下面以研制费用最小为目标函数，系统可靠度最大为约束条件为例，说明用拉格朗日乘数法进行可靠性分配的过程。假设一个由 n 个分系统串联而成的系统，其第 i 个分系统的研制费用为 $C_i (i=1,2,\cdots,n)$，则系统可靠度分配应满足如下关系：

$$\begin{cases} f = \min \sum_{i=1}^{n} C_i \leqslant C_s^* \\[3mm] \varphi = \prod_{i=1}^{n} R_i(t) \geqslant R_s^* \end{cases} \tag{3-203}$$

式中，C_s^* 为规定的系统费用；R_s^* 为规定的系统可靠度指标。根据经验可知，分系统可靠度与研制费用的关系为

$$R_i(t) = G(C_i) = 1 - e^{-\alpha_i (C_i - \beta_i)} \tag{3-204}$$

式中，α_i 和 β_i 为系数。引入哈密顿函数

$$H = \sum_{i=1}^{n} C_i + k\left(R_s^* - \prod_{i=1}^{n} R_i(t)\right) \tag{3-205}$$

由 $\dfrac{\partial H}{\partial C_i} = 1 - k \dfrac{R_s}{R_i} \cdot \dfrac{\partial R_i}{\partial C_i} = 0$ 及 $\dfrac{\partial R_i}{\partial C_i} = \dfrac{\partial G(C_i)}{\partial C_i} = \alpha_i (1 - R_i)$ 可以得到如下方程组：

$$\begin{cases} \dfrac{R_1}{\alpha_1(1-R_1)} = \dfrac{R_i}{\alpha_i(1-R_i)} \\[3mm] \prod_{i=1}^{n} R_i(t) = R_s^* \end{cases} \tag{3-206}$$

解方程组（3-206）可以得到 R_i^*，即分配给各分系统的可靠度。在此基础上，将其代入下式：

$$C_i = \beta_i - \dfrac{\ln(1 - R_i^*)}{\alpha_i}, \quad (i=1,2,\cdots,n) \tag{3-207}$$

可以得到各分系统的研制费用。

例 3-16 已知一个系统由两个分系统串联组成，每个分系统可靠度与研制费用之间的关系为 $R_1 = 1 - e^{-0.9(C_1-4)}$，$R_2 = 1 - e^{-0.4C_2}$，系统的可靠度要求为 $R_s^* = 0.72$，求使研制费用最少的可靠性分配方案与相应的研制费用。

解 已知 $\alpha_1 = 0.9, \beta_1 = 4, \alpha_2 = 0.4, \beta_2 = 0$，由式（3-206）可得如下方程组：

$$\begin{cases} \dfrac{R_1}{0.9(1-R_1)} = \dfrac{R_2}{0.4(1-R_2)} \\[3mm] R_1 R_2 = 0.72 \end{cases}$$

解方程组可以得到分配给两个分系统的可靠度为 $R_1 = 0.9, R_2 = 0.8$，此时研制费用最

少,其值为

$$C_s = C_1 + C_2 = \sum_{i=1}^{2}\left[\beta_i - \frac{\ln(1-R_i)}{\alpha_i}\right] = 4 - \frac{\ln 0.1}{0.9} - \frac{\ln 0.2}{0.4} = 10.58$$

习　题

习题 3-1　某飞机共有六个任务剖面,完成复杂特技的任务可靠性框图见图 3-30。假设各部件产品的寿命均服从指数分布,且工作时间均为 1.0 h,其失效率见表 3-10。试预计其任务可靠度。

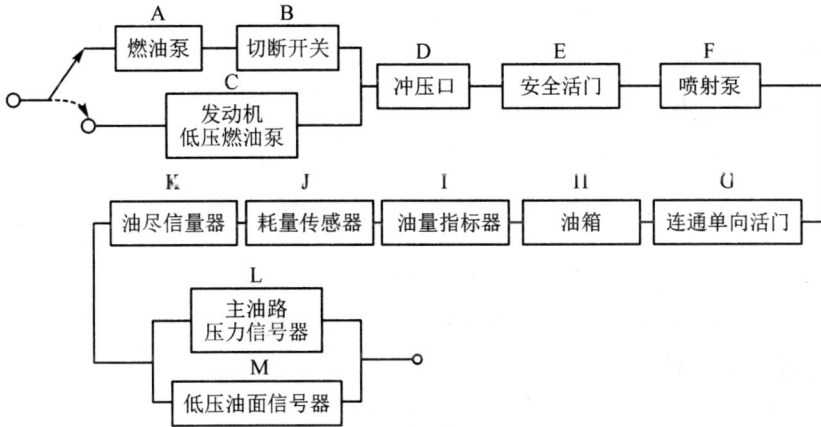

图 3-30

表 3-10

单元名称	失效率 (10^{-6}/h)	单元名称	失效率 (10^{-6}/h)
燃油泵(A)	900	油箱(H)	1
切断开关(B)	30	油量指标器(I)	50
发动机低压燃油泵(C)	800	耗量传感器(J)	45
冲压口(D)	20	油尽信量器(K)	30
安全活门(E)	30	主油路压力信号器(L)	35
喷射泵(F)	700	低油面信号器(M)	20
连通单向活门(G)	40		

参考答案　串联子系统 1 由 A、B 组成,其可靠度为

$$R_1 = R_A R_B = e^{-r_A t} e^{-r_B t} = e^{-(r_A + r_B)t}$$

$$r_1 = r_A + r_B = 900 \times 10^{-6}/\text{h} + 30 \times 10^{-6}/\text{h} = 930 \times 10^{-6}/\text{h}$$

旁联子系统 2 由 1、C 组成,其可靠度为

$$R_2(t) = \frac{r_2}{r_2 - r_1} e^{-r_1 t} + \frac{r_1}{r_1 - r_2} e^{-r_2 t}$$

$$= \frac{800}{800 - 930} e^{-930 \times 10^{-6} \times 1.0} + \frac{930}{930 - 800} e^{-800 \times 10^{-6} \times 1.0}$$

$$\approx 1.0$$

串联子系统 3 由 D、E、F、G、H、I、J、K 组成,其可靠度为

$$R_3(t) = R_D R_E R_F R_G R_H R_I R_J R_K$$

$$= e^{-r_D t} e^{-r_E t} e^{-r_F t} e^{-r_G t} e^{-r_H t} e^{-r_I t} e^{-r_J t} e^{-r_K t}$$

$$= e^{-(r_D + r_E + r_F + r_G + r_H + r_I + r_J + r_K)t}$$

$$= e^{-(20 + 30 + 700 + 40 + 1 + 50 + 45 + 30) \times 10^{-6}}$$

$$= 0.999\ 084\ 42$$

串联子系统 4 由 L、M 组成,其可靠度为

$$R_4(t) = e^{-r_L t} + e^{-r_M t} - e^{-(r_L + r_M)t}$$

$$= e^{-35 \times 10^{-6} \times 1.0} + e^{-20 \times 10^{-6} \times 1.0} - e^{-55 \times 10^{-6} \times 1.0}$$

$$= 0.999\ 999$$

由此,任务可靠度为

$$R_s = R_2 R_3 R_4 = 1.0 \times 0.999\ 084\ 42 \times 0.999\ 999 \approx 0.999\ 09$$

习题 3 - 2　已知某系统的可靠度指标为 R_s^*,其可靠度框图见图 3 - 31,试采用等分配法对各部件进行可靠度分配。

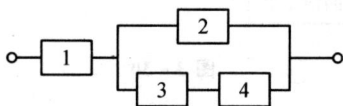

图 3 - 31

参考答案　该结构子系统的可靠度框图可等价为图 3 - 32。

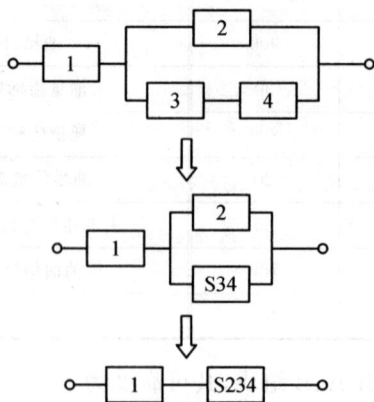

图 3 - 32

由此可知,

$$R_1^* = R_{s234}^* = (R_s^*)^{\frac{1}{2}}$$

$$R_2^* = R_{s34}^* = 1 - (1 - R_{s234}^*)^{\frac{1}{2}}$$

$$R_3^* = R_4^* = (R_{s34}^*)^{\frac{1}{2}}$$

习题 3-3 设有一个由 4 个分系统组成的系统,该系统的工作任务时间是 4 h,规定的可靠度为 0.9,各分系统的组装件数目、重要性因子及任务工作时间如表 3-11 所列。试用 AGREE 分配法分配各分系统的失效率与可靠度。

表 3-11

分系统 i	组装件数 n_i	重要性因子 w_i	任务时间 t_i
1	20	0.7	4
2	30	0.5	4
3	200	0.8	4
4	50	0.2	4

参考答案 该结构子系统分配的失效率与可靠度分别为

$$\begin{cases} r_1^* = \dfrac{-n_1 \ln R_s^*}{N w_1 t_1} = \dfrac{-20 \times \ln 0.9}{300 \times 0.7 \times 4} = 0.002\,51 \\[3mm] r_2^* = \dfrac{-n_2 \ln R_s^*}{N w_2 t_2} = \dfrac{-30 \times \ln 0.9}{300 \times 0.5 \times 4} = 0.005\,27 \\[3mm] r_3^* = \dfrac{-n_3 \ln R_s^*}{N w_3 t_3} = \dfrac{-200 \times \ln 0.9}{300 \times 0.8 \times 4} = 0.021\,95 \\[3mm] r_4^* = \dfrac{-n_4 \ln R_s^*}{N w_4 t_4} = \dfrac{-50 \times \ln 0.9}{300 \times 0.2 \times 4} = 0.021\,95 \end{cases}$$

$$\begin{cases} R_1^*(4) \approx 1 - \dfrac{1-(R_s^*)^{\frac{n_1}{N}}}{w_1} = 1 - \dfrac{1-(0.9)^{\frac{20}{300}}}{0.7} = 0.990 \\[3mm] R_2^*(4) \approx 1 - \dfrac{1-(R_s^*)^{\frac{n_2}{N}}}{w_2} = 1 - \dfrac{1-(0.9)^{\frac{30}{300}}}{0.5} = 0.979 \\[3mm] R_3^*(4) \approx 1 - \dfrac{1-(R_s^*)^{\frac{n_0}{N}}}{w_3} = 1 - \dfrac{1-(0.9)^{\frac{200}{300}}}{0.8} = 0.915 \\[3mm] R_4^*(4) \approx 1 - \dfrac{1-(R_s^*)^{\frac{n_4}{N}}}{w_4} = 1 - \dfrac{1-(0.9)^{\frac{50}{300}}}{0.2} = 0.913 \end{cases}$$

习题 3-4 已知某旋翼系统的可靠度指标为 0.999 944 27,且旋翼系统的考核部位包括桨叶根部、桨叶大梁、桨毂轴套、轴颈圆角、轴颈螺纹、铰、变距摇臂、减摆接头和减摆器等 9 种类型。由于旋翼由 6 片桨叶组成,故每种类型均包含 6 个完全相同的结构。此外,影响因素的权系数 a_j 和排列名次 q_{ij} 如表 3-12 和 3-13 所列。试采用模糊法对各考核部位分配可靠度。

表 3 - 12

影响因素	重要性	复杂程度	成熟程度	检查维修	成　本	重　量
权系数	0.200	0.200	0.200	0.050	0.150	0.200

表 3 - 13

考核部位	重要性	复杂程度	成熟程度	检查维修	成本因素	重　量
桨叶根部	1	8	8	8	8	8
桨叶叶身	1	9	9	9	9	9
桨毂轴套	1	3	4	5	4	5
轴颈圆角	1	3	4	5	5	6
轴颈螺纹	1	3	4	5	5	6
铰	9	2	4	1	1	1
变距摇臂	6	6	1	2	2	2
减摆接头	7	1	1	4	7	4
减 摆 器	7	7	1	3	3	3

参考答案　计算"排列名次"的量化矩阵$[h_{ij}]$:

$$[h_{ij}]=\begin{bmatrix} 0.944\,4 & 0.166\,7 & 0.166\,7 & 0.166\,7 & 0.166\,7 & 0.166\,7 \\ 0.944\,4 & 0.055\,6 & 0.055\,6 & 0.055\,6 & 0.055\,6 & 0.055\,6 \\ 0.944\,4 & 0.722\,2 & 0.611\,1 & 0.500\,0 & 0.611\,1 & 0.500\,0 \\ 0.944\,4 & 0.722\,2 & 0.611\,1 & 0.500\,0 & 0.500\,0 & 0.388\,9 \\ 0.944\,4 & 0.722\,2 & 0.611\,1 & 0.500\,0 & 0.500\,0 & 0.388\,9 \\ 0.055\,6 & 0.833\,3 & 0.611\,1 & 0.944\,4 & 0.944\,4 & 0.944\,4 \\ 0.388\,9 & 0.388\,9 & 0.944\,4 & 0.833\,3 & 0.833\,3 & 0.833\,3 \\ 0.277\,8 & 0.944\,4 & 0.944\,4 & 0.611\,1 & 0.277\,8 & 0.611\,1 \\ 0.277\,8 & 0.277\,8 & 0.944\,4 & 0.722\,2 & 0.722\,2 & 0.722\,2 \end{bmatrix}$$

再计算各系统的模糊重要度列阵$[k_i]$:

$$[k_i]^{\mathrm{T}} = [0.322\,2 \quad 0.233\,3 \quad 0.672\,2 \quad 0.633\,3 \quad 0.633\,3 \quad 0.677\,8 \quad 0.677\,8 \quad 0.627\,8 \quad 0.588\,9]$$

其次,计算各系统的模糊系数列阵$[\omega_i]$:

$$[\omega_i]^{\mathrm{T}} = [0.172\,3 \quad 0.194\,9 \quad 0.083\,3 \quad 0.093\,2 \quad 0.093\,2 \quad 0.081\,9 \quad 0.081\,9 \quad 0.094\,6 \quad 0.104\,5]$$

最后,计算各系统分配的可靠度列阵$[R_i^*]$:

$$[R_i^*]^{\mathrm{T}} = [0.999\,990\,404 \quad 0.999\,989\,152 \quad 0.999\,995\,351 \\ 0.999\,994\,814 \quad 0.999\,994\,814 \quad 0.999\,995\,410 \\ 0.999\,995\,410 \quad 0.999\,994\,755 \quad 0.999\,994\,159]$$

采用等分配法将各系统的可靠度均匀分配到每个考核部位,即 $R_{ij}^* = (R_i^*)^{\frac{1}{6}}$,于是得到最终的可靠度分配结果见表 3-14。

表 3-14

考核部位名称	子系统分配结果	考核部位的分配结果
桨叶根部	0.999 990 404	0.999 998 391
桨叶叶身	0.999 989 152	0.999 998 212
桨毂轴套	0.999 995 351	0.999 999 225
轴颈圆角	0.999 994 814	0.999 999 106
轴颈螺纹	0.999 994 814	0.999 999 106
铰	0.999 995 410	0.999 999 225
变距摇臂	0.999 995 410	0.999 999 225
减摆撑头	0.999 994 755	0.000 000 106
减摆器	0.999 994 159	0.999 999 046

习题 3-5　已知一个系统由两个分系统串联组成,每个分系统叮靠度与研制费用之间的关系为 $R_1 = 1 - e^{-0.9(C_1 - 4)}$,$R_2 = 1 - e^{-0.6(C_2 - 2)}$,系统的可靠度要求为 $R_s^* = 0.80$,求使研制费用最少的可靠性分配方案与相应的研制费用。

参考答案　已知 $\alpha_1 = 0.9$,$\beta_1 = 4$,$\alpha_2 = 0.6$,$\beta_2 = 2$,可得如下方程组:

$$\begin{cases} \dfrac{R_1}{0.9(1 - R_1)} = \dfrac{R_2}{0.6(1 - R_2)} \\ R_1 R_2 = 0.80 \end{cases}$$

解方程组可以得到分配给两个分系统的可靠度为 $R_1 = 0.913\,6$,$R_2 = 0.875\,7$,此时研制费用最少,其值为

$$C_s = C_1 + C_2 = \sum_{i=1}^{2} \left[\beta_i - \frac{\ln(1 - R_i)}{\alpha_i} \right] = 6 - \frac{\ln(1 - 0.913\,6)}{0.9} - \frac{\ln(1 - 0.875\,7)}{0.6} = 13.51$$

第4章 安全性分析与评估

4.1 安全性定义与指标

风险,指事件的频率(概率)及其相关严重性等级的组合。

安全,指风险可接受的状态,也可定性描述为"不发生可能造成人员伤亡、职业病、设备损坏、财产损失或环境损害的状态"或者说"不发生事故"。

失效,指影响系统或零部件运行,使其不再能完成预定功能的事件,包括功能丧失与功能故障。

错误,指机组或维修人员所犯下的忽略性或不正确性行为,或在研制要求、设计或实施过程中的差错。

失效状态,指考虑飞行阶段以及相关不利的运行环境下,由一个或多个失效或错误引起对飞机及其乘员有直接或间接影响的状态。

研制保证,指在足够的置信度等级上,用于证明需求、设计与实现中的错误已经被确认并纠正,以使系统满足适用审定基础的所有计划性、系统性活动。

研制保证等级(Development Assurance Level,DAL),指为使人相信能够保证将需求降至最低或将设计中的错误/遗漏减至最少,设计者指定一组研制保证等级工作程序,包括计划的和系统的具体活动。实施研制保证等级程序的严格程度取决于系统安全性评估确定的结果。

安全性参数是用来描述飞机系统或部件安全性特征的度量,用于表征飞机系统或部件的安全性水平。常用的安全性参数如下:

① 失效状态的平均航段发生概率 $P(T_F)$,指运输类飞机在平均航段时间 T_F 内发生失效状态的概率,进一步,失效状态的平均飞行小时发生概率 P_{FH} 定义为

$$P_{FH} = \frac{P(T_F)}{T_F} \tag{4-1}$$

该参数是运输类飞机、旋翼飞机及其系统最为常用的安全性参数。

发动机失效状态的平均发动机工作小时发生概率 P_{EH} 定义为

$$P_{EH} = \frac{P(T_E)}{T_E} \tag{4-2}$$

式中,T_E 为每航段时间的平均发动机工作小时,通常 $T_E > T_F$。$P(T_E)$ 为每航段时间发动机失效状态的发生概率。P_{EH} 指标是航空发动机最为常用的安全性参数。

螺旋桨失效状态的平均螺旋桨工作小时发生概率 P_{PH} 定义为

$$P_{PH} = \frac{P(T_P)}{T_P} \tag{4-3}$$

第 4 章　安全性分析与评估

式中，T_P 是每航段时间的平均螺旋桨工作小时，通常 $T_P > T_F$。$P(T_P)$ 为每航段时间螺旋桨失效状态的发生概率。

② LOTC(Loss of Thrust Control)率，是发动机推力控制丧失率，它是涡扇或涡喷发动机控制系统的安全性参数，其与失效率的定义相似，具体为

$$r_{LOTC} = \frac{dP_{LOTC}(t)/dt}{1 - P_{LOTC}(t)} \qquad (4-4)$$

式中，$P_{LOTC}(t)$ 为涡扇或涡喷发动机控制系统在 t 时刻处于 LOTC 状态的概率。

③ LOPC(Loss of Power Control)率，是发动机功率控制丧失率，它是涡桨或涡轴发动机控制系统的安全性参数，其与失效率的定义相似，具体为

$$r_{LOPC} = \frac{dP_{LOPC}(t)/dt}{1 - P_{LOPC}(t)} \qquad (4-5)$$

式中，$P_{LOPC}(t)$ 为涡桨或涡轴发动机控制系统在 t 时刻处于 LOPC 状态的概率。

飞机的安全性指标是适航规章或相关文件规定的飞机某一安全性参数必须达到的指标。运输类飞机的安全性指标通常采用飞机顶层失效状态的平均飞行小时发生概率 P_{FH} 来衡量。飞机顶层失效状态根据其失效影响通常分为 5 类，包括灾难性的、危害性的、重大的、轻微的以及无安全影响(见图 4-1)，具体含义如下：

(1) 灾难性的(Catastrophic)

对于系统而言，灾难性的飞机顶层失效指丧失飞机，成倍的人员受致命伤，机组失能或受致命伤；对于结构而言，灾难性的飞机顶层失效指由于裂纹失稳扩展导致大范围破坏，严重地降低或丧失结构剩余强度和刚度，引发灾难性疲劳破坏的情况。该类别的安全性指标为 $P_{FH} \leqslant 1 \times 10^{-9}$，研制保证等级为 A。

(2) 危害性的(Hazardous)

对于系统而言，指使用应急程序，大大降低功能能力和安全性裕度，少量乘员受到严重或致命伤，机组危急或过分的负担削弱了执行任务的能力；对于结构而言，指由于裂纹快速扩展导致较大范围破坏，明显地降低或丧失结构剩余强度和刚度，引发灾难性疲劳破坏的情况。该类别的安全性指标为 $1 \times 10^{-9} < P_{FH} \leqslant 1 \times 10^{-7}$，研制保证等级为 B。

(3) 重大的(Major)

对于系统而言，指使用非正常程序，显著降低功能能力和安全性裕度，人员身体不适并可能受伤，机组负担明显增加；对于结构而言，指由于裂纹扩展导致一定范围破坏，较大程度地降低结构剩余强度和刚度，难以保持飞机飞行性能的情况。该类别的安全性指标为 $1 \times 10^{-7} < P_{FH} \leqslant 1 \times 10^{-5}$，研制保证等级为 C。

(4) 轻微的(Minor)

对于系统而言，指使用正常程序，稍微降低功能能力和安全性裕度，人员有些身体不适，机组负担轻微增加；对于结构而言，指能把破坏限制在局部区域，保持足够的剩余强度与刚度，并有足够长安全裂纹扩展期。该类别的安全性指标为 $1 \times 10^{-5} < P_{FH} \leqslant 1 \times 10^{-3}$，研制保证等级为 D。

(5) 无安全影响(No Safety Effect)

对飞机运行能力、安全性和人员无影响。该类别的安全性指标为 $P_{FH} \geqslant 1 \times 10^{-3}$，研制保

证等级为 E。

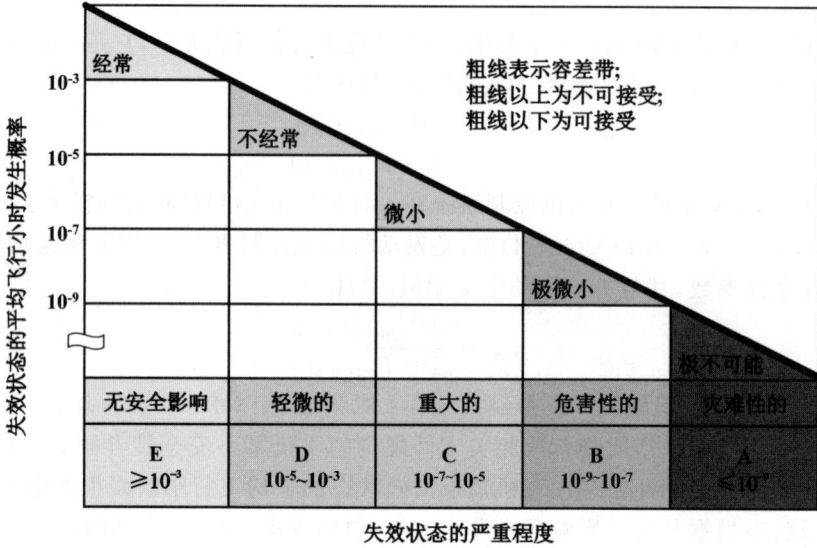

图 4 - 1　失效状态发生概率与严重程度的关系

在民用飞机和系统研制过程中,一般以适航规章的安全性要求为设计输入,根据双 V
(Validation & Verification)过程控制理念开展安全性分析工作(见图 4 - 2)。在确认(Valida-
tion)阶段,开展系统安全性分析,确定飞机顶层安全性要求,并将其逐层、逐级分配给系统、子
系统、设备、软硬件等各层次,建立各层次架构,最后确定系统功能及设备的研制保证等级
(DAL)。在验证(Verification)阶段,再次开展系统安全性分析,以底层设备或单元的失效率、
子系统、系统、飞机各层次设计方案为输入,自下而上逐步验证在确认阶段分配的安全性要求

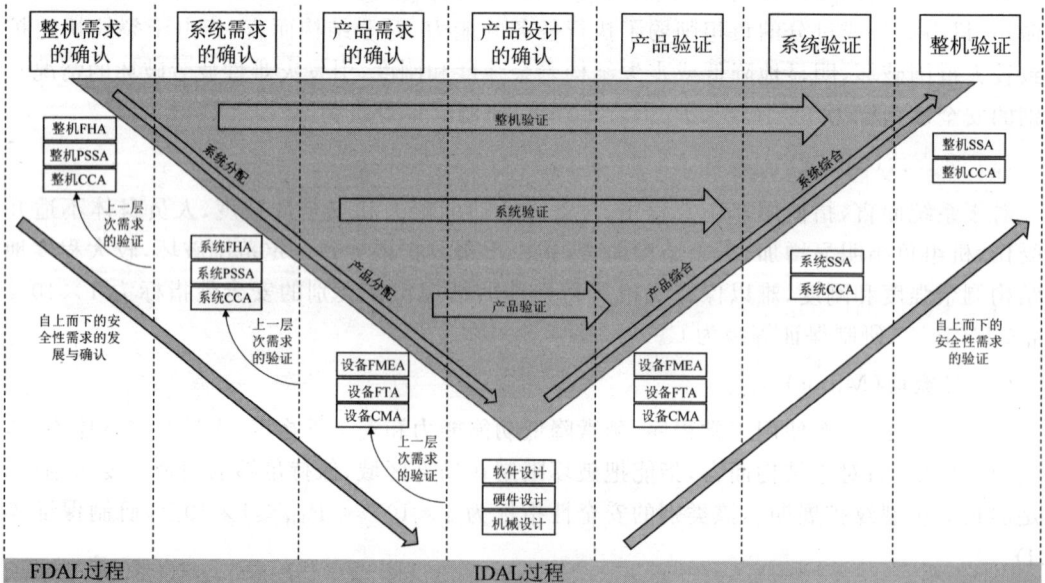

图 4 - 2　双 V 过程控制理念

能否得到满足。

　　具体地,如图 4-3 所示,在飞机研制周期的初始阶段,根据飞机功能定义文件进行飞机功能危害性评估(Aircraft Functional Hazard Assessment,AFHA)。AFHA 通过系统地、综合地检查飞机的各项功能,识别功能的失效状态,并依据失效影响的严重程度进行分类;然后以 AFHA 的分析结果作为输入,进行初步飞机安全性评估(Preliminary Aircraft Safety Assessment,PASA),将各个功能的安全性需求分配到各个系统。各个系统依据分配结果,对飞机级分配的功能和自身其他功能进行系统功能危害性评估(System Functional Hazard Assessment,SFHA)。进一步将 SFHA 的分析结果作为初步系统安全性评估(Preliminary System Safety Assessment,PSSA)的输入,PSSA 可以确定软硬件的安全性设计需求以及所需采取的保护性措施。部件层级的安全性评估则主要通过失效模式及影响分析(Failure Mode and Effects Analysis,FMEA)和故障模式及影响总结(Failure Modes and Effects Summary,FMES)实现。此外,一般通过共因分析(Common Cause Analysis,CCA)对功能、系统或设备的独立性要求进行分析。安全性评估在飞机研制周期是不断迭代的,随着设计的推进要不断地进行评估,直到验证表明设计已满足安全性要求。

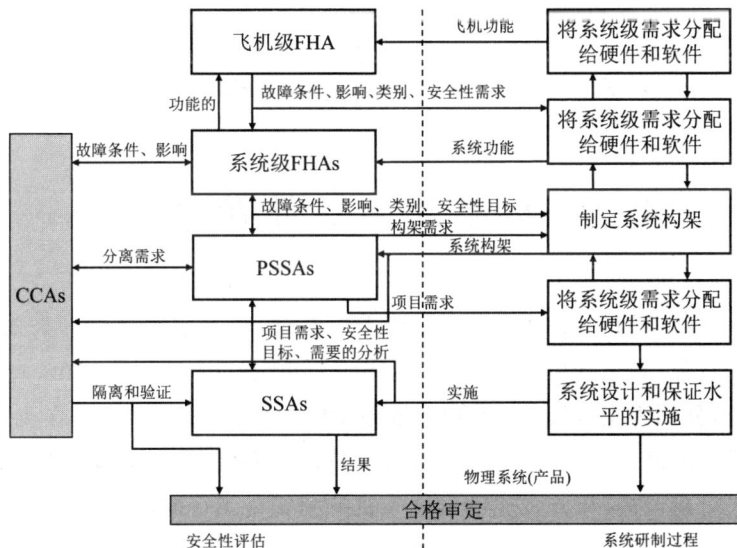

图 4-3　民用飞机和系统研制中的安全性评估过程

　　由此可知,民用飞机和系统研制一般采用功能危害性评估(FHA)、初步系统安全性评估(PSSA)、系统安全性评估(SSA)、失效模式影响及危害性分析(Failure Mode,Effects and Criticality Analysis,FMECA)以及共因分析(CCA)等方法进行安全性评估分析,以表明对相应适航规章要求的符合性。特别地,故障树分析(Fault Tree Analysis,FTA)是初步系统安全性分析与系统安全性分析的重要分析方法和有力工具。因此,安全性评估的 4 大工具分别为功能危害性评估(FHA)、失效模式影响及危害性分析(FMECA)、故障树分析(FTA)、共因分析(CCA)。其中,失效模式影响及危害性分析(FMECA)是失效模式及影响分析(Failure Mode and Effects Analysis,FMEA)和危害性分析(Criticality Analysis,CA)的综合。FHA、FMEA、FTA、CCA 之间的功能关系如图 4-4 所示。

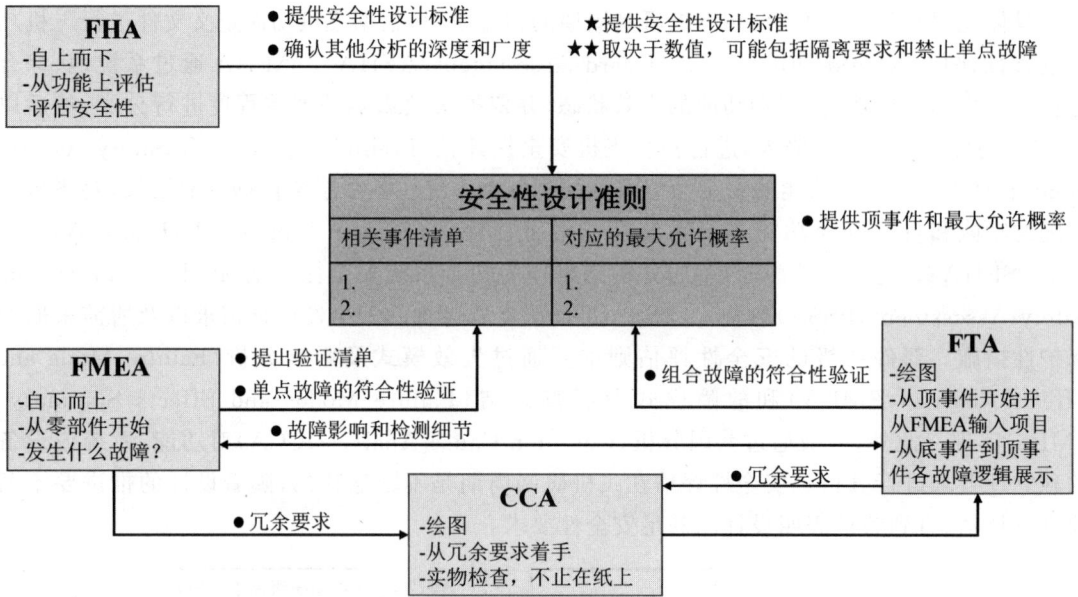

图 4 - 4　FHA、FMEA、FTA、CCA 之间的功能关系

4.2　功能危害性评估(FHA)

　　功能危害性评估(FHA)是对功能进行全面的检查,确定这些功能的失效状态,并按其严重性进行分类的过程,它是新机型或改进机型设计过程中安全性评估的第一步。FHA 通常在两个级别上进行,分别为飞机级 FHA 和系统级 FHA。飞机级 FHA 是在飞机研制开始时对飞机基本功能进行的高层次定性评估,其将飞机整机视为研究对象,识别在飞机设计的整个飞行包线和不同飞行阶段内,可能发生的影响飞机持续安全飞行的功能失效,并将这些功能失效进行分类,建立飞机必须满足的安全性需求。在飞机设计过程中,将飞机功能分配到系统后,综合了多重飞机功能的每个系统再进行系统级 FHA。系统级 FHA 是以系统的功能为研究对象,识别在飞机设计的整个飞行包线和不同飞行阶段内,影响系统乃至飞机整机安全飞行的功能失效,并根据该功能失效对飞机、机组或乘员影响的严重程度进行分类。

　　FHA 是从飞机或系统功能角度出发,识别各种功能失效和影响,其与飞机或系统的具体构型或组成无关,是自上而下评估飞机或系统功能的所有可能失效状态,其目的是识别飞机/系统级别下的功能,并考虑功能失效和功能异常两种情况,建立飞机/系统的失效状态清单及其相关分类。当失效影响和分类从一个飞行阶段到另一个飞行阶段发生变化时,FHA 应识别每个飞行阶段的失效状态。通常,FHA 的一般过程包括以下 8 个步骤。

　　(1) 确定功能

　　首先,需要确定飞机或系统功能的输入信息。对于飞机级,输入信息包括:飞机顶层功能清单(如升力、推力、飞行包线等)、飞机设计目标及用户需求(如旅客安全性、舒适性、平均航段时间)和飞机初步设计方案(如发动机数、常规平尾)。对于系统级,输入信息包括:系统的设计要求与需求、系统功能及其与其他系统的功能接口、飞机级 FHA 中确定的相关功能及相应失效状态和飞机级 FHA 中确定的设计决策。确定功能时一般遵循以下原则:①既考虑内部功能亦考虑交互功能;②按照逐步展开的方式,找出所有工作状态和模式下可能的所有功能或子功能;③参考相似机型的功能列表;④只针对功能进行分析,而不涉及完成功能的具体设备、系统或结构;⑤进行功能定义时应有所属各专业专家参与。

其次,建立功能清单。根据确定功能的输入信息和相关原则,逐层展开相应的功能分析,找出所有工作状态和模式下可能的所有内部功能和外部功能,形成用于功能危害性评估的功能清单。在飞机级,内部功能指的是飞机的主要功能和飞机内部系统间的交互功能;外部功能指的是与其他飞机或地面系统的接口功能。在系统级,内部功能指的是所分析系统的功能和系统内部设备间的交互功能;外部功能指的是所分析系统为其他系统提供的功能或从其他系统获得的功能。

例如,典型飞机级功能包括:①提供动力:推力及控制、反推力及控制;②飞行控制:升阻控制、俯仰控制、偏航控制、滚转控制;③自动飞行:自动油门、自动驾驶、自动着陆、飞行导引、包线保护;④通信:机内、机地;⑤导航:高度、速度、航向、方位、姿态;⑥起落控制:地面减速、地面支撑、地面方向控制、空地过渡;⑦环境控制:空调、照明、防火、防冰除雨;⑧旅客安全性:应急撤离、水上迫降;⑨旅客舒适性。

典型动力装置整机级功能包括:①提供前向推力与控制功能;②提供反推力与控制功能;③为飞机电源与液压源提供输出功率;④为飞机提供引气功能;⑤发动机点火功能;⑥发动机启动功能;⑦发动机防火功能;⑧发动机防冰功能;⑨提供发动机工作参数。

(2) 识别功能失效状态

识别飞机或系统功能的所有失效状态,考虑所有的单一和复合失效状态。在识别功能失效状态时应考虑以下因素:①环境,如天气、高强度辐射场、火山灰;②应急构型,如水上迫降、发动机脱落、座舱释压、丧失通信、液压系统失效、电气系统失效、设备冷却失效、中断起飞;③单点故障,如功能丧失、无通告的功能丧失、功能故障(有无通告)、无指令动作;④多重故障,如多余度系统同时失效、安全装置与功能系统共同失效。

例如,典型推力控制功能失效状态包括:推力锁定、单侧推力丧失、推力无指令增大、V_1 速度后推力无指令减小、推力无指令减小。

(3) 定义飞行阶段

由图 3-1 所示的民机典型运行环境,可知民机飞行大致包括 7 个飞行阶段,具体为:①G 地面滑行:起飞前与着陆后;②T 起飞:松刹车滑跑开始至达到起飞安全高度 35 ft;③F1 爬升:35 ft 到巡航高度;④F2 巡航:从爬升至巡航高度开始到开始下降;⑤F3 下降:巡航高度到 1 500 ft;⑥F4 进近:1 500 ft 到着陆安全高度 50 ft;⑦L 着陆:50 ft 至接地、滑跑减速到 20 kt。

(4) 确定失效状态影响

确定各功能失效状态对飞机和人员(包括飞行机组、乘客和维修人员等)的影响。特别地,在评估失效状态影响时,必须考虑机组处理危险的一般能力以及可能影响机组人员处置危险情况的因素。在飞机级 FHA 中可以直接评估功能失效对飞机、机组和乘客的影响。由于系统功能之间的交互作用,使得某系统功能失效或故障可能对其他系统造成一定影响,进行系统级 FHA 时还要确定该功能故障对所分析系统及其他系统的影响。

(5)确定影响等级

根据失效状态对飞机、机组和乘客的影响,影响等级分为灾难性的、危害性的、重大的、轻微的、以及无安全性影响的,分类依据如表 4-1 所列。

表 4-1　失效状态影响等级分类依据

影响分类	无安全性影响的	轻微的	重大的	危害性的	灾难性的
对飞机影响	没有影响	轻微降低飞机运行能力或安全裕度	较大降低飞机运行能力或安全裕度	极大降低飞机运行能力或安全裕度	妨碍飞机继续安全运行或着陆
对飞行机组影响	没有影响	轻微增加工作负荷	不舒适且较大地增加工作负荷	身体极度不适、工作负荷极大增加,完成任务的能力显著降低	致命的或丧失能力
对乘客和客舱机组影响	不方便	身体不舒适	身体极度不适,可能受伤	少部分乘客或客舱机组严重受伤或死亡	较多乘客或客舱机组死亡
定性概率要求	经常	不经常	微小	极微小	极不可能
定量概率要求（每飞行小时）	$\geqslant 10^{-3}$	$10^{-5}\sim 10^{-3}$	$10^{-7}\sim 10^{-5}$	$10^{-9}\sim 10^{-7}$	$\leqslant 10^{-9}$
影响等级	V类	IV类	III类	II类	I类

(6)提供失效状态影响等级支撑材料

对于那些影响不容易确定或者存在争议的失效状态,必须提供支撑材料证明影响等级的确定是正确的。这些支撑材料包括:飞行试验、地面试验、仿真模拟、分析计算及类似案例等。为了保证分析结果的正确,对于III类、IV类、V类失效状态,必须进行飞行试验。

(7)进一步验证方法建议

对于"无安全性影响的"和"轻微的"失效状态采用 FHA 本身说明即可;对于"重大的"失效状态,分析对象为简单或常规系统,采用 FMEA 等定性验证;分析对象为复杂系统,如果有运行经验则采用 FMEA 定性验证,否则采用 FMEA 定性验证和 FTA 定量验证;对于"危害性的"和"灾难性的"失效状态,必须采用 FMEA 定性验证和 FTA 定量验证。

(8)完成 FHA 表格和分析报告

根据上述 FHA 分析结果,填写功能危害性评估表(见表 4-2)。FHA 报告一般包括以下内容:①系统组成及其功能描述(含必要的系统方块图和功能流向图);②FHA 输入功能清单;③环境和紧急情况清单;④列出所使用的所有假设,并说明它们的合理性;⑤FHA 表格;⑥分析工作的简要总结,包括危险故障状态清单及其建议措施等。

表 4 - 2 功能危害性评估表

功 能	失效状态	工作状态/ 飞行阶段	危险对飞机或 人员的影响	影响等级	影响等级 支撑材料	验证方法	附 注
(1)	(2)	(3)	(4)	(5)	(6)	(7)	(8)
附注：与该失效状态相关，但没有在其他各栏涉及的相关信息，如相似系统以前的故障资料或管理指令等							

例 4 - 1 根据某大型客机设计目标与要求，确定飞机一级功能共 15 项，二级功能共 78 项，列出飞机功能清单（见表 4 - 3），其中，功能编号由大写字母 F 和 4 位数字组成，前两位数字表示一级功能，后两位数字表示二级功能。通过 FHA 得到某大型客机飞机级的功能失效状态共 200 项。按影响等级进行分类，其中，Ⅰ 类功能失效共有 62 项，Ⅱ 类功能失效共有 26 项，Ⅲ 类功能失效共有 60 项，Ⅳ 类功能失效共有 42 项，Ⅴ 类功能失效共有 10 项。以"提供推力及控制功能 F0101"为例，其 FHA 表格见表 4 - 4。

表 4 - 3 某型客机飞机功能清单

第一层功能 及编号	第二层 功能	第二层功能 编号	第一层功能 及编号	第二层 功能	第二层功能 编号
动力 F01	提供推力及控制	F0101	通信 F06	机外通信	F0601
	提供反推力及控制	F0102		机内通信	F0602
飞行控制 F02	升/阻控制	F0201		语音记录	F0603
	滚转姿态控制	F0202	提供飞行信息 F07	空速信息	F0701
	俯仰姿态控制	F0203		地速信息	F0702
	偏航姿态控制	F0204		航向信息	F0703
	协调转弯	F0205		侧滑信息	F0704
	阵风减缓	F0206		位置信息	F0705
	飞行包线保护	F0207		高度信息	F0706
地面控制 F03	地面减速	F0301		姿态信息	F0707
	地面方向控制	F0302		气象信息	F0708
	起落架收放控制	F0303		飞行管理	F0709
	确定空/地状态	F0304		发动机信息	F0710
	地面支撑	F0305		电子飞行包	F0711
自动飞行操纵 F04	自动驾驶	F0401		空中交通管制	F0712
	飞行导引	F0402	货物装卸 F8	货物系留	F0801
	自动油门	F0403		货舱门	F0802
防撞回避 F05	空中防撞与告警	F0501	—	—	—
	近地提示与告警	F0502	—	—	—

第一层功能及编号	第二层功能	第二层功能编号	第一层功能及编号	第二层功能	第二层功能编号
防火 F09	客舱防火	F0901	能源及保障 F13	提供燃油	F1301
	驾驶舱防火	F0902		提供液压	F1302
	发动机防火	F0903		提供电源	F1303
	APU 防火	F0904		提供引气	F1304
	货舱防火	F0905		APU	F1305
	主起落架舱探测	F0906		应急供氧	F1306
	盥洗室防火	F0907		中央维护	F1307
	电子设备舱探测	F0908		信息采集与远程传输	F1308
	引气探测	F0909		视景增强	F1309
空气调节 F10	压力调节	F1001	防冰/除雨 F14	机翼前缘防冰	F1401
	温度调节	F1002		发动机防冰	F1402
	通风	F1003		风挡防冰除雨	F1403
乘客服务 F11	餐饮	F1101		探头/传感器防冰	F1404
	供水/废水处理	F1102		结冰探测	F1405
	物品存储	F1103	应急救生 F15	地面应急撤离	F1501
	机上娱乐	F1104		水上救生	F1502
照明 F12	内部照明	F1201		乘员保护	F1503
	外部照明	F1202		客舱监控	F1504

表 4 - 4　提供推力及控制功能 F0101 的功能危害性评估表

功　能	失效状态	工作状态/飞行阶段	危险对飞机或人员的影响	影响等级	影响等级支撑材料	验证方法
F0101S01	完全丧失推力	T、L F1~F4	①飞机:飞机将完全丧失推力,同时将丧失绝大部分电源、液压源、气源,可能造成机毁人亡 ②机组:机组可能无法控制飞机持续安全飞行与着陆 ③乘客:可能导致绝大多数乘客伤亡	I	—	FMEA FTA CCA
F0101S02	丧失单侧推力	T、L F1~F4	①飞机:单发运行,飞机的安全裕度较大地降低 ②机组:较大地增加了工作负担 ③乘客:无	III	须性能分析与飞行试验来验证故障影响等级	FMEA FTA CCA

功　能	失效状态	工作状态/飞行阶段	危险对飞机或人员的影响	影响等级	影响等级支撑材料	验证方法
F0101S03	丧失两侧推力控制能力	T、L F1~F4	①飞机:飞机推力无法根据运行的需要进行及时地变化与调整,可能造成机毁人亡 ②机组:机组可能无法控制飞机持续安全飞行与着陆 ③乘客:可能导致绝大多数乘客伤亡	I	—	FMEA FTA CCA
F0101S04	丧失单侧推力控制能力	T、L F1~F4	①飞机:V1 之后或者空中,导致单侧推力过大或不足超出预期区间,导致飞机短时间内不能准确控制 ②机组:驾驶员短时间内无法准确操纵飞机推力,可能需要紧急关车,较大增加了工作负担 ③乘客:无	III	须性能分析与飞行试验来验证故障影响等级	FMEA FTA
F0101S05	推力控制非指令工作	T、L F1~F4	①飞机:推力非指令性变化,可能导致飞机冲出跑道、撞地、失去控制或结构受损,造成机毁人亡 ②机组:机组可能无法控制飞机 ③乘客:可能造成绝大多数乘客伤亡	I	—	FMEA FTA CCA

例 4 - 2　某大型客机飞控系统的典型功能清单见表 4 - 5,共有 6 项系统级功能,对应的功能失效状态共有 12 项。飞控系统的典型功能危害性评估表见表 4 - 6 和表 4 - 7。

表 4 - 5　某大型客机飞控系统典型功能清单

系统级功能	对应的飞机级功能	功能失效状态
地面扰流板控制 X0101	地面速度控制	丧失地面扰流板控制功能
		地面扰流板控制非指令性动作
方向舵控制 X0102	地面方向控制、偏航控制	丧失方向舵控制功能
		方向舵非指令性偏转
副翼控制 X0103	滚转控制	丧失副翼控制功能
		副翼非指令性动作
升降舵控制 X0104	俯仰控制	丧失升降舵控制功能
		升降舵非指令性动作
水平安定面控制 X0105		丧失水平安定面控制功能
		水平安定面非指令性配平
襟缝翼控制 X0106		丧失襟缝翼控制功能
		襟缝翼非指令性动作

表 4 – 6　方向舵控制 X0102 的功能危害性评估表

功　能	失效状态	工作状态/飞行阶段	危险对飞机或人员的影响	影响等级	影响等级支撑材料	验证方法
X0102S01	丧失方向舵控制功能	T、L F1～F4	①飞机:航向稳定性大幅下降 ②机组:航向控制能力大幅下降 ③乘客:可能严重受伤或个别死亡	Ⅱ	—	FMEA FTA
X0102S02	方向舵非指令性偏转	T、L	①飞机:飞机高速时,可能偏离跑道,并与候机楼、飞机或车辆接触 ②机组:操作飞机紧急刹车,可能受伤 ③乘客:可能严重受伤或个别死亡	Ⅱ	—	FMEA FTA
		G	①飞机:飞机偏离航向 ②机组:机组发现飞机偏离航向并操纵飞机减速停止 ③乘客:无	Ⅲ	须飞行试验或模拟器试验的结果确定故障影响	FMEA FTA
		F1～F4	①飞机:飞机偏离航向 ②机组:机组发现飞机偏离航向并操纵飞机恢复正常航向 ③乘客:无	Ⅳ	须飞行试验或模拟器试验的结果确定故障影响	FMEA FTA

表 4 – 7　副翼控制 X0103 的功能危害性评估表

功　能	失效状态	工作状态/飞行阶段	危险对飞机或人员的影响	影响等级	影响等级支撑材料	验证方法
X0103S01	丧失副翼控制功能	T、L F1～F4	①飞机:滚转姿态控制不足,可能坠毁 ②机组:无法控制飞机的滚转姿态,可能因飞机损毁而死亡 ③乘客:可能由于飞机损毁而死亡	Ⅰ	—	FMEA FTA CCA
X0103S02	副翼非指令性动作	T、L F1～F4	①飞机:可能产生不可控的横滚力矩,飞机失控,甚至彻底损毁 ②机组:无法控制飞机,可能因飞机损毁而死亡 ③乘客:可能由于飞机损毁而死亡	Ⅰ	—	FMEA FTA CCA

4.3 故障树分析(FTA)

故障树是一种逻辑因果关系图,构图的元素是事件和逻辑门。事件用来描述系统和元、部件故障的状态;逻辑门把事件联系起来,表示事件之间的逻辑关系。故障树分析(FTA)是一种图形演绎的分析方法。它把系统不希望出现的事件作为故障树的顶事件,通过对可能造成系统故障的各种因素(包括硬件、软件、环境、人为因素等)进行分析,用规定的逻辑符号自上而下,由总体至部分,按树枝状结构逐层细化,分析导致各事件发生的所有可能的直接因素及其相互间的逻辑关系,并由此逐步深入分析,直到找出事故的基本原因,画出故障树,从而确定系统故障原因的各种可能组合方式和其发生概率。

FTA 是一个不断迭代的过程,在飞机研制的概念设计、初步设计、详细设计与试验验证等各个阶段均需要开展相应的 FTA 工作。在概念设计与初步设计阶段,FTA 在 FHA 完成后进行,通常作为 PSSA 的一部分,用于确定系统失效组合并向系统及系统以下各层次分配失效概率值,并初步建立系统架构。在详细设计与试验验证阶段,FTA 作为 SSA 的 部分,利用来自 FMES 或数据源的基本事件失效率计算顶事件失效概率,将该失效概率与 FHA 确定的相关安全性要求进行比较,判断其能否满足要求。试验验证完成后,分析人员将基于试验结果对硬件或软件采取相应的纠正措施,根据这些纠正措施对故障树进行更改,并建立最终的故障树。该版本的故障树将成为完成合格审定计划所需系统安全性评估文件的一部分。

4.3.1 故障树名词术语和使用符号

底事件:位于故障树底部的事件,它是故障树中某个逻辑门的输入事件,在故障树中不进一步往下发展,通常用"圆形"符号表示,如图 4-5(a)所示。

顶事件:所分析系统不希望发生的显著影响系统技术性能、经济性、可靠性和安全性的故障事件,位于故障树的顶端,通常用"矩形"符号表示,如图 4-5(b)所示。

中间事件:除了顶事件和底事件外的其他事件,是某个逻辑门的输出事件,同时又是另一个逻辑门的输入事件,通常用"矩形"符号表示,如图 4-5(c)所示。

基本事件:已经探明或尚未探明但必须进一步探明其发生原因的底事件,基本元部件故障或人为失误、环境因素等均属基本事件。

未探明事件:表示准底事件(或称非基本事件),一般表示可能发生但概率比较小或不需要再进一步分析或探明的故障事件。在故障树中小概率事件通常用"菱形"符号表示,如图 4-5(d)所示。

开关事件:已经发生或必将要发生的特殊事件,通常用"房形"符号表示,如图 4-5(e)所示。

条件事件:描述逻辑门起作用的具体限制的特殊事件,通常用"椭圆"符号表示,如图 4-5(f)所示。

入三角形:位于故障树的底部,表示树的 A 部分分支在另外地方,其符号如图 4-6(a)

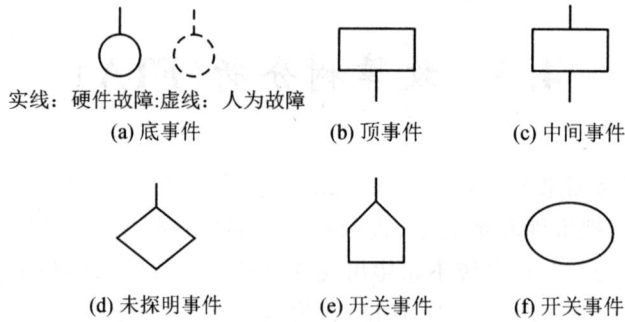

实线：硬件故障；虚线：人为故障

(a) 底事件　　　(b) 顶事件　　　(c) 中间事件

(d) 未探明事件　　　(e) 开关事件　　　(f) 开关事件

图 4 - 5　故障树的事件符号

所示。

出三角形：位于故障树的顶部，表示树 A 是在另外部分绘制的一棵故障树的子树，其符号如图 4 - 6(b)所示。

与门：所有输入事件同时发生才有输出事件发生，输入事件可以任意多个，其符号如图 4 - 6(c)所示。

或门：所有输入事件中至少有一个输入事件发生，输出事件就发生，输入事件可以任意多个，其符号如图 4 - 6(d)所示。

表决门：n 个输入事件中至少有 r 个输入事件发生时，输出事件才发生，其符号如图 4 - 6(e)所示。

异或门：当且仅当一个输入事件发生时，输出事件才发生，其符号如图 4 - 6(f)所示。

禁门：仅当输入事件和条件事件都发生时，输出事件才发生，其符号如图 4 - 6(g)所示。

顺序与门：逻辑上等效于一个与门，各个输入事件以一个特定的先后顺序，即各输入事件从左至右依次发生时才有输出。顺序与门有两种表示方法：一是使用顺序与门，将输入事件按先后顺序从左至右排列；二是使用与门，原输入事件不分顺序排列，但是加入一个表示原输入事件发生顺序的事件。其符号如图 4 - 6(h)所示。

非门：输出事件是输入事件的逆事件，其符号如图 4 - 6(i)所示。

规范化故障树是指仅含有"顶事件""中间事件""基本事件"三类事件，以及"与""或""非"三种逻辑门的故障树。故障树的规范化处理方式如下：

未探明事件：根据其重要性（如发生概率的大小，后果严重程度等）和数据的完备性，或者当作基本事件或者删去。重要且数据完备的未探明事件当作基本事件对待；不重要且数据不完备的未探明事件则删去；其他情况由分析者酌情决定。

开关事件：当作基本事件处理。

条件事件：总是与特殊门联系在一起的，它的处理规则在特殊门的等效变换规则中介绍。

顺序与门：将其变换为与门，输出不变，顺序与门变为与门，其余输入不变，顺序条件事件作为一个新的输入事件，如图 4 - 7(a)所示。

表决门：变换为或门和与门的组合，如图 4 - 7(b)所示。

异或门：变换为或门、与门和非门组合，如图 4 - 7(c)所示。

禁门：变换为与门，如图 4 - 7(d)所示。

通常采用布尔代数法简化故障树，去掉明显的逻辑多余事件和明显的逻辑多余门。常用

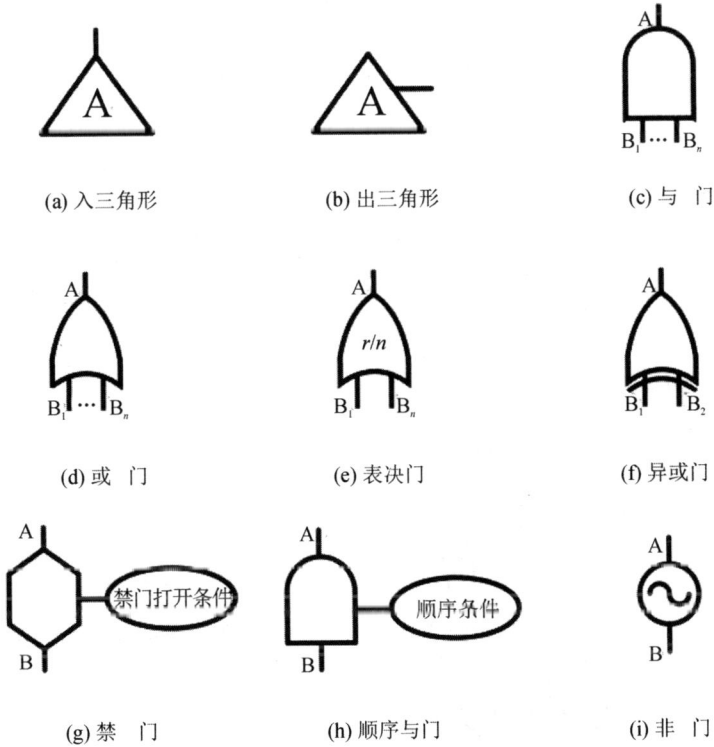

(a) 入三角形　　　　　　(b) 出三角形　　　　　　(c) 与　门

(d) 或　门　　　　　　(e) 表决门　　　　　　(f) 异或门

(g) 禁　门　　　　　　(h) 顺序与门　　　　　　(i) 非　门

图 4 - 6　转移符号与逻辑门符号表示

的简化原理有结合率和分配率(见图 4 - 8),即

结合律 1：$\qquad (x_1 \bigcup x_2) \bigcup x_3 = x_1 \bigcup x_2 \bigcup x_3$

结合律 2：$\qquad (x_1 \bigcap x_2) \bigcap x_3 = x_1 \bigcap x_2 \bigcap x_3$

分配律 1：$\qquad (x_1 \bigcap x_2) \bigcup (x_1 \bigcap x_3) = x_1 \bigcap (x_2 \bigcup x_3)$

分配律 2：$\qquad (x_1 \bigcup x_2) \bigcap (x_1 \bigcup x_3) = x_1 \bigcup (x_2 \bigcap x_3)$

4.3.2　故障树的定性分析

　　故障树定性分析的目的是寻找顶事件的原因事件及原因事件的组合(最小割集),发现潜在的故障和设计的薄弱环节,以便指导故障诊断、改进设计、使用和维修方案。割集是指故障树中一些底事件的集合,当这些底事件同时发生时,顶事件必然发生。最小割集指若将割集中所含的底事件任意去掉一个就不再成为割集,这样的割集就是最小割集。割集阶数是割集含有的元素(底事件)个数。

　　最小割集对降低复杂系统潜在事故风险具有重要意义。如果能使每个最小割集中至少有一个底事件恒不发生(发生概率极低),则顶事件就恒不发生(发生概率极低),就可以将系统潜在事故的发生概率降至最低。关键系统不允许有单点故障,方法之一就是设计时进行故障树分析,找出一阶最小割集,在其所在的层次或更高的层次增加"与门",并使"与门"尽可能接近顶事件。此外,最小割集可以指导系统的故障诊断和维修。如果系统发生某一故障模式,则一

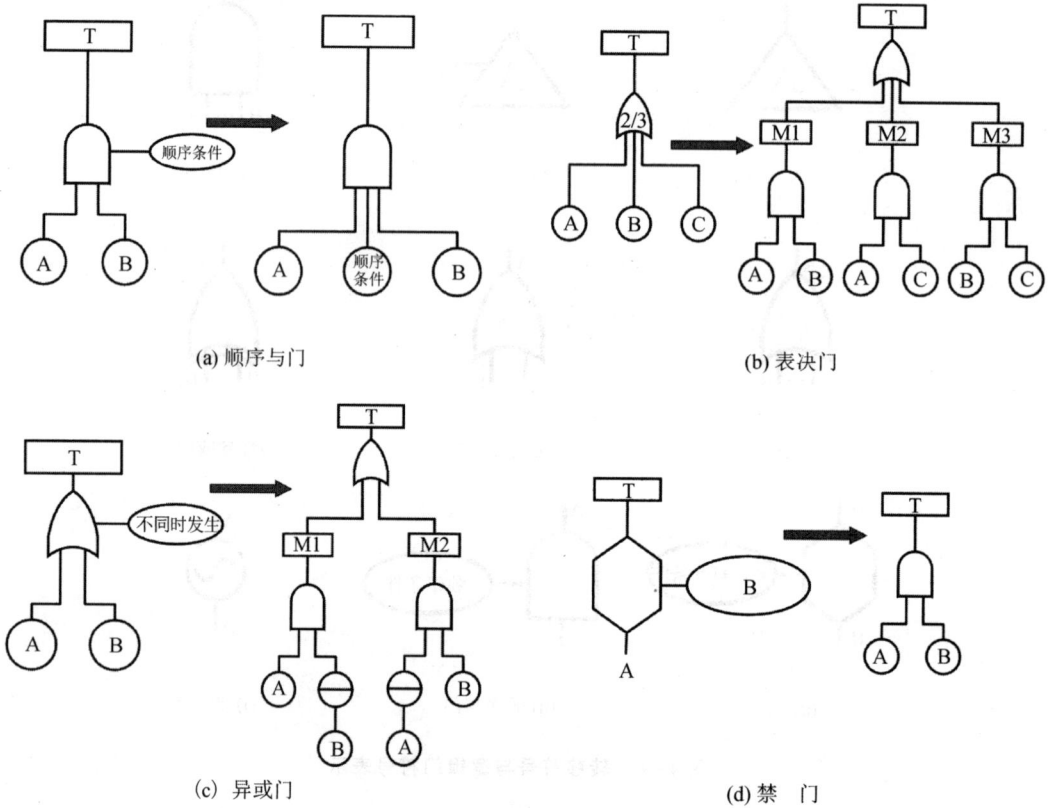

(a) 顺序与门

(b) 表决门

(c) 异或门

(d) 禁　门

图 4 - 7　特殊逻辑门的等价转换

定是该系统中与其对应的某一个最小割集中的全部底事件全部触发。进行维修时,如果只修复某个故障部件,虽然能够使系统恢复功能,但其可靠性和安全性水平还远未恢复。根据最小割集的概念,只有修复同一最小割集中的所有部件故障,才能恢复系统可靠性、安全性设计水平。

　　求解故障树的最小割集一般有下行法和上行法。其中,下行法求最小割集的步骤如下:①根据故障树的实际结构,从顶事件开始,逐级向下寻查;②遇到与门就将其输入事件排在同一行(只增加割集阶数);③遇到或门就将其输入事件各自排成一行(只增加割集个数);④直到全部换成底事件为止,这样得到的割集再通过两两比较,按照布尔代数吸收律,删去非最小割集,剩下即为故障树的全部最小割集。

　　上行法求最小割集的步骤如下:①从故障树的底事件开始,自下而上逐层地进行事件集合运算;②将"或门"输出事件用输入事件的并(布尔和)代替;③将"与门"输出事件用输入事件的交(布尔积)代替;④在逐层代入过程中,按照布尔代数吸收律来化简,最后将顶事件表示成底事件积之和的最简式,其中每一积项对应于故障树的一个最小割集,全部积项即是故障树的所有最小割集。

　　根据最小割集含底事件数目(即阶数)对最小割集的重要程度进行排序,在各个底事件发生概率比较小,且相互差别不大的条件下,可按以下原则对最小割集进行比较:①阶数越小的

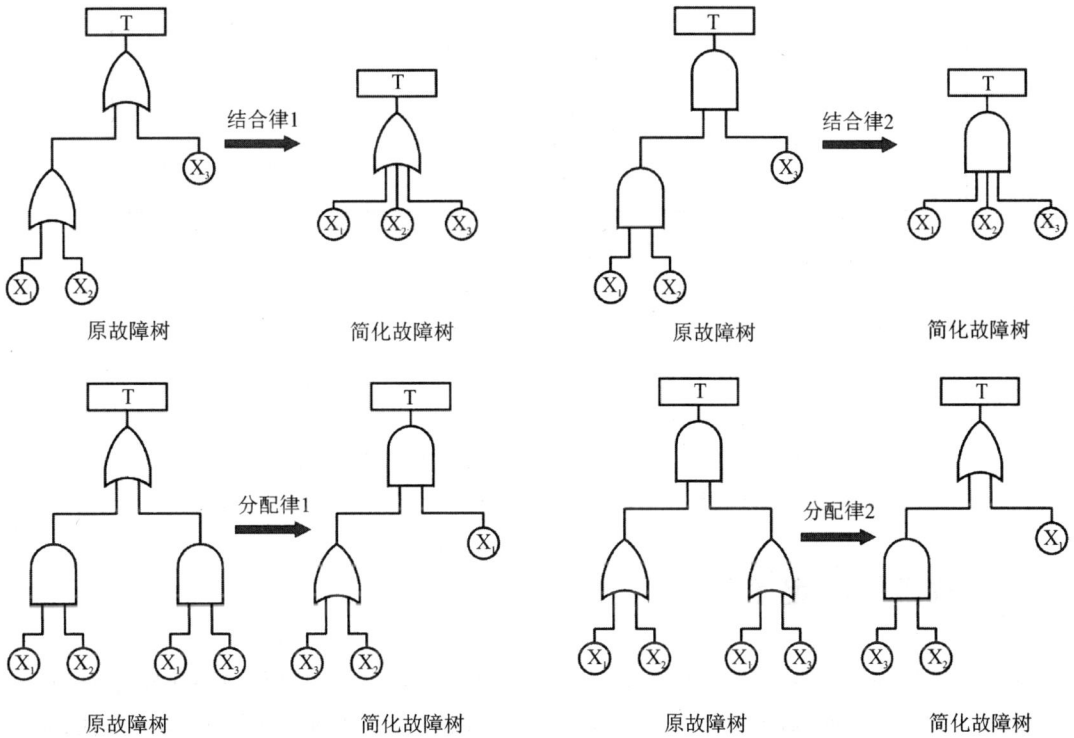

图 4-8　故障树的简化

最小割集越重要；②在低阶最小割集中出现的底事件比高阶最小割集中的底事件重要；③在最小割集阶数相同的条件下，在不同最小割集中重复出现的次数越多的底事件越重要。

例 4-3　试采用下行法和上行法求如图 4-9 所示故障树的最小割集。

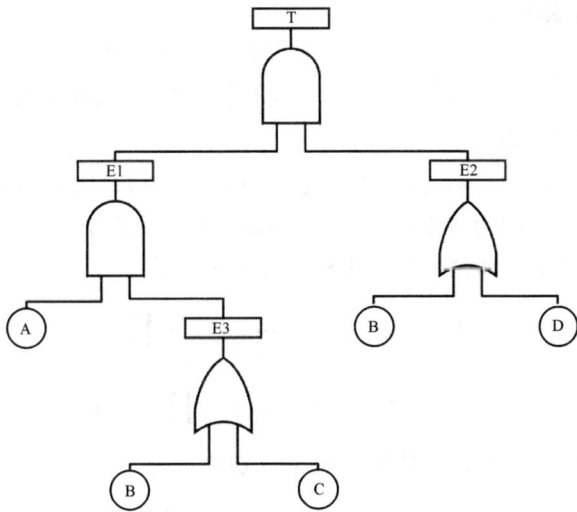

图 4-9　故障树示例

解　利用下行法求最小割集的步骤如下：

事　件	步骤 1	步骤 2	步骤 3	步骤 4	步骤 5
T	E1, E2	A, E3, E2	A, E3, B	A, B, B	A, B
			A, E3, D	A, C, B	~~A, C, B~~
				A, B, D	~~A, B, D~~
				A, C, D	A, C, D

因此,得到最小割集为{A, B},{A, C, D}。

利用上行法求最小割集的步骤如下:

① $\qquad\qquad\qquad$ E3＝B＋C

② $\qquad\qquad$ E1＝A · E3＝A(B＋C)＝AB＋AC

$\qquad\qquad\qquad$ E2＝B＋D

③ $\quad$ T＝E1 · E2＝(AB＋AC)(B＋D)＝AB＋ABC＋ABD＋ACD＝AB＋ACD

因此,得到最小割集为{A, B},{A, C, D}。

4.3.3　故障树的定量分析

故障树定量分析的主要目的是计算顶事件发生概率,判定基本事件或最小割集对顶事件发生的影响程度。为此,做出以下基本假设:①独立性:底事件之间相互独立;②两态性:元、部件和系统只有正常和故障两种状态。

对于简单的故障树,可采用结构函数法求顶事件发生的概率。首先,介绍结构函数描述故障树。若底事件表示为

$$x_i = \begin{cases} 1, 底事件\ x_i\ 发生(即元、部件故障) \\ 0, 底事件\ x_i\ 不发生(即元、部件正常) \end{cases} \qquad (4-6)$$

则故障树的结构函数可表示为

$$\phi(\vec{X}) = \varphi(x_1, x_2, \cdots, x_n) = \begin{cases} 1, 顶事件发生(即系统故障) \\ 0, 顶事件不发生(即系统正常) \end{cases} \qquad (4-7)$$

顶事件发生概率 $f_s(t)$ 为

$$f_s(t) = P\left[\phi(\vec{X}) = 1\right] = g\left[f_1(t), f_2(t), \cdots, f_n(t)\right] \qquad (4-8)$$

式中,$f_1(t), f_2(t), \cdots, f_n(t)$ 为底事件 $x_1, x_2, \cdots, x_n$ 发生的概率。

对于"与门",其结构函数和顶事件发生概率分别表示为

$$\phi(\vec{X}) = \phi(x_1, x_2, \cdots, x_n) = \prod_{i=1}^{n} x_i \qquad (4-9)$$

$$f_s(t) = P\left[\phi(\vec{X}) = 1\right] = \prod_{i=1}^{n} f_i(t) \qquad (4-10)$$

对于"或门",其结构函数和顶事件发生概率分别表示为

$$\phi(\vec{X}) = \varphi(x_1, x_2, \cdots, x_n) = 1 - \prod_{i=1}^{n} (1 - x_i) \qquad (4-11)$$

$$f_s(t) = P\left[\phi(\vec{X}) = 1\right] = 1 - \prod_{i=1}^{n} (1 - f_i(t)) \qquad (4-12)$$

例 4 - 4　已知图 4 - 9 所示故障树,其包含 4 个独立的基本故障事件 A、B、C 和 D,且故障概率分别为 0.1、0.2、0.3 和 0.4。试采用结构函数法求顶事件发生概率。

解　其结构函数为

$$\phi(\vec{X}) = \phi(A,B,C,D) = A[1-(1-B)(1-C)][1-(1-B)(1-D)] = AB+ACD-ABCD$$

顶事件发生概率为

$$f_s = P[\phi(\vec{X})=1] = f(A)f(B) + f(A)f(C)f(D) - f(A)f(B)f(C)f(D)$$
$$= 0.1\times0.2 + 0.1\times0.3\times0.4 - 0.1\times0.2\times0.3\times0.4 = 0.029\ 6$$

当故障树含有重复出现的基本事件时,或基本事件可能在几个最小割集中重复出现时,最小割集之间是相交的,这时可以采用最小割集法求解顶事件发生概率。

首先,采用最小割集的等效故障树表述原故障树,这时顶事件等于最小割集的并集。设某故障树有 k 个最小割集,$E_1,E_2,\cdots,E_r,\cdots,E_k$,则有

$$T = \bigcup_{r=1}^{k} E_r \tag{4-13}$$

因此,顶事件发生概率为

$$P(T) - P(\bigcup_{r=1}^{k} E_r) - \sum_{r=1}^{k}\prod_{x_i\in E_r} f_i - \sum_{1\leq r<s\leq k}\prod_{x_i\in E_r\cup E_s} f_i + \cdots + (-1)^{k-1}\prod_{\substack{r=1 \\ x_i\in E_1\cup E_2\cup E_3\cdots\cup E_k}}^{k} f_i \tag{4-14}$$

式中,r,s,k 为最小割集的序号,且 $r<s<k$;i 为基本事件的序号;$1\leq r<s\leq k$ 为 k 个最小割集中第 r、s 两个割集的组合顺序;$x_i\in E_r$ 为属于第 r 个最小割集的第 i 个基本事件;$x_i\in E_r\cup E_s$ 为属于第 r 个或第 s 个最小割集的第 i 个基本事件;f_i 为基本事件 x_i 发生的概率。

式(4 - 14)中的第一项是"求各最小割集发生概率的和",即将各最小割集中的基本事件的概率积相加,但是基本事件在几个最小割集中重复出现时,有重复计算的情况;式(4 - 14)中的第二项则"减去每两个最小割集同时发生的概率",即将每两个最小割集并集的基本事件的概率积相减;若还有重复计算的情况,式(4 - 14)中的第三项则"加上每三个最小割集同时发生的概率",即将每三个最小割集并集的基本事件的概率积相加;以此类推,加减号交替,直到最后一项是"计算所有最小割集同时发生的概率"。对于最小割集数量庞大的复杂故障树,可以采用式(4 - 14)的第一项,作为顶事件发生概率的一阶近似,或者采用式(4 - 14)的前两项,作为顶事件发生概率的二阶近似。

例 4 - 5　已知某故障树共有 3 个最小割集,分别为 $E_1=\{x_1,x_2,x_3\}$,$E_2=\{x_1,x_4\}$,$E_3=\{x_3,x_5\}$,且各基本事件发生的概率为 $f_1=0.01$,$f_2=0.02$,$f_3=0.03$,$f_4=0.04$,$f_5=0.05$。试采用最小割集法求顶事件发生的概率。

解　顶事件发生的概率为

$$P(T) = P(\bigcup_{r=1}^{3} E_r) = \sum_{r=1}^{3}\prod_{x_i\in E_r} f_i - \sum_{1\leq r<s\leq 3}\prod_{x_i\in E_r\cup E_s} f_i + \prod_{\substack{r=1 \\ x_i\in E_1\cup E_2\cup E_3}}^{3} f_i$$

$$= f_1 f_2 f_3 + f_1 f_4 + f_3 f_5 - f_1 f_2 f_3 f_4 - f_1 f_2 f_3 f_5 - f_1 f_3 f_4 f_5 + f_1 f_2 f_3 f_4 f_5$$
$$= 0.001\ 904\ 872$$

判定一个基本事件对顶事件发生的影响程度,需要进行概率重要度分析,即分析各基本事件发生概率的变化引起顶事件发生概率变化的程度。由于顶事件发生概率函数是 n 个基本

事件发生概率的多重线性函数,对自变量 f_i 求一次偏导,即可得到基本事件 x_i 的概率重要度系数:

$$\Delta g_i(t) = \frac{\partial f_s(t)}{\partial f_i(t)} \tag{4-15}$$

式中,$f_s(t)$ 为顶事件发生的概率;$f_i(t)$ 为第 i 个基本事件的发生概率。利用式(4-15)求出各基本事件的概率重要度系数,可确定降低哪个基本事件的概率能有效地降低顶事件的发生概率。

一般情况下,当各基本事件发生概率 f_i 不等时,改变 f_i 大的基本事件 x_i 较为容易,但概率重要度系数并未反映 f_i 的变化。考虑从本质上反映 x_i 在故障树中的重要程度,需要进行关键重要度分析。关键重要度表示第 i 个基本事件发生概率的变化率引起顶事件概率的变化率。相比于概率重要度,关键重要度更合理,更具有实际意义。根据定义,基本事件的关键重要度表示为

$$\Delta g_i^c(t) = \lim_{\Delta f_i(t) \to 0} \frac{\Delta f_s(t)/f_s(t)}{\Delta f_i(t)/f_i(t)} = \frac{f_i(t)}{f_s(t)} \lim_{\Delta f_i(t) \to 0} \frac{\Delta f_s(t)}{\Delta f_i(t)} = \frac{f_i(t)}{f_s(t)} \Delta g_i(t) \tag{4-16}$$

例 4-6　已知某故障树共有 2 个最小割集,分别为 $E_1 = \{x_1, x_2\}$, $E_2 = \{x_2, x_3\}$,且各基本事件发生的概率为 $f_1 = 0.4, f_2 = 0.2, f_3 = 0.3$。试排列各基本事件的概率重要度和关键重要度。

解　顶事件发生的概率为

$$f_s = P(\bigcup_{r=1}^{2} E_r) = \sum_{r=1}^{2} \prod_{x_i \in E_r} f_i - \sum_{1 \leqslant r < s \leqslant 2} \prod_{x_i \in E_r \cup E_s} f_i = f_1 f_2 + f_2 f_3 - f_1 f_2 f_3 = 0.116$$

各基本事件的概率重要度和关键重要度分别为

$$\Delta g_1 = \frac{\partial f_s}{\partial f_1} = \frac{\partial (f_1 f_2 + f_2 f_3 - f_1 f_2 f_3)}{\partial f_1} = f_2 - f_2 f_3 = 0.14$$

$$\Delta g_2 = \frac{\partial f_s}{\partial f_2} = \frac{\partial (f_1 f_2 + f_2 f_3 - f_1 f_2 f_3)}{\partial f_2} = f_1 + f_3 - f_1 f_3 = 0.58$$

$$\Delta g_3 = \frac{\partial f_s}{\partial f_3} = \frac{\partial (f_1 f_2 + f_2 f_3 - f_1 f_2 f_3)}{\partial f_3} = f_2 - f_1 f_2 = 0.12$$

$$\Delta g_1^c = \frac{f_1}{f_s} \Delta g_1 = \frac{0.4}{0.116} \times 0.14 = 0.483$$

$$\Delta g_2^c = \frac{f_2}{f_s} \Delta g_2 = \frac{0.2}{0.116} \times 0.58 = 1$$

$$\Delta g_3^c = \frac{f_3}{f_s} \Delta g_3 = \frac{0.3}{0.116} \times 0.12 = 0.310$$

因此

$$\Delta g_2 > \Delta g_1 > \Delta g_3, \Delta g_2^c > \Delta g_1^c > \Delta g_3^c$$

4.4　失效模式影响及危害性分析(FMECA)

失效模式及影响分析(Failure Mode and Effects Analysis, FMEA)是分析系统中每一功

能、组件或零部件所有可能产生的失效(或称故障)模式及其对系统造成的所有可能影响,并按每种失效模式的严重程度及其发生概率进行分类的一种分析方法。它是一种自下而上,由零件、部件、组件、子系统再到系统的分析方法。因此,FMEA 分析需要考虑产品结构、组成以及单元可靠性数据等产品具体信息,一般在详细设计阶段进行。

失效模式影响及危害性分析(FMECA)是在失效模式及影响分析的基础上增加危害性分析(Criticality Analysis, CA)的内容,具有定量分析的特点。通过 FMEA 及 FMECA,可以明确系统的整体失效模式、失效影响及危害性,为系统安全性评估提供科学依据。在进行FMEA 及 FMECA 时,首先,需要厘清结构整体的可靠性逻辑关系,找出组成结构整体全部零件的所有失效模式;然后,采用归纳推理的方法,列出各种失效模式对结构整体所有功用级造成的影响及后果;其次,分析判断每种失效模式对结构整体各功用级造成的致命度大小,必要时还应估计造成各种危害性的概率;最后,根据分析结果,提出相应的改进措施,包括替换、冗余、修改设计,力求把潜在的、危害性大的零部件在设计阶段加以改进。

4.4.1　失效模式及影响分析(FMEA)

FMEA 分析一般包含 9 个步骤,具体如下:

(1)定义产品或功能

首先,确定系统中进行 FMEA 的产品范围,并按相对复杂度和功能划分产品的层次。其中,"初始约定层次"指要进行 FMEA 的完整产品所在的层次,即总分析对象;"约定层次"指FMEA 表中正被分析对象的上一层次。其次,对系统的功能、组成、任务剖面、任务阶段及工作方式进行描述。

(2)分析失效模式

按 GB3187-82 名称规定,失效是指"产品丧失规定的功能,可修复产品通常称为故障"。结构失效可定义为"在规定的使用条件下,结构丧失其规定的功能"。按 GJB67.9-85 名称的规定,"由于结构某些元件分离、断裂、失稳、过度变形和异常畸变而导致结构降低其承受规定载荷能力的现象"称为结构失效。按 GB3187-82 的规定,失效模式就是"失效的表现形式",失效模式是能被观察及测量出来的,通过失效的现象可以找出失效的原因。

失效模式可分为 7 大类:①损坏型:如断裂、变形过大、塑性变形、裂纹等;②退化型:如老化、腐蚀、磨损等;③松脱性:松动、脱焊等;④失调型:如间隙不当、行程不当、压力不当等;⑤堵塞或渗漏型:如堵塞、漏油、漏气等;⑥功能型:如性能不稳定、性能下降、功能不正常;⑦其他:润滑不良等。

(3)分析失效原因

失效原因分为直接原因和间接原因。直接原因又称失效机理,是导致产品功能失效的产品自身的物理、化学或生物变化过程等。间接原因是由于其他产品的失效、环境因素和人为因素等引起的外部原因。例如,起落架上位锁打不开失效模式,其直接原因是锁体间隙不当、弹簧老化等,间接原因是锁支架刚度差。

(4) 说明任务阶段与工作方式

任务剖面由多个任务阶段组成,以起落架为例,其任务阶段包括起飞、着陆、空中飞行、地面滑行。在进行失效模式分析时,要说明产品的失效模式是在哪一个任务阶段的什么工作方式下发生的。

(5) 确定失效影响

失效影响需要考虑局部影响、高一层次影响和最终影响。其中,局部影响指某产品的失效模式对该产品自身和与该产品所在约定层次相同的其他产品的使用、功能或状态的影响;高一层次影响指某产品的失效模式对该产品所在约定层次的高一层次产品的使用、功能或状态的影响;最终影响指系统中某产品的失效模式对初始约定层次产品的使用、功能或状态的影响。

(6) 划分严酷度类别

严酷度是指产品失效造成最坏后果的严重程度。失效严酷度类别划分要综合考虑性能、费用、周期、安全性和风险等各方面的因素,即考虑结构失效后对人身安全、任务完成、经济损失、风险程度等方面的综合影响。以下给出几种常见的失效严酷度类别划分。

根据 GJB1391,失效的严酷度类别定义为:Ⅰ类(灾难的),失效会引起人员死亡或系统(如飞机、坦克、导弹及船舶等)毁坏的失效;Ⅱ类(致命的),失效会引起人员的严重伤害,重大经济损失或导致任务失败的系统严重损坏;Ⅲ类(临界的),失效会引起人员的轻度伤害,一定的经济损失或导致任务延误/降级的系统轻度损坏;Ⅵ类(轻度的),失效不足以导致人员伤害、一定的经济损失或系统损坏,但它会导致非计划性维护或修理。

美国空军按 AIR127-4 号条例规定,将失效的严酷度分成 A、B、C 三类。其中,A 类指人员死亡;飞机全毁或损伤而无法修理;总费用达 50 万美元以上的人身损伤、职业病疼和资产破坏。B 类指 5~50 万美元的人身损伤和资产破坏等。C 类指总费用在 5 万美元以下,或缺勤多日的人身损伤或职业病疼,或达不到前两条,但须作为失效报告的失效。

(7) 确定失效检测方法

失效检测方法一般包括目视检查、离机检测、原位测试等手段。失效检测一般分为事前检测与事后检测两类,对于潜在失效模式,应尽可能设计事前检测方法。

(8) 采取补偿措施

补偿措施随研究对象不同而异,但一般情况下,可从材质改进、结构改进、参数修正、工艺方法改进、使用、维护等方面着手。补偿措施可分为设计补偿措施和操作人员补偿措施,其中,设计补偿措施包括:产品发生失效时能继续安全工作的冗余设备;安全或保险装置(如监控及报警装置);可替换的工作方式(如备用或辅助设备);可以消除或减轻失效影响的设计或工艺改进。操作人员补偿措施包括:特殊的使用和维护规程,尽量避免或预防失效的发生;一旦出现某失效后操作人员应采取的最恰当的补救措施。

(9) 填写 FMEA 表格

填写 FMEA 表格,失效模式及影响分析表见表 4-8。

表 4 - 8　失效模式及影响分析表

初始约定层次：				任　务：		审核：			第　页;共　页			
约定层次：				分析人员：		批准：			填表日期：			
代码	产品或功能标志	功能	失效模式	失效原因	任务阶段与工作方式	失效影响			严酷度类别	失效检测方法	补偿措施	备注
						局部影响	高一层次影响	最终影响				
1	2	3	4	5	6	7	8	9	10	11	12	13
对每一产品的每一故障模式,采用一种编码体系进行标识	记录被分析产品或功能的名称与标志	简要描述产品所具有的主要功能	根据故障模式分析的结果,简要描述每一产品的所有故障模式	根据故障原因分析结果,简要描述每一故障模式的所有故障原因	简要说明发生故障的任务阶段与产品的工作方式	根据故障影响分析的结果,简要描述每一个故障模式的局部、高一层次和最终影响并分别填入第 7～9 栏			根据最终影响分析的结果,按每个故障模式分配严酷度类别	简要描述故障检测方法	简要描述补偿措施	本栏主要记录对其他栏的注释和补充说明

4.4.2　危害分析(CA)

在 FMEA 的基础上进行 CA 分析,其一般包含 8 个步骤,具体如下:

(1) 确定失效概率等级或数据来源

失效模式的概率等级分为 5 级,分别为:A 级,即经常发生,失效概率＞20%;B 级,即有时发生,失效概率介于 10%～20%;C 级,即偶然发生,失效概率介于 1%～10%;D 级,即很少发生,失效概率介于 0.1%～1%;E 级,即极少发生,失效概率＜0.1%。数据来源于预计值、分配值、外场评估值等。

(2) 获取失效率

失效率(r_p)可通过定量方法预计得到,也可参考文献数据,如 GJB/Z - 299C、MIL - HD-BK - 217F、NSWC - 06 和 NPRD2011 等。

(3) 计算失效模式频数比

失效模式频数比 α 是产品某一失效模式占其全部失效模式的百分比率。α 可以通过试验得到,即第 i 个产品的第 j 种失效模式出现的次数 n_j 与第 i 个产品全部失效模式发生的总次数 N_i 之比。如果考虑某产品所有可能的失效模式,则其失效模式频数比之和为 1。

(4) 确定失效影响概率

失效影响概率 β 是指假定某失效模式已发生时,导致确定严酷度等级的最终影响的条件概率。某一失效模式可能产生多种最终影响,不但要分析这些最终影响,还应进一步指明该失效模式引起的每一种失效影响的百分比,此百分比即为 β。多种最终影响的 β 值之和为 1(见表 4 - 9)。

表 4 - 9　火车制动系统失效影响概率

产品名称	失效模式	失效模式频数比 α	失效影响	严酷度	失效影响概率 β
制动系统	卡死	0.5	火车滑轨并驶入火车站	II	0.9
			火车脱轨	I	0.1
	效率降低	0.5	火车不能有效减速	II	0.8
			火车不能有效减速且发生安全事故	I	0.2

(5) 确定工作时间

工作时间(t)源于系统设计定义,通常以产品每次任务的工作小时数或工作循环数表示。

(6) 评估失效模式危害度

单一失效模式危害度的表达式为

$$C_{m}(j) = \alpha \times \beta \times r_{p} \times t, \quad j = I, II, III, IV \tag{4-17}$$

利用危害度矩阵,可以在给定的严酷度下将失效模式进行比较,以确定采取纠正措施的先后顺序。如图 4 - 10 所示,危害度矩阵的纵坐标为严酷度类别,横坐标为失效模式频数比(或失效模式概率)。离原点越远,危害性越大,凡失效模式代码落在矩阵图中阴影区的产品就被确认为安全性关键产品,应采取措施使其危害性下降。例如,b 点比 a 点远离原点,则 b 点的危害度就比 a 点的危害度高。计算所有失效代码到危害度矩阵原点的距离,可以分辨出危害度最大的失效模式,有利于采取修正措施。

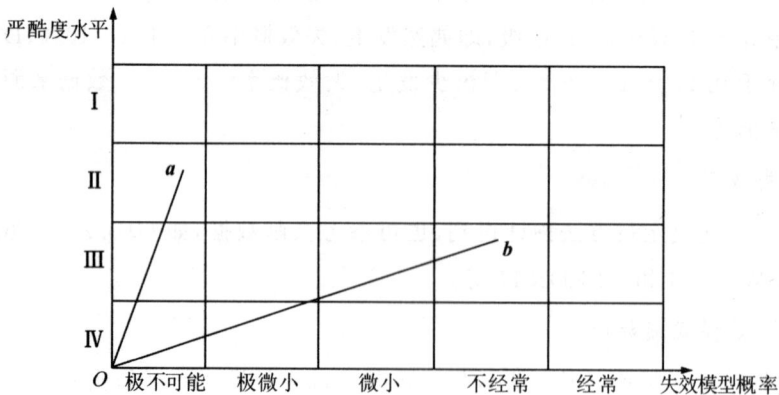

图 4 - 10　危害度矩阵

(7) 确定产品危害度

产品危害度的表达式为

$$C_r(j) = \sum_{i=1}^{n} C_{mi}(j), \quad i=1,2,\cdots,n; \quad j = \text{I},\text{II},\text{III},\text{IV} \tag{4-13}$$

式中, n 为该产品的失效模式总数。

（8）填写 CA 表格

填写危害性分析表格, 见表 4 - 10。

表 4 - 10　危害性分析表

初始约定层次:				任　务:			审核:					第　页;共　页		
约定层次:				分析人员:			批准:					填表日期:		
代码	产品或功能标志	功能	失效模式	失效原因	任务阶段与工作方式	严酷度类别	失效概率等级或失效数据源	失效率 r_p	失效模式频数比 α	失效影响概率 β	工作时间 t	失效模式危害度 $C_m(j)$	产品危害度 $C_r(j)$	备注
1	2	3	4	5	6	7	8	9	10	11	12	13	14	15

4.4.3　FMECA 分析

FMECA 分析报告通常包括单点失效模式清单、I 类与 II 类失效模式清单、安全性关键产品清单、不可检测失效模式清单、危害性矩阵图和 FMEA/CA 表。特别地, FMECA 分析时应注意以下问题:

（1）强调"谁设计、谁分析"的原则

产品设计人员应负责完成该产品的 FMECA 工作。实践表明, FMECA 工作是设计工作的一部分。"谁设计、谁分析"、及时改进是进行 FMECA 的宗旨, 是确保 FMECA 有效性的基础, 也是国内外开展 FMECA 工作经验的结晶。如果不由产品设计者实施 FMECA, 必然造成分析与设计的分离, 也就背离了 FMECA 的初衷。

（2）重视 FMECA 的策划

实施 FMECA 前, 应对所须进行的 FMECA 活动进行完整、全面、系统地策划, 尤其是对复杂大系统, 更应强调 FMECA 的重要性。其必要性体现在以下几方面: ①结合产品研制工作, 运用并行工程的原理, 对所需的 FMECA 进行完整、全面、系统地策划, 将有助于保证FMECA 分析的目的性、有效性, 确保 FMECA 工作与研制工作同步协调, 避免事后补做; ②对复杂大系统, 总体级的 FMECA 往往需要低层次的分析结果作为输入, 对相关分析活动的策划有助于确保高层次产品 FMECA 的实施; ③FMECA 计划阶段事先规定的基本前提、假设、分析方法和数据, 有助于在不同产品等级和承制方之间交流和共享, 确保分析结果的一致性、有效性和可比性。

（3）保证 FMECA 的实时性、规范性、有效性

实时性是指 FMECA 工作应纳入研制工作计划, 做到目的明确、管理务实, 并与设计工作

同步进行,将 FMECA 结果及时反馈给设计过程。规范性是指分析工作应严格执行 FMECA 计划、有关标准的要求,并在分析中明确某些关键概念。例如,失效检测方法是系统运行或维修时发现故障的方法;严酷度是对失效模式最终影响严重程度的度量,危害度是对失效模式后果严重程度的发生可能性的综合度量。有效性是指对分析提出的改进、补偿措施予以跟踪和分析,以验证其有效性。

(4) FMECA 的剪裁和评审

FMECA 作为常用的分析工具,可为可靠性、安全性、维修性、测试性和保障性等工作提供信息,不同的应用目的可能得到不同的分析结果。分析人员可根据具体的产品特点和任务对 FMECA 的分析步骤、内容进行补充、剪裁,并在相应文件中予以明确。

(5) FMECA 数据获取

失效模式是 FMECA 的基础,能否获得失效模式的相关信息是决定 FMECA 工作有效性的关键。如果进行定量分析,还需要失效的具体数据,这些数据除通过试验获得外,一般需要通过相似产品的历史数据进行统计分析。有计划、有目的地收集、整理有关产品的失效信息,逐步建立和完善失效模式及频数比的相关失效信息库,是开展有效的 FMECA 工作的基本保障之一。

(6) FMECA 应与其他分析方法相结合

FMECA 虽是有效的可靠性分析方法,但它不能代替其他可靠性分析工作。FMECA 一般是静态的、单一因素的分析方法。在动态方面还很不完善,若对系统实施全面分析还需要与其他分析方法(如 FTA 等)相结合。

例 4 - 7 某型军用飞机升降舵系统的功能是保证飞机的纵向操纵性。它由安定面支承、轴承组件、扭力臂组件、操纵组件、配重和调整片组成。初始约定层次为某型军用飞机,约定层次见图 4 - 11,功能结构方框图见图 4 - 12,可靠性框图见图 4 - 13。升降舵系统凡发生不满足以下要求的情况之一,即认为该系统发生失效:①舵面偏转时应准确及时偏转到规定位置;②左、右升降舵应保持同步偏转;③飞机长期稳定飞行时,舵面应保持确定的平衡位置;④舵面偏转时无卡滞现象;⑤飞行中舵面无强烈振动现象;⑥调整片按要求能正常偏转;⑦配重无松动现象;⑧舵面结构满足强度、刚度要求,没有因疲劳、腐蚀等导致其结构损伤。

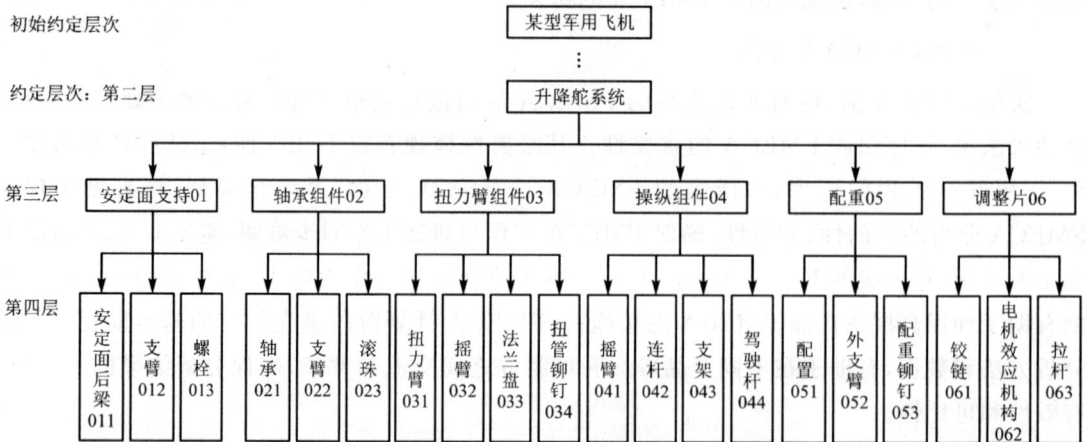

图 4 - 11 某型军用飞机升降舵系统的约定层次

对于升降舵系统,其严酷度类别的定义为:Ⅰ类:危及人员或安全,如一等、二等飞行事故及重大环境损害;Ⅱ类:损伤人员或飞机,如三等飞行事故及严重环境损害;Ⅲ类:人员轻度伤害或影响任务完成,如误飞、中断或取消飞行、降低飞行品质、增加着陆困难、中等程度环境损害;Ⅳ类:无影响或影响很小,增加非计划性维护或修理。

根据本案例的实际情况,将 FMEA 表和 CA 表合并成一个 FMECA 表更简明、直观,如表 4-11 所列(以安定面支承及轴承组件为例)。表中的失效模式、失效原因、失效率等均是在多个相似飞机升降舵的调研和分析基础上进行的,其结果比较真实可靠。

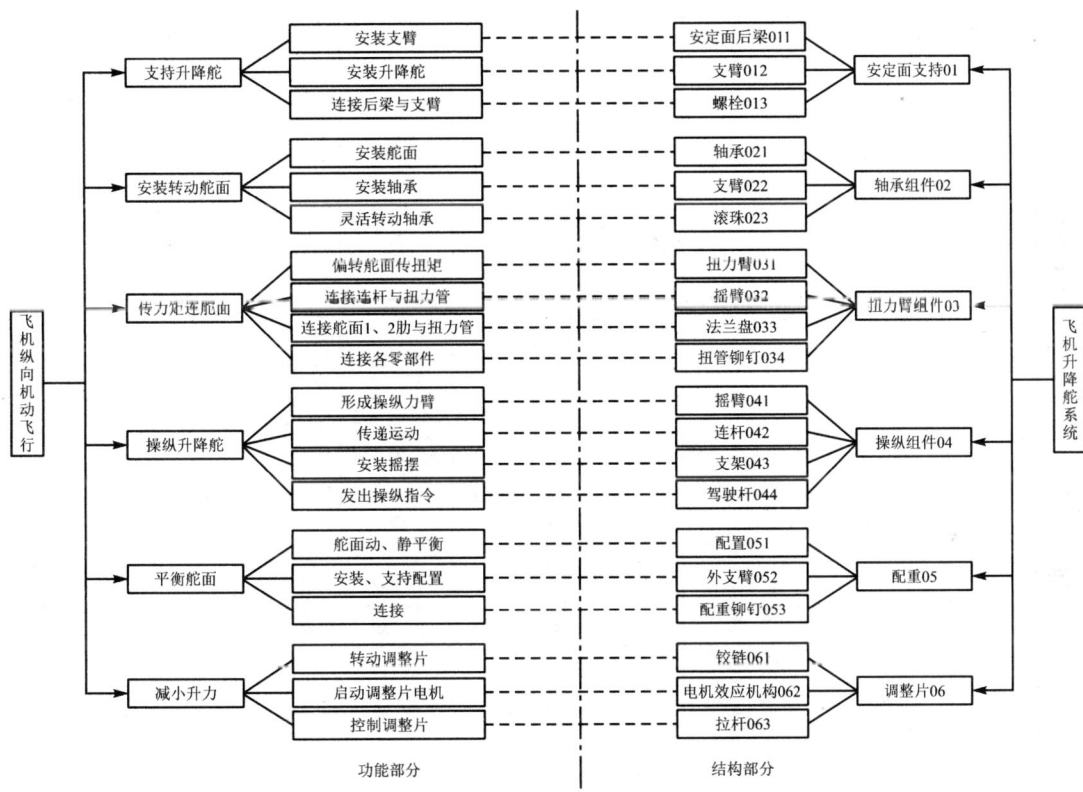

图 4-12　某型军用飞机升降舵系统的功能结构方框图

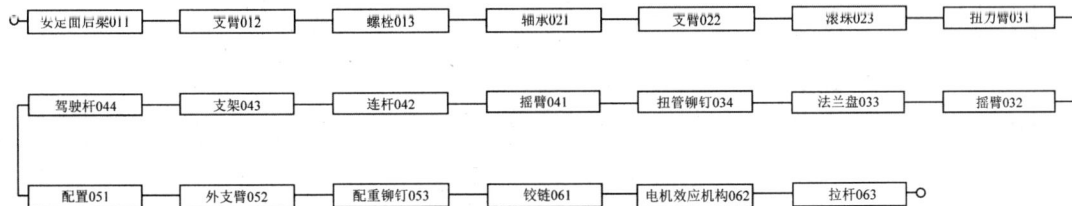

图 4-13　某型军用飞机升降舵系统的可靠性框图

表 4-11 某型军用飞机升降舵系统的 FMECA 表

初始约定层次:某型军用飞机　　任务:飞行　　审核:xxx　　第 1 页;共 x 页

约定层次:升降舵系统　　分析人员:xxx　　批准:xxx　　填表日期:

代码	产品或功能标志	功能	失效模式	失效原因	任务阶段与工作方式	失效影响 局部影响	高一层次影响	最终影响	严酷度类别	失效检测方法	改进补偿措施	失效率 r_p 来源	失效率 $r_p/10^{-6}$	失效模式频数比 α	失效影响概率 β	工作时间 t	失效模式危害度 $C_m(j)/10^{-6}$	产品危害度 $C_r(j)/10^{-6}$
1	2	3	4	5	6	7	8	9	10	11	12	13	14	15	16	17	18	19
01	安定面支承	支持升降舵	安定面后梁变形过大	刚度不够	飞行时偏移	安定面后梁变形超过允许范围	升降舵移动卡滞	损伤飞机	II	无	增加安定面与升降舵抗弯刚度	统计	15.6	0.02	0.8	0.33	0.082	II类 0.082
			支臂裂纹	疲劳	飞行	故障症候	故障症候	影响任务完成	III	目视检查无损探伤	增加强度	统计	15.6	0.49	0.1	0.33	0.252	III类 0.252
			螺栓锈蚀	长期使用	飞行	故障症候	影响很小	无影响	IV	目视检查	定期维修更换	统计	15.6	0.49	0.01	0.33	0.025	IV类 0.025
02	轴承组件	安装转动舵面	轴承间隙过大	磨损	飞行	功能下降	功能下降	损伤飞机	II	无	加强定期维修更换	统计	79.91	0.89	0.8	0.33	18.78	I类 2.611
			滚珠掉出	磨损	飞行	丧失功能	丧失功能	危及飞机安全	I	无	更换	统计	79.91	0.11	0.9	0.33	2.611	II类 18.78

4.5　共因分析(CCA)

共因分析(CCA)贯穿设计全程,可在任何阶段用于评估不同余度的功能、系统或项目之间的独立性,确保不会因为同一个原因导致两个或两个以上余度同时失效。共因分析包括特定风险分析(Particular Risks Analysis,PRA)、共模分析(Common Mode Analysis,CMA)和区域安全性分析(Zonal Safety Analysis,ZSA)。

1. 特定风险分析(PRA)

特定风险是一些导致飞机、飞机系统发生事故的事件,或威胁飞机、飞机系统安全的因素。这些事件或因素发生在被影响对象(飞机或飞机系统)的外部,会导致飞机、飞机系统的多个零部件同时失效,是导致飞机、飞机系统发生共因失效的重要原因。典型的特定风险事件包括火灾,高能装置(如发动机、辅助动力装置 APU 和风扇失效)、高压瓶或高压管路破裂、高温气体管路泄漏、液体泄漏(如液压油、燃油、电池酸性物质和水)、恶劣天气(如冰雹、冰和雪)、鸟撞、机轮和轮胎失效、雷击、高强度辐射场、摆动轴失效、后压力框破裂等。

特定风险分析(PRA)是在新飞机研制时,针对飞机外部环境(如鸟撞、闪电和冰雹)或来源于飞机内部其他系统的事件或危险(如转子爆破,机轮和轮胎失效)开展的全面评估。由于特定风险发生于受影响系统的外部,FHA 通常无法将其包含在内,因此,PRA 可视为对FHA、FTA 与 FMEA 等方法的补充。为使 PRA 评估结果有意义,它应当在飞机整个研制过程持续开展,同时在研制阶段,应对飞机的任何重大更改进行评估。通常由飞机制造商成立专业团队评估飞机及其系统在风险影响下是否仍具有持续安全飞行和着陆的能力。在初期,评估可基于图纸或者模型,随着项目的推进,应使用数字样机和真实飞机开展评估。当飞机构型完全确定后,应针对系统实际的布置开展最终评估,以保证危险在最终设计中予以消除。

PRA 分析流程如图 4-14 所示,具体包含如下 12 个步骤。

(1)确定特定风险项目

确定对何种特定风险展开研究,对该特定风险进行描述,说明该特定风险发生的原因、场景和规律等。

(2)确定特定风险的失效模型

确定各类特定风险可能出现的失效模式,例如转子爆破中涡轮盘爆破模式包括小碎片、中等碎片、三分之一轮盘碎片。

(3)列出需要满足的适航条款要求或设计规范

在所有特定风险类型中,一部分有明确适航条款或咨询通告(Advisory Circular,AC)要求的项目,应以表明对这些具体适航条款或 AC 的符合性为工作目标。另一些无直接条款要求的特定风险项目,需要通过分析确定对飞机或系统的影响是否可接受,来表明与 25.1309 条款的符合性。

(4)确定受影响的区域

确定特定风险影响范围及作用区域。以轮胎爆破为例,投射在 45°～180° 之间的机轮平面上(从地面水平面向朝后方向测量),在整个 135°弧区内,服从均匀分布;投射到轮胎平面任意一侧的 15°范围内,服从正态分布;物体被碎片击中的概率取决于面对碎片物体的面积以及其相对于轮胎的位置。

(5) 确定受影响的系统/组件

确定风险作用区域内受影响的系统或部件,借助 ZSA 进行交叉检查。以轮胎爆破为例,受影响的系统包括绿色、蓝色、黄色三套液压系统的管路和电气线路。

(6) 确定所采取的设计和安装预防措施

应当借助在 ZSA 中使用的设计和安装指南进行交叉检查,根据特定风险分析实施过程所得出的结论,对如何规避特定风险、降低风险影响后果、提高抵御风险能力等多方面进行综合考虑。以轮胎爆破为例,为刹车系统提供液压源的传感器和控制线缆,一个线路要被安装在主起落架支柱的前面,而另一个线路则安装在主起落架支柱的后面。

(7) 评估特定风险对受影响系统/组件的安全性影响

分析特定风险对作用区域内系统或结构的单个部件所产生的影响,确定系统或结构失效模式,给出影响后果。此项工作可结合失效模式及影响分析、初步系统安全性评估进行交叉检查完成,并且要保证此处确定的影响后果与失效模式及影响分析确定的后果相一致。

例如,轮胎爆破导致绿色液压系统失效会使得:襟翼的运行速度减小一半;缝翼的运行速度减小一半;双侧机翼 1 号、5 号扰流板不能偏转;丧失正常刹车系统,自动转换到备用刹车系统;前轮不能偏转;如果起落架在放下位置,起落架不能收起;如果起落架在收上位置,依靠重力放下起落架;2 号反推力装置失效。失效状态影响为:轻微的。

轮胎爆破导致蓝色液压系统失效会使得:缝翼的运行速度减小一半;双侧机翼 2 号、3 号扰流板不能偏转;备用刹车系统失效,如果蓝色刹车管路没有被切断,则通过蓄能器应急刹车,但不保留防滑刹车;3 号反推力装置失效。失效状态影响为:轻微的。

轮胎爆破导致黄色液压系统失效会使得:襟翼的运行速度减小一半;双侧机翼 4 号、6 号扰流板不能偏转;1 号、4 号反推力装置失效。失效状态影响为:轻微的。

若轮胎爆破导致任意两套液压系统同时失效,则失效状态影响为重大的;若轮胎爆破导致三套系统同时失效,则失效状态影响为灾难性的。

(8) 评估该特定风险对飞机的影响

分析特定风险导致的单元失效模式及其组合对飞机的影响,可借助系统安全性评估、初步飞机级安全性评估进行交叉检查,并确保分析结果与系统安全性评估的分析结果相一致。

(9) 确定该后果是否可接受

根据可能出现的最终影响后果与采取的预防措施,结合与具体特殊风险相关条款的符合性验证文件,给出分析结论:如果可接受,则将分析结论应用于系统安全性评估或其他具体的合格审定文件中;如果不可接受,则给出补偿措施,进行设计更改。

(10) 确定设计更改方案是否采纳

由相关设计团队确定可能的更改方案,如系统重新布置,增加冗余备份等。如果项目团队最终决策进行设计更改,则采纳的更改方案必须被重新评估。如果项目团队决策不进行设计更改,则需要按照工程偏离程序给出原有设计可被接受的理由。当一个项目的内部要求超出规章要求时,通常会使用工程偏离程序。

(11) 确定偏离是否接受

需要对工程偏离进行评审来确定是否项目团队接受超出规章要求但不满足内部项目要求的风险。如果项目团队决策不接受此可能的风险,则应转移到设计更改程序步骤。如果项目团队接受此风险,则此偏离应当被记录并得到工程批准。

(12) 完成 PRA 分析报告

当 PRA 分析发现的所有问题都被关闭,并且得到项目团队的书面接受,将形成最终的 PRA 分析报告,提交给局方审查并获得适航批准。

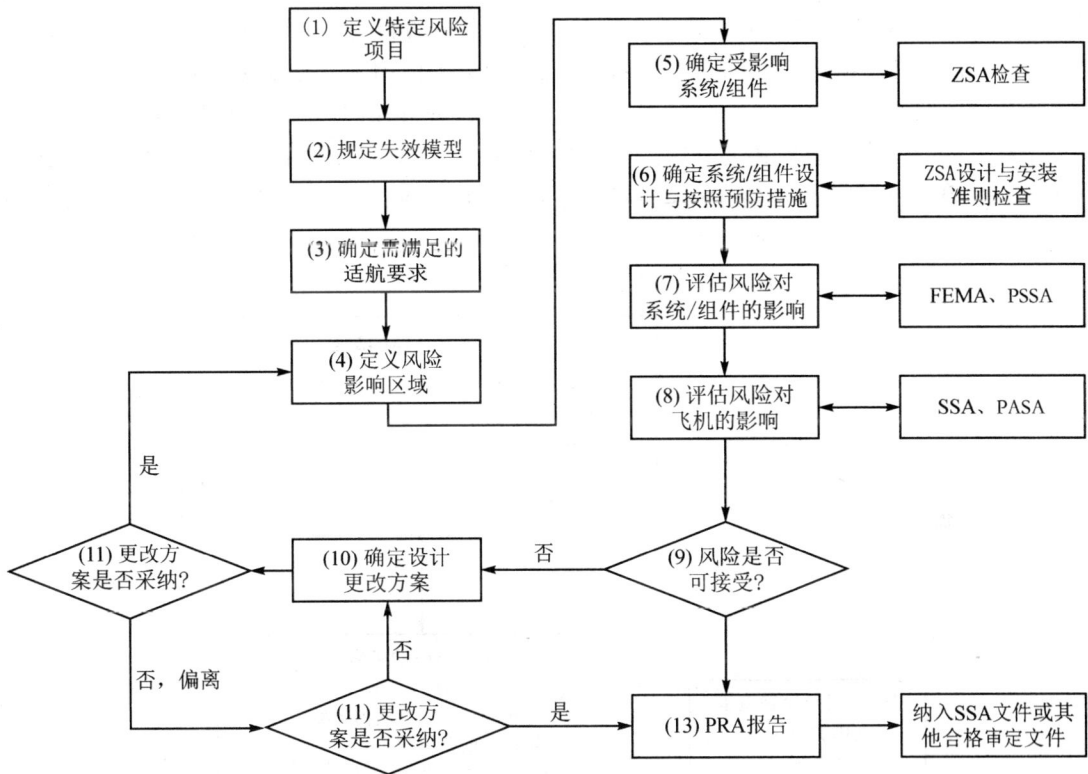

图 4-14 PRA 流程

中国商飞公司收集了 2002—2011 年 128 651 条民机故障数据,从中筛选 1 829 条特定风险事件,形成《故障数据风险评估风险分析报告》。此外,根据 SAE ARP4754A《民用飞机与系统研制指南》、SAE ARP4761《民用飞机机载系统和设备安全性评估过程的指南和方法》以及空客和波音的相关资料,在研制阶段对 C919 飞机全面开展 20 项特定风险分析工作,逐一确定每项特定风险的分析流程和分析要求,且详细地评估各特定风险项可能给飞机造成的Ⅰ类和Ⅱ类失效状态,从而要求系统采取设计或者防护措施有效降低 C919 飞机特定风险的危害。特定风险分析发现的问题在研制过程中及时得到了解决,避免了后期设计更改的风险。

2. 共模分析（CMA）

共因失效是指由于同一个原因或事件引起系统中多个部件同时失效，当这些部件的失效模式相同时，共因失效又称为共模失效。在飞机系统设计中常采用余度设计提高系统的可靠性与安全性，因此在余度系统中子系统之间、部件之间必须满足一定的独立性要求，或者保证由非独立性引起的风险是可以接受的。共模失效的出现则表明余度系统存在一定数量的故障是非独立的，这种非独立性的存在，降低了冗余系统的可靠性，增加了系统的失效概率，给飞机的安全性带来巨大隐患。

共模分析是对共模失效进行分析的工具，其通过分析故障树"与门"输入事件（系统中的余度单元）是否满足独立性要求来确定共因事件对系统安全性的影响。共模分析内容涵盖设计、制造、操作与维修错误、相同软硬件故障等各类导致共因失效的因素。需要注意的是，对于那些导致共模失效的外部事件或环境因素，除了在 CMA 中进行分析外，属于特定风险分析（PRA）与区域安全性分析（ZSA）范畴的，还要分别进行 PRA 与 ZSA。CMA 通常在初步飞机级安全性评估（PASA）与初步系统安全性评估（PSSA）中的 FTA 完成后才进行，并随着设计的进展与故障树的更新而不断更新，因此在安全性分析中，CMA 工程在初步设计与详细设计阶段进行。

CMA 流程如图 4-15 所示，包括以下 4 个步骤。

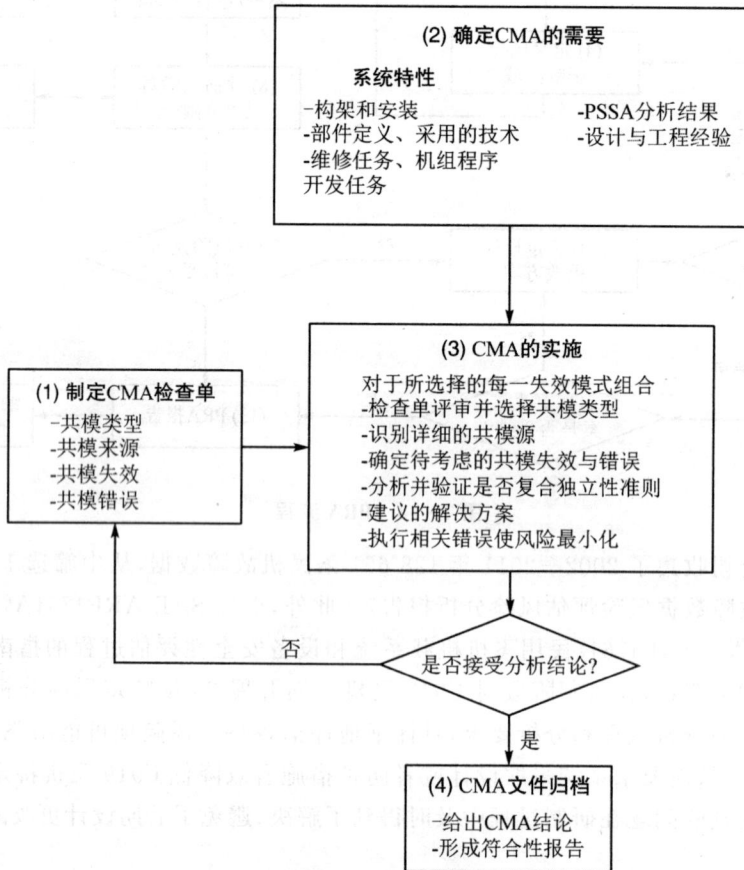

图 4-15　CMA 流程

（1）制定 CMA 检查单

制定 CMA 检查单是开展独立性检查的依据,制定时需要考虑:软件开发错误;硬件开发错误;硬件故障;生成、修理缺陷;应力相关事件(如非正常飞行状态、非常差系统构型);安装错误;需求错误;环境因素(如温度、振动和湿度等);继发性(级联)故障;共同外部原因故障等因素。典型 CMA 检查单见表 4-12 所列。

表 4-12　典型 CMA 检查单

共模失效类型		共模失效源实例	共模失效与错误实例
校准	人员	相同的人员	人员训练不当导致的错误
		校准工具	人员使用工具时未进行充分的校准
		其他	……
	程序	相同的程序	校准程序导致故障、有缺陷的校准程序、缺乏校准程序
		其他	……
环境	机械与温度	温度	火灾、闪电、焊接等,冷却系统故障,电气短路
		粗颗粒	飞行中的沙尘、运动部件由于未充分润滑而产生的金属屑
		冲击	导管的运动、雨水打击、结构失效
		振动	机械运动
		压力	爆炸,超出允许范围(泵超速、溢出、堵塞等)
		湿度	高温管路破裂
		应力	在不同金属焊接的热应力、机械应力等
		其他	……
	电气与辐射	电磁	焊接设备、旋转的电气机械、闪电等
		辐射	粒子辐射
		导体	潮湿导电的气体
		其他	……
	化学物	酸性腐蚀	维修过程中在清除铁锈以及清洗时酸性物质的泄漏
		氧化腐蚀	金属周围的潮湿环境
		其他化学反应	电腐蚀、燃料、水、燃料氧化物的复杂反应
		微生物	微生物导致的有毒气体
		其他	……

（2）确定 CMA 需求

确定 CMA 需求必须熟悉所分析系统的具体设计特性,其主要来源于 PSSA 和设计与工程经验。为了执行 CMA,首先必须熟悉所分析系统运行和安装的特性,包括:设计构架和安装规划;设备和部件的特性;维修和试验工作;机组程序;系统、设备和软件的技术规范。此外,分析人员还必须熟悉设计中采用的用以消除共模影响或者使得共模影响最小化的系统设计特性。这些特性包括多样性(非相似性、冗余)和隔离;测试和预防性维修大纲;设计控制和设计质量等级;程序或技术规范的评审;人员培训;质量控制。

在 PSSA 中,对于每一个以"灾难性事件"或"危害性事件"为顶事件的故障树,识别每一"与门"事件,并确定相关的设计独立性原则;此外,检查每一个"与门"事件,确定哪些失效组合必须具有独立性。需要注意的是,故障树中很多"与门"输入事件都是由相同部件故障所导致的,具体分析时可根据需要对这些具有独立性要求的事件进行简化,重点分析系统中具有冗余的设备,没有必要对所有"与门"进行分析。

工程经验中根据 CMA 检查单对采用的设计过程、设计细节、选用部件、制造工艺、安装过程以及维修过程进行审查,得到 CMA 需求。随着评审与评估过程开展,已识别的导致共模事件的每一状态都可总结归纳为 CMA 需求。这一类 CMA 需求在 FTA 中很难显现出来,它们通常与复杂部件、环境考虑、部件物理位置等导致的失效相关。

(3) CMA 的实施

针对确定的每一个 CMA 需求,需要确定与每一个 CMA 有关的共模失效类型、来源、以及可能的共模失效或错误,分析每个可能的共模失效与错误,验证其是否满足独立性要求。若认为其不符合独立性,则给出可能的解决方案与初步设计纠正措施,实施并跟踪纠正措施,确定纠正后设计方案的可接受性。

(4) CMA 文件归档

CMA 报告应该包括:在分析中使用的参考文件、图表以及支持材料;用于指导 CMA 的检查单;所分析系统、部件的描述;CMA 中发现的问题(可能的失效或错误);符合 CMA 需求的理由或证明材料;相关问题的解决方案(纠正措施或证明可接受);CMA 结论。

3. 区域安全性分析(ZSA)

区域安全性分析(ZSA)是在飞机上人为划定的区域内,考虑系统或设备安装、维修失误,外部环境变化,系统运行等情况而进行的安全性分析。通过对各区域进行相容性检查,判定各系统/设备的安装是否符合安全性设计要求;判定位于同一区域内各系统/设备之间相互影响的程度;分析产生维修失误的可能性及其影响;就环境对系统/设备的影响进行分析和检查;尽早发现可能发生的不安全因素,提出改进意见或措施。最终,通过区域安全性分析,使新设计能防止不正常事件或限制不正常事件的发生,保证各系统之间的相容性和完整性。

ZSA 流程如图 4-16 所示,包括以下 6 个步骤。

(1) 划分区域

按照梁、隔框、隔板等界面划分飞机区域。在进行区域划分时应遵循以下原则:①区域划分应简明,其排列应简单且有逻辑性,尽量将故障相关的相邻部分划分在同一个区域内;②各区域尽可能按实际有形的边界来划分,就确定区域的界限而言,采用机身和机翼内部有形边界(如框或翼肋)通常比按其外部边界(如蒙皮对接线)更为合适;③区域的大小以能在此区域内作仔细的、全面的分析,易于判断其故障影响为宜;④区域边界应将相关结构的侧壁包含在内,区域图或图表上的区域边界表示应清楚,应对区域边界作具体说明;⑤为使区域安全性分析有次序地进行并不致遗漏,划分的区域应进行区域编号,编号顺序一般为:机翼由内向外,由前向后;机身由前向后,由下向上;垂直安定面由根部向尖部,如图 4-17 所示。

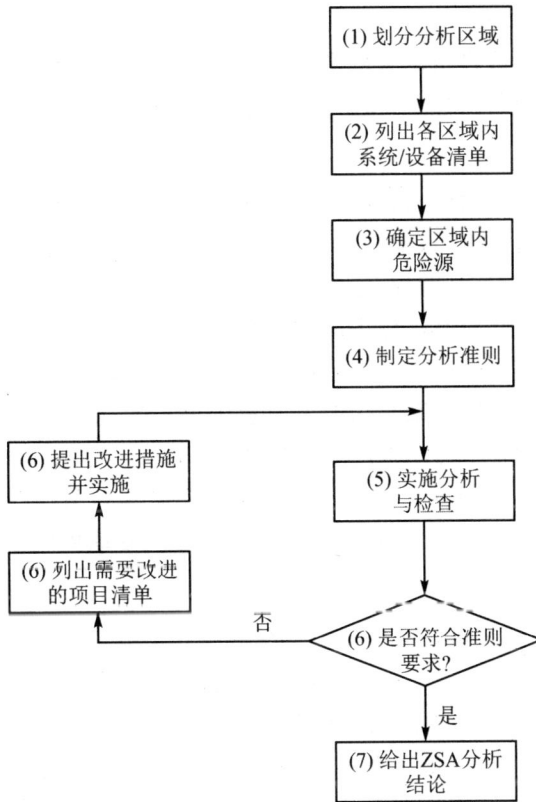

图 4 - 16   ZAS 流程

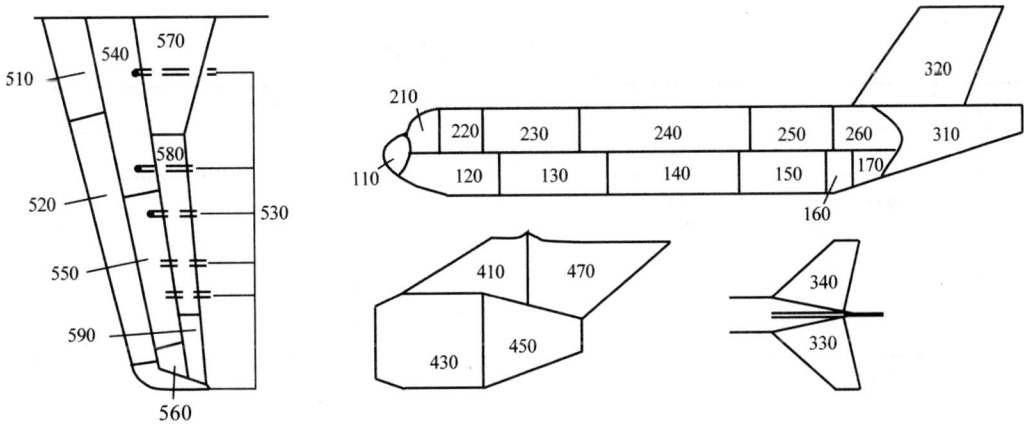

图 4 - 17   典型飞机区域划分

（2）列出每一区域内系统/设备清单

列出每一区域内系统/设备清单是为了分析检查时具有针对性，不遗漏分析项目，清单形式可视情况确定。

（3）确定区域内的危险源

一般而言，区域内系统或设备的失效都有可能成为导致危险发生的危险源，因此可以综合利用系统或设备 FMECA 或 FMEA 的结果，对关键的故障模式进行针对性分析检查。

（4）制定分析准则

分析准则是进行区域安全性分析的依据，在新型飞机设计时根据要求和同类飞机以往的使用经验，制定具体的分析准则，该准则也可用作设计人员的设计指南。分析准则一般包括总则（通用准则）和细则（专用准则）两部分。总则一般规定系统和设备安装、相互影响、维修、环境影响等方面的要求及限制，每个区域中的每个系统/设备均应符合总则的规定。细则是以系统/设备为对象，在其所经过的各个区域内应考虑本系统/设备与其他相邻系统/设备之间就安装、相互影响、维修、环境影响以及系统功能等因素所提出的规定要求。例如，总则包括系统/设备的安装；管路、导管、软管、电线、电缆等的安装；安全警示标志；部件安装；排空；材料的相容性；电搭接；维修保养；注意相互关联系统等。细则包括空气导管铺设；电气/电子设备、系统；防火系统；燃油系统；液压系统；指示系统；发动机安装；发动机操纵系统等。

（5）分析、检查、评价与改进

对每个区域内的所有系统进行区域安全性分析应着重检查：系统安装设计规则，即检查系统安装是否符合相应的安装规则；系统间的相互影响，即分析每一区域内，某设备失效对其相邻或相关设备及其系统的影响；维修失误，即分析系统维修失误的可能性及其对整机的影响；环境影响，即分析环境对系统/设备的影响；事故影响，即分析由于某个事故引起的失效对其相应区域内每一设备和系统的影响。在此基础上，对区域安全性进行评价，填写区域安全性分析问题登记表（见表 4-13），若不符合准则要求，则需要列出需要改进的项目清单，提出改进措施并实施。

表 4-13　XX 型飞机区域安全性分析问题登记表

区域号：	系统/设备型号（图号）：		
区域名称：	系统/设备名称：		
区域安全性分析发现的问题及建议改进措施：			
问题发现时机：			
填表：	校对：	审核：	
对上述问题的处理意见：			
设计：	校对：	审核：	审定：
审批：			

（6）给出 ZSA 结论

经过区域安全性分析并对所发现的重大问题采取预防改进措施之后，再进行复查并做出分析结论与分析报告。分析报告的内容一般包括分析目的，分析阶段，经分析发现的重大故障或潜在故障，以及对这些故障采取的改进措施。如果没有改进措施或仅对部分故障采取改进措施,应对其做出说明。此外,应对引起安全性事件发生的概率做出定性或定量的评估。

4.6　初步系统安全性评估(PSSA)

FHA 初步完成后,需要结合系统架构开展初步系统安全性评估(Preliminary System Safety Assessment,PSSA)。通过该评估,可将顶层的安全性需求向子系统及设备级分配,是实现自上而下设计理念的核心部分。PSSA 过程和设计过程相互作用、紧密联系,在整个设计周期内连续迭代进行,其通过对推荐的系统架构进行系统地检查,确定故障是如何导致 FHA 中所确定的失效状态,以及如何能够满足 FHA 中所确定的定量与定性安全性目标与需求,同时将系统级功能危险性评估中产生的系统安全性需求(如概率、研制保证等级等)分配给子系统/设备,将设备级安全性需求分配到软件和硬件,从而确定系统各层次级设计的安全性需求和目标,为系统设计与研制活动、SSA 等活动提供必要的输入。

PSSA 的作用与目的主要包括:①探究导致 FHA 中所识别确定的功能危险性的机理,并确定满足 FHA 的途径;②根据初步的数据、信息和系统详细的架构,证明与 FHA 中失效状态相关的安全性定性和定量要求得以满足;③确定系统各层次定性的和定量的安全性需求(如功能和软硬件的 DAL 要求、概率要求等);④确定对相关活动的安全性需求,如安装、维修、运行要求手册等;⑤确定所提出架构和所制定的方案满足飞机或系统的安全性顶层要求;⑥确定对其他系统、接口和交互功能的安全性需求等;⑦产生 FTA 中所使用的独立性假设清单,便于确认与验证;⑧确定共模分析的输入等。

PSSA 可以在多个层次上开展,最高级别的 PSSA 是从飞机级或系统级 FHA 展开的,较低层次的 PSSA 是从较高层次的 PSSA 展开的,并随着系统设计逐步深入与清晰,PSSA 将建立系统各层次的安全性需求,其最低能够确定安全性需求的层次是软件和硬件级层次。PSSA 通常以 FTA 的形式进行,同时也包括 CCA 共因分析方面的内容。通常,PSSA 包括系统级的 PSSA 工作、子系统级 PSSA 工作和组件级的 PSSA 工作。

在进行 PSSA 相关分析的过程中,可能使用许多假设,这些假设除了需要进一步确认与验证外,还需要进行有效的管理,以确保假设的完整性、正确性和可追溯性。PSSA 中所使用的假设主要包括故障树中"与"门的独立性假设、平均飞行时间、故障分布类型以及设计中的假设等。下面对上述主要的假设做简要介绍:①在进行 PSSA 和 FTA 的计算、预计和分配时,一般假设系统的故障服从指数分布。②在计算暴露时间和进行 PSSA 定量分析时,需要确定平均飞行时间。平均飞行时间是指飞机飞行一个起落所使用的时间,以小时为单位,也称平均飞行小时。平均飞行时间根据飞机类型和任务剖面的不同而不同,其准确的数值由市场和统计确定。结合以往的经验和用户的需求得到支线飞机、窄体飞机和宽体飞机的平均飞行时间分别为 1 h 左右、2~4 h 和 4 h 以上。③假定软件和人的操作是完全可靠的,其故障率为零。④产品特定的假设,如产品的存储环境等。⑤运行环境的假设,包括运行高度、温度、湿度等。⑥设计方面的假设,如故障监控探测范围的假设,当监控包含在故障树里时,假设控器对执行功能的组件提供 100% 有效范围的故障探测。现实中监控器不可能提供 100% 有效范围,分析人员应微调故障树,以计入未涉及的范围。

PSSA 的主要输入是系统级功能危险性评估和系统架构。系统级功能危险性评估主要产生 PSSA 过程中要分析的失效状态及其类别；系统架构则给出系统的组成、设备清单及相应功能。系统级 PSSA 的实施过程如图 4 - 18 所示，其过程主要包括分析系统的安全性需求、评估失效状态和输出底层设计的安全性目标及需求。下面详细阐述 PSSA 步骤：

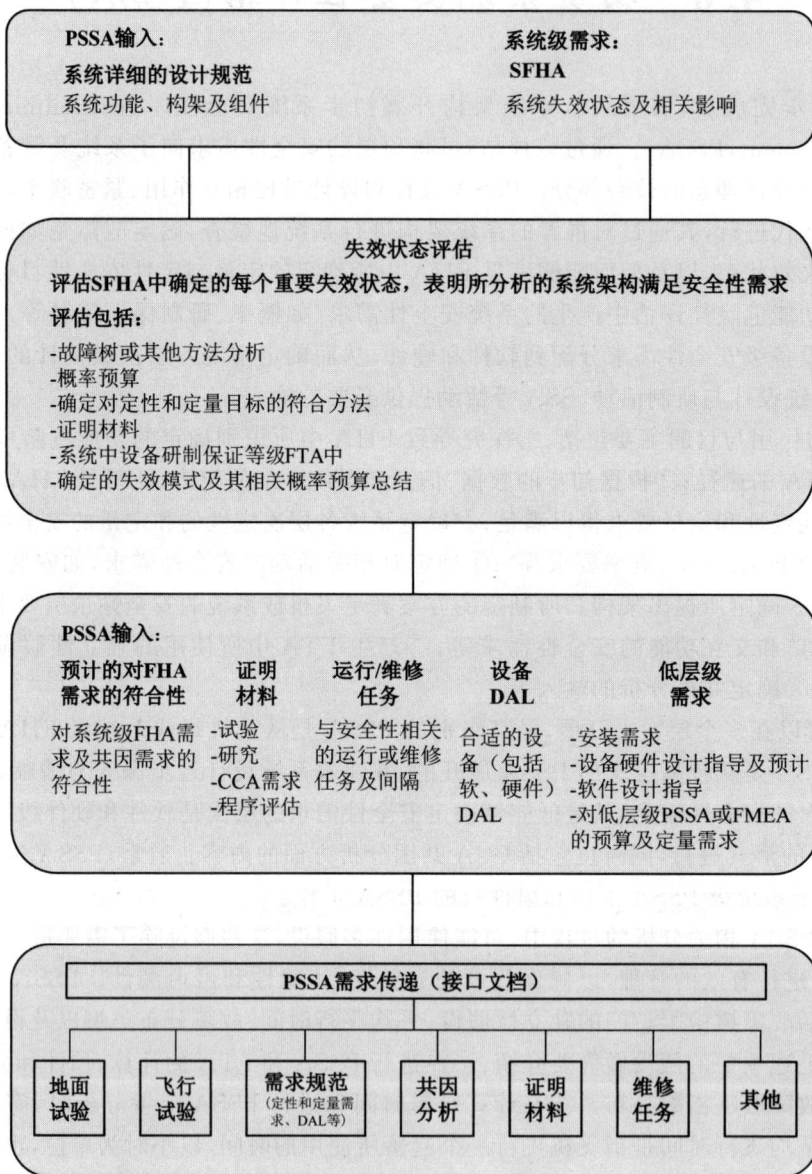

图 4 - 18　系统级 PSSA 过程

（1）分析系统安全性需求

　　飞机级 FHA 和初步 CCA 过程为飞机设计制定初始的安全性需求；同样，系统级 FHA 和初步 CCA 过程也为系统设计制定初始的安全性需求。实施 PSSA，首先要分析这些初始的安全性需求以及系统的初步设计/架构决策，形成一套完整的系统安全性需求。实施 PSSA 必要的原始资料包括：①系统功能和定义。这方面的资料应能够说明系统的主要功能和性能、各功能可能的工作模式、功能的复杂性和新颖性、飞机运行剖面、与运行有关的特殊飞机构型、功能对飞机运行的限制、系统与其他关联系统的界面等内容,如相关技术文件和图纸等。②系统架构设计。这方面的资料应能够说明系统初步设计的方案,实现系统功能的初步架构,为满足系统设计要求和安全性目标所采取的基本原则、保护措施等方面的内容。③FHA 评估结果。其主要指飞机级 FHA 和系统级 FHA 评估结论,重点关注灾难性的和危险的失效状态。若有必要,重大的失效状态也应纳入考虑。④初步 CCA 结果。在实施 PSSA 的过程中,应根据工程经验及系统初步设计方案分析所有可能的共因失效源,作为系统初步方案选择和安全性评估的依据之一,如保护措施、安装位置确定等。⑤支持数据。这方面的资料包括对系统进行定性和定量评估所必要的数据,包括设备、部件和元件的基本失效率、失效模式以及设备或部件的MTBF 等,如可靠性预计报告、FMEA 等。

根据输入获得的原始资料,列出系统所有的安全性需求及目标作为 PSSA 的依据。通常安全性需求及目标重点关注灾难性的和危险的失效状态,可采用表 4 - 14 的形式给出。在系统架构和设备(硬件或者软件)中,各功能的实现或综合可能会导致新的功能出现,从而产生新的失效状态,这些新的失效状态应反馈到 FHA 中进一步考虑。各种功能的实现也可能会衍生出新的需求(如隔离需求和使用需求),这些新的需求和失效状态可能需要用 PSSA 或 FHA中的附加材料来证明其正确性。

表 4 - 14　安全性需求及目标

序 号	失效状态编号	失效状态	影响类别	安全性目标
1	27-50-01	襟缝翼系统非指令性动作	I	10^{-9}/飞行小时;DAL A
2	27-50-02	外襟翼操纵面非对称放下	I	10^{-9}/飞行小时;DAL A
…	…	…	…	…

(2)评估失效状态

对系统功能危险性评估(SFHA)中的每个重要的失效状态(包括灾难性的、危害性的、重大的失效状态)进行安全性评估。PSSA 通常采用 FTA 作为分析工具,建立每个失效状态的故障树,评估预期系统设计/架构的符合性和安全性需求。

建立失效状态故障树的步骤主要包括:①确定分析的范围和边界。透彻掌握系统设计意图、结构、功能、边界(包括人机接口)和环境状况,必要时给出功能方框图或详细的系统架构图。应注明分析包含哪些失效和不包含哪些失效。②定义约定规则。约定规则包括建树的程序以及故障树中的事件和门的命名规则,还包括特定部件失效、人为错误和共因失效的建模方式的统一规则。约定规则的建立有助于不同的人建立故障树时保持良好的一致性,保证故障树易于理解和分析。③根据失效机理建立故障树。由失效状态即故障树的顶事件开始,自上而下,逐层分析系统中每个部件的功能失效及其组合是如何导致顶事件发生的。根据分析的失效机理,采用故障树规定的逻辑符号,建立一棵完整的故障树。

在此基础上,根据每个重要的失效状态的故障树,对系统架构实施初步安全性评估,主要内容包括:①表明设备的组合失效是如何导致失效状态的发生;②确保故障树中"与门"的独立性,确定所有分离/隔离需求以及共因分析中相关的验证要求,或者通过试验(地面或飞行试验)来验证独立性。③表明建议的系统架构和失效概率预算能够满足相关失效状态的定性和定量需求及目标;④确定故障树中潜在故障的最大维修任务间隔周期;⑤确定故障树分析中相关设备、软件及硬件的研制保证等级;⑥对软件和硬件研制中产生的重要衍生需求进行评估(如适用);⑦误操作。

(3) 输出底层设计的安全性目标及需求

在系统级衍生出的每个安全性设计需求应分配到组成系统的各个设备。需求的分配包括:①更新的失效状态清单,包括所选系统架构如何满足定性和定量安全性需求的基本原理;②分配到各个设备(包括软/硬件)的定性和定量安全性需求;③安装设计的需求(如分隔、隔离、保护等);④硬件/软件研制保证等级;⑤安全性定量概率要求;⑥安全性维修任务及最大维修时间间隔。

在系统级 PSSA 故障树分析中确定的失效模式及其相关的概率预算是低层级设备详细设计的基础。将这些结果形成文件进行归档,以便对完成 PSSA 报告的步骤进行跟踪。相关保留文件和信息包括:①计划满足 FHA 需求的符合性方法;②更新的 FHA;③支持失效状态分类的材料;④失效状态清单;⑤低层级的安全性需求(包括研制保证等级);⑥定性的 FTA;⑦初步 CCA;⑧运行要求(包括飞行和维修)。

4.7　系统安全性评估(SSA)

系统安全性评估(SSA)是自下而上验证安全性需求的过程,对于在不同层级实施的 PSSA,都有一个 SSA 过程与之对应,它是对系统、架构和及其安装等实施的系统化、综合性评估,以证明相关的安全性需求得到满足。SSA 评估所有重要失效状态及其对飞机的影响,其分析过程类似 PSSA,但在范围上有所不同。PSSA 是结合系统架构,自上而下地将 FHA 中的需求分配给子系统/设备,再将设备级需求分配到软件和硬件,导出系统各层级设计的安全性目标和需求,同时表明系统如何满足 FHA 中确认的失效状态的定量和定性安全性要求。SSA 是自下而上地验证可实现的设计方案是否已满足 FHA 和 PSSA 中所定义的定性和定量安全性需求。

SSA 贯穿于飞机整个研制周期,是一个连续反复的过程,主要目标包括:①验证 SFHA 中安全性需求(设计需求)和目标是否满足;②验证在系统架构、设备、软件及飞机安装的设计中所考虑的安全性需求是否已经满足;③确认在 FHA/PSSA 中确定的所有证明材料是否已经关闭。对于在不同层级实施的 PSSA,都有一个对应的 SSA。最高层级的 SSA 是系统级 SSA,由 AFHA 或 SFHA 或 PSSA 引出,低层级的 SSA 是根据系统级 SSA 的输出展开得到的。

图 4-19 中虚线的左侧部分是 PSSA 流程,虚线的右侧部分为 SSA 过程中推荐的步骤顺序。通过图 4-19 右侧自下而上的分层验证,根据在 PSSA 过程中提出的安全性需求可以验证硬件可靠性需求、架构需求和软/硬件研制保证等级。低于规定级别的设计应当执行第二次评估来决定其是否符合原来的需求。其中,RTCA DO-178B 标准用来验证软件实现是否满足要求的研制保证等级。RTCA DO-254 标准用来验证硬件实现是否满足要求的研制保证等级。设备级 FMEA 及其 FMES 用来支持设备 FTA/CCA 中考虑的失效模式所对应的失效

率。系统级 FMEA 及其 FMES 用来支持系统 FTA 中考虑的失效模式对应的失效率。通过对 FTA/CCA 中系统的重新评估确定飞机级 FTA 中的失效模式和失效概率。飞机 FTA/CCA 通过与 AFHA 对比,以确认是否与飞机级的失效状态及其安全性目标一致。由设备综合到系统,系统综合到飞机,并与 AFHA 中所确定的失效状态进行对比,这就是图 4-19 中右侧的"综合交叉检查"。

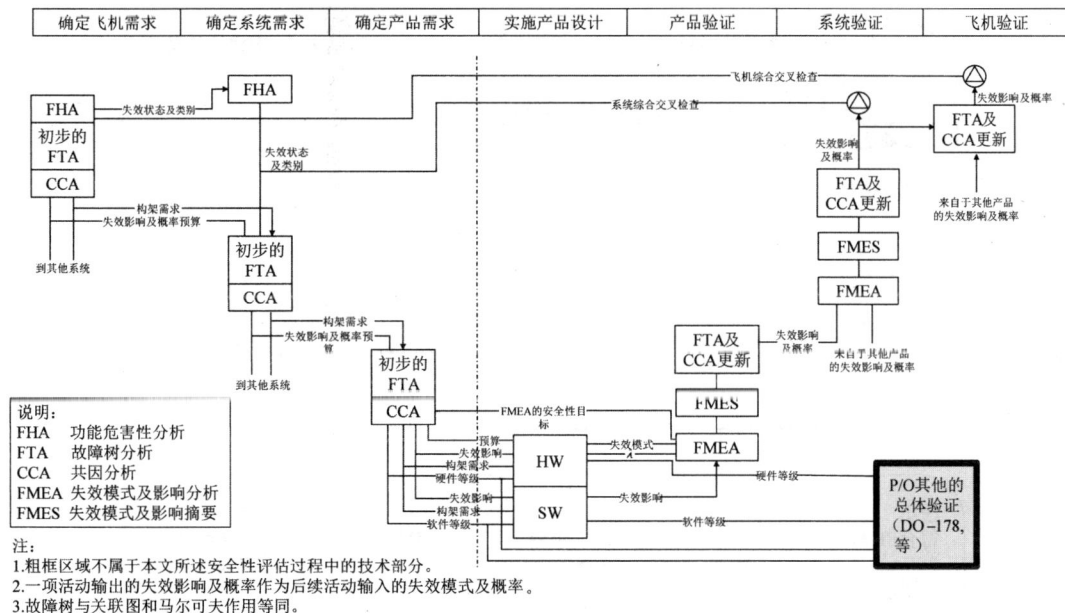

图 4-19 安全性评估

图 4-20 是实施 SSA 的过程示意图,其主要内容包括验证系统设计需求、评估失效状态,以及输出底层设计的安全性目标及要求。下面详细阐述 SSA 步骤:

(1) 验证系统设计需求

为获取必要的数据源,SSA 的输入包括:①系统架构的描述及其设计原理;②与相邻系统设备之间的接口和相互作用;③在 SFHA/PSSA 中确定的需求及失效状态;④来自 SFHA 的功能和原理清单;⑤包括 ZSA、PRA 和 CMA 在内的共因分析结果;⑥FHA/PSSA 中所有支持性材料和更低层级的材料(如来自设备供应商的 FMEA/FMES、飞行测试结果、研究分析等)。

(2) 评估失效状态

在 FHA 中确定的每种失效状态按照图 4-21 来实施验证方法的评估,具体应包括以下内容:①使用故障树分析表明设备的失效组合如何导致不希望的失效状态的发生。②使用故障树分析表明失效状态的定性和定量需求及目标如何被满足。③对于隐蔽故障,检查并确认维修文件中对应的维修检查间隔小于故障树分析中的计算值。④验证从 FTA 中推导出来的设备研制保证等级得到满足。⑤通过测试证明失效状态符合要求。⑥证明飞机在给定的失效状态下能执行预期功能。

在 FHA/PSSA 中建立的需求与这些需求的说明文档之间应具有可追溯性,这些文档主

输入　　　　系统级需求

系统详细的设计说明书	系统级 FHA
系统功能、构架及设备	系统失效状态及相关影响

失效状态评估

应对系统级FHA/PSSA中确定的每个失效状态实施评估,以证明所分析的系统构架及设备满足安全性需求

该评估包括:

-故障树、关联图或马尔可夫分析
-概率计算
-表明符合定性和定量需求的信息
-证明活动-系统/设备研制保证等级
-FTA、DD或MA中考虑的FMEA/FMES的总结,及其相关的失效率

FHA/PSSA需求的结果

-证明材料

-共因分析

-较低层级的 FMEA/FMES

-运行/维修任务

-DAL应用结果

-较低层级需求应用及可追溯性的结果

输出

符合FHA/PSSA的需求	论证材料及状态	运行/维修任务	组件DAL	较低层级的研究需求
符合系统级FHA/PSSA需求及可追溯性	-测试 -研究 -共因分析 -程序	与安全性相关的运行和维修任务及间隔。交叉引用运行及维修文档	软、硬件DAL的应用结果	表面已满足较低层级需求的总结

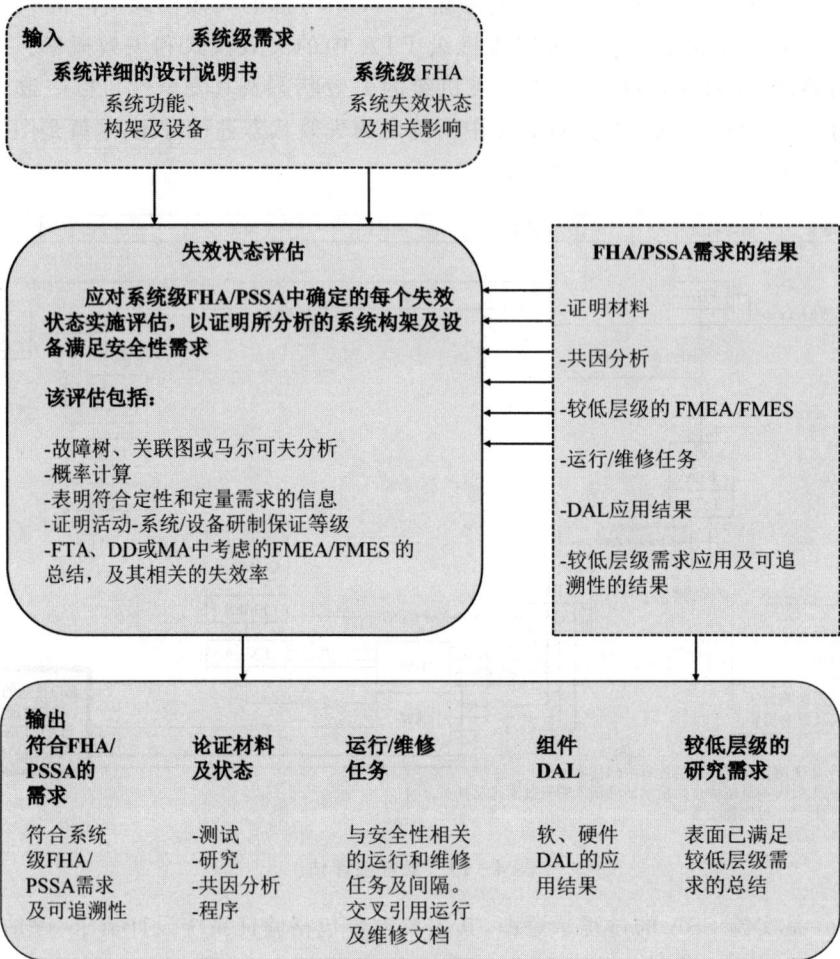

图 4-20　系统级 SSA 过程

要包括:①飞机设计需求与目标文档;②系统需求文档;③测试计划(如地面测试,飞行测试等);④维修手册;⑤共因分析文档。其中,飞机需求文档包含关于飞机设计的所有需求,包括所有 CCAR 和公司的需求,这些需求的验证可由测试、分析、演示证明和检查中的一个或多个来完成。共因分析文档包含关于系统和部件的分离、隔离(来自区域安全性分析)、外部事件(来自特定风险分析)和共模失效(来自共模分析)的需求,这些需求的验证也可由测试、分析、演示证明和检查中的一个或多个来完成。

(3) 输出底层设计的安全性目标及要求。

将 SSA 过程的结果形成文件进行归档,以便对完成 SSA 报告的步骤进行跟踪。值得保留的信息包括:①已更新的失效状态清单或 FHA 报告,以及用来表明符合定性和定量安全性需求的基本原理。②表明系统设备安装(如分隔、保护等)的设计需求如何被满足的文档。③用来确认失效状态分类的材料。④安全性维修任务及其相关的维修时间间隔。⑤表明系统和设备(包括硬件和软件)是如何开发使其与所分配的研制保证等级相一致的文档。

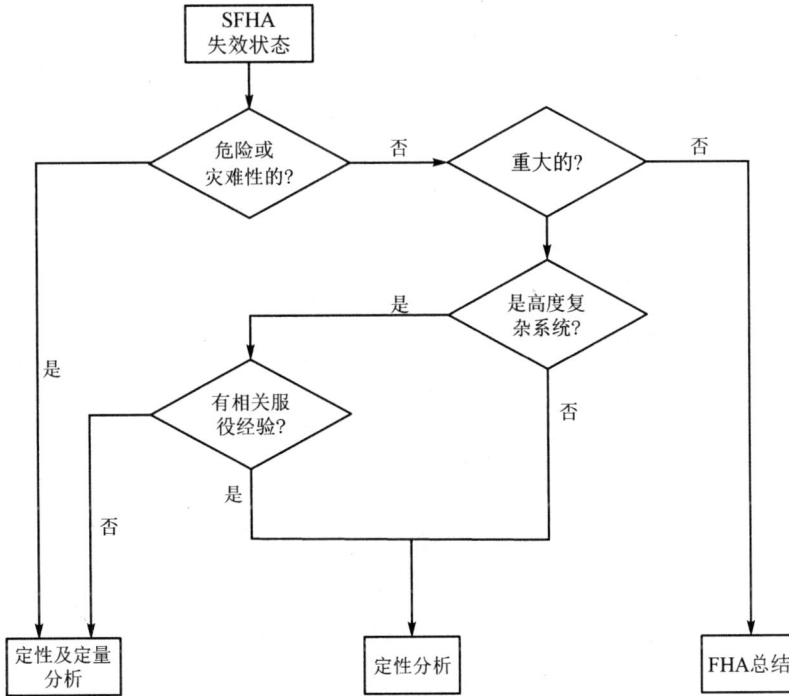

图 4-21　安全性需求/目标的验证方法

4.8　某民机舱门系统的安全性分析

4.8.1　民机舱门典型故障统计与分析

　　根据舱门的使用特性，民机舱门可以分为客舱门、应急门、货舱门等类型。基于 Aviation Safety Network 数据库与世界民航数据库，统计从 1952—2014 年关于民机舱门发生典型事故的故障模式、时间、机型、事故表现、事故原因，并根据故障状态等级对每起事故进行影响等级划分，见表 4-15 所列。

表 4-15　1952—2014 年典型舱门故障导致的飞行事故统计

编　号	故障模式	时　　间	机　　型	事故表现	事故原因	事故等级
1	偶然打开	1952/07/27	波音 377	客舱门打开	锁定装置失效	Ⅰ 级
2	偶然打开	1966/04/15	洛克希德 CC-130	前货舱门打开	锁定装置失效	Ⅱ 级
3	偶然打开	1972	DC-10	后货舱门打开	门闩锁机械故障	Ⅱ 级
4	偶然打开	1974	DC-10	后货舱门脱落	门闩锁机械故障	Ⅰ 级
5	偶然打开	1975/04/04	洛克希德 C-5	货舱门打开	门闩锁机械故障	Ⅰ 级

编 号	故障模式	时 间	机 型	事故表现	事故原因	事故等级
6	偶然打开	1981/06/26	霍克西德利 HS - 748 - 108	货舱门脱落	锁定装置失效	Ⅰ级
7	偶然打开	1988/04/28	波音 737 - 297	驾驶舱舱门脱落	门闩锁机械故障	Ⅱ级
8	偶然打开	1989/02/24	波音 747 - 122	前货舱门打开	电动控制门锁设计失误	Ⅰ级
9	偶然打开	1989/03/18	DC - 9	货舱门打开	锁定装置失效	Ⅰ级
10	偶然打开	1989/07/14	DC - 8	货舱门打开	门闩锁失效	Ⅱ级
11	偶然打开	1992/09/13	安-124 运输机	货舱门打开	鸟撞击到货舱门	Ⅰ级
12	偶然打开	1999/07/28	霍克西德利 HS - 748 - 232	货舱门打开	锁定装置失效	Ⅱ级
13	偶然打开	2001/08/28	达索猎鹰-20	货舱门打开	锁定装置失效	Ⅱ级
14	偶然打开	2002/03/06	FD328 - 100	前方客舱门打开	门闩锁机械故障	Ⅱ级
15	偶然打开	2003/08/24	Let 410	货舱门打开	锁定装置失效	Ⅰ级
16	偶然打开	2004/05/08	伊尔 76	货舱门打开	锁定装置失效	Ⅰ级
17	偶然打开	2004/08	CRJ-CL65	飞行过程中舱门 警告灯亮	舱门门闩锁锁定 力矩过小	Ⅲ级
18	偶然打开	2004/10	波音 737 - 800	1R 舱门警告灯亮	舱门门闩锁 锁定力矩过小	Ⅱ级
19	偶然打开	2004/11/15	未知	飞行途中货舱门 发生了故障	—	Ⅱ级
20	偶然打开	2005/04/13	阿孜特克	舱门被湍流冲开	舱门门闩锁机械故障	Ⅲ级
21	偶然打开	2005/11/05	赛斯纳 500	登机门打开	锁定装置失效	Ⅰ级
22	偶然打开	2006/08/08	福克 100	登机门脱落	舱门门闩锁机械故障	Ⅱ级
23	偶然打开	2007/01/12	赛斯纳 525	货舱门打开	人为因素没有 检查货舱门	Ⅰ级
24	偶然打开	2008/08/26	波音 737	舱门未紧闭	—	Ⅰ级
25	偶然打开	2009/09/02	波音 767 - 300	货舱门打开	—	Ⅲ级
26	偶然打开	2010/06/17	波音 737 - 800	飞机舱门打开	门闩锁机械故障	Ⅲ级
27	偶然打开	2011/06/20	空客 320 - 200	前货舱门打开	鸟击	Ⅲ级
28	偶然打开	2011/11/30	空客 320 - 200	发动机检修门脱落	—	Ⅲ级
29	偶然打开	2013/10/10	豪客比奇	舱门脱落	—	Ⅱ级
30	偶然打开	2014/01/14	湾流 200	维修门打开	锁定装置失效	Ⅱ级
31	偶然打开	2014/01/17	安-148	货舱门打开	过载	Ⅱ级
32	指示系统 误示	2004/03	波音 737 - 700	飞机无法加压	舱门"假锁"	Ⅲ级
33	指示系统 误示	2009/08/19	波音 737 - 800	一个紧急出口的 门显示打开	舱门指示系统故障	Ⅲ级

编 号	故障模式	时 间	机 型	事故表现	事故原因	事故等级
34	指示系统误示	2009/08/24	空客 320	误示舱门打开	舱门指示系统故障	Ⅲ级
35	指示系统误示	2009/10/03	CRJ - 200	仪表指示货舱门没关	舱门指示系统故障	Ⅲ级
36	指示系统误示	2010/12/05	DHC - 8 - 400	客舱压力不正常，驾驶舱指示正常	舱门指示系统故障	Ⅲ级
37	人为因素	2004/05	波音 757 - 200	机组人员在开启舱门时受伤	操作失误	Ⅲ级
38	人为因素	2004/07	CRJ - CL65	一名机务人员在开动舱门门闩锁时被高速气流吹出机舱	操作失误	Ⅲ级
39	人为因素	2005/06/06	波音 777	开启的舱门擦撞到空桥，导致舱门拉扯断裂卡住空桥上	人为因素	Ⅲ级
40	人为因素	2010/10/14	空客 310 - 300	货舱门没关闭	人为因素没有检查货舱门	Ⅲ级
41	人为因素	2011/03/22	波音 737	飞机舱门无法关上	廊桥刮擦飞机舱门	Ⅲ级
42	不能打开	2002/03	J - 41	舱门无法打开	舱门右锁定滚轮卡滞	Ⅲ级
43	不能打开	2007/06/13	CRJ CL65	舱门无法打开	机构元件损坏引起卡住	Ⅲ级
44	不能关闭	2007/10/26	福克 100	舱门无法关闭	舱门马达故障	Ⅲ级
45	密封失效	2002/10/22	波音 777 - 200	无法保证舱门密封	外力导致飞机舱门故障	Ⅲ级
46	密封失效	2004/06	波音 737 - 800	1L 舱门出现声响	1L 舱门铰链杆上出现凹痕	Ⅲ级
47	密封失效	2004/08	CRJ - 200	舱门 1L 发出振动噪音	机身裂纹扩展至舱门处	Ⅲ级
48	密封失效	2006/07/25	未知	舱门密闭性遭破坏	舱门轻微损坏	Ⅲ级
49	密封失效	2007/12/22	波音 747 - 400	舱门高空松开，机舱失压	舱门未紧闭	Ⅲ级
50	密封失效	2008/04/09	HO1131 航班	客舱前舱门有声响	—	Ⅲ级
51	密封失效	2010/12/03	波音 737 - 800	舱门密封条泄露	密封条老化	Ⅲ级
52	密封失效	2011/02/07	CRJ - 200	舱门漏气使客舱失压	舱门轻微故障	Ⅲ级
53	偶然关闭	2003/08	空客 330 - 200	舱门突然关闭，廊桥收回	—	Ⅲ级

注：事故原因中"—"表示在所查得的事故描述中没有说明引起该事故的具体原因

　　由表 4 - 15 可知，民机舱门故障模式主要包括"偶然打开""密封失效""不能打开或关闭""指示系统误示""人为操作失误以及偶然关闭"6 种故障模式。从 1952 年到 2014 年，由舱门故障导致的飞行事故共计 53 起，按照舱门每种故障模式所对应的事故发生次数进行统计，其中"偶然打开"31 起，"密封失效"8 起，"不能打开或关闭"3 起，"人为操作失误闭"5 起，"指示系统误示"5起,"偶然关闭"1起。注意,舱门"偶然打开"所发生的故障次数最多,说明该故障模式带来的危险性较大,才会被 Aviation Safety Network 数据库和世界民航数据库所收录,并不能说明其他故障模式所发生的次数就像所统计出来的那样很少或微乎其微,只是其他的故障所带来的危险程度较低,没有进入以上两个数据库中。

由舱门"偶然打开"引起的事故共31起,发生事故等级为Ⅰ级的事故共13起,其中,1974年一架 DC-10 后货舱门脱落事故引起的后果最为惨重,共有346人死亡;其次,2004年伊尔76飞机货舱门发生偶然打开事故,最终造成129人遇难。可以看出,舱门的"偶然打开"轻则造成飞机不能正常起飞,重则造成机毁人亡。值得注意的是,在舱门导致的31起"偶然打开"飞行事故中,货舱门偶然打开有18次(包括9次Ⅰ级事故、5次Ⅱ级事故、4次Ⅲ级事故),占比58%;客舱门偶然打开有11次(包括4次Ⅰ级事故、3次Ⅱ级事故、4次Ⅲ级事故),占比35%;其他舱门偶然打开有2次(1次Ⅱ级事故,1次Ⅲ级事故),占比7%,如图4-22所示。货舱门最容易发生"偶然打开"事故,主要原因在于大多数货舱门是向外开启的,是非堵塞式舱门,会增加飞行中"偶然打开"的概率,而且货舱门一般都比其他舱门表面积、体积、重量大,货舱门的门闩和锁定装置所承受的增压压力和本身重量也会更大,锁的可靠度会受到影响。此外,货舱门一般是由地勤人员来操作的,在装卸完毕货物之后,可能对货舱门的关闭上闩锁定检查不够仔细而导致货舱门"偶然打开"。

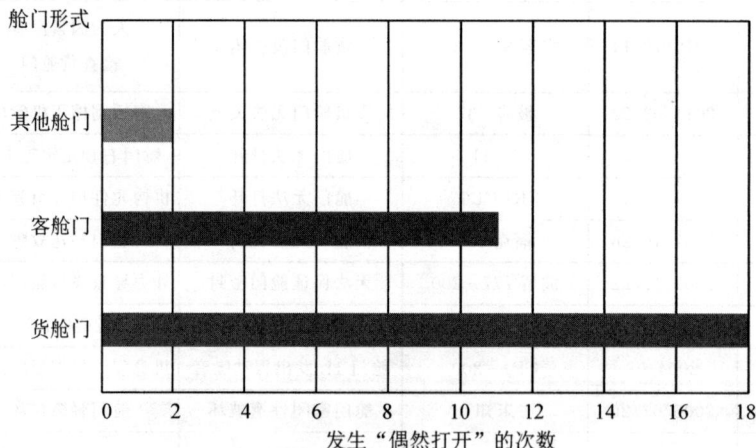

图 4 - 22　各形式舱门发生"偶然打开"的次数

4.8.2　某民机货舱门的安全性分析

某民机货舱门是非堵塞式向外打开式舱门,主要由舱门本体结构、增压预防机构、安全销机构、锁钩机构、指示系统等部分组成,其中,货舱门本体主要结构如图4-23所示。

由图4-23可知,货舱门主要结构包括边框、横纵梁、蒙皮、止动件、琴键铰链结构及密封结构等。该舱门的边框由上边框、下边框、侧边框以及转角边框构成,上下边框均含有加强零件,以保证机身载荷通过货舱门进行传递。舱门关闭时,舱门主要通过琴键铰链以及闩和机身连接;舱门打开时,舱门主要通过铰链以及提升机构和舱门连接。琴键铰链主要实现两个功能,当飞机飞行时舱门关闭处于增压状态,铰链主要传递机身剪力、舱压载荷;当飞机泊位舱门

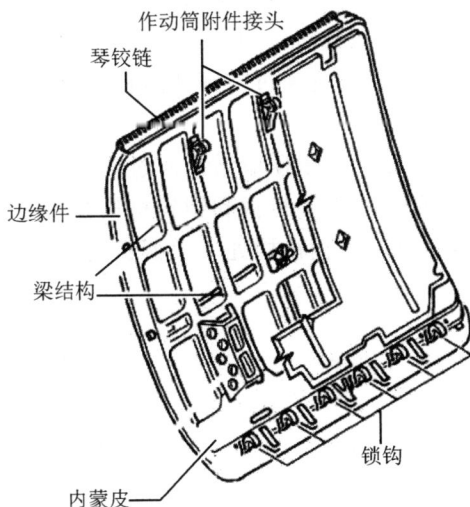

图 4 - 23　货舱门结构示意图

打开时,琴键铰链悬挂舱门,承受舱门的重力和动力装置载荷。密封结构的作用是当舱门关闭舱内增压时,保证飞机的密封性能。

　　货舱门锁钩机构的功能主要是阻止舱门意外开启,并承受部分特定飞行状态下的载荷,如图 4 - 24 所示。当锁钩部件完全与机身货舱地板上的螺栓组件搭合并通过锁操纵机构约束其位置则可完成锁钩机构的功能目标。该货舱门中总共有 6 套锁钩机构,且在每套锁钩机构中的锁凸轮上都有目视装置以供检查舱门是否锁定到位。

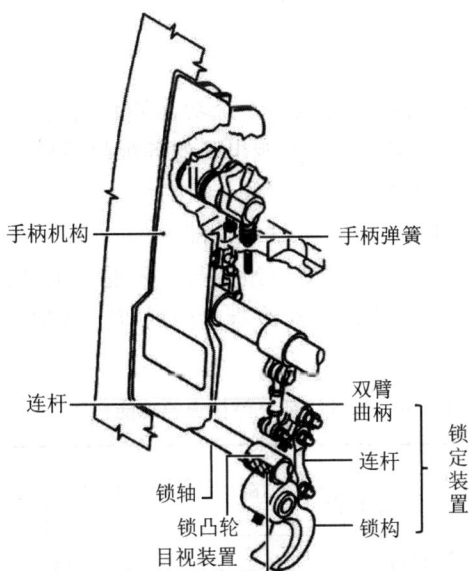

图 4 - 24　锁钩机构示意图

　　货舱门还有增压预防机构,以防止货舱门在没有完全关闭、上闩和锁定的情况下把飞机增压到不安全水平。增压预防机构如图 4 - 25 所示,其监控飞机舱门的关闭、上闩和锁定状态,在飞机舱门关闭、上闩、锁定之后关闭。飞机降落后,密封舱内将有一定的残留压差,此时,增压预防机构可以起到卸压作用。增压预防机构通过连杆与手柄机构直接关联,在舱门打开或关闭的过程中由手柄直接驱动,该机构是通过空间四连杆机构过中心原理对增压预防门进行锁定的。

安全销机构可以阻止侧边框结构在增压舱增压时过度变形影响密封件的密封性能,还可以在负压情况下承受一定的载荷。安全销机构和锁钩机构并行工作,通过一套连杆装置穿过不同的密封区和锁钩机构连接,并与锁钩机构处于手柄机构的同一行程内。安全销机构示意图见图 4-26。

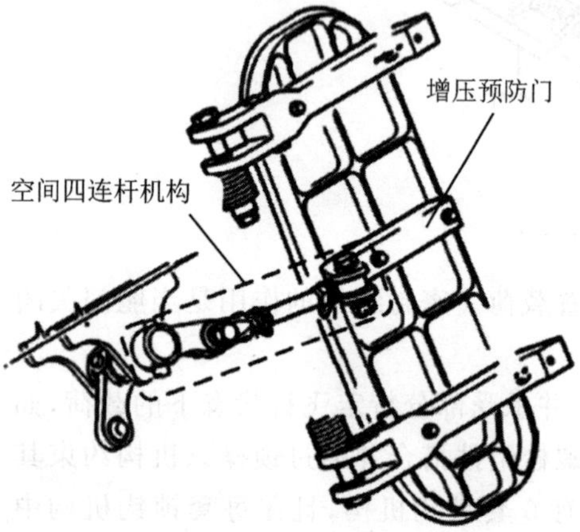

图 4-25　增压预防机构示意图

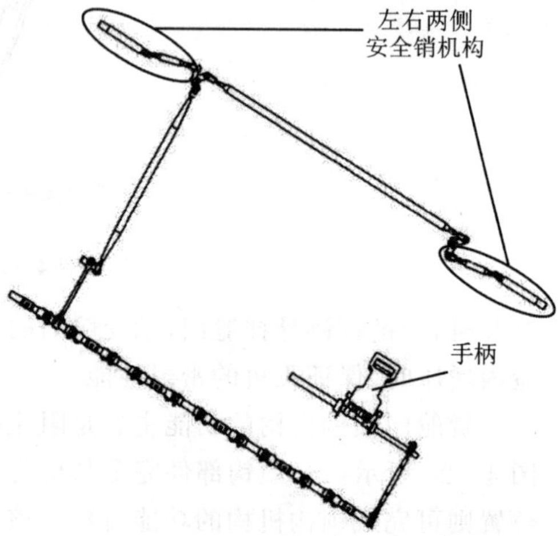

图 4-26　安全销机构示意图

(1) 货舱门系统的 FHA

货舱门系统功能危害性评估是对货舱门系统功能和目的进行综合检查,确定其故障时以及正常工作时可能产生的潜在危险,得到可能出现的各种故障模式,并确定其影响等级以及应采取的进一步的定性或定量分析方法。

首先根据该货舱门系统的组成以及货舱门各部件的功能可知,该货舱门的锁钩机构具有锁定功能;指示系统具有指示功能,能够对机组人员提示舱门的状态;舱门的运动机构实现舱门的打开、关闭以及增压预防等功能。针对该货舱门的以上各项功能失效进行功能危害性评估,得到的分析结果见表 4-16。

表 4-16　货舱门系统整机级的功能危害性评估

功 能	危险说明	飞行阶段	危险对其他系统的影响	危险对飞机或人员的影响	影响等级
锁定	A(锁定功能完全丧失,飞行中舱门偶然打开)	F	增压舱意外泄压或造成机身结构破坏	危及机组及乘员生命安全	I
锁定	A(锁定功能部分丧失,飞行中可能发生舱门偶然打开)	F	增加机身结构承载	无	III

续表 4 - 16

功　能	危险说明	飞行阶段	危险对其他系统的影响	危险对飞机或人员的影响	影响等级
锁定	B(过载引起手柄转动导致舱门锁定失效,导致舱门偶然打开)	F	增压舱意外泄压或造成机身结构破坏	危及机组及乘员生命安全	I
锁定	C(驾驶舱舱门指示系统故障但舱门锁定)	F	—	轻微加重机组负担	IV
锁定	C(驾驶舱舱门指示系统故障同时舱门锁定功能部分失效)	F	增加机身结构承载	可能导致舱门偶然打开,危及机组及乘员生命安全	III
指示	A(舱门指示功能完全丧失)	ALL	不能判断舱门状态	加重机组负担	III
指示	B(舱门没关闭到位指示系统误示舱门关闭锁定到位)	F	增压舱意外泄压	对乘员造成不利影响	III
打开	A(舱门完全不能打开)	G2	影响飞机泄压,导致飞机内部有残存压差	影响人员正常离机	III
增压预防	D(增压到不安全水平)	F	无	若舱门未完全关闭、上闩、锁定则有可能导致舱门偶然打开	III

备注:A:功能丧失;B:故障和不希望的动作;C:其他系统的故障;D:错用或共因事件

　　由表 4 - 16 可知,引起影响等级为Ⅲ级以上失效的故障模式主要包括货舱门"偶然打开","指示系统误示货舱门关闭到位",以及货舱门"不能打开"。这三种故障模式作为该民机货舱门的主要故障模式,应符合适航条款 CCAR25 部 R4 版本中第 783 条对民机舱门设计的规定。其中,CCAR 25.783(a)规定"每一如果未闭锁则可能有危险的门必须设计成,在增压和非增压飞行中从完全关闭的、闭锁的和锁定的状态打开是极不可能的。这必须由安全性分析来表明",即要求在飞机飞行中舱门"偶然打开"的发生是极不可能的,其对应的失效概率指标为小于 10^{-9} /飞行小时。

　　CCAR25.783(e)规定"在驾驶舱内必须有目视措施,如果门没有完全关闭、闭锁和锁定,则给驾驶员发出信号。该措施必须被设计成,对于下列每一门,导致错误的关闭、闭锁和锁定指示的任何失效或者失效组合是不可能的:①每一承压和非内向运动的门或②每一未闭锁可能有危险的门",即要求发生误示舱门关闭、上闩锁定是不可能的,对应的失效概率指标为小于 10^{-5} /飞行小时。

　　CCAR25.783(b)规定"必须有措施防止每一门在飞行中被人无意中打开。而且,必须设计预防措施,减少人在飞行中有意打开门的概率。如果这些预防措施包括使用辅助装置,则这些装置及其控制系统必须被设计成:①单个失效不会妨碍多个出口被打开和②着陆后妨碍出口打开的失效是不可能的"即要求发生舱门不能打开是不可能的,对应概率指标为小于 10^{-5} /飞行小时。

　　通过对适航条款的分析,得到该货舱门主要故障模式的安全性指标要求,见表 4 - 17所列。

表 4 - 17 货舱门主要故障模式的安全性指标要求

序 号	主要故障模式	影响等级	安全性指标
1	偶然打开	Ⅰ	$\leqslant 10^{-9}$/飞行小时
2	指示系统误示	Ⅲ	$\leqslant 10^{-5}$/飞行小时
3	不能打开	Ⅲ	$\leqslant 10^{-5}$/飞行小时

(2) 货舱门系统的 FMEA

在对货舱门进行失效模式及影响分析(FMEA)时,应对货舱门中各个系统的每个零件进行分析,这里只列出货舱门锁钩机构中部分零件的 FMEA 表,见表 4 - 18,其余所有零件的 FMEA 表与此类似。列出的零件包括锁钩、耳片、螺栓以及连杆等,如图 4 - 27 所示。FMEA 完成后,找出所有对货舱门系统以及分系统影响等级为Ⅰ、Ⅱ类的单点故障模式。从表 4 - 18 中可以看出,会导致Ⅰ类等级事故的单点故障是锁钩断裂。对此,应根据相应的结构可靠性分析方法计算出该锁钩发生断裂的结构静强度可靠性,并验证其是否符合适航条款中对可能导致Ⅰ类事故事件的概率要求。

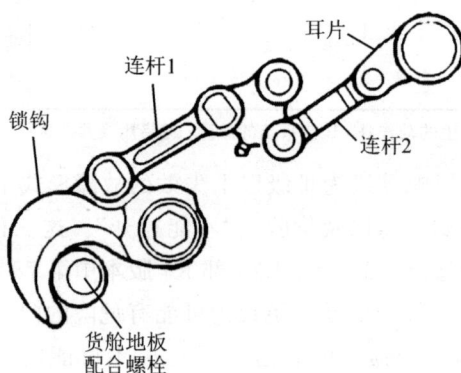

图 4 - 27 锁钩机构示意图

(3) 货舱门系统的 FTA

由货舱门 FHA 结果可知,货舱门"偶然打开"会导致Ⅰ类事故,货舱门"不能打开"和货舱门"指示系统误示舱门关闭上闩锁定"可能导致Ⅲ类事故。根据舱门安全性分析要求对能够导致Ⅲ类以上危险的故障模式进行 FTA,因此,取货舱门的上述 3 个主要故障模式分别为故障树的顶事件。

由货舱门结构、机构功能设计特点可知,防止货舱门飞行中"偶然打开"的安全性措施或装置有增压预防装置、锁钩机构、安全销机构等。飞机在飞行过程中,货舱门处于关闭上闩上锁状态,具体表现为增压预防门关闭,锁钩机构与安全销机构运动到位,并且在增压载荷的作用下,货舱门锁钩扣紧在门框的锁柱上。在这种情况下,货舱门发生"偶然打开"的原因主要包括:①锁钩机构强度失效。货舱门的锁钩机构在飞机飞行过程中承受增压气密载荷,锁机构铰链处的螺栓和耳片如果发生强度失效,会导致舱门"偶然打开",货舱门在下端布置有 6 套这样的锁钩机构,在此认为如果一个锁钩机构强度失效即可导致货舱门锁定失效。②飞行中货舱门锁定失效。飞行中舱门锁定不到位也会导致舱门"偶然打开"。货舱门的锁定机构由 6 个锁钩机构和两个安全销机构组成，当这两套机构同时锁定不到位时，则会引起货舱门"偶然打开"。③增压预防门关闭不到位。增压预防门关闭不到位会造成货舱门局部压力过大，可能引起货舱门结构破坏，引起"偶然打开"。

表 4 - 18　货舱门锁钩机构中部分零件的 FMEA 表

零件名称	功能描述	故障模式	故障原因	飞行阶段	系统/分系统影响	影响等级	对飞机影响	影响等级	能否出勤或继续飞行(Y/N)
锁钩	锁定货舱门	断裂	静强度破坏	F	货舱门锁定能力变弱/锁定机构失去锁定力偶然打开	I	降低飞机的安全性	I	N
耳片	传递运动和力矩	断裂	耳片剪切疲劳	G2	不能关闭货舱门	III	无	IV	N
连杆2	传递运动和力矩	变形过大	失稳	G2	不能关闭货舱门	III	无	IV	N

根据以上货舱门"偶然打开"原因分析，以货舱门"偶然打开"为顶事件，可以得到如图 4 - 28 所示的故障树。其中，各事件编号见表 4 - 19 所列。

表 4 - 19　货舱门"偶然打开"故障树事件名称定义

事件名	事件编号	事件名	事件编号
货舱门"偶然打开"	T_1	锁钩机构锁定不到位	$X_{1,10}$
锁钩机构强度失效	$X_{1,1}$	安全销机构锁定不到位	$X_{1,11}$
飞行中舱门锁定失效	$X_{1,2}$	锁钩1锁定不到位	$X_{1,12}$
增压预防门关闭不到位	$X_{1,3}$	锁钩2锁定不到位	$X_{1,13}$
锁钩1强度失效	$X_{1,4}$	锁钩3锁定不到位	$X_{1,14}$
锁钩2强度失效	$X_{1,5}$	锁钩4锁定不到位	$X_{1,15}$
锁钩3强度失效	$X_{1,6}$	锁钩5锁定不到位	$X_{1,16}$
锁钩4强度失效	$X_{1,7}$	锁钩6锁定不到位	$X_{1,17}$
锁钩5强度失效	$X_{1,8}$	左侧安全销不到位	$X_{1,18}$
锁钩6强度失效	$X_{1,9}$	右侧安全销不到位	$X_{1,19}$

通过分析图 4 - 28 所示货舱门"偶然打开"故障树，可以得到该故障树的全部最小割集为：
$K_{1,1}=\{X_{1,3}\}$，$K_{1,2}=\{X_{1,4}\}$，$K_{1,3}=\{X_{1,5}\}$，$K_{1,4}=\{X_{1,6}\}$，$K1,5=\{X_{1,7}\}$，$K_{1,6}=\{X_{1,8}\}$，$K_{1,7}=\{X_{1,9}\}$，$K_{1,8}=\{X_{1,12},X_{1,18}\}$，$K_{1,9}=\{X_{1,13},X_{1,18}\}$，$K_{1,10}=\{X_{1,14},X_{1,18}\}$，$K_{1,11}=\{X_{1,15},X_{1,18}\}$，$K_{1,12}=\{X_{1,16},X_{1,18}\}$，$K_{1,13}=\{X_{1,17},X_{1,18}\}$，$K_{1,14}=\{X_{1,12},X_{1,19}\}$，$K_{1,15}=\{X_{1,13},X_{1,19}\}$，$K_{1,16}=\{X_{1,14},X_{1,19}\}$，$K_{1,17}=\{X_{1,15},X_{1,19}\}$，$K_{1,18}=\{X_{1,16},X_{1,19}\}$，$K_{1,19}=\{X_{1,17},X_{1,19}\}$。若各最

小割集发生概率分别为 $P(K_{1,i})$,$(i=1,2,\cdots,19)$,根据一阶近似方法,可得顶事件发生的概率 P_{T1} 是各最小割集发生概率之和,即顶事件货舱门"偶然打开"发生的概率为 $P_{T_1}=\sum_{i=1}^{19}P(K_{1,i})$。

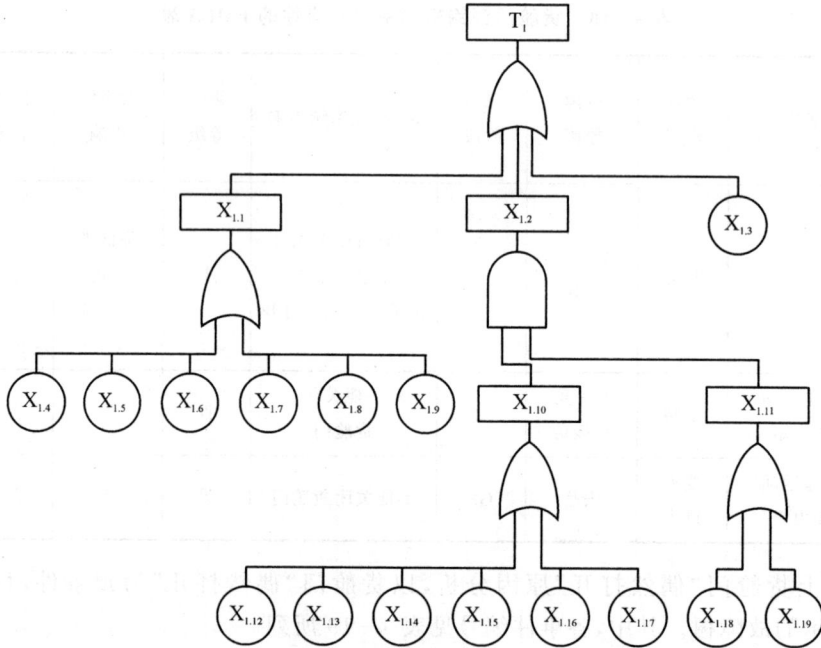

图 4-28　货舱门"偶然打开"故障树

　　根据对货舱门机构进行受载分析,货舱门机构在解开 6 套锁钩时受载最大,因此,此时的机构最有可能发生因强度失效导致货舱门"不能打开"。另外,还须考虑在极限载荷下的手柄强度失效情况和作动器失效的情况。由上述货舱门"不能打开"的原因可得到货舱门"不能打开"的故障树,如图 4-29 所示。其中,各事件编号见表 4-20 所列。

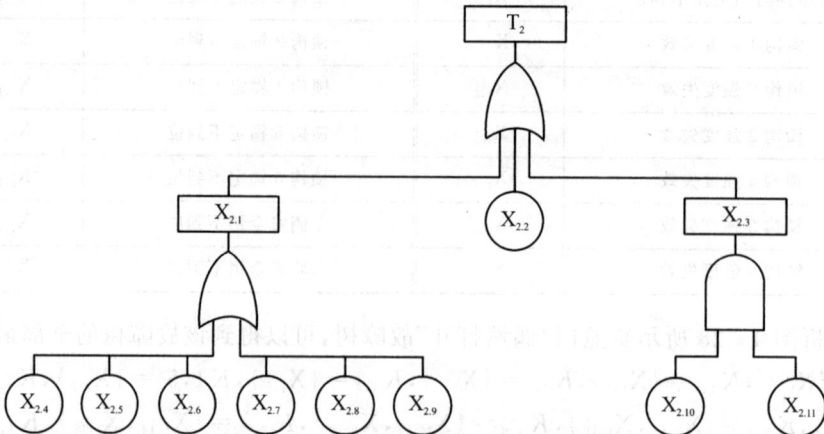

图 4-29　货舱门"不能打开"故障树

表 4 - 20　货舱门"不能打开"故障树事件名称定义

事件名	事件编号	事件名	事件编号
货舱门"不能打开"	T_2	锁钩机构 3 强度失效	$X_{2.6}$
货舱门机构强度破坏	$X_{2.1}$	锁钩机构 4 强度失效	$X_{2.7}$
手柄机构强度破坏	$X_{2.2}$	锁钩机构 5 强度失效	$X_{2.8}$
作动器失效	$X_{2.3}$	锁钩机构 6 强度失效	$X_{2.9}$
锁钩机构 1 强度失效	$X_{2.4}$	左侧作动器失效	$X_{2.10}$
锁钩机构 2 强度失效	$X_{2.5}$	右侧作动器失效	$X_{2.11}$

　　该故障树各底事件和中间事件与顶事件之间为"或门"关系,即只要任何一个底事件或中间事件发生,顶事件就会发生。锁钩机构是货舱门机构中最重要的机构,在操作过程中受载最大,是对门进行上闩的重要装置,其由一系列零部件组成,锁钩机构强度破坏,使得该机构无法进行传力,进而导致货舱门"不能打开"。手柄机构主要由转轴、马尔他和摇杆等构件组成,任何一个构件失效都会导致手柄机构失效。手柄机构一旦失效,则可能导致货舱门"不能打开"。作动器为货舱门向外翻转打开提供驱动力,货舱门布置有两个作动器,两个作动器同时失效会导致舱门"不能打开"。

　　在货舱门"不能打开"故障树中,底事件锁钩机构强度失效 $X_{2,i}(i=4,5,\cdots,9)$ 是指舱门锁定机构在受到手柄启动力的作用下而导致锁钩机构强度破坏,这需要对手柄机构中的耳片、螺栓等零件进行强度校核后得到失效概率 $P_{X_{2,i}}(i=4,5,\cdots,9)$。此外,手柄机构进行强度校核,以得到手柄机构强度破坏概 $P_{X_{2.2}}$。作动器的失效概率则由其平均故障间隔时间(MTBF)所决定,一般由作动器的供应商提供该参数值。

　　定性分析货舱门"不能打开"故障树,可以得到该故障树的 8 个最小割集,分别为 $K_{2.1}=\{X_{2.2}\}$,$K_{2.2}=\{X_{2.4}\}$,$K_{2.3}=\{X_{2.5}\}$,$K_{2.4}=\{X_{2.6}\}$,$K_{2.5}=\{X_{2.7}\}$,$K_{2.6}=\{X_{2.8}\}$,$K_{2.7}=\{X_{2.9}\}$,$K_{2.8}=\{X_{2.10},X_{2.11}\}$。若各最小割集发生概率分别为 $P(K_{2,i})$,$(i=1,2,\cdots,8)$,得到故障树各底事件的发生概率后,根据一阶近似方法,就可获得货舱门"不能打开"的发生概率 $P_{T_2}=\sum_{i=1}^{8}P(K_{2,i})$。

　　货舱门在锁钩机构、安全销机构和增压预防门机构处布置有传感器,传感器将舱门状态信号发送给驾驶舱,驾驶员可以查看锁钩和安全销的状态。如果舱门没有关闭上闩锁定且传感器误示舱门关闭上闩锁定,飞机在增压飞行时则可能引起货舱门"偶然打开"等事故。该货舱门有三处指示装置:货舱门手柄处有一个传感器用来监控安全销机构,锁钩机构处有个传感器用来监控舱门上闩,舱门下部有个传感器用来监视舱门是否关闭到位。传感器自身电路故障以及在传感器工作状态良好,但意外情况导致标靶触发传感器,如机构运动精度的原因等都会引起指示系统误示。货舱门"指示系统误示舱门关闭上闩锁定"的故障树如图 4 - 30 所示。其中,各事件编号如表 4 - 21 所列。

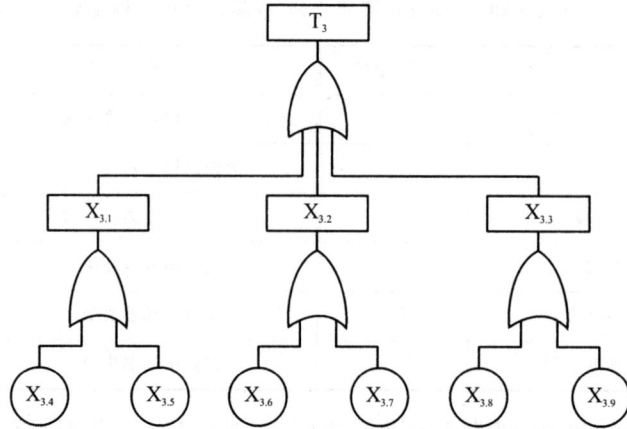

图 4 - 30　货舱门"指示系统误示舱门关闭上闩锁定"故障树

表 4 - 21　货舱门"指示系统误示舱门关闭上闩锁定"故障树事件名称定义

事件名	事件编号	事件名	事件编号
货舱门"指示系统误示舱门关闭上闩锁定"	T_3	锁机构传感器故障引起误示	$X_{3,5}$
锁系统传感器误示	$X_{3,1}$	门闩机构意外触发传感器	$X_{3,6}$
门闩传感器误示	$X_{3,2}$	门闩机构传感器故障引起误示	$X_{3,7}$
舱门传感器误示	$X_{3,3}$	舱门意外触发传感器	$X_{3,8}$
锁机构意外触发传感器	$X_{3,4}$	舱门传感器故障引起误示	$X_{3,9}$

　　货舱门"指示系统误示舱门关闭上闩锁定"可靠性模型中的 $P_{X_{3,5}}$、$P_{X_{3,7}}$、$P_{X_{3,9}}$ 为传感器的虚警率,由传感器供应商提供。底事件 $X_{3,4}$、$X_{3,6}$、$X_{3,8}$ 的发生是因为锁定不到位并且触发传感器,此时传感器还在正常工作,所以 $P_{X_{3,i}} = P$(锁定不到位 $\bigcap$ 触发传感器 $\bigcap$ 传感器正常工作)$= P$(锁定不到位)$\times P$(触发传感器)$\times P$(传感器正常工作),$i = (4,6,8)$。其中,P(锁定不到位)需要在对锁钩机构锁定不到位分析时获得;P(触发传感器)与传感器端面被标靶覆盖的面积有关;在锁定不到位但又触发传感器的情况下获得传感器信号,就需要在飞机工作期间,传感器能够保持正常工作的状态,通常认为舱门中的指示系统能够在飞机飞行的各阶段均在正常工作,即 P(传感器正常工作)$=1$。因此,$P_{X_{3,i}} = P$(锁定不到位 $\bigcap$ 触发传感器 $\bigcap$ 传感器正常工作)$= P$(锁定不到位)$\times P$(触发传感器),$i = (4,6,8)$。

　　定性分析货舱门"指示系统误示舱门关闭上闩锁定"故障树,可以得到该故障树的 6 个最小割集,分别为 $K_{3,1} = \{X_{3,4}\}$,$K_{3,2} = \{X_{3,5}\}$,$K_{3,3} = \{X_{3,6}\}$,$K_{3,4} = \{X_{3,7}\}$,$K_{3,5} = \{X_{3,8}\}$,$K_{3,6} = \{X_{3,9}\}$。若各最小割集发生概率分别为 $P(K_{3,i})$,$(i = 1,2,\cdots,6)$,得到故障树各底事件的发生概率后,根据一阶近似方法,就可获得货舱门"指示系统误示舱门关闭上闩锁定"的发生概率

$$P_{T_3} = \sum_{i=1}^{6} P(K_{3,i})。$$

　　(4) 货舱门系统的 CCA

　　货舱门系统的共因分析包括货舱门系统的区域安全性分析(ZSA)、特定风险分析(PRA)和共模分析(CMA)。

　　货舱门区域安全性分析是对该货舱门所在区域进行各系统间的相容性检查,保证在该区域内货舱门与其他系统、货舱门各系统之间的相容性和完整性。根据对该货舱门系统的组成分析可知,该货舱门包括安全销机构、锁钩机构、闩轴机构、手柄机构、增压预防机构以及防误操作机构等分系统。根据货舱门系统 FMEA 分析结果可知,货舱门故障导致的灾难性事故为货舱门"偶然打开"。因此,需要对货舱门的锁钩机构、安全销机构、闩机构、增压预防门机构进行静强度和疲劳强度可靠性分析,评估发生强度破坏的概率是否满足安全性要求,以说明在飞机飞行中货舱门不会发生"偶然打开"事故,或者发生"偶然打开"灾难性事故的概率在可接受的范围内。

　　货舱门系统主要是机械系统,辅助有电子指示系统和应急液压助力系统。货舱门所在区域距离潜在火源和高能设备的位置较远。货舱门所在区域也已充分考虑鸟撞、冰雹、冰、雪、轮胎爆裂、雷电等因素的影响,这些因素很难造成货舱门"偶然打开"。货舱门系统唯一可能产生液体泄漏的装置是液压系统,但是即使飞行中液压系统发生油液泄漏,货舱门还是处于关闭上闩锁定的状态,即货舱门的关闭上闩锁定和液压系统无关,不会发生"偶然打开"事故。高强辐射场(HIRF)主要影响电子元件或系统的工作,货舱门系统的电子元件就是指示系统所采用的传感器及其电路,主要是通过货舱门的锁定装置触发来指示货舱门的关闭状态,供机组人员检查货舱门关闭锁定情况所用。当有 HIRF 影响电子指示系统工作时,最严重情况就是无法通过电子指示系统观察货舱门状态,这与货舱门的打开关闭实际操作没有关系,货舱门如果关闭上闩锁定到位,即使指示系统故障,货舱门也不会发生"偶然打开"事故。同时货舱门还有目视装置,机组人员可以通过目视装置观察货舱门的状态。以上分析表明,该货舱门在特定风险因素的影响下不会发生"偶然打开"事故。

　　根据货舱门"偶然打开"故障树可知,该故障树中只有一个"与门",这个"与门"下的底事件为锁钩机构锁定不到位和安全销机构锁定不到位。虽然锁钩机构和安全销机构都是受手柄操纵的,但各自是利用自身的过中心状态上锁的,而对这两套机构进行操纵时,锁钩机构和安全销机构单个失效不会导致偶然打开故障发生。且上述两套机构并不安装在同一位置,不能说其中一套机构是另一套机构的冗余设计,因此底事件"锁钩机构锁定不到位"与"安全销机构锁定不到位"是相互独立的。所以由共模类型差错引起的任何事件均不会导致该货舱门"偶然打开"事故。

4.8.3　某民机客舱门的安全性分析

　　某民机客舱门(见图 4-31)按破损安全设计,是堵塞型舱门。它是向外开的,并平行于机身轴线沿飞行方向向前运动到位。平时作为乘客登机门,紧急时作为应急出口,装备有应急滑梯。舱门有正常和应急两种操作方式,任何一种操作方式都能从内部或外部把舱门打开。在应急方式下,从内部开门时,应急滑梯会自动展开;从外部开门时,外手柄则通过控制机构使开门操作从应急方式回到正常方式。

图 4 - 31　某客机客舱门

舱门的结构如图 4 - 32 所示,其由水平梁(1.1)、外蒙皮(1.2)、边框(1.3)、内部分段框(1.5)和内蒙皮(1.7)等构件组成。可调节的支撑接头安装在水平梁的两端,在座舱增压时将载荷传给门框上的支撑接头。

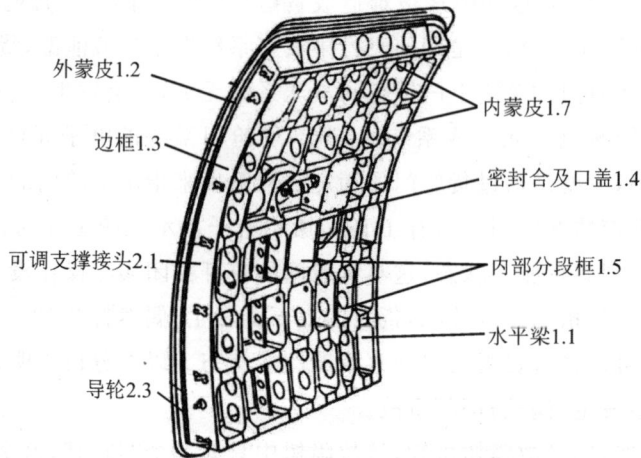

外蒙皮1.2
边框1.3
可调支撑接头2.1
导轮2.3
内蒙皮1.7
密封合及口盖1.4
内部分段框1.5
水平梁1.1

图 4 - 32　舱门结构

飞行时要保持座舱的气压符合要求,舱门必须是气密的。舱门的密封缝在外蒙皮与骨架之间和舱门的周边。舱门周边的密封形式如图 4 - 33 所示,在关门状态,门框上的压紧件(1.8)使固定在舱门周边的橡胶型材(1.6)变形,管状密封型材的内侧等间距地制有小孔,飞行时座舱增压,利用舱内外的压差使密封型材充气膨胀,使密封型材与压紧件贴得更紧密,保证密封效果。

舱门与门框周围的接头如图 4 - 34 所示。堵塞型舱门的特点是舱门上的可调支撑接头(2.1)位于机身门框上相应的支撑接头(2.2)的内侧,舱门在气密载荷作用下受力均匀、安全可靠,除非两对以上支撑接头破损或舱门变形过大,否则舱门在飞行中不会被意外打开。在门框前后两个侧边的下部布置有提升导轨(2.6),作为开门时使舱门向上提升的支点;在其上部和

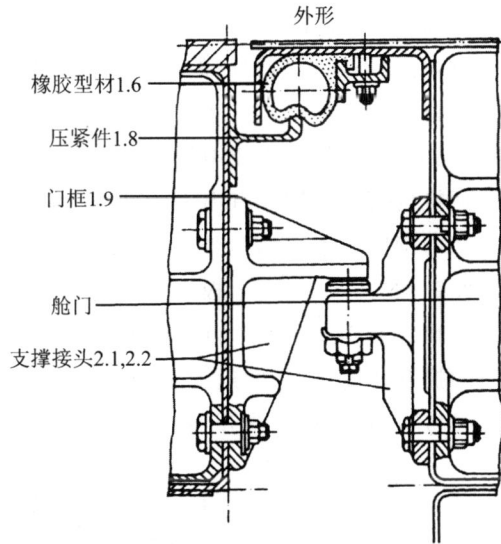

图 4-33 舱门密封与支撑接头

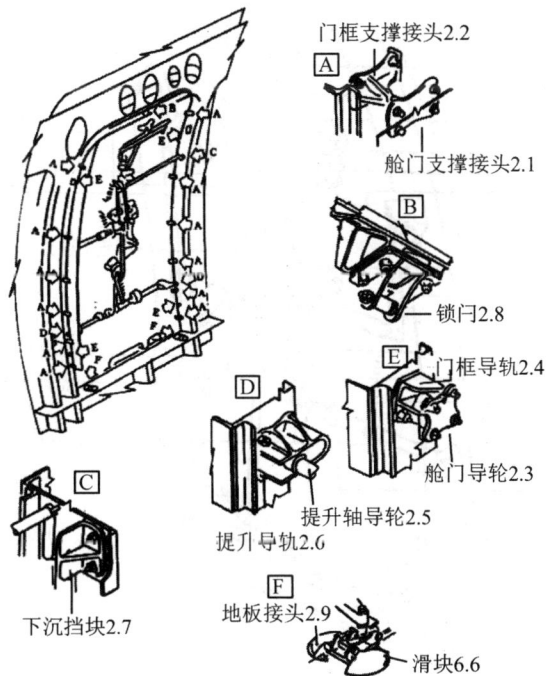

图 4-34 舱门周围的接头

下部有两对导轨(2.4),控制舱门的提升运动轨迹。另外,在地板上布置有两个扣住应急滑梯包系留杆的地板接头(2.9),在门框前侧边布置有控制防下沉装置的下沉挡块(2.7)。

机构的构造形式如图 4-35 所示,其主要由以下几个组成部分:①在机身门框的前后两个侧边各有六对支撑、外手柄(3.19)和齿轮箱(3.20);②提升机构的主要构件有提升轴(3.9)、摇臂(3.10)、补偿装置(3.18),它们通过摇臂(3.11)、下连杆(3.12)与悬挂装置的下连杆(5.3)相连。当舱门提升到位时,会使下连杆与舱门的连接方式从铰支转化为固支,固定了舱门与悬挂装置沿提升方向的相对位置;③锁机构的主要构件有锁钩(3.16)、弹簧组件(3.17)、连杆(3.15)和锁否指示摇臂(3.14)。各组成部分用摇臂(3.4)、(3.6)、(3.8)和连杆(3.5)、(3.7)、(3.13)连接起来;④手柄机构的主要构件有内手柄(3.1)、花键轴(3.2)、弹簧组件,当舱门处于关闭位置时,锁钩(3.16)与锁闩(2.8)啮合,弹簧组件(3.17)的作用是使其始终保持紧密啮合,除非扳动手柄才能驱使锁钩打开。当向上扳动手柄时,锁钩(3.16)和提升轴(3.9)被操纵,提升轴两端的摇臂(3.10)借助提升导轨(2.6)给舱门一个向上的提升力。在提升过程中,锁钩的打开速度大于舱门的提升速度,舱门的运动姿态和轨迹始终受到导轨(2.4)的控制,直到可调支撑接头(2.1)和支撑接头(2.2)相互错开到给定距离,舱门到达提升位置。

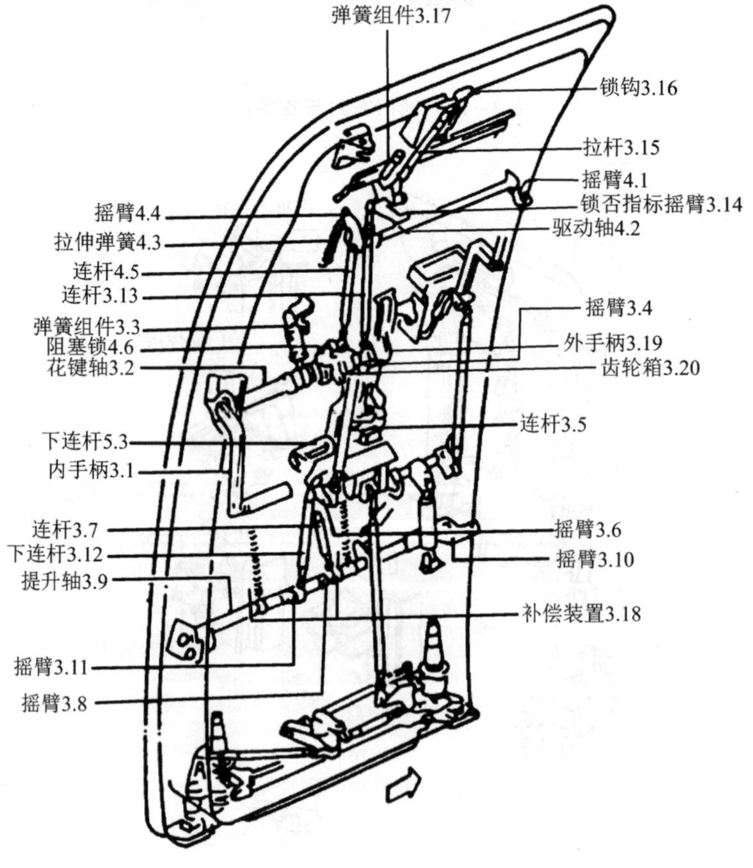

图 4-35　机构与防下沉装置

舱门到达提升位置后就可以向外打开。为了避免向外打开过程中舱门下沉,设置了防下沉装置,其构造形式如图 4-35 所示,主要构件有摇臂(4.1)、驱动轴(4.2)、拉伸弹簧(4.3)、摇臂(4.4)、连杆(4.5)和阻塞锁(4.6)。当舱门在提升位置向外推动时,摇臂(4.1)离开下沉挡块

(2.7),驱动轴(4.2)在拉伸弹簧(4.3)的作用下使阻塞锁(4.6)啮合将手柄锁定在舱门的提升位置。当舱门向内拉时,下沉挡块通过摇臂迫使驱动轴转动打开阻塞锁,手柄被释放,可以操纵舱门下降到关闭位置。

　　舱门是通过悬挂装置与机体连接的,其构造形式如图 4-36 所示,主要构件有悬挂支臂(5.1)、上连杆(5.2)、下连杆(5.3)、缓冲器(5.4)、手柄(5.5)、阵风锁(5.6)、连杆(5.7)、摇臂(5.10)、承拉螺栓(5.11)和导向支臂(5.12)。悬挂支臂和导向支臂是实行舱门向外向前并平行于机身打开到全开位置的主要构件。悬挂支臂位于舱门的中部,一端通过上下两个耳片接头同机身门框处的扭力管相连,另一端通过上下连杆与舱门相连。悬挂支臂上装有缓冲器,缓冲器有两种功能,正常操作时起阻尼作用限制舱门的开关速度,应急操作时是作动筒起助力作用。舱门打开到全开位置时阵风锁将舱门锁定,关门时要操作手柄解除阵风锁对舱门的锁定。导向支臂位于舱门的上部,一端与机身门框上部的接头铰接,另一端与舱门接头的连接是万向铰接。

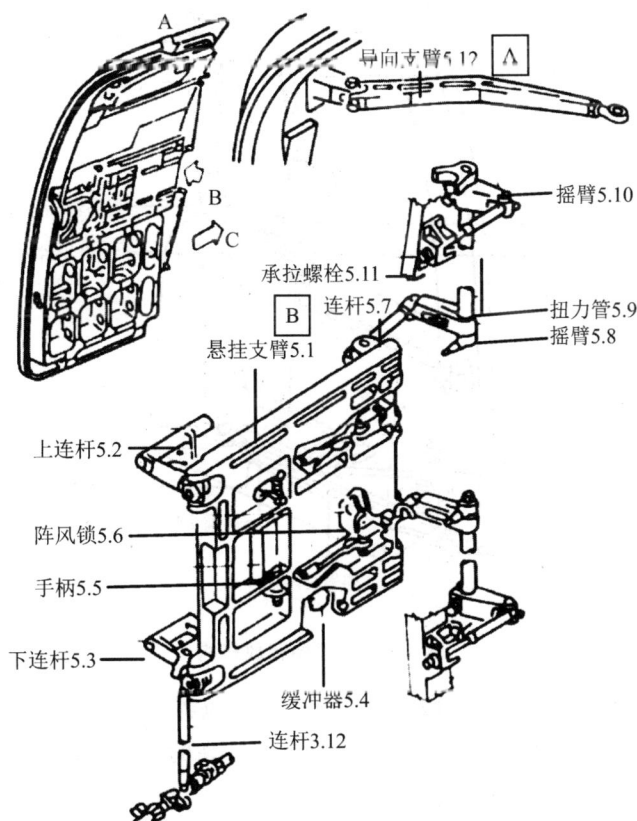

图 4-36　悬挂装置

　　滑梯释放机构如图 4-37 所示,其主要构件有选择手柄(6.1)、控制组件(6.2)、驱动轴(6.3)、摇臂(6.4)、弹簧组件(6.5)、滑块(6.6)、摇臂(6.7)、系留杆(6.8)及安全装置中的锁闩(6.9)、弹簧组件(6.10)和(6.11)。关闭舱门起飞之前必须把选择手柄扳到应急操作方式,此时滑块(6.6)插入地板接头(2.9),把滑梯末端的系留杆(6.8)牢牢地固定在地板上。遇有险情紧急着陆从内部开启舱门时,滑梯从舱门的滑梯包中拉出,自动充气、展开、竖立并支撑在地面上;从外部开门时,通过控制组件(6.2)把选择手柄由应急操作方式扳到正常操作方式,此时滑块从地板接头中脱出,系留杆收靠到滑梯包的下部,避免开门时释放滑梯伤人。正常着陆必须先把选择手柄从应急操作方式扳到正常操作方式,然后把舱门打开。安全装置的作用是在正常开启舱门的过程中及到达全开位置后,始终把滑梯释放机构锁定在正常操作方式,保证滑梯不会意外释放。

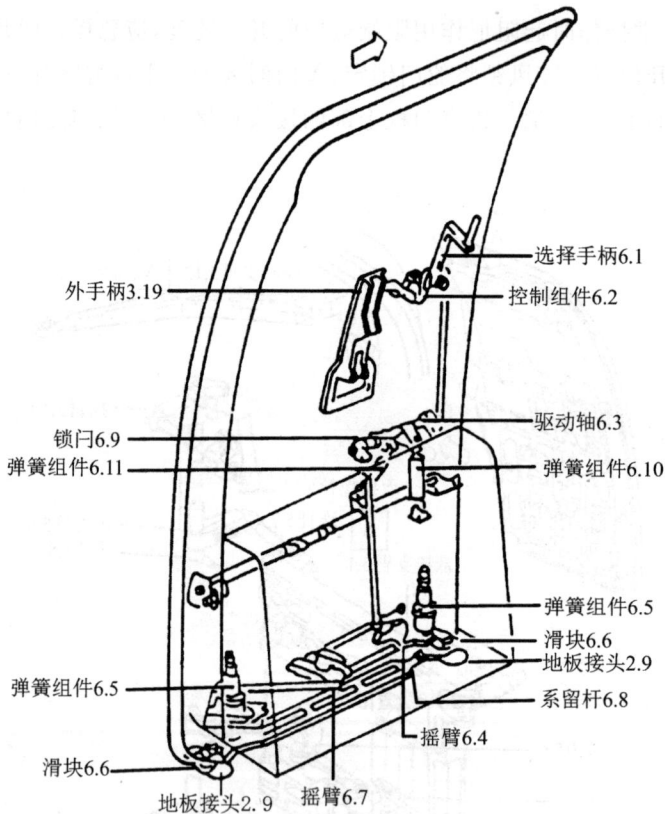

图 4 - 37　滑梯释放机构

在导轨、选择手柄等部位设置有微型触点开关和蜂鸣器,组成舱门的报警系统。在确定关闭舱门和选择手柄处于应急操作方式,驾驶舱的指示灯亮的情况下,飞行员才驾驶飞机起飞。如果着陆由于疏忽,没有先把选择手柄扳到正常操作方式,稍一动机构的内手柄,蜂鸣器就会发出刺耳的响声,提醒要不要释放应急滑梯。

(1) 客舱门系统的 FMEA

该民机客舱门的安全性分析是采用失效模式及影响分析(FMEA)方法和故障树分析(FTA)方法进行的。为了节省篇幅,下面仅列出与两个事件有关的分系统和构件的资料。首先,为了进行舱门的安全性分析,将舱门按其功能分解成几个分系统并绘出可靠性框图,舱门系统的可靠性框图见图 4 – 38,包含舱门结构/密封、舱门接头/结构、门框接头/结构/密封和舱门机构等分系统。某民机客舱门的失效模式和影响分析见表 4 – 22。

图 4 – 38 某民机舱门系统可靠性框图

表 4 – 22 某民机舱门系统的 FMEA 表

序 号	失效模式	失效影响	失效判别	构件号
1	1 梁变形	气压下降	飞行前目视检查或降压	1.1
2	2 梁变形	气压下降	飞行前目视检查或降压	1.1
3	3 梁变形	气压下降	飞行前目视检查或降压	1.1
4	4 梁变形	气压下降	飞行前目视检查或降压	1.1
5	5 梁变形	气压下降	飞行前目视检查或降压	1.1
6	6 梁变形	气压下降	飞行前目视检查或降压	1.1
7	7 梁变形	气压下降	飞行前目视检查或降压	1.1
8	前边框变形	气压下降	飞行前目视检查或降压	1.3
9	后边框变形	气压下降	飞行前目视检查或降压	1.3
10	分段框变形	气压下降	飞行前目视检查或降压	1.5
11	密封盒及口盖不严	气压下降	气密检查	1.4
12	橡胶型材损坏	气压下降	气密检查	1.6
13	支撑接头附近结构变形	开门困难	操作	— —
14	1 个可调支撑接头损坏	无	目视检查	2.1
15	2 个可调支撑接头损坏	飞行中门打开	降压	2.1
16	导轮损坏	开门操作困难	操作	2.3
17	提升轴导轮损坏	开门操作困难	操作	2.5
18	门框变形	气压下降	密封检查	1.9
19	1 个支撑接头损坏	无	目视检查	2.2
20	2 个支撑接头损坏	飞行中门打开	降压	2.2
21	导轨损坏	开门操作困难	操作	2.4
22	提升导轨损坏	开门操作困难	操作	2.6

序　号	失效模式	失效影响	失效判别	构件号
23	下沉挡块损坏	舱门关不上	关门操作	2.7
24	压紧件损坏	气压下降	密封检查	1.8
25	内手柄完全损坏	舱门不能从内部操作	操作	3.1
26	花键轴断裂	舱门不能操作	操作	3.2
27	弹簧组件损坏	舱门提升操作保险失效	操作	3.3
28	摇臂断裂	舱门提升运动失效	操作	3.4
29	连杆断裂	舱门提升运动失效	操作	3.5
30	摇臂断裂	舱门提升运动失效	操作	3.6
31	连杆断裂	舱门提升运动失效	操作	3.7
32	摇臂断裂	舱门提升运动失效	操作	3.8
33	提升轴断裂	舱门提升运动失效	操作	3.9
34	摇臂断裂	舱门提升运动失效	操作	3.10
35	连杆断裂	锁机构失控	操作	3.13
36	锁否指示摇臂断裂	锁机构失控、锁否指示失效	操作、目视检查	3.14
37	弹簧组件损坏	舱门锁闭的保险失效	操作	3.17
38	连杆断裂	锁机构失控	操作	3.15
39	锁钩断裂	舱门锁不上	操作、目视检查	3.16
40	外手柄损坏	舱门不能从外部操作	操作	3.19
41	齿轮箱损坏	舱门不能从外部操作	操作	3.20
42	补偿装置损坏	舱门操作费力	操作	3.18

（2）客舱门系统的 FTA

"飞行中门打开"故障树如图 4 - 39 所示,该故障对飞机的影响是座舱气压下降,危及坐在舱门附近乘客的安全。此时舱门报警,触发氧气系统起作用,此时应紧急下降飞机的高度,不会造成飞机结构完整性的破坏。该顶事件的失效概率目标值为 $P \leqslant 10^{-7}$/飞行小时。"起飞爬升和着陆阶段舱门打开"故障树如图 4 - 40 所示,该故障对飞机的影响是座舱气压下降,危及坐在舱门附近乘客的安全。此时舱门报警,不需要氧气系统起作用,此时应使飞机马上着陆,不会造成飞机结构完整性的破坏。该顶事件的失效概率目标值 $P \leqslant 10^{-7}$/飞行小时。特别地,依据统计和经验确定的构件失效率见表 4 - 23 所示。

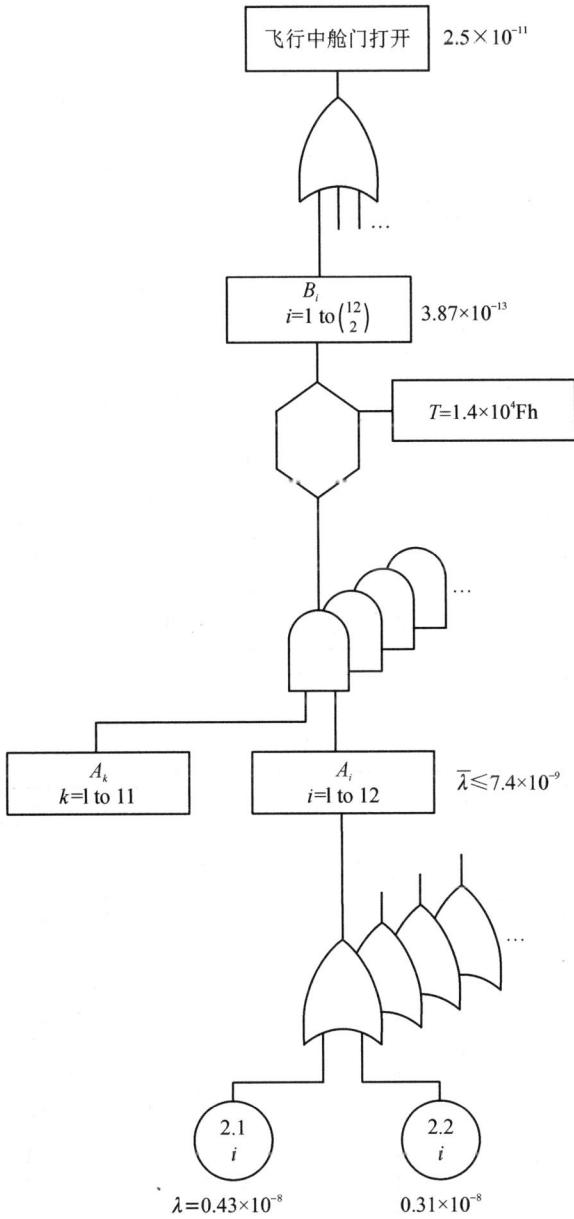

A_i—一个支撑接头损坏；A_k—另外十一个支撑接头中的一个支撑接头损坏；B_i—两个支撑接头损坏

图 4 - 39　"飞行中门打开"故障树

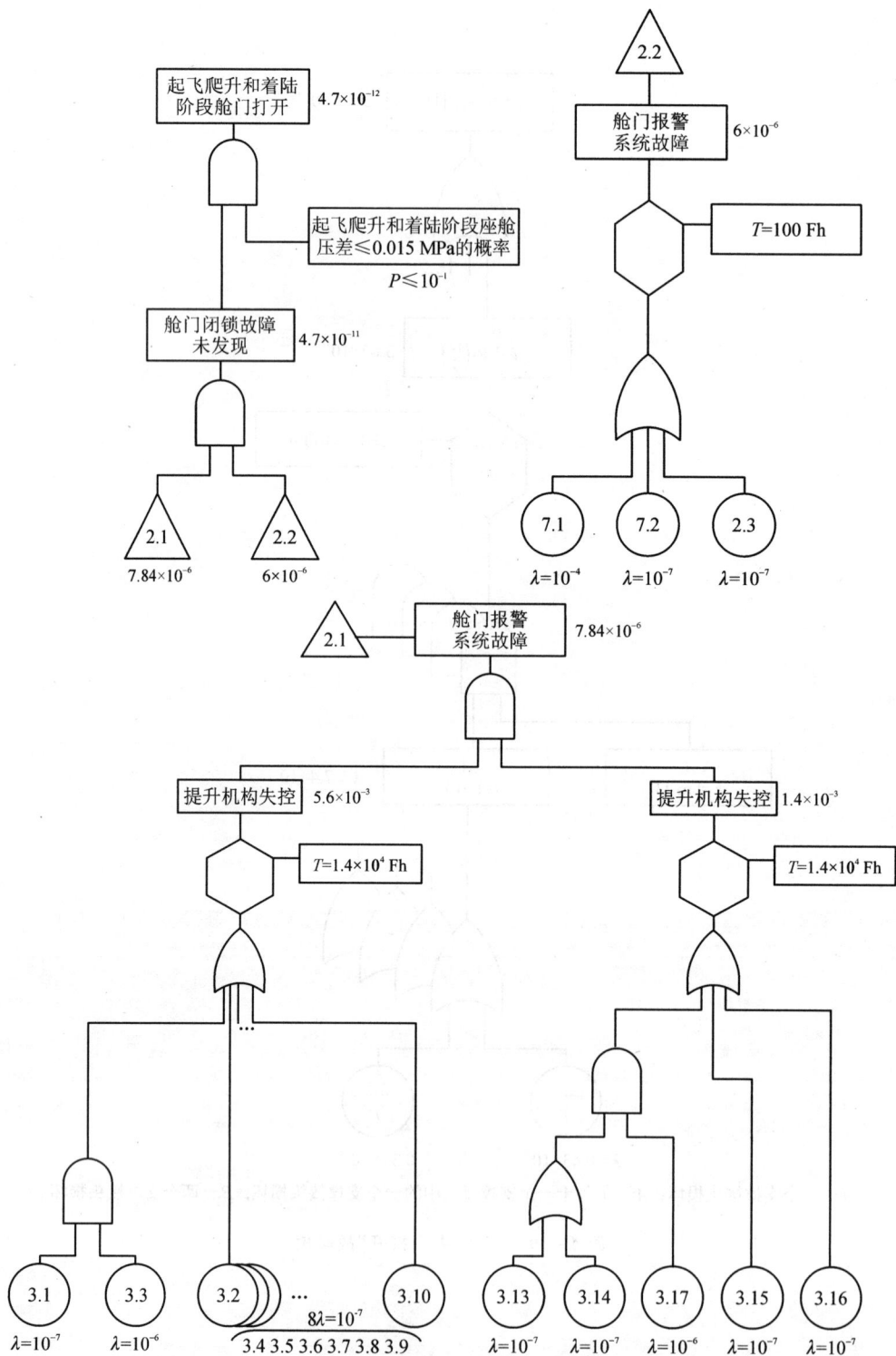

图 4-40　"起飞爬升和着陆阶段舱门打开"故障树

表 4 - 23　构件的失效率

构件号	构件名称	失效率 /h^{-1}	构件号	构件名称	失效率 /(h^{-1})
1.1	舱门梁	10^{-7}	1.6	橡胶型材	10^{-6}
1.3	舱门边框	10^{-7}	1.8	压紧件	10^{-7}
1.4	密封盒	10^{-6}	1.9	机身门框	10^{-7}
1.5	分段框	10^{-7}	2.1	可调支撑接头(舱门)	0.43×10^{-8}
2.2	支撑接头(门框)	0.31×10^{-8}	3.8	摇臂	10^{-7}
2.3	舱门导轮	10^{-7}	3.9	提升轴	10^{-7}
2.4	门框导轨	10^{-7}	3.10	摇臂	10^{-7}
2.5	提升轴导轨	10^{-7}	3.13	连杆	10^{-7}
2.6	提升导轨	10^{-7}	3.14	锁否指示摇臂	10^{-7}
2.7	下沉挡块	10^{-7}	3.15	连杆	10^{-7}
3.1	内手柄	10^{-7}	3.16	锁钩	10^{-7}
3.2	花键轴	10^{-7}	3.17	弹簧组件	10^{-6}
3.3	弹簧组件	10^{-6}	3.18	补偿装置	10^{-8}
3.4	摇臂	10^{-7}	3.19	外手柄	10^{-6}
3.5	连杆	10^{-7}	3.20	齿轮箱	10^{-7}
3.6	摇臂	10^{-7}	7.1	微型触点开关(卡在锁闭位置)	10^{-6}
3.7	连杆	10^{-7}	7.2	导线触及结构	10^{-7}

计算结构的失效概率,必须考虑检查的时间间隔。以下是平均飞行小时对应的日历时间:

$$T = 10^2 \text{ 飞行小时} = 1 \text{ 周}$$

$$1.8 \times 10^3 \text{ 飞行小时} = 6 \text{ 个月}$$

$$3.5 \times 10^3 \text{ 飞行小时} = 1 \text{ 年}$$

$$7 \times 10^3 \text{ 飞行小时} = 2 \text{ 年}$$

$$1.4 \times 10^4 \text{ 飞行小时} = 4 \text{ 年}$$

$$2.1 \times 10^4 \text{ 飞行小时} = 6 \text{ 年}$$

$$6 \times 10^4 \text{ 飞行小时} = \text{整个寿命期}$$

定量分析得到故障树顶事件发生概率见表 4 - 24 所列。为了节省篇幅,文中略去了事件 3~事件 6 的故障模式和影响分析(FMEA)以及故障树分析(FTA)的详细图表和数据。由表 4 - 24 可知,该民机客舱门符合中国民用航空条例第 25 部第 25.1309 条的要求。此外,表 4 - 25 给出该民机客舱门的维修检查和时间间隔要求,供编制维修检查文件使用。

表 4 - 24　某民机客舱门事件失效概率对比

序　号	事　件	失效概率目标值 ≤ 1/Fh	失效概率预测值 ≤ 1/Fh
1	飞行中舱门打开	10^{-7}	2.5×10^{-11}
2	起飞爬升和着陆阶段舱门打开	10^{-7}	4.7×10^{-12}
3	舱门不能从内部打开	10^{-7}	5.4×10^{-8}
4	舱门不能从外部打开	10^{-7}	3.6×10^{-8}
5	在应急状态下滑梯不能释放和充气	10^{-7}	2.4×10^{-9}
6	在开门时发生滑梯不该有的释放和充气	10^{-7}	6.7×10^{-8}

表 4 - 25　某民机客舱门的维修检查和时间间隔

部件/系统名称	最低限度时间间隔	检查的时间间隔	水平/项目
舱门的周围接头	8 年	4 年	详细/100%
内部结构	8 年	4 年	详细/损伤探伤项目
舱门功能试验（舱门机构操作滑梯释放机构操作、悬挂装置）	—	2 年	—
舱门报警系统操作试验	—	3500 飞行小时	—
滑梯释放报警系统操作试验	—	3500 飞行小时	—
滑梯包、压力表、照明系统功能测试、废电池	—	每周 1 次 3500 飞行小时 按产品的技术文件	—

4.9　航空发动机转子非包容失效的安全性评估及设计预防措施

　　高速转动的发动机转子发生故障后，能量过大的转子碎片从发动机机匣中甩出，会击穿相邻的油箱、机身、系统构件等，对飞机结构和系统造成严重影响。发动机转子非包容失效是指发动机转子高速运转时脱落的碎片不能被机匣包容，从发动机中甩出的失效状态。美国汽车工程师协会（SAE）统计了 1962—1989 年燃气涡轮发动机转子非包容失效的事件共 676 起，包括 15 起Ⅰ类事故和 93 起Ⅱ类事故，其中，Ⅰ类事故定义为对飞机造成严重损坏的事故，例如飞机坠毁、重大的伤亡或飞机解体；Ⅱ类事故定义为对飞机继续安全飞行和着陆有重要影响的事故。

　　鉴于转子非包容事件严重危害民航安全，美国联邦航空局（FAA）、欧洲航空安全局（EASA）以及中国民用航空局（CAAC）都颁布了相应适航规章，要求必须采取设计预防措施将转子非包容失效对飞机造成的危害减至最小。例如，第 25.571 条（e）损伤容限（离散源）评定要求"在下列任一原因很可能造成结构损伤的情况下,飞机必须能够成功地完成该次飞行:①受到 1.80 公斤(4 磅)重的鸟的撞击,飞机与鸟沿着飞机飞行航迹的相对速度取海平面 V_C 或 2 450 米(8 000 英尺)0.85V_C,两者中的较严重者;②风扇叶片的非包容性撞击;③发动机的非包容性破坏;④高能旋转机械的非包容性破坏。"此外,咨询通告 AC20-128A 提出将发动机和辅助动力装置(APU)非包容性转子对飞机的危害减至最小的设计考虑,并介绍已被美国航空工业所接受和采用的设计措施,且提供一种"发动机或 APU 转子非包容性失效的风险分析方法"作为符合性验证的参考方法。针对发动机或 APU 转子非包容失效,咨询通告 AC25-2 提出从燃油箱组件的布置、碎片能量与尺寸大小分析非包容碎片对燃油箱的危害,将燃油箱布置于任何级转子±15°飞散角影响区域之外,或采取其他相当的设计考虑和防护措施来降低此类危害。

4.9.1　发动机转子非包容失效的安全性评估流程

由于转子非包容失效事件的复杂性,且相关事件统计数据的缺乏,转子非包容失效的安全性评估建立在诸多假设基础之上,主要包括:①假设飞机发生转子非包容失效的概率为 1.0;②每台发动机发生转子非包容失效的概率是相等的;③每台发动机的每一级转子发生非包容失效的概率是相等的;④在一次非包容事件中,仅有一级转子发生非包容转子失效,不考虑多级转子同时发生非包容转子失效事件;⑤转子碎片在其最大运动范围内,按任意角度飞出的概率是相等的;⑥非包容碎片按照转子旋转方向沿着碎片重心旋转轨迹的切线方向飞出;⑦非包容碎片围绕其重心旋转但不发生翻滚,其扫掠轨迹宽度相当于碎片从重心到其外缘的最大距离的两倍;⑧非包容转子碎片的能量无穷大,可击穿其扫掠轨迹上的所有飞机部件与结构,并且不会从其原始轨迹变向。⑨在进行有关转子碎片能量问题的考虑时,应假设转子非包容事件是在发动机或 APU 处于最大允许转速情况下发生的。

航空发动机转子非包容失效的安全性评估流程可分为风险识别阶段和安全评估阶段,具体流程如图 4-41 所示。

(1)风险识别阶段

假设非包容碎片具有无限大能量,碎片的飞散角与平动角相互独立,且飞出角度服从均匀分布,根据历史统计数据以及持续增加的转子非包容事件,确定转子碎片模型包括 1/3 轮盘碎片、中等碎片、小碎片和风扇叶片碎片,见表 4-26 和图 4-42。其中,碎片飞散角是指从单级转子旋转平面的中心(与发动机/APU 轴心线的交点)向前或向后测量的一个角度,其表示转子碎片可能的散布范围(见图 4-43)。针对某一碎片模型进行风险识别时,以该碎片模型的第一级转子碎片和最后一级转子的飞散角确定碎片的影响区域,对影响区域中的飞机结构、系统部件进行简化,从而确定转子非包容影响区域中的关键系统及部件。此外,从飞机全机的顶层功能失效中进行分析,筛选出可能由于转子非包容失效导致的灾难性功能失效事件清单。对导致灾难性功能失效事件进行故障树分析,找出引起该功能失效的部件,并采用图形法确定转子碎片的轨迹、飞散角、平动角(见图 4-44)。

定义碎片模型

确定影响
区域、系统及部件

筛选飞机灾难性功能
失效状态清单

建立底部事件与
部件对应清单　　故障树分析　　求最小割集

计算部件失效概率　　计算最小割集
发生概率

飞行阶段影响因子　　计算单极转子
风险概率　　顶事件影响因子

计算发动机级及
整机的风险概率

满足要求?　　否　　更改设计

是

输出相关文件

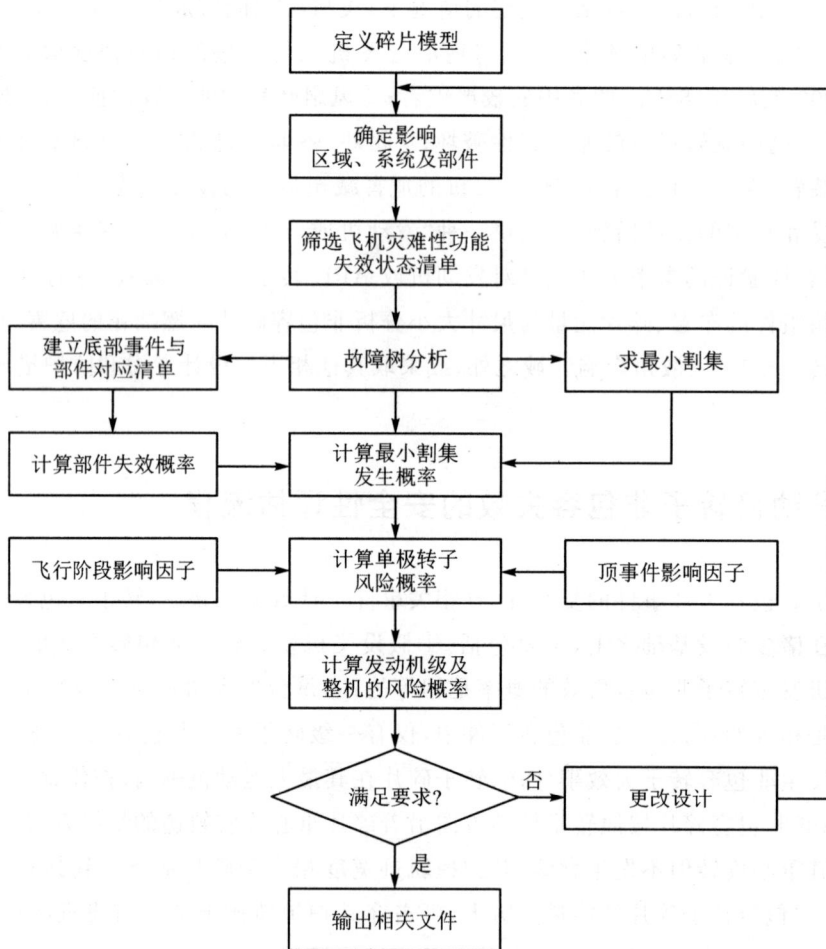

图 4 - 41　转子非包容失效的安全性评估流程

表 4 - 26　转子碎片模型

碎片模型	最大尺寸	质量	平移运动能量	碎片飞散角	示意图
1/3 轮盘碎片	1/3 轮盘＋1/3 叶片高度形成物所对应的尺寸	带叶片的轮盘质量的 1/3	整个扇形物以重心处的速度甩出时所具有的能量	±3°	图 4 - 42（a）
中等碎片	带叶片的轮盘半径的 1/3	带叶片的轮盘质量的 1/30	该碎片以轮缘处的速度甩出时所具有的能量	±5°	图 4 - 42（b）
小碎片	叶梢尺寸的一半（风扇叶片除外）	—	—	±15°	—
风扇叶片碎片	叶梢处 1/3 叶形部分（不包括叶根和叶座，但包括叶片的阻尼平台）高度所对应的尺寸	叶梢处叶形状部分的 1/3	碎片以重心处的速度甩出时所具有的能量	±15°	图 4 - 42（c）

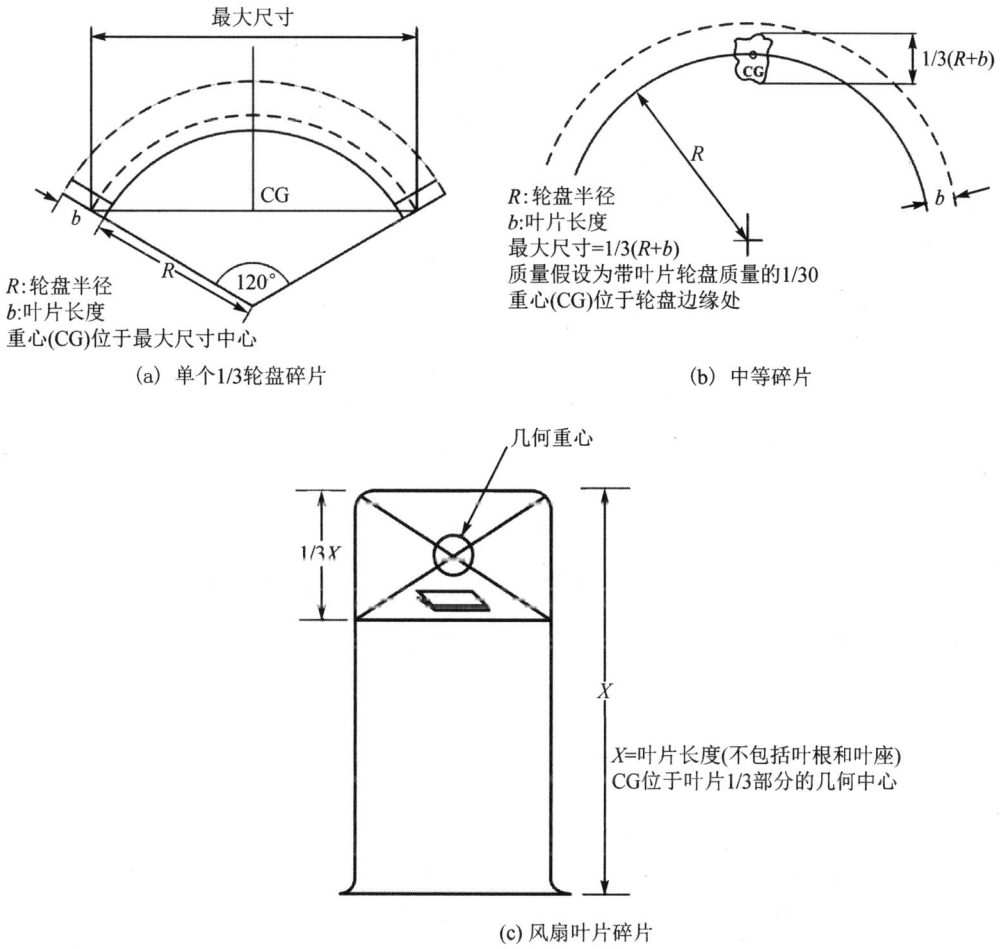

(a) 单个1/3轮盘碎片

R:轮盘半径
b:叶片长度
重心(CG)位于最大尺寸中心

(b) 中等碎片

R:轮盘半径
b:叶片长度
最大尺寸=1/3(R+b)
质量假设为带叶片轮盘质量的1/30
重心(CG)位于轮盘边缘处

(c) 风扇叶片碎片

X=叶片长度(不包括叶根和叶座)
CG位于叶片1/3部分的几何中心

图 4-42 转子碎片模型

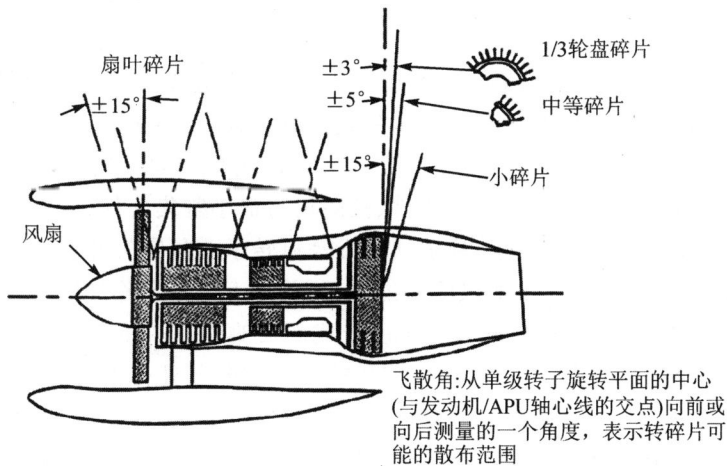

飞散角:从单级转子旋转平面的中心
(与发动机/APU轴心线的交点)向前或
向后测量的一个角度,表示转碎片可
能的散布范围

图 4-43 碎片飞散角

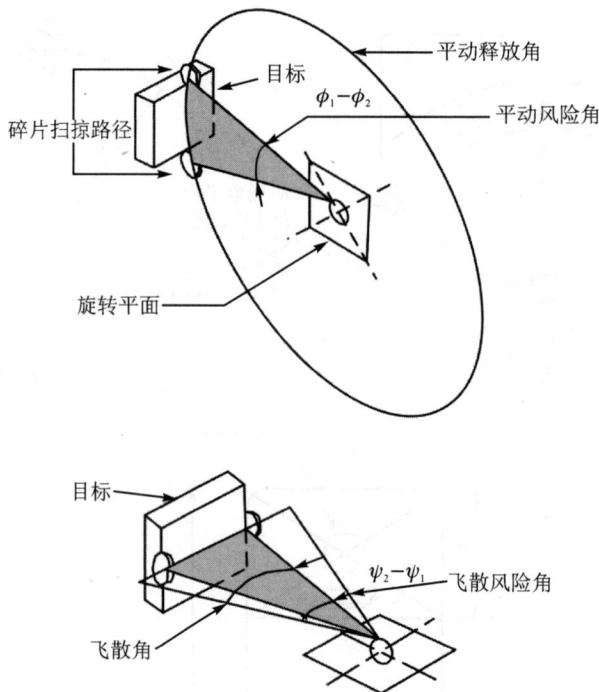

图 4 - 44　图形法确定平动角和飞散角示意图

（2）安全性评估阶段

　　首先,基于故障树分析,对转子非包容失效进行安全性评估,计算出灾难性顶事件的失效概率。其次,考虑到民机在实际运营中发动机非包容碎片在不同飞行阶段中发生的比例,以及发生不同灾难性顶事件的危险性权重,计算出某一碎片模型的单级转子碎片的风险概率。针对该碎片模型,对所有发动机及其所有级转子进行相同的风险识别与安全性评估过程,再对所有级转子的风险概率进行归纳总结后,取所有级转子风险概率的平均值作为飞机整机风险概率。然后,将整机风险概率与对应碎片类型可接受的风险标准值对比,若满足相应标准,则可视为已采取适当的设计预防措施将非包容转子失效对飞机造成的危害减至最低,即满足局方的适航标准;若风险高于标准值,则须进一步的设计改正,经过多次设计更改的迭代,直到飞机整机风险概率值满足适航标准为止,完整的安全性评估流程结束。最后,提交相应的文件,如飞机灾难性功能清单及功能危险性分析文件、故障树与最小割集文件、底事件及其对应部件信息文件、整机风险值计算文件等,最终完成航空发动机转子非包容失效的分析。

　　对运输类飞机,要求达到以下的风险标准值:①单个 1/3 轮盘碎片甩出所造成的灾难性事件的概率不大于 1/20;②一个中等碎片甩出所造成的灾难性事件的概率不大于 1/40;③三块 1/3 轮盘碎片在 3 个随机方向上甩出,每一碎片在 360°方向上具有相同的抛射概率(假设相对于轮盘平面的飞散角为±3°),所引起的双重或多重系统同时损伤而造成灾难性事件的概率不大于 1/10;④对于单个风扇叶片碎片、小碎片以及已通过包容性鉴定的 APU 和发动机转子级而言,无须进行定量安全性评估。

4.9.2　发动机转子非包容失效的安全性评估

以某型双发翼吊飞机为分析对象,针对发动机转子"1/3 轮盘碎片"类型,分析其发生非包容失效事件后导致的飞机整机风险值。根据历史数据,定义该碎片类型的飞散角为±3°。此外,假定每台发动机有 10 级转子,且转子非包容失效事件的发生概率为 1.0。由碎片的飞散角可知,第一级转子向前飞散 3°和最后一级转子向后飞散 3°的区域是非包容事件的影响区域,其中涉及的主要系统为:飞行控制系统、液压系统、防火系统、燃油系统、电源系统、环控系统、动力装置及辅助动力装置等系统。根据确定的受影响系统,找出系统中关键部件,例如液压系统中的液压泵、液压管路等部件,这些关键部件作为进行故障树分析的输入材料之一。

该飞机全机级的功能失效共有 200 项,其中灾难性的功能失效有 62 项,通过功能危害性评估(FHA)确定的受发动机转子非包容事件影响的灾难性功能失效有 5 项(见表 4 - 27),分别为"完全丧失发动机推力""无法控制的火灾""滚转控制功能丧失""俯仰控制功能丧失""偏航控制功能丧失"。将这些灾难性功能失效清单作为故障树分析的顶事件,构建故障树(见图 4 - 45～图 4 - 49),其中,各事件名称定义以及采用下行法求得各故障树的最小割集见表 4 - 28～表 4 - 37。

表 4 - 27　受发动机转子非包容事件影响的功能危害性评估

失效状态编号	失效状态	工作状态/飞行阶段	危险对飞机或人员的影响	影响等级
F1	完全丧失发动机推力	T, F1 - F4, L	飞机:产生突然的不可控制的横滚力矩,可能引起结构严重损坏,飞机失控,甚至彻底损毁 机组:无法控制飞机,可能由于飞机损毁而死亡 乘客:可能由于飞机损毁而绝大部分或者全部死亡	I
F2	无法控制的火灾	T, F1 - F4, L	飞机:损坏发动机/APU,可能导致飞机彻底损毁 机组:可能由于飞机的火灾或损毁而死 乘客:可能由于飞机的火灾或损毁而绝大部分或者全部死亡	I
F3	滚转控制功能丧失	T, F1 - F4, L	飞机:维持正常飞行和着陆的滚转能力丧失,可能飞机失控,甚至彻底损毁 机组:无法控制飞机,可能由于飞机损毁而死亡 乘客:可能由于飞机损毁而绝大部分或者全部死亡	I
F4	俯仰控制功能丧失	T, F1 - F4, L	飞机:可能在需要快速调整俯仰姿态时无法借助于俯仰机动控制,飞机失控,甚至彻底损毁 机组:无法控制飞机俯仰机动,可能由于飞机的损毁而死亡 乘客:可能由于飞机的损毁而绝大部分或者全部死亡	I
F5	偏航控制功能丧失	T, F1 - F4, L	飞机:飞机侧向控制功能严重降低,飞机可能失控,甚至彻底损毁 机组:驾驶员无法操纵飞机方向,可能因为飞机的损毁而死亡 乘客:可能由于飞机的损毁而绝大部分或者全部死亡	I

备注:T 起飞;F1 爬升;F2 巡航;F3 下降;F4 进近;L 着陆;I 灾难性的

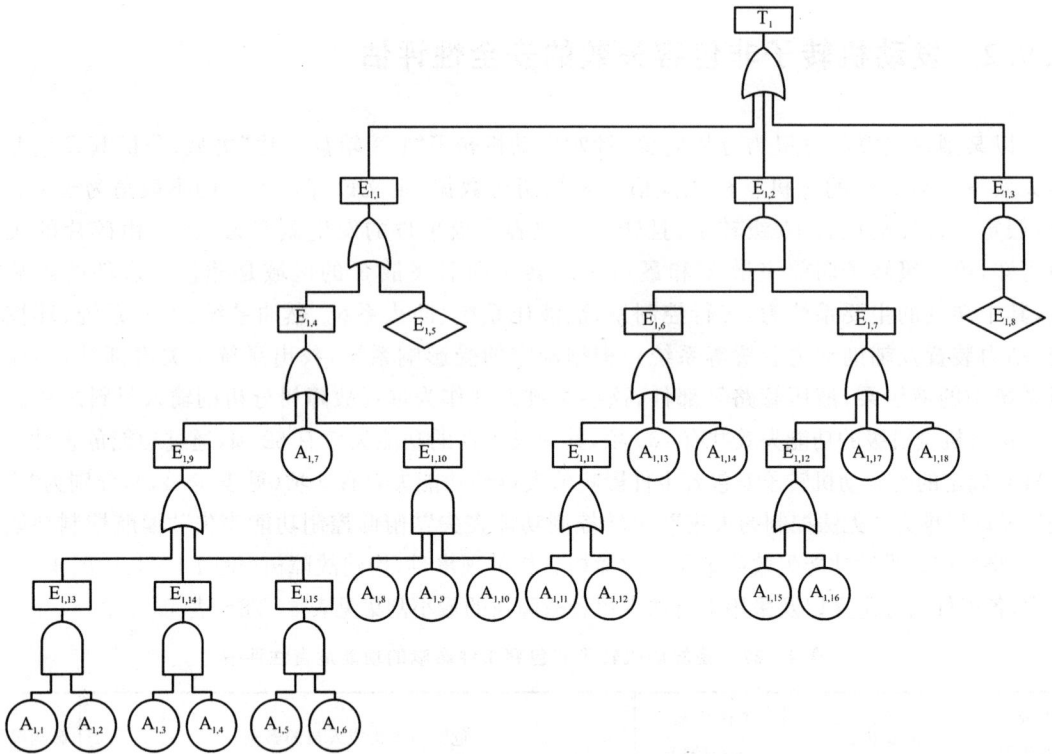

图 4 - 45　"完全丧失发动机推力"故障树

表 4 - 28　"完全丧失发动机推力"故障树的事件编号

事件名	事件编号	事件名	事件编号
完全丧失发动机推力	T_1	供油管路被切断	$E_{1,10}$
供油功能丧失	$E_{1,1}$	左侧控制输入失效	$E_{1,11}$
推力控制功能丧失	$E_{1,2}$	右侧控制输入失效	$E_{1,12}$
发动机损坏	$E_{1,3}$	左翼油箱增压泵损坏	$E_{1,13}$
供油系统失效	$E_{1,4}$	中央翼油箱增压泵损坏	$E_{1,14}$
剩余油量不足且最低油量警告失效时,错误的燃油指示	$E_{1,5}$	右翼油箱增压泵损坏	$E_{1,15}$
左侧推力控制功能丧失	$E_{1,6}$	左翼增压泵 1#	$A_{1,1}$
右侧推力控制功能丧失	$E_{1,7}$	左翼增压泵 2#	$A_{1,2}$
涡轮级间受损	$E_{1,8}$	中央增压泵 1#	$A_{1,3}$
燃油增压泵损坏	$E_{1,9}$	中央增压泵 2#	$A_{1,4}$
右翼增压泵 1#	$A_{1,5}$	左 EEC	$A_{1,12}$
右翼增压泵 2#	$A_{1,6}$	左燃油计量组件	$A_{1,13}$
燃油交输活门	$A_{1,7}$	左可变定子叶片作动器	$A_{1,14}$
左发供油管路	$A_{1,8}$	右转速传感器	$A_{1,15}$

续表 4 - 28

事件名	事件编号	事件名	事件编号
燃油交输总管	$A_{1,9}$	右 EEC	$A_{1,16}$
右发供油管路	$A_{1,10}$	右燃油计量组件	$A_{1,17}$
左转速传感器	$A_{1,11}$	右可变定子叶片作动器	$A_{1,18}$

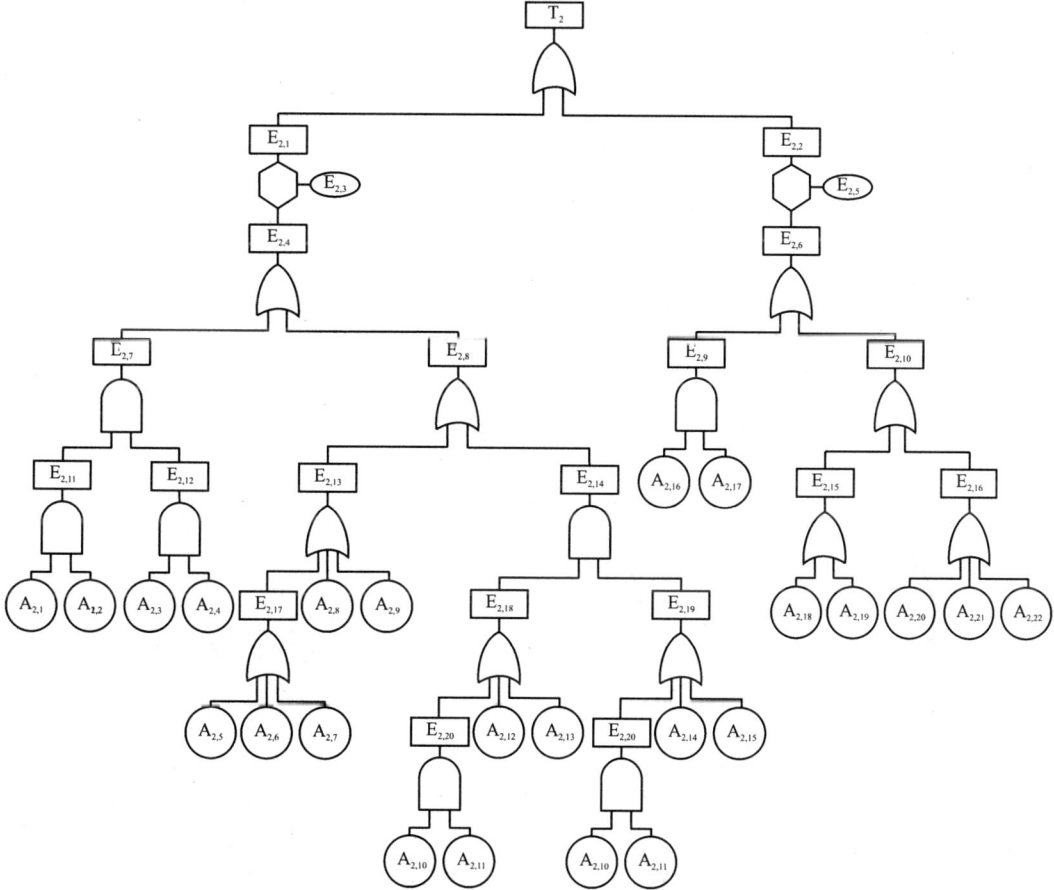

图 4 - 46 "无法控制的火灾"故障树

表 4 - 29 "完全丧失发动机推力"顶事件的最小割集

最小割集编号	最小割集所含元素	最小割集编号	最小割集所含元素
ϕ_{1-1}	$A_{1,1}$、$A_{1,2}$	ϕ_{1-12}	$A_{1,12}$、$A_{1,17}$
ϕ_{1-2}	$A_{1,3}$、$A_{1,4}$	ϕ_{1-13}	$A_{1,12}$、$A_{1,18}$
ϕ_{1-3}	$A_{1,5}$、$A_{1,6}$	ϕ_{1-14}	$A_{1,13}$、$A_{1,15}$
ϕ_{1-4}	$A_{1,7}$	ϕ_{1-15}	$A_{1,13}$、$A_{1,16}$
ϕ_{1-5}	$A_{1,8}$、$A_{1,9}$、$A_{1,10}$	ϕ_{1-16}	$A_{1,13}$、$A_{1,17}$
ϕ_{1-6}	$A_{1,11}$、$A_{1,15}$	ϕ_{1-17}	$A_{1,13}$、$A_{1,18}$

最小割集编号	最小割集所含元素	最小割集编号	最小割集所含元素
ϕ_{1-7}	$A_{1,11}$、$A_{1,16}$	ϕ_{1-18}	$A_{1,14}$、$A_{1,15}$
ϕ_{1-8}	$A_{1,11}$、$A_{1,17}$	ϕ_{1-19}	$A_{1,14}$、$A_{1,16}$
ϕ_{1-9}	$A_{1,11}$、$A_{1,18}$	ϕ_{1-20}	$A_{1,14}$、$A_{1,17}$
ϕ_{1-10}	$A_{1,12}$、$A_{1,15}$	ϕ_{1-21}	$A_{1,14}$、$A_{1,18}$
ϕ_{1-11}	$A_{1,12}$、$A_{1,16}$	—	—

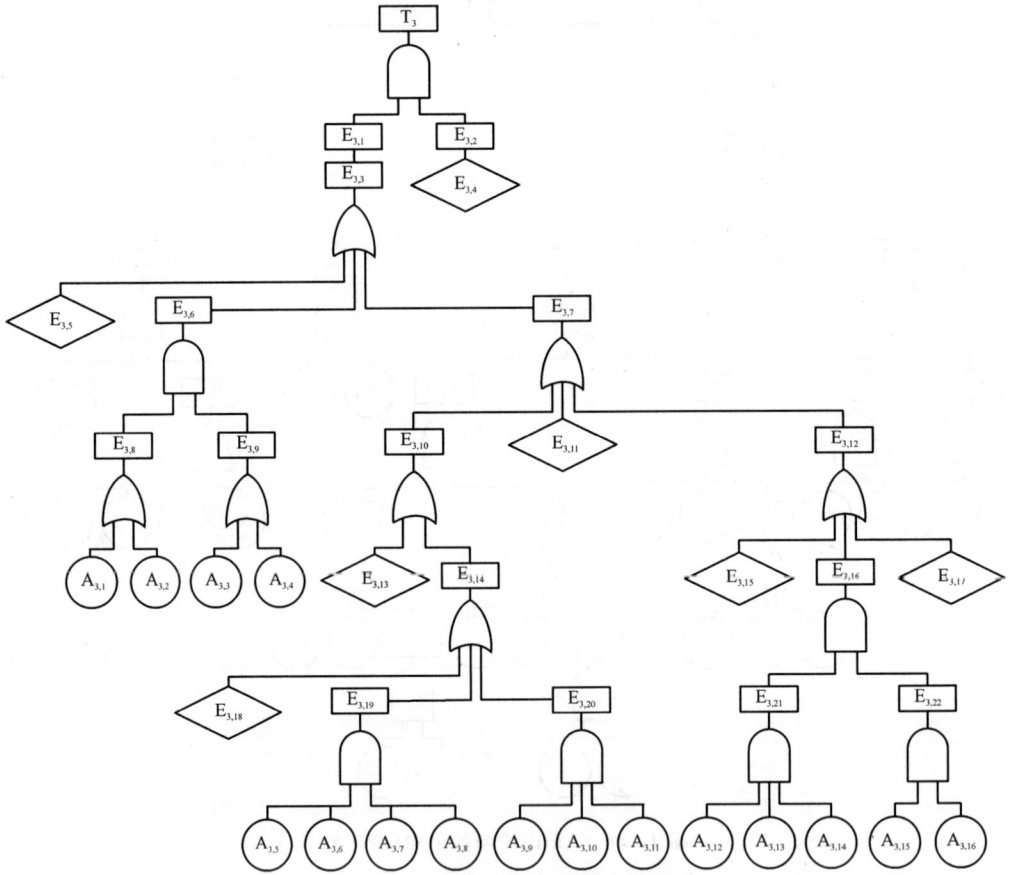

图 4 - 47　"滚转控制功能丧失"故障树

表 4 - 30　"无法控制的火灾"故障树的事件编号

事件名	事件编号	事件名	事件编号
无法控制的火灾	T_2	左发火警探测系统失效	$E_{2,11}$
发动机着火且不能控制	$E_{2,1}$	右发火警探测系统失效	$E_{2,12}$
APU 着火且不能控制	$E_{2,2}$	发动机油源、电源不可隔离	$E_{2,13}$
发动机着火	$E_{2,3}$	发动机执行机构失效	$E_{2,14}$
发动机无法灭火	$E_{2,4}$	APU 油源、电源不可隔离	$E_{2,15}$

事件名	事件编号	事件名	事件编号
APU 着火	$E_{2.5}$	APU 执行机构失效	$E_{2.16}$
APU 无法灭火	$E_{2.6}$	燃油箱损坏	$E_{2.17}$
发动机火警探测功能丧失	$E_{2.7}$	发动机左执行机构失效	$E_{2.18}$
发动机灭火操作失效	$E_{2.8}$	发动机右执行机构失效	$E_{2.19}$
APU 火警探测功能丧失	$E_{2.9}$	发动机灭火瓶损坏	$E_{2.20}$
APU 灭火操作失效	$E_{2.10}$	—	—
左发 1♯火警探测器损坏	$A_{2.1}$	左发燃油关断活门失效	$A_{2.12}$
左发 2♯火警探测器损坏	$A_{2.2}$	左发灭火管路被切断	$A_{2.13}$
右发 1♯火警探测器损坏	$A_{2.3}$	右发燃油关断活门失效	$A_{2.14}$
右发 2♯火警探测器损坏	$A_{2.4}$	右发灭火管路被切断	$A_{2.15}$
左翼燃油损坏	$A_{2.5}$	APU1♯火警探测器损坏	$A_{2.16}$
中央燃油损坏	$A_{2.6}$	APU2♯火警探测器损坏	$A_{2.17}$
右翼燃油损坏	$A_{2.7}$	尾部油箱损坏	$A_{2.18}$
发电机 1♯损坏	$A_{2.8}$	发电机 3♯损坏	$A_{2.19}$
发电机 2♯损坏	$A_{2.9}$	灭火瓶 3♯损坏	$A_{2.20}$
灭火瓶 1♯损坏	$A_{2.10}$	APU 燃油关断活门失效	$A_{2.21}$
灭火瓶 2♯损坏	$A_{2.11}$	APU 灭火管路被切断	$A_{2.22}$

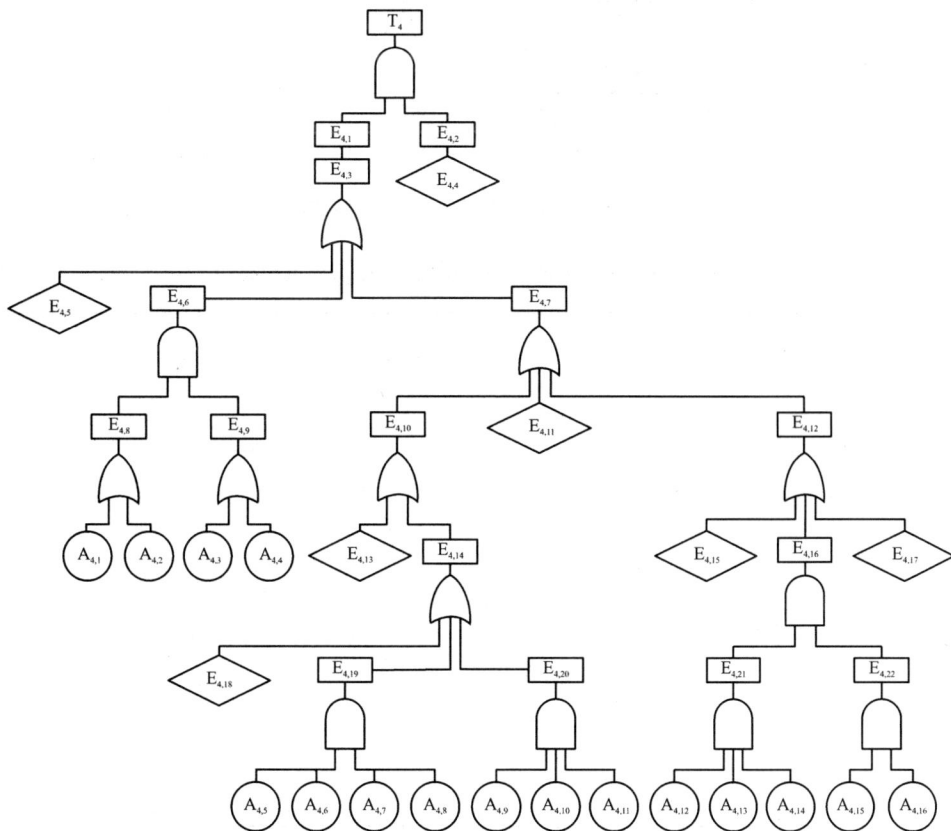

图 4-48　"俯仰控制功能丧失"故障树

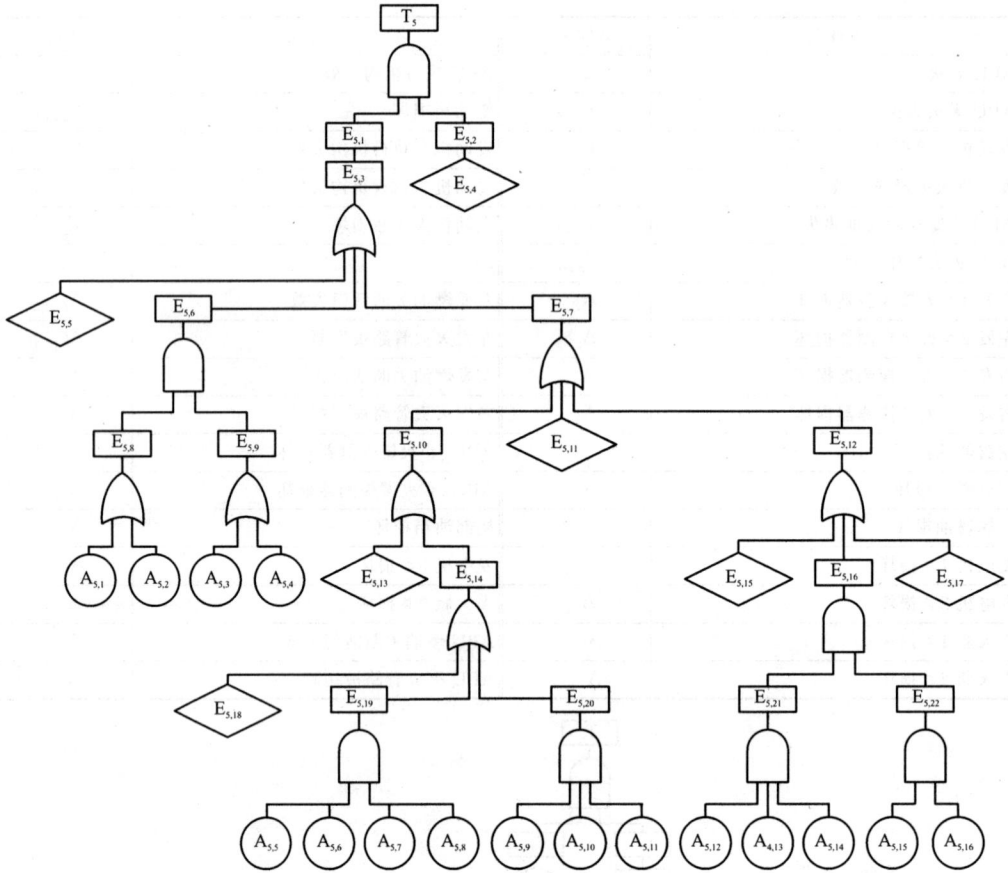

图 4 - 49　"偏航控制功能丧失"故障树

表 4 - 31　"无法控制的火灾"顶事件的最小割集

最小割集编号	最小割集所含元素	最小割集编号	最小割集所含元素
φ_{2-1}	$A_{2,1}$、$A_{2,2}$ $A_{2,3}$、$A_{2,4}$	φ_{2-10}	$A_{2,13}$、$A_{2,14}$
φ_{2-2}	$A_{2,5}$	φ_{2-11}	$A_{2,13}$、$A_{2,15}$
φ_{2-3}	$A_{2,6}$	φ_{2-12}	$A_{2,16}$、$A_{2,17}$
φ_{2-4}	$A_{2,7}$	φ_{2-13}	$A_{2,18}$
φ_{2-5}	$A_{2,8}$	φ_{2-14}	$A_{2,19}$
φ_{2-6}	$A_{2,9}$	φ_{2-15}	$A_{2,20}$
φ_{2-7}	$A_{2,10}$、$A_{2,11}$	φ_{2-16}	$A_{2,21}$
φ_{2-8}	$A_{2,12}$、$A_{2,14}$	φ_{2-17}	$A_{2,22}$
φ_{2-9}	$A_{2,12}$、$A_{2,15}$	—	—

表 4-32 "滚转控制功能丧失"故障树的事件编号

事件名	事件编号	事件名	事件编号
滚转控制功能丧失	T_3	左传动机构失效	$E_{3,8}$
完全丧失正常滚转能力	$E_{3,1}$	右传动机构失效	$E_{3,9}$
完全丧失辅助滚转能力	$E_{3,2}$	液压源失效	$F_{3,10}$
两个副翼丧失滚转控制功能	$E_{3,3}$	舵机本身失效	$E_{3,11}$
多功能扰流板丧失滚转控制功能	$E_{3,4}$	舵机输入信号丧失	$E_{3,12}$
两个副翼机构卡阻	$E_{3,5}$	系统过热	$E_{3,13}$
机械传动机构失效	$E_{3,6}$	液压系统故障	$E_{3,14}$
执行机构失效	$E_{3,7}$	飞行控制计算机本身故障	$E_{3,15}$
电源丧失	$F_{3,16}$	液压泵 2# 损坏	$A_{3,6}$
飞行控制计算机输入信号丧失	$E_{3,17}$	液压泵 3# 损坏	$A_{3,7}$
液压油泄露	$F_{3,18}$	液压泵 4# 损坏	$A_{3,8}$
液压泵失效	$E_{3,19}$	液压管路 1# 损坏	$A_{3,9}$
液压管路被切断	$E_{3,20}$	液压管路 2# 损坏	$A_{3,10}$
发电机损坏	$E_{3,21}$	液压管路 3# 损坏	$A_{3,11}$
电池损坏	$E_{3,22}$	发电机 1# 损坏	$A_{3,12}$
副翼控制线缆 1# 损坏	$A_{3,1}$	发电机 2# 损坏	$A_{3,13}$
副翼机械传动组件 1# 损坏	$A_{3,2}$	发电机 3# 损坏	$A_{3,14}$
副翼控制线缆 2# 损坏	$A_{3,3}$	主蓄电池损坏	$A_{3,15}$
副翼机械传动组件 2# 损坏	$A_{3,4}$	备用电池	$A_{3,16}$
液压泵 1# 损坏	$A_{3,5}$	—	—

表 4-33 "滚转控制功能丧失"顶事件的最小割集

最小割集编号	最小割集所含元素	最小割集编号	最小割集所含元素
φ_{3-1}	$A_{3,1}$、$A_{3,3}$	φ_{3-5}	$A_{3,5}$、$A_{3,6}$ $A_{3,7}$、$A_{3,8}$
φ_{3-2}	$A_{3,1}$、$A_{3,4}$	φ_{3-6}	$A_{3,9}$、$A_{3,10}$、$A_{3,11}$
φ_{3-3}	$A_{3,2}$、$A_{3,3}$	φ_{3-7}	$A_{3,12}$、$A_{3,13}$、$A_{3,14}$ $A_{3,15}$、$A_{3,16}$
φ_{3-4}	$A_{3,2}$、$A_{3,4}$	—	—

表 4 - 34　"俯仰控制功能丧失"故障树的事件编号

事件名	事件编号	事件名	事件编号
俯仰控制功能丧失	T_4	舵机输入信号丧失	$E_{4,11}$
丧失两个升降舵俯仰控制功能	$E_{4,1}$	系统过热	$E_{4,12}$
完全丧失辅助俯仰能力	$E_{4,2}$	液压系统故障	$E_{4,13}$
两个升降舵卡阻	$E_{4,3}$	飞行控制计算机本身故障	$E_{4,14}$
机械传动机构失效	$E_{4,4}$	电源丧失	$E_{4,15}$
执行机构失效	$E_{4,5}$	飞行控制计算机输入信号丧失	$E_{4,16}$
水平安定面丧失俯仰控制功能	$E_{4,6}$	液压油泄露	$E_{4,17}$
左传动机构失效	$E_{4,7}$	液压泵失效	$E_{4,18}$
右传动机构失效	$E_{4,8}$	液压管路被切断	$E_{4,19}$
液压源失效	$E_{4,9}$	发电机损坏	$E_{4,20}$
舵机本身失效	$E_{4,10}$	电池损坏	$E_{4,21}$
升降舵控制线缆1♯损坏	$A_{4,1}$	液压管路1♯损坏	$A_{4,9}$
升降舵机械传动组件1♯损坏	$A_{4,2}$	液压管路2♯损坏	$A_{4,10}$
升降舵控制线缆2♯损坏	$A_{4,3}$	液压管路3♯损坏	$A_{4,11}$
升降舵机械传动组件2♯损坏	$A_{4,4}$	发电机1♯损坏	$A_{4,12}$
液压泵1♯损坏	$A_{4,5}$	发电机2♯损坏	$A_{4,13}$
液压泵2♯损坏	$A_{4,6}$	发电机3♯损坏	$A_{4,14}$
液压泵3♯损坏	$A_{4,7}$	主蓄电池损坏	$A_{4,15}$
液压泵4♯损坏	$A_{4,8}$	备用电池损坏	$A_{4,16}$

表 4 - 35　"俯仰控制功能丧失"顶事件的最小割集

最小割集编号	最小割集所含元素	最小割集编号	最小割集所含元素
φ_{4-1}	$A_{4,1}$、$A_{4,3}$	φ_{4-5}	$A_{4,5}$、$A_{4,6}$ $A_{4,7}$、$A_{4,8}$
φ_{4-2}	$A_{4,1}$、$A_{4,4}$	φ_{4-6}	$A_{4,9}$、$A_{4,10}$、$A_{4,11}$
φ_{4-3}	$A_{4,2}$、$A_{4,3}$	φ_{4-7}	$A_{4,12}$、$A_{4,13}$、$A_{4,14}$ $A_{4,15}$、$A_{4,16}$
φ_{4-4}	$A_{4,2}$、$A_{4,4}$	—	—

表 4 - 36　"偏航控制功能丧失"故障树的事件编号

事件名	事件编号	事件名	事件编号
偏航控制功能丧失	T_5	右传动机构失效	$E_{5,8}$
方向舵丧失偏航控制能力	$E_{5,1}$	液压源失效	$E_{5,9}$

续表 4 - 36

事件名	事件编号	事件名	事件编号
完全丧失辅助偏航能力	$E_{5,2}$	舵机本身失效	$E_{5,10}$
方向舵卡阻	$E_{5,3}$	舵机输入信号丧失	$E_{5,11}$
机械传动机构失效	$E_{5,4}$	系统过热	$E_{5,12}$
执行机构失效	$E_{5,5}$	液压系统故障	$E_{5,13}$
副翼、多功能扰流板丧失偏航控制功能	$E_{5,6}$	飞行控制计算机本身故障	$E_{5,14}$
左传动机构失效	$E_{5,7}$	电源丧失	$E_{5,15}$
飞行控制计算机输入信号丧失	$E_{5,16}$	液压泵 2# 损坏	$A_{5,6}$
液压油泄露	$E_{5,17}$	液压泵 3# 损坏	$A_{5,7}$
液压泵失效	$E_{5,18}$	液压泵 4# 损坏	$A_{5,8}$
液压管路被切断	$E_{5,19}$	液压管路 1# 损坏	$A_{5,9}$
发电机损坏	$E_{5,20}$	液压管路 2# 损坏	$A_{5,10}$
电池损坏	$E_{5,21}$	液压管路 3# 损坏	$A_{5,11}$
方向舵控制线缆 1# 损坏	$A_{5,1}$	发电机 1# 损坏	$A_{5,12}$
方向舵机械传动组件 1# 损坏	$A_{5,2}$	发电机 2# 损坏	$A_{5,13}$
方向舵控制线缆 2# 损坏	$A_{5,3}$	发电机 3# 损坏	$A_{5,14}$
方向舵机械传动组件 2# 损坏	$A_{5,4}$	主蓄电池损坏	$A_{5,15}$
液压泵 1# 损坏	$A_{5,5}$	备用电池损坏	$A_{5,16}$

表 4 - 37　"偏航控制功能丧失"顶事件的最小割集

最小割集编号	最小割集所含元素	最小割集编号	最小割集所含元素
φ_{5-1}	$A_{5,1}$、$A_{5,3}$	φ_{5-5}	$A_{5,5}$、$A_{5,6}$ $A_{5,7}$、$A_{5,8}$
φ_{5-2}	$A_{5,1}$、$A_{5,4}$	φ_{5-6}	$A_{5,9}$、$A_{5,10}$、$A_{5,11}$
φ_{5-3}	$A_{5,2}$、$A_{5,3}$	φ_{5-7}	$A_{5,12}$、$A_{5,13}$ $A_{5,14}$、$A_{5,15}$、$A_{5,16}$
φ_{5-4}	$A_{5,2}$、$A_{5,4}$	—	—

对底事件进行规范化处理,得到部件信息规范化表,见表 4 - 38,通常包括转子信息、碎片类型、部件信息、底事件、飞散角、平动角、部件的飞散角范围和平动角范围干涉概率、部件失效概率等。平动角为转子以切向飞出后,在径向 360°范围内对部件产生干涉的角度;飞散角为转子以轴向飞出后,在轴向飞散角范围(记为 D,本案例为 6°)内对部件产生干涉的角度。根据碎片的飞散角与平动角相互独立且服从均匀分布的基本假设,可以得到平动角范围干涉概率 $P_x = \dfrac{|\alpha_1 - \alpha_2|}{360}$,飞散角范围干涉概率 $P_y = \dfrac{|\beta_1 - \beta_2|}{D}$,部件失效概率 $P_c = P_x P_y$。

表 4-38 右发高压涡轮第 1 级 1/3 轮盘碎片规范化表

部件编号	部件名称	底事件编号	平动角 α_1	平动角 α_2	飞散角 β_1	飞散角 β_2	平动角范围干涉概率 P_x	飞散角范围干涉概率 P_y	部件失效概率 P_c
	转子信息:右发高压涡轮第 1 级				碎片类型:1/3 轮盘碎片				
	制表人:×× ×				日期:××年××月××日				
c01	左翼增压泵 1#	$A_{1,1}$	271	278	3	2.8	0.019 444	0.033 333	0.000 648
c02	左翼增压泵 2#	$A_{1,2}$	271	278	−1	−1.2	0.019 444	0.033 333	0.000 648
c03	中央增压泵 1#	$A_{1,3}$	256	260	2.9	2.6	0.011 111	0.050 000	0.000 556
c04	中央增压泵 2#	$A_{1,4}$	256	260	−1.1	−1.4	0.011 111	0.050 000	0.000 556
c05	右翼增压泵 1#	$A_{1,5}$	270	274	3	2.8	0.011 111	0.033 333	0.000 370
c06	右翼增压泵 2#	$A_{1,6}$	270	274	−1	−1.2	0.011 111	0.033 333	0.000 370
c07	燃油交输活门	$A_{1,7}$	250	252	0	−0.1	0.005 556	0.016 667	0.000 093
c08	左发供油管路	$A_{1,8}$	254	272	2.8	2.7	0.050 000	0.016 667	0.000 833
c09	燃油交输总管	$A_{1,9}$	255	270	2.9	2.7	0.041 667	0.033 333	0.001 389
c10	右发供油管路	$A_{1,10}$	266	273	2.9	2.7	0.019 444	0.033 333	0.000 648
c11	左转速传感器	$A_{1,11}$	270	271	0.2	0.3	0.002 778	0.016 667	0.000 046
c12	左 EEC	$A_{1,12}$	272	273	0.1	0.15	0.002 778	0.008 333	0.000 023
c13	左燃油计量组件	$A_{1,13}$	271	273	0.3	0.33	0.005 556	0.005 000	0.000 028
c14	左可变定子叶片作动器	$A_{1,14}$	269	270	0.2	0.25	0.002 778	0.008 333	0.000 023
c15	右转速传感器	$A_{1,15}$	270	271	0.2	0.3	0.002 778	0.016 667	0.000 046
c16	右 EEC	$A_{1,16}$	272	273	0.1	0.15	0.002 778	0.008 333	0.000 023

| 转子信息:右发高压涡轮第 1 级 | | | | | 碎片类型:1/3 轮盘碎片 | | | | |
| 制表人:×××　 | | | | | 日期:××年××月××日 | | | | |
部件编号	部件名称	底事件编号	平动角 α_1	平动角 α_2	飞散角 β_1	飞散角 β_2	平动角范围干涉概率 P_x	飞散角范围干涉概率 P_y	部件失效概率 P_c
c17	右燃油计量组件	$A_{1,17}$	271	273	0.3	0.33	0.005 556	0.005 000	0.000 028
c18	右可变定子叶片作动器	$A_{1,18}$	269	270	0.2	0.25	0.002 778	0.008 333	0.000 023
c19	左发火警探测器 1#	$A_{1,19}$	277	277.1	2	1.8	0.000 278	0.033 333	0.000 009
c20	左发火警探测器 2#	$A_{1,20}$	277	277.2	2	1.9	0.000 556	0.016 667	0.000 009
c21	右发火警探测器 1#	$A_{2,3}$	279	280	1.9	1.8	0.002 778	0.016 667	0.000 046
c22	右发火警探测器 2#	$A_{2,4}$	280	281	2	1.8	0.002 778	0.033 333	0.000 093
c23	APU 火警探测器 1#	$A_{2,16}$	237	270	−10	−11	0.091 667	0.166 667	0.015 278
c24	APU 火警探测器 2#	$A_{2,17}$	237	265	−10	−12	0.077 778	0.333 333	0.025 926
c25	左翼燃油箱	$A_{2,5}$	250	275	2.3	1.6	0.069 444	0.116 667	0.008 102
c26	中央燃油箱	$A_{2,6}$	243	275	2.4	1.4	0.088 889	0.166 667	0.014 815
c27	右翼燃油箱	$A_{2,7}$	267	289	2.4	1.6	0.061 111	0.133 333	0.008 148
c28	尾部燃油箱	$A_{2,18}$	223	237	−10	15	0.038 889	0.833 333	0.032 407
c29	发电机 1#	$A_{2,8}$ $A_{3,12}$ $A_{4,12}$ $A_{5,12}$	272	282	−0.2	−0.3	0.027 778	0.016 667	0.000 463

转子信息:右发高压涡轮第1级					碎片类型:1/3 轮盘碎片				
制表人:×××					日期:××年××月××日				
部件编号	部件名称	底事件编号	平动角 α_1	平动角 α_2	飞散角 β_1	飞散角 β_2	平动角范围干涉概率 P_x	飞散角范围干涉概率 P_y	部件失效概率 P_c
c30	发电机 2#	$A_{2,9}$ $A_{3,13}$ $A_{4,13}$ $A_{5,13}$	275	287	−0.2	−0.32	0.033 333	0.020 000	0.000 667
c31	发电机 3#	$A_{2,19}$ $A_{3,14}$ $A_{4,14}$ $A_{5,14}$	249	263	−10	−14	0.038 889	0.666 667	0.025 926
c32	灭火瓶 1#	$A_{2,10}$	271	272	−0.2	−0.21	0.002 778	0.001 667	0.000 005
c33	灭火瓶 2#	$A_{2,11}$	275	277	−0.2	−0.22	0.005 556	0.003 333	0.000 019
c34	灭火瓶 3#	$A_{2,20}$	249	253	−10	−10.2	0.011 111	0.033 333	0.000 370
c35	左发燃油关断活门	$A_{2,12}$	275	275.2	1.72	1.69	0.000 556	0.005 000	0.000 003
c36	右发燃油关断活门	$A_{2,14}$	277	277.1	1.89	1.8	0.000 278	0.015 000	0.000 004
c37	APU 燃油关断活门	$A_{2,21}$	240	242	−10	−10.1	0.005 556	0.016 667	0.000 093
c38	左发灭火管路	$A_{2,13}$	230	273	2.4	1.9	0.119 444	0.083 333	0.009 954
c39	右发灭火管路	$A_{2,15}$	246	254	2.4	1.9	0.022 222	0.083 333	0.001 852
c40	APU 灭火管路	$A_{2,22}$	266	280	−11	−13	0.038 889	0.333 333	0.012 963
c41	主蓄电池	$A_{3,15}$ $A_{4,15}$ $A_{5,15}$	238	250	1	0.7	0.033 333	0.050 000	0.001 667
c42	备用电池	$A_{3,16}$ $A_{4,16}$ $A_{5,16}$	237	252	1	0.8	0.041 667	0.033 333	0.001 389
c43	副翼控制线缆 1#	$A_{3,1}$	252	260	3	−1	0.022 222	0.666 667	0.014 815

部件编号	部件名称	底事件编号	平动角 α_1	平动角 α_2	飞散角 β_1	飞散角 β_2	平动角范围干涉概率 P_x	飞散角范围干涉概率 P_y	部件失效概率 P_c
c44	副翼控制线缆 2#	$A_{3,3}$	228	247	3	−1	0.052 778	0.666 667	0.035 185
c45	副翼机械传动组件 1#	$A_{3,2}$	278	279	2	1.8	0.002 778	0.033 333	0.000 093
c46	副翼机械传动组件 2#	$A_{3,4}$	278	279	1.6	1.4	0.002 778	0.033 333	0.000 093
c47	升降舵控制线缆 1#	$A_{4,1}$	243	251	3	−3	0.022 222	1.000 000	0.022 222
c48	升降舵控制线缆 2#	$A_{4,3}$	227	241	3	−3	0.038 889	1.000 000	0.038 889
c49	升降舵机械传动组件 1#	$A_{4,2}$	278	280	−10	−10.1	0.005 556	0.016 667	0.000 093
c50	升降舵机械传动组件 2#	$A_{4,4}$	279	280	−10	−10.2	0.002 778	0.033 333	0.000 093
c51	方向舵控制线缆 1#	$A_{5,1}$	244	252	3	−3	0.022 222	1.000 000	0.022 222
c52	方向舵控制线缆 2#	$A_{5,3}$	225	239	3	−3	0.038 889	1.000 000	0.038 889
c53	方向舵机械传动组件 1#	$A_{5,2}$	280	281	−9	−9.2	0.002 778	0.033 333	0.000 093
c54	方向舵机械传动组件 2#	$A_{5,4}$	281	282	−9	−9.1	0.002 778	0.016 667	0.000 046
c55	液压泵 1#	$A_{3,5}$ $A_{4,5}$ $A_{5,5}$	252	263	2	1	0.030 556	0.166 667	0.005 093

转子信息:右发高压涡轮第 1 级 碎片类型:1/3 轮盘碎片

制表人:××× 日期:××年××月××日

续表 4 - 38

| 转子信息:右发高压涡轮第 1 级 | | | | | 碎片类型:1/3 轮盘碎片 | | | | |
| 制表人:×××| | | | | 日期:××年××月××日 | | | | |
部件编号	部件名称	底事件编号	平动角 α_1	平动角 α_2	飞散角 β_1	飞散角 β_2	平动角范围干涉概率 P_x	飞散角范围干涉概率 P_y	部件失效概率 P_c
c56	液压泵 2#	$A_{3,6}$ $A_{4,6}$ $A_{5,6}$	250	264	2	1	0.038 889	0.166 667	0.006 481
c57	液压泵 3#	$A_{3,7}$ $A_{4,7}$ $A_{5,7}$	221	241	−1	−2	0.055 556	0.166 667	0.009 259
c58	液压泵 4#	$A_{3,8}$ $A_{4,8}$ $A_{5,8}$	222	244	−1	−2	0.061 111	0.166 667	0.010 185
c59	液压管路 1#	$A_{3,9}$ $A_{4,9}$ $A_{5,9}$	250	290	3	−3	0.111 111	1.000 000	0.111 111
c60	液压管路 2#	$A_{3,10}$ $A_{4,10}$ $A_{5,10}$	227	244	3	−3	0.047 222	1.000 000	0.047 222
c61	液压管路 3#	$A_{3,11}$ $A_{4,11}$ $A_{5,11}$	228	246	3	−3	0.050 000	1.000 000	0.050 000

根据最小割集法,采用一阶近似计算得到顶事件"完全丧失发动机推力""无法控制的火灾""滚转控制功能丧失""俯仰控制功能丧失""偏航控制功能丧失"的发生概率分别为 0.000 093,0.104 370,0.000 788,0.001 132 和 0.001 131。

考虑到在不同的飞行阶段发生转子非包容事件的概率不同,定义飞行阶段影响因子 μ_f,其表示第 f 个飞行阶段发生转子非包容事件的概率。在 7 个不同飞行阶段(即 V_1 前的起飞、V_1 到第一次降低推力、爬升、巡航、下降、进近和着陆/复飞),基于统计数据,各飞行阶段影响因子可分别取为 0.35,0.20,0.22,0.14,0.03,0.02 和 0.04。此外,在不同的飞行阶段,顶事件发生不一定造成灾难性后果。定义顶事件影响因子 t_{if},表示第 i 个顶事件在第 f 个飞行阶段发生转子非包容事件后造成灾难性后果的概率。基于统计数据,上述 5 个顶事件的影响因子可分别取为

$$\begin{bmatrix} t_{1f} \\ t_{2f} \\ t_{3f} \\ t_{4f} \\ t_{5f} \end{bmatrix} = \begin{bmatrix} 1 & 1 & 0.4 & 0.2 & 0.4 & 0.4 & 0.8 \\ 1 & 0.9 & 0.9 & 0.8 & 0.9 & 0.9 & 0.6 \\ 0.8 & 1 & 1 & 0.2 & 0.4 & 0.6 & 1 \\ 1 & 1 & 1 & 0.2 & 0.8 & 0.9 & 1 \\ 1 & 1 & 0.8 & 0.2 & 0.4 & 0.8 & 1 \end{bmatrix}$$

因此,单个碎片的风险值 $P_I = \sum_{i=1}^{5} \left[\sum_{f=1}^{7} P(T_i) \mu_f t_{if} \right]$ 。针对某一碎片类型,计算所有发动机转子的单个碎片的风险值,然后对其取平均值,得到相应碎片类型的整机风险值 $P_A = \frac{1}{EK} \sum_{e=1}^{E} \sum_{k=1}^{K} P_{Ik}$,其中,$K$ 为发动机转子级的数目,本例为 10;E 为发动机数量,本例为 2。最终可以求出针对"1/3 轮盘碎片"类型的整机风险值 $P_A = 0.0328 < 0.05$,因此单个 1/3 轮盘碎片导致的整机风险概率不超过相应的风险标准,表明其符合整机的定量安全性要求。

4.9.3　发动机转子非包容失效的设计预防措施

国内外飞机适航规章中均对非包容转子失效提出安全性设计要求,要求必须采取设计预防措施将转子非包容失效对飞机造成的危害减至最小。主要的设计预防措施包括加强飞机和发动机的结构;将关键部件安置于碎片可能撞击的影响范围以外;对飞机关键部件或系统进行隔离、屏蔽保护及冗余设计。

(1) 增加发动机短舱蒙皮厚度

针对双发翼吊飞机,通过增加发动机短舱蒙皮厚度,分析 SINGL、DISK1 和 MULTI1 三种碎片对飞机灾难性风险概率的变化,判断增加蒙皮厚度带来的实际安全性效应。美国海军空中作战中心分析结果表明,通过增加发动机短舱厚度,灾难性风险概率将会降低,但并不是以线性方式降低。发动机短舱铝合金蒙皮厚度从原来 0.04 英寸①增长到 0.09 英寸时,DISK1 碎片的概率减少有限,但是若增加到 0.48 英寸厚度,灾难性风险概率降低到 0.6%,其他碎片类型的概率也有相对减少。

(2) 增加机身尾部的蒙皮厚度

美国海军空中作战中心还分析了增加机身尾部蒙皮厚度带来的影响,如表 4-39 所列,当铝蒙皮厚度从基准值的 0.032 英寸增加到 0.08 英寸,SINGL 碎片的灾难性风险概率减小 37.03%,其他类型碎片的灾难性风险概率也相对减小。值得注意的是,虽然 DISK1 碎片的灾难性风险概率只减小 2.09%,但实际上减小的概率值达到了 0.001。

通过上述两种情况可以发现,增加发动机短舱蒙皮厚度或机身尾部的蒙皮厚度可以显著降低发动机非包容性碎片的风险水平,但是增加厚度后发动机重量会增加。

---

① 1 英寸=2.54 厘米。

表 4 - 39　各机身尾部蒙皮厚度的风险概率

碎片类型	0.032 英寸	0.048 英寸		0.064 英寸		0.08 英寸	
		风险概率 P	$\frac{\Delta P}{P}$/%	风险概率 P	$\frac{\Delta P}{P}$/%	风险概率 P	$\frac{\Delta P}{P}$/%
DISK1	0.045 88	0.045 87	−0.02	0.045 81	−0.15	0.044 92	−2.09
MULTI1	0.068 53	0.066 12	−3.52	0.064 52	−5.85	0.061 48	−10.29
SINGL	0.009 62	0.008 38	−12.89	0.007 35	−23.60	0.006 06	−37.03

（3）重新布线燃油线路

燃油线路可以高效重新布线,利用机身结构提供天然保护,减小转子非包容失效的风险概率值。对原有燃油线路进行重新布线(以原有线路下移为例),分析 DISK1、MFRAG 和 SIN-GL 三种碎片飞机灾难性风险概率值的变化,判断重新布线的有效性。如表 4 - 40 所列,分析结果表明这种方法只对部分碎片起作用,SINGL 碎片的灾难性风险概率减小 13.54%,而其他碎片该值有所增加。因此,对燃油线路重新布线并不是理想的方法,实践中就采取直接布线的方式,通过增加燃油线路的挡板来降低风险值。

表 4 - 40　燃油线路重新布线后的风险概率

碎片类型	基准风险概率 P	燃油线路重新布线后的风险概率	风险概率差值 ΔP	$\frac{\Delta P}{P}$/%
DISK1	0.045 9	0.052 7	0.006 8	14.81
MFRAG	0.037 5	0.039 4	0.001 9	5.07
SINGL	0.009 6	0.008 3	−0.001 3	−13.54

（4）增加燃油管道隔板

通过增加两个隔板来保护燃油管道,一个隔板保护水平部分的燃油管道,另一个隔板保护垂直部分的燃油管道,从而降低风险概率值。分析 DISK1、MFRAG 和 SINGL 三种碎片飞机灾难性风险概率值的变化,判断增加燃油管道隔板的有效性。见表 4 - 41 所列,分析结果表明,对于 DISK1 碎片通过加装 0.22 英寸钛隔板,其风险概率值可降低 19.07%;对于 MFRAG 碎片通过加装 0.18 英寸钛隔板,其风险概率值可降低 26.65%;对于 SINGL 碎片通过加装 0.11 英寸钛隔板,其风险概率值可降低 39.14%。因此,通过加装隔板可以显著降低灾难性风险概率值。特别地,该方法引起不必要的重量增加量非常小,也容易实现对现有飞机进行安全性改装,故推荐采取该方法来提升安全性水平。

表 4 - 41　加装隔板后的风险概率

碎片类型	基准值	风险概率				
		0.08 英寸钛隔板	0.11 英寸钛隔板	0.18 英寸钛隔板	0.22 英寸钛隔板	0.24 英寸钛隔板
DISK1	0.045 88	−0.17%	−0.68%	−13.67%	−19.07%	−19.07%
MFRAG	0.037 45	−3.59%	−7.47%	−26.65%	−26.65%	−26.65%
SINGL	0.009 62	−37.77%	−39.14%	−39.14%	−39.14%	−39.14%

由此可知,除对燃油线路进行重新布线外,增加发动机短舱蒙皮厚度、增加机身尾部的蒙

皮厚度、增加燃油管道隔板 3 种改进方式均可以有效降低转子非包容失效导致的飞机灾难性风险概率。此外,还可以采取将关键系统或者部件冗余设计的方式来降低灾难性风险概率。

习　题

习题 4 - 1　试利用下行法和上行法求如图 4 - 50 所示故障树的最小割集。

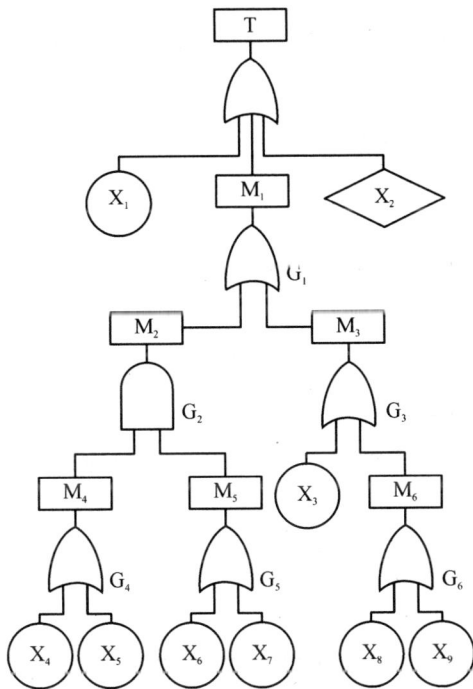

图 4 - 50

参考答案:下行法求最小割集步骤见表 4 - 42。

表 4 - 42

	步骤 1	步骤 2	步骤 3	步骤 4	步骤 5	步骤 6	步骤 7
	X_1	X_1	X_1	X_1	X_1	X_1	X_1
	M_1	M_2	M_4, M_5	M_4, M_5	X_4, X_5	X_4, X_6	~~X_4, X_6~~
	X_2	M_3	M_3	X_3	X_5, M_5	X_4, X_7	X_4, X_7
		X_2	X_2	M_6	X_3	X_5, X_6	~~X_5, X_6~~
T				X_2	M_6	X_5, X_7	X_5, X_7
					X_2	X_3	X_3
						X_6	X_6
						X_8	X_8
						X_2	X_2

因此，得到最小割集为$\{X_1\}$、$\{X_2\}$、$\{X_3\}$、$\{X_6\}$、$\{X_8\}$、$\{X_4，X_7\}$、$\{X_5，X_7\}$。

利用上行法，求最小割集：

（1）

$$M_4 = X_4 + X_5$$
$$M_5 = X_6 + X_7$$
$$M_6 = X_6 + X_8$$

（2）

$$M_2 = M_4 M_5 = (X_4 + X_5)(X_6 + X_7) = X_4 X_6 + X_4 X_7 + X_5 X_6 + X_5 X_7$$
$$M_3 = X_3 + M_6 = X_3 + X_6 + X_8$$

（3）

$$\begin{aligned} M_1 &= M_2 + M_3 \\ &= X_4 X_6 + X_4 X_7 + X_5 X_6 + X_5 X_7 + X_3 + X_6 + X_8 \\ &= X_4 X_7 + X_5 X_7 + X_3 + X_6 + X_8 \end{aligned}$$

（4）

$$T = X_1 + X_2 + M_1 = X_1 + X_2 + X_4 X_7 + X_5 X_7 + X_3 + X_6 + X_8$$

因此，得到最小割集为$\{X_1\}$、$\{X_2\}$、$\{X_3\}$、$\{X_6\}$、$\{X_8\}$、$\{X_4，X_7\}$、$\{X_5，X_7\}$。

习题 4 - 2　试利用下行法，求如图 4 - 51 所示故障树的最小割集。

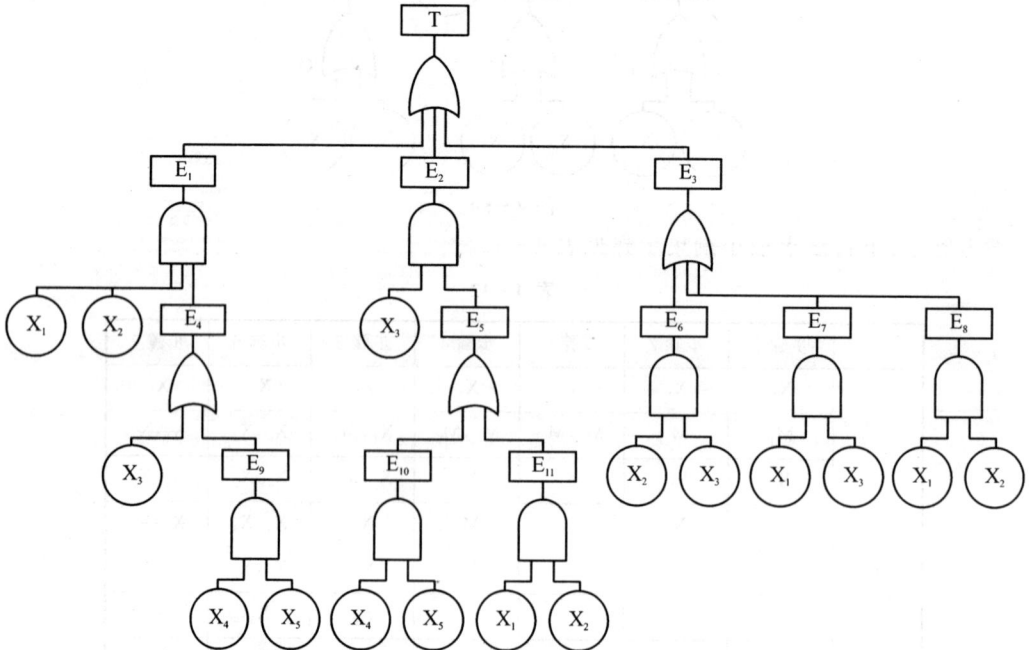

图 4 - 51

参考答案　下行法求最小割集步骤见表 4 - 43。

表 4 - 43

	步骤 1	步骤 2	步骤 3	步骤 4	步骤 5
T	E_1	X_1、X_2、E_4	X_1、X_2、X_3	X_1、X_2、X_3	~~X_1、X_2、X_3~~
	E_2	X_3、E_5	X_1、X_2、E_9	X_1、X_2、X_4、X_5	~~X_1、X_2、X_4、X_5~~
	E_3	E_6	X_3、E_{10}	X_3、X_4、X_5	X_3、X_4、X_5
		E_7	X_3、E_{11}	X_3、X_1、X_2	~~X_3、X_1、X_2~~
		E_8	X_2、X_3	X_2、X_3	X_2、X_3
			X_1、X_3	X_1、X_3	X_1、X_3
			X_1、X_2	X_1、X_2	X_1、X_2

因此,得到最小割集为$\{X_1、X_2\}$、$\{X_1、X_3\}$、$\{X_2、X_3\}$、$\{X_3、X_4、X_5\}$。

习题 4 - 3　已知某故障树如图 4 - 52 所示,各部件的寿命服从指数分布,且失效率为 $r_1=0.001/\text{h}$,$r_2=0.002/\text{h}$,$r_3=0.003/\text{h}$,试求当 100 h 时各部件的概率重要度和关键重要度。

参考答案　由各部件在 100 h 的失效概率分别为

$$f_1(100)=1-\text{e}^{-0.001\times100}=0.095\ 2$$

$$f_2(100)=1-\text{e}^{-0.002\times100}=0.181\ 3$$

$$f_3(100)=1-\text{e}^{-0.003\times100}=0.259\ 2$$

结构函数法求得顶事件发生概率为

$$f_s(t)=1-[1-f_1(t)][1-f_2(t)f_3(t)]$$
$$=1-\text{e}^{-0.001\times100}\times[1-(1-\text{e}^{-0.002\times100})\times(1-\text{e}^{-0.003\times100})]=0.137\ 7$$

因此,各部件的概率重要度分别和关键重要度分别为

$$\Delta g_1(100)=\frac{\partial f_s}{\partial f_1}=1-f_2(t)f_3(t)=1-(1-\text{e}^{-0.002\times100})\times(1-\text{e}^{-0.003\times100})=0.953\ 0$$

$$\Delta g_2(100)=\frac{\partial f_s}{\partial f_2}=[1-f_1(t)]f_3(t)=\text{e}^{-0.001\times100}\times(1-\text{e}^{-0.003\times100})=0.234\ 5$$

$$\Delta g_3(100)=\frac{\partial f_s}{\partial f_3}=[1-f_1(t)]f_2(t)=\text{e}^{-0.001\times100}\times(1-\text{e}^{-0.002\times100})=0.164\ 0$$

$$\Delta g_1^c(100)=\frac{f_1}{f_s}\Delta g_1=\frac{0.095\ 2}{0.137\ 7}\times0.953\ 0=0.658\ 9$$

$$\Delta g_2^c(100)=\frac{f_2}{f_s}\Delta g_2=\frac{0.1813}{0.1377}\times0.234\ 5=0.308\ 8$$

$$\Delta g_3^c(100)=\frac{f_3}{f_s}\Delta g_3=\frac{0.259\ 2}{0.137\ 7}\times0.164\ 0=0.308\ 7$$

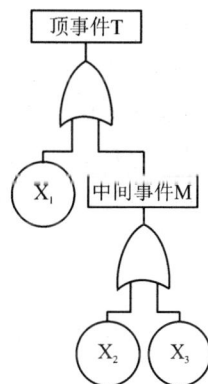

图 4 - 52

第5章 结构寿命可靠性评定与预测

5.1 疲劳载荷谱计数处理

飞机结构是一个复杂的静不定系统,由许多受力的部件和元件组成,存在多种破坏模式和许多破坏危险部位。飞机结构不是一个简单的串联系统或并联系统,其涉及元件间的受力相关性和局部破坏后的应力重新分配,飞机总体可靠性与局部危险部位可靠性的关系就很复杂。对于飞机的安全要求,应该保证总体可靠性。但在具体设计中,则要靠每一薄弱环节的可靠性来保证。因此,在飞机设计中,建立可靠性指标体系,进行可靠度预计和可靠度在各个薄弱环节中的分配是一个很重要但也是理论上很难的问题。

5.1.1 实测载荷谱

载荷谱是按照飞行谱飞行时飞机所承受的载荷情况,飞机的飞行大致需要经过以下几个过程:起飞滑行—爬升—巡航(各种机动飞行)—下降—着陆撞击—滑行。在每一飞行过程中,飞机都承受疲劳载荷,因此地面滑行载荷、突风载荷、机动载荷和着陆撞击载荷等,都是飞机疲劳载荷的组成部分,并且在每次飞行中,这些载荷的载荷水平各不相同。飞机这种由地面到空中,再由空中到地面的载荷水平的变化历程,通常称之为地—空—地载荷循环(见图5-1)。

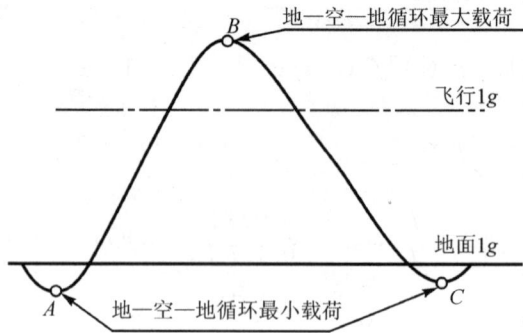

图 5 - 1 地—空—地载荷循环

飞机每次飞行中的疲劳载荷水平各不相同,造成作用在飞机结构上的交变应力大多随机变化,即应力大小随时间不规则地变化。飞机构件所承受的应力随时间的这种不规则变化历程就称为飞机构件的应力谱。图5-2是某民机机翼下突缘一次飞行的应力谱,它是根据该机种的一次飞行实测得到的。开始时,飞机在跑道上滑行,机翼受自重的作用,翼梁下突缘受压;

在滑行中由于跑道不平,飞机颠簸,机翼振动,翼梁下突缘的应力在平均压应力为 $s_m=-38$ MPa 上下变化。飞机由地面拉起,到一定高度转入平飞,这个上升阶段,平均应力由压应力 -38 MPa 增至相当于 $1g$ 的拉应力 100 MPa。在平飞中,由于突风和机动飞行的作用,应力在 100 MPa 的上下变化。由于燃油的消耗,平均拉应力(100 MPa)不断减小,但减小的幅度不大,设计中常略去。飞机准备下滑着陆时下放襟翼,此时,飞机阻力骤增,机翼受一突然升力,使翼梁下突缘受一突然拉应力,然后,飞机下滑到着陆后转入滑行,这个下降阶段,平均应力由 100 MPa 减至 -38 MPa。在这中间,当飞机轮子着陆瞬时受到撞击时,翼梁下突缘受一较大幅值的拉应力。下滑转入在跑道上滑行后的应力与起飞滑行阶段相似,这就是图 5-2 所示应力谱产生的过程。

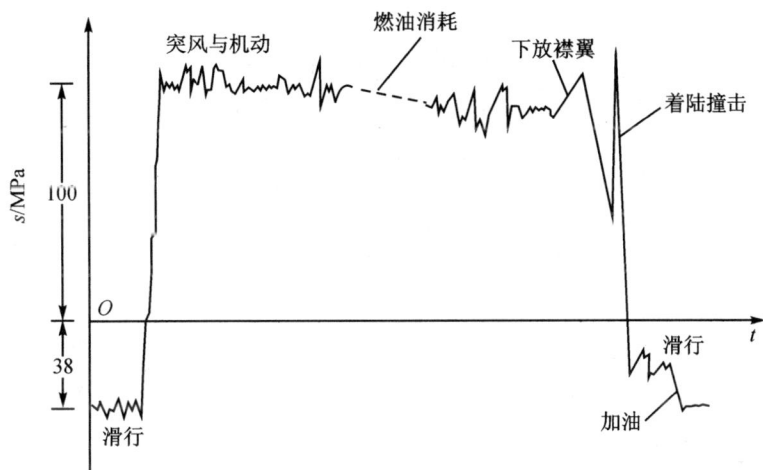

图 5-2　飞机结构应力谱

应力谱是对构件进行寿命估算与疲劳试验的先决条件。从图 5-2 所示的应力谱可以看出,应力谱不仅包含着应力的大小,而且包含着出现次数的多少。应该强调指出,由于飞行科目、气候条件、使用地区、航线与飞行员等各种复杂因素的变化,即使对于同一种飞机的同一构件,不同次飞行实测出的应力谱仍有显著的区别。用来进行安全寿命估算及疲劳试验的应力谱,应该是对该种飞机多次飞行实测结果进行统计分析而得到的。

结构或机器零件所承受的疲劳载荷或疲劳应力实际上为一连续的随机过程,图 5-3 所示为载荷的峰值和谷值随时间变化的情况,简称载荷-时间历程或应力-时间历程。为了确定产品的使用寿命,必须进行全尺寸结构或零件的疲劳试验。欲取得比较可靠的试验结果,疲劳试验应尽可能准确地模拟真实工作状态;然而,由于疲劳载荷的随机性,实际工作状态千变万化,并且由于加载设备条件的限制或者为了压缩试验时间,不得不将实测载荷进行简化,简化成能基本反映真实情况具有代表性的"典型载荷谱"或"典型应力谱"。以往的做法是简化成"程序加载",所谓程序加载指的是按一定程序施加不同大小的载荷循环(见图 5-4),其平均载荷是恒定的,每一周期由若干级恒幅载荷循环组成,同一级的载荷循环称为一个"程序块",每一周期内的程序块按一定图案排列,图 5-4 所示程序块谱属于低-高-低序列。当然,在每一周期内平均载荷也可同时分为若干级变化。

由实测载荷数据简化为典型载荷谱的过程称作"编谱"。编谱时,必须满足如下要求:
① 编制出的载荷谱应能真实地模拟结构在实际工作中所承受的循环载荷,以用于疲劳试

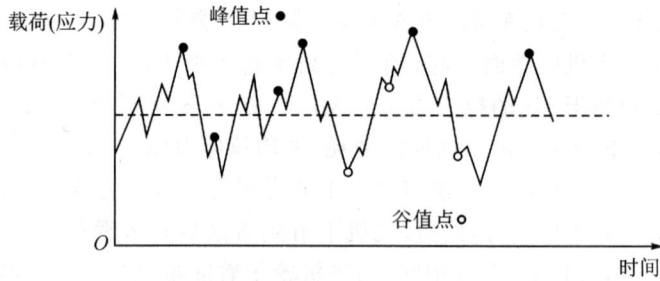

图 5-3　载荷-时间历程

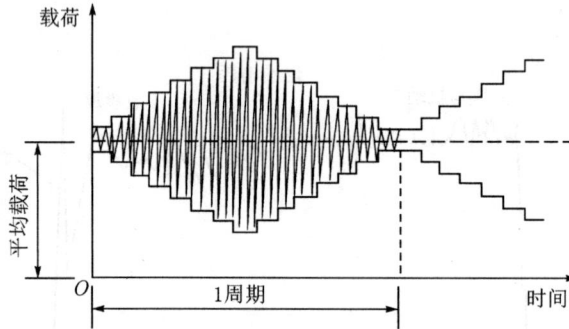

图 5-4　程序块谱

验和疲劳寿命评定。利用载荷谱进行全尺寸结构疲劳试验时,能精确地测定疲劳寿命,并能真实地揭示疲劳薄弱部位。在压缩试验时间施行加速试验时,应考虑到损伤等效的原则。

② 根据有限次数的实测数据,估计出整批产品的载荷变化规律,以取得具有代表性的典型谱,为此,需要借助统计方法,由子样推断母体,并赋予一定的置信度。

③ 对同一工况、各次重复实测采集的载荷-时间历程数据不尽相同,存在一定分散性。据此编制的载荷谱轻重程度应取决于结构定寿所采用的方法;但应注意,载荷谱过轻或过重都不能真实地展现结构疲劳薄弱部位。

④ 鉴于疲劳载荷或疲劳应力的循环由幅值和均值两个参数描述,编谱时应将幅值和均值作为二维随机变量处理。

⑤ 由于各种产品工作条件不同,载荷-时间历程的类型亦异,如歼击机的疲劳载荷主要是由机动动作引起的,而运输机则主要取决于突风和地-空-地循环;此外,结构疲劳损伤的部位和特点也各不相同,因此编谱工作应有一定的针对性。

5.1.2　雨流-回线法

将载荷-时间历程转化为一系列的载荷完整循环的过程叫作“计数法”,国内外已发展起来的计数法有十余种。从统计观点上看,计数法大体可分为两类:单参数法和双参数法。所谓单参数法指的是,只考虑载荷循环中的一个变量,譬如变程(相邻的峰值与谷值之差);而双参数法则同时考虑两个变量,即载荷幅值和均值。由于疲劳载荷本身固有的特性,对任一载荷循环,总需用两个参数来表示,而只采用单一参数表示一般不足以描绘载荷循环特征,可见单参数法有较大的缺陷。

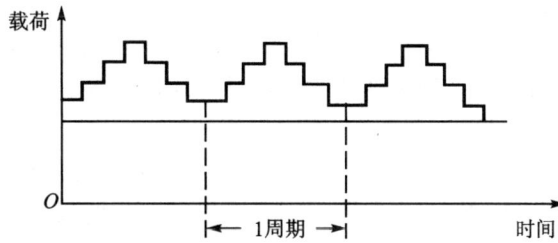

(a) 短周期程序加载(低–高–低序列)

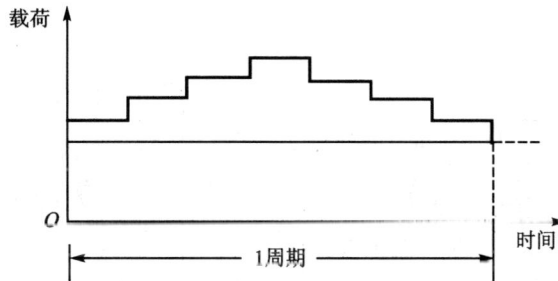

(b) 长周期程序加载(低–高–低序列)

图 5 - 5　疲劳载荷谱的加载类型

　　近代发展的以双参数法为基础的"雨流–回线法"较为先进,且在计数原则上有一定的力学依据,故小本节仅就此法加以阐述。还应指出,所有现行计数法(包括雨流法)均未计及载荷循环先后次序的影响,但载荷先后次序的影响总是存在的,如果将简化后的载荷谱的周期取得短一些(见图 5 - 5),则载荷先后次序对疲劳寿命的影响会减至最小程度,这一点已被荷兰国家宇航试验室的试验结果所证实。该试验使用的是含裂纹的试样,试验结果列于表 5 - 1 中,表中以随机加载下的裂纹扩展寿命作为 100%,从而给出其他程序加载下寿命的百分比。在长周期程序加载下,如采取每周期内先加高载再加低载的高–低序列,则裂纹扩展寿命将为随机加载的三倍以上。而在短周期程序加载下,其载荷序列对裂纹扩展寿命影响不大,很接近实际工作中的随机加载情况,它们之间的微小差异或许已为其分散性所掩盖。此外,在疲劳载荷波动不大的稳态循环下,载荷先后次序对疲劳寿命也无甚影响。

表 5 - 1　谱型对比试验的裂纹扩展寿命数据

载荷序列		裂纹扩展寿命 N^*/循环	百分比
随机加载		1 167 000	100 %
短周期程序加载 (40 循环/周期)	低–高序列	1 113 000	95 %
	低–高–低序列	1 197 000	103 %
	高–低序列	1 333 000	114 %
长周期程序加载 (40 000 循环/周期)	低–高–低序列	3 012 000	258 %
	高–低序列	3 639 000	312 %

最初,雨流-回线法是由 Matsuishi 和 Endo 等考虑了材料应力-应变行为而提出的一种计数法,该法认为塑性的存在是疲劳损伤的必要条件,并且其塑性性质表现为应力-应变的迟滞回环。一般情况下,虽然名义应力处于弹性范围,但从局部的、微观的角度看来,塑性变形仍然存在。如图 5-6(a)所示的应变-时间历程,其对应的循环应力-应变曲线见图 5-6(b)。由图可见两个小循环 2-3-2′、5-6-5′和一个大循环 1-4-7 分别构成两个小的和一个大的迟滞回环。如果疲劳损伤以此为标志,并且假定一个大变程所引起的损伤不受为完成一个小的迟滞回环而截断的影响,则可逐次将构成较小迟滞回环的较小循环从整个应变-时间历程中提取出来,重新加以组合,这样,图 5-6(a)所示应变-时间历程将简化为图 5-7 所示的形式,而且可认为两者对材料引起的疲劳损伤是等效的。

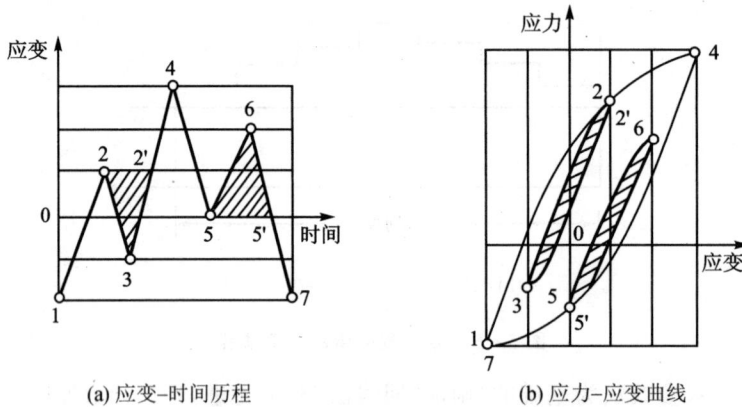

(a) 应变-时间历程　　　　(b) 应力-应变曲线

图 5-6　应变-时间历程与应力-应变曲线

雨流-回线法即基于上述原理进行计数(见图 5-8),取时间为纵坐标,垂直向下,载荷-时间历程形如宝塔屋顶,设想雨滴以峰、谷为起点,向下流动。根据雨滴流动的迹线,确定载荷循环,雨流法的名称即由此得来。为实现其计数原理,特作如下规定:首先,从某一点 0 开始(见图 5-8),凡起始于波谷的雨流遇到比它更低的谷值(代数值)便停止,例如起始于波谷 0 的雨流止于波谷 f 的水平线,因为波谷 f 的谷值(代数值)比波谷 0 的谷值要低。类似地,凡起始于波峰的雨流遇到比它更高的峰值便停止,例如起

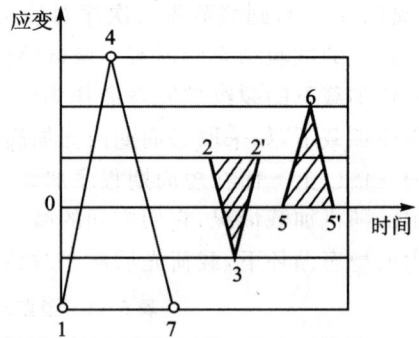

图 5-7　独立的应变-时间历程

始于波峰 a 的雨流止于波峰 e 的水平线。另外,在雨滴流动过程中,凡遇到上面流下的雨滴时也就停止,例如起始于波峰 c 的雨流止于 b′;起始于波谷 d 的雨流止于 a′。这样,根据雨滴流动的起点和终点,可勾画出一系列完整的循环,如 b-c-b′和 a-d-a′等。最后,将所有完整的循环逐个提取出来,记录下它们的峰值和谷值。因为在图 5-8 中只取了很小一段载荷-时间历程,所以图中还包括"未完"的雨流。

经过这样的计数后,最终会遗留下发散-收敛波(见图 5-9(a))。按雨流法计数原则,此种波形无法再构成完整的循环,因此需要采取其他的措施。一种简便可行的方法是,在最高波

峰 a 或最低波谷 b 处将波形截成两段,使左段起点与右段末点相接,构成收敛-发散波(见图 5-9(b)),此时,雨流-回线法计数原则可继续使用,直至记录完毕。

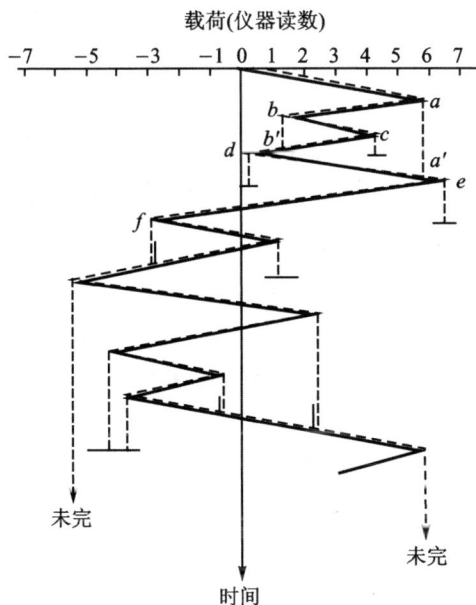

图 5-8　载荷-时间历程及其雨流计数

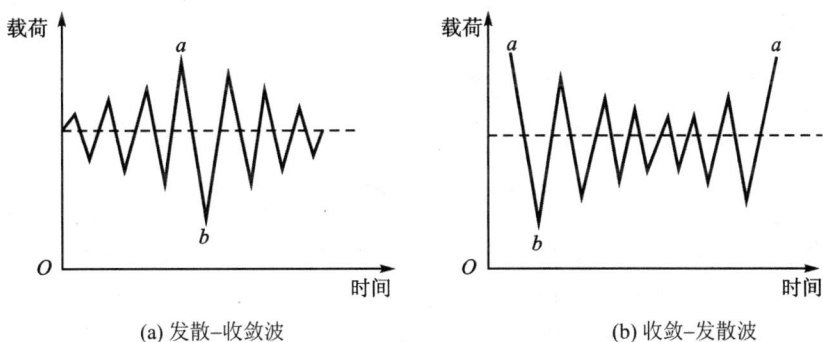

(a) 发散-收敛波　　　　　　　　　　(b) 收敛-发散波

图 5-9　发散-收敛波与收敛-发散波

任一实测载荷-时间历程(见图 5-10)通常由图 5-11 所示的两类代表性载荷循环波形组成,波形上 4 个连续峰谷值点 A、B、C 和 D 的数值满足:

$$|x_C - x_B| \leqslant |x_B - x_A| \tag{5-1}$$

$$|x_C - x_B| \leqslant |x_D - x_C| \tag{5-2}$$

采用雨流-回线法计数处理,可以提取出图 5-11 中阴影所示的载荷循环,提取出的独立载荷循环的幅值与均值分别为

$$s_a = \frac{|x_C - x_B|}{2} \tag{5-3}$$

$$s_m = \frac{x_C + x_B}{2} \tag{5-4}$$

　　根据雨流-回线法计数原理发展出的疲劳载荷谱的载荷循环判识准则(式(5-1)和式(5-2))及载荷循环提取公式(5-3)和式(5-4),简便可行,易于计算机编程处理。

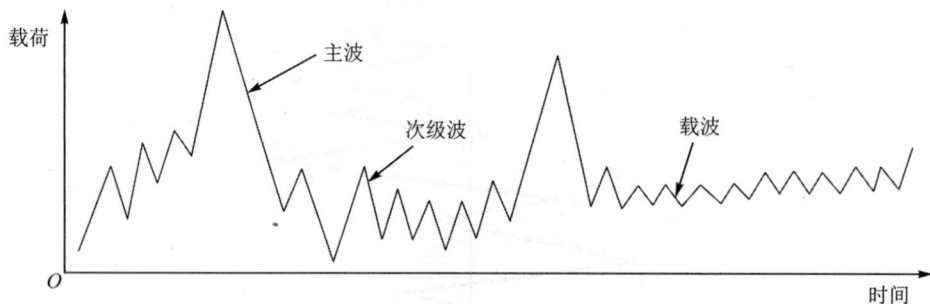

图 5-10　实测载荷-时间历程

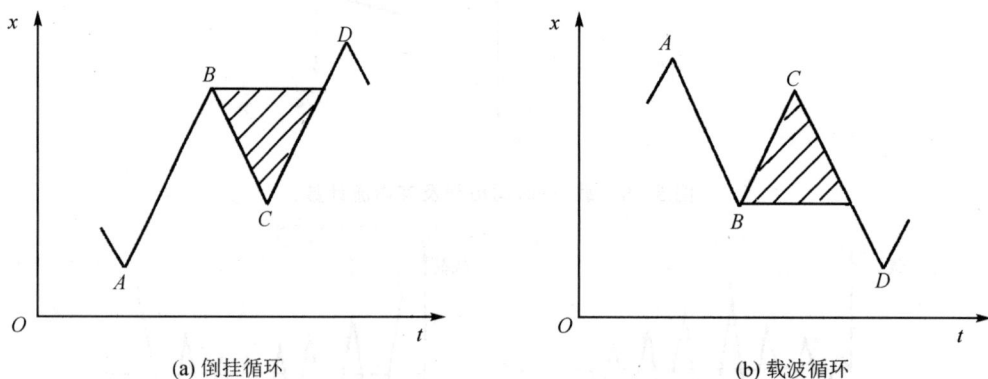

图 5-11　代表性载荷循环波形

　　从最终会遗留下的发散-收敛波(见图5-12)的迟滞回线图(见图5-13)可以看到,封闭迟滞回线循环2-3、5-5、6-7和开口迟滞回线循环1-8-9-10、10-11-12、12-13-14、15-15-16,这意味着只有载荷循环2-3、5-5和6-7能得以提取,而无法提取载荷循环1-8-9-10、10-11-12、12-13-14和15-15-16。按照前述发散-收敛波的计数原理,在最高波峰点(见图5-12上点8)或最低波谷点(见图5-12上点9)处将波形截成两段,使左段起点与右段末点相接,构成收敛-发散波(见图5-14);此时,从其迟滞回线图(见图5-15)上可见所有迟滞回线均封闭,这意味着可以提取出所有载荷循环(见图5-16),最后只剩一个独立载荷循环(见图5-17)。由此可见,收敛-发散波得以全部提取。

　　对于任一发散-收敛波(见图5-18),根据上述计数原理,可得到收敛-发散波(见图5-19),那么,对于图5-18和图5-19所示波形上4个任意连续峰谷值点 $j=i-1,i,i+1,i+2$,其载荷数值满足下列关系式:

$$(s_{i-1} - s_{i+1})(s_{i+2} - s_i) > 0 \qquad (5-5)$$

$$s_i - s_{i+1} > 0 \qquad (5-6)$$

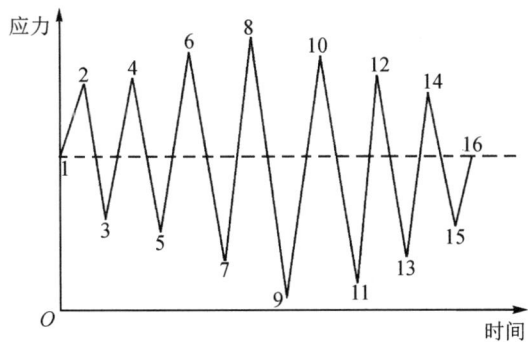

图 5 - 12　发散-收敛波

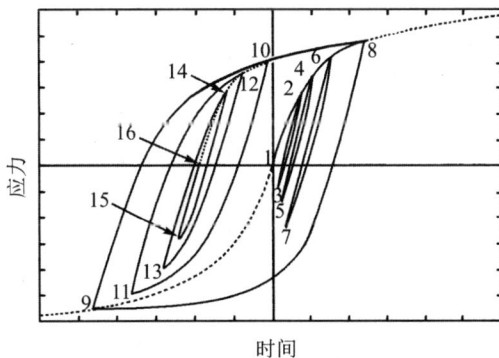

图 5 - 13　发散-收敛波迟滞回线

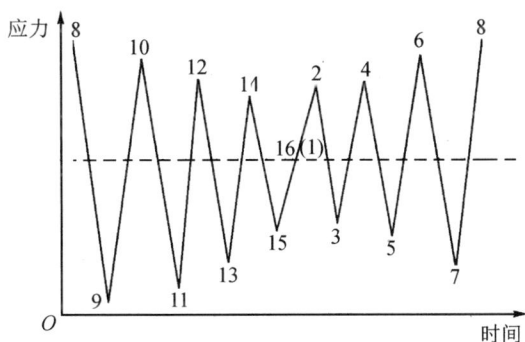

图 5 - 14　收敛-发散波

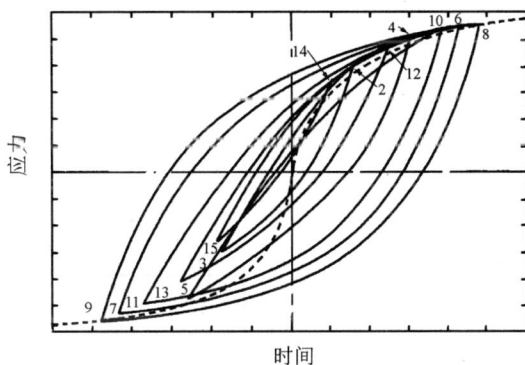

图 5 - 15　收敛-发散波迟滞回线

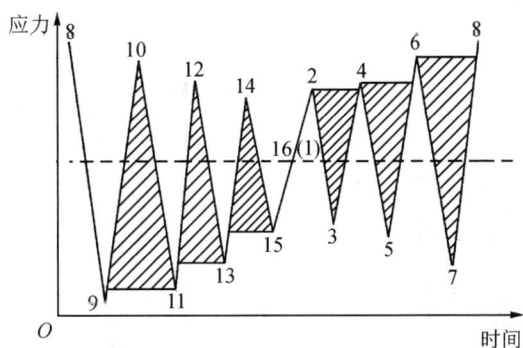

图 5 - 16　提取的载荷循环

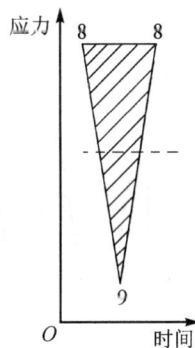

图 5 - 17　最后载荷循环

　　然后,采用雨流-回线法,可以提取出全部载荷循环(见图 5 - 20 和图 5 - 21),提取出的独立载荷循环的幅值与均值分别为

$$s_a = \frac{|s_{i+1} - s_i|}{2} \qquad (5-7)$$

$$s_m = \frac{s_{i+1} + s_i}{2} \qquad (5-8)$$

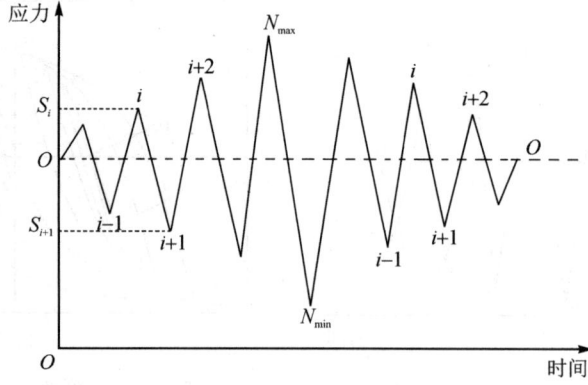

图 5-18　发散-收敛波

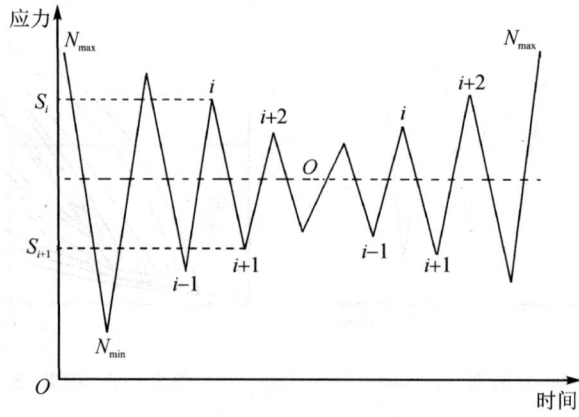

图 5-19　收敛-发散波

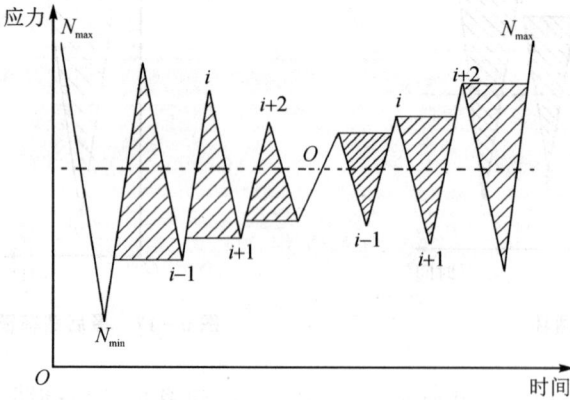

图 5-20　提取的载荷循环

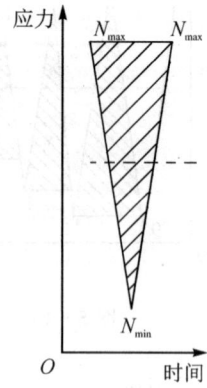

图 5-21　最后载荷循环

5.1.3　波动中心法

应将载荷幅值和均值视为二维随机变量,但在工程应用中,国内外常常采取所谓"波动中心"法,将其简化为一维随机变量问题。波动中心为所有载荷循环均值的总平均值,以波动中心作为载荷循环的静力成分,幅值作为动力成分,将幅值叠加于波动中心之上,这样,把波动中心视为固定参数,代替所有载荷循环均值,就无须考虑均值的分布了。

利用雨流计数结果中的载荷或应力均值数值,很容易求得总平均值 $\bar{M}$,即波动中心 $\bar{M}$;再考虑幅值的分布,将幅值分组,幅值组限由幅值的中值确定,幅值 s_a 遵循何种概率分布视具体情况而定,常用的概率分布有:正态分布和威布尔分布,即

$$f(s_a) = \frac{1}{\sigma\sqrt{2\pi}} e^{-\frac{(s_a-\mu)^2}{2\sigma^2}} \tag{5-9}$$

$$f(s_a) = \frac{b}{A_a - A_0}\left(\frac{s_a - A_0}{A_a - A_0}\right)^{b-1} \exp\left[-\left(\frac{s_a - A_0}{A_a - A_0}\right)^b\right] \tag{5-10}$$

式中,A_0 为最小幅值;A_a 为特征参数;b 为形状参数。

最新研究结果发现,对于某些机械动力部件,有时正态分布、威布尔分布或其他常用概率分布均与实测载荷谱数据不符,从而提出一种"半正态分布",半正态概率密度函数为

$$f(s_a) = \frac{\sqrt{2}}{\sigma_1\sqrt{\pi}} e^{-\frac{(s_a-\mu_1)^2}{2\sigma_1^2}}, \quad (\mu_1 \leqslant s_a < \infty) \tag{5-11}$$

半正态概率密度曲线及其直方图见图 5-22,此处 μ_1 和 σ_1 并非半正态分布的母体平均值和标准差。由图 5-22 可见,母体参数 μ_1 估计量 $\hat{\mu}_1$ 应等于 A 点横坐标值。计算母体参数 σ_1 估计量 $\hat{\sigma}_1$ 时,以过 A 点垂线为对称轴,设想在此轴左方存在完全相同的对称直方图,这样,数据点个数 n 将增大一倍,子样大小为 $2n$,据此可求得估计量 $\hat{\sigma}_1$。

$$\begin{cases} \hat{\mu}_1 = \min\{s_{a1}, s_{a2}, \cdots, s_{an}\} \\ \hat{\sigma}_1 = \sqrt{\dfrac{2\sum\limits_{i=1}^{n}(s_{ai}-\hat{\mu}_1)^2}{2n-1}} \end{cases} \tag{5-12}$$

5.1.4　变均值法

波动中心法一般适用于对称型载荷-时间历程(见图 5-23(a)),如汽车和拖拉机等转轴的受载情况。但是,实践经验表明,对于非对称型载荷-时间历程(见 5-23(b)),如飞机或直升机部件受载情况,简化结果与实际情况相距甚远。其主要问题在于波动中心法以统一的总平均值 $\bar{M}$ 代替所有载荷循环的均值,这样必然造成过分失真,因此还应考虑载荷均值的变化,从而提出了变均值法。

变均值法是以相同的幅值作为一组,采用各个"组平均值"。利用雨流-回线计数法的处理

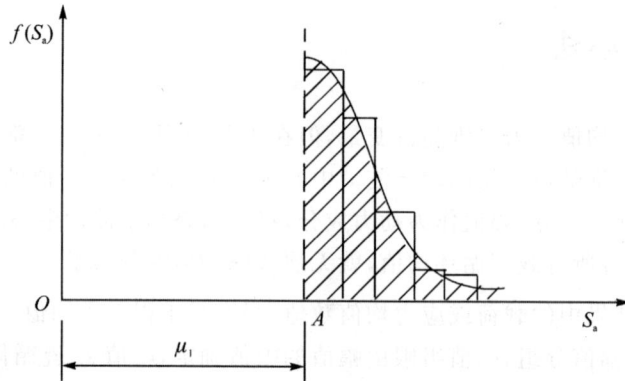

图 5 - 22　半正态概率密度曲线

结果,可以列出幅值-均值频数表(见表 5 - 2),表中按幅值大小共分 9 组,每一列中频数的和即组频数。组平均值为以频数为权的加权平均值,如第 4 组的组平均值等于

$$\frac{13\times7+43\times9+52\times11+16\times13}{13+43+52+16}=10.145$$

这样,根据表 5 - 2 中数据,可得组平均值随幅值的变化曲线,以取代总平均值;再将幅值迭加于组平均值曲线之上。

表 5 - 2　二维疲劳载荷分组数据

均　　值	幅　　值								
	1	2	3	4	5	6	7	8	9
6	11	0	25	0	8	0	0	0	0
7	0	33	0	13	0	17	0	0	0
8	30	0	54	0	33	0	12	0	0
9	0	72	0	43	0	9	0	10	0
10	45	0	68	0	42	0	27	0	4
11	0	64	0	52	0	19	0	11	0
12	32	0	57	0	14	0	8	0	2
13	0	48	0	16	0	0	0	0	0
14	18	0	11	0	0	0	0	0	0
15	0	7	0	0	0	0	0	0	0
组频数	136	224	215	124	97	45	47	21	6
组平均值	10.235	10.321	9.767	10.145	9.278	9.089	9.83	10.048	10.667

最新研究指出,雨流-回线计数法和变均值法的联用效果甚佳。将实测随机载荷与经雨流-回线计数处理后编制的变均值程序块谱,施加于等同的各个试样,做对比试验,试验结果列于表 5 - 3 中。由表可以看出,采用随机载荷谱与短周期变均值块谱试验,二者测得的疲劳寿命符合很好,无显著差异。由此可得出结论:按雨流-回线法计数,采取短周期变均值程序加载,

(a) 对称型载荷–时间历程

(b) 非对称型载荷–时间历程

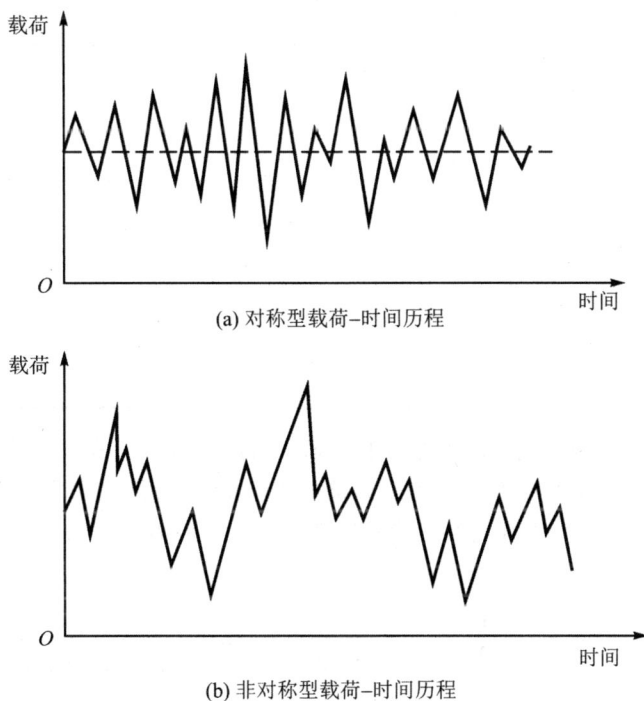

图 5 - 23　载荷–时间历程

则载荷先后次序和过载迟滞效应等影响可忽略不计。此处，短周期指的是在试验寿命中周期总数大于 100。该法能真实地模拟构件所承受的随机载荷，适用于室内疲劳试验。

表 5 - 3　谱型对比试验数据

谱型寿命	试件序号	随机载荷谱	短周期变均值块谱	长周期变均值块谱
裂纹形成寿命 N/循环	1	44 700	56 500	55 700
	2	56 000	48 500	82 300
	3	47 800	54 800	73 300
	4	60 600	46 000	65 300
	5	58 200	48 100	85 000
	6	56 100		82 000
	平均值	53 900	50 780	74 000
裂纹扩展寿命 N^*/循环	1	61 400	30 000	55 300
	2	25 070	30 800	41 700
	3	22 500	33 900	47 700
	4	25 000	32 600	41 200
	5	25 400	32 500	49 700
	6	21 900		59 100
	平均值	30 212	31 960	49 117

谱型寿命	试件序号	随机载荷谱	短周期变均值块谱	长周期变均值块谱
全寿命/循环	1	106 100	86 500	111 000
	2	81 070	79 300	124 000
	3	70 300	88 700	121 000
	4	85 600	78 600	106 500
	5	83 600	80 600	134 700
	6	78 000		141 500
	平均值	84 112	82 740	123 117

　　研究结果表明,应力幅值 s_a 通常遵循半正态分布或三参数威布尔分布,而应力均值 s_m 则通常遵循三参数威布尔分布或正态分布。如果应力幅值 s_a 遵循三参数威布尔分布,应力遵循 s_m 服从正态分布,且应力幅值与应力均值相互独立,则疲劳应力的二维概率密度函数(见图 5 - 24)为

$$f(s_a, s_m) = \frac{b}{A_a - A_0} \cdot \left(\frac{s_a - A_0}{A_a - A_0}\right)^{b-1} \cdot \frac{1}{\sigma\sqrt{2\pi}} \cdot \exp\left\{-\left[\left(\frac{s_a - A_0}{A_a - A_0}\right)^b + \frac{(s_m - \mu)^2}{2\sigma^2}\right]\right\}$$

$$(5 - 13)$$

式中,μ、σ、A_0、A_a、b 为待定参数。

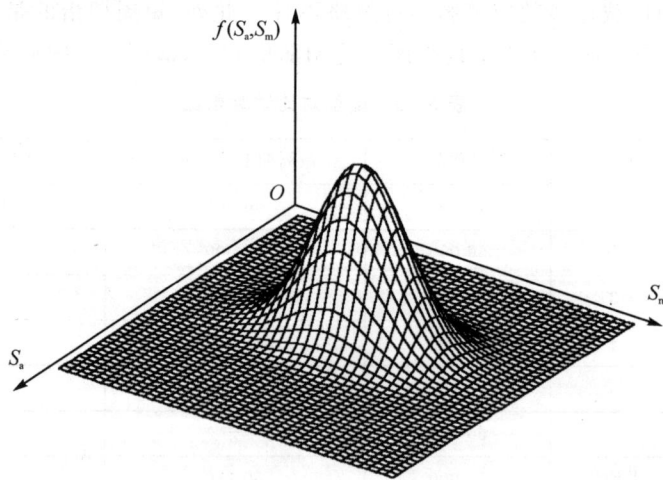

图 5 - 24　威布尔分布和正态分布的二维概率密度曲面

　　如果应力幅值 s_a 遵循半正态分布,应力均值 s_m 遵循正态分布,且二者相互独立,则疲劳应力的二维概率密度函数(见图 5 - 25)为

$$f(s_a, s_m) = \frac{1}{\pi\sigma_1\sigma_2} \cdot \exp\left\{-\frac{1}{2}\left[\left(\frac{s_a - \mu_1}{\sigma_1}\right)^2 + \left(\frac{s_m - \mu_2}{\sigma_2}\right)^2\right]\right\}$$

$$(5 - 14)$$

式中,μ_1 和 σ_1 均为半正态分布的母体参数;μ_2 和 σ_2 分别为正态分布的母体平均值与标准差。

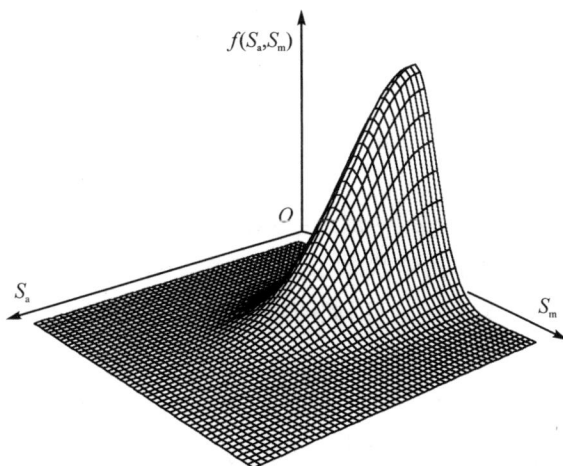

图 5 - 25　半正态分布和正态分布的二维概率密度曲面

5.2　疲劳断裂性能的可靠性

5.2.1　定量方程随机化方法

由于疲劳试样个体的差异性,疲劳试验结果被当作随机变量,用以研究疲劳损伤与疲劳寿命的分散性,通过统计推断,分析其平均趋势。随着裂纹尺寸测量技术的发展,时变和状变的随机过程理论也用于描述疲劳裂纹扩展规律,以分析单个试样的局部差异性和裂纹扩展数据的随机性。通常情况下,对确定性疲劳性能和裂纹扩展性能模型随机化,以表征各种影响因素的随机扰动,随机因子可以是随机变量,也可以是时变或状变随机过程,据此得到疲劳性能和裂纹扩展随机微分方程,求解方程便能得到方程的概率解。但是,这需要大量的具有统计意义的试验数据,确定这些随机方程的随机参数,而许多情况下,由于时间和经费的限制,不可能提供大样本试验数据,因此发展基于小子样数据的随机模型方法,测定疲劳与断裂可靠性性能刻不容缓。

前面所述的疲劳性能与裂纹扩展性能模型几乎都是幂函数式,可以表示为普遍表达式:

$$\Gamma = C\left[F(\lambda_1,\lambda_2,\cdots,\lambda_k;\theta_1,\theta_2,\cdots,\theta_l)\right]^m \tag{5-15}$$

式中,Γ 为疲劳寿命或裂纹扩展速率等变量;$\lambda_1,\lambda_2,\cdots,\lambda_k$ 为疲劳应力水平、应力强度因子水平和裂纹长度等状态变量;$C,m,\theta_1,\theta_2,\cdots,\theta_l$ 为待定参数。

对式(5-15)随机化,可得

$$\Gamma = C\left[F(\lambda_1,\lambda_2,\cdots,\lambda_k;\theta_1,\theta_2,\cdots,\theta_l)\right]^m W(\lambda_1,\lambda_2,\cdots,\lambda_k) \tag{5-16}$$

式中,随机因子 $W(\lambda_1,\lambda_2,\cdots,\lambda_k)$ 是非负的稳态对数正态状变随机过程,其均值和标准差分别为 1.0 和 σ_w。

式(5-16)的对数表达式为

$$\ln\varGamma = \ln C + m \cdot \ln F(\lambda_1,\lambda_2,\cdots,\lambda_k;\theta_1,\theta_2,\cdots,\theta_l) + \ln W(\lambda_1,\lambda_2,\cdots,\lambda_k) \quad (5-17)$$

令 $y = \ln\varGamma$，$x = \ln F(\lambda_1,\lambda_2,\cdots,\lambda_k;\theta_1,\theta_2,\cdots,\theta_l)$，$Z(\lambda_1,\lambda_2,\cdots,\lambda_k) = \ln W(\lambda_1,\lambda_2,\cdots,\lambda_k)$，$b_1 = \ln C$，$b_2 = m$，则 $Z(\lambda_1,\lambda_2,\cdots,\lambda_k)$ 为正态状变随机过程，其均值和标准差分别为 0 和 σ_z，且

$$\sigma_z = \sqrt{\ln(1+\sigma_w^2)} \quad (5-18)$$

于是，式(5-17)可写为

$$y = b_1 + b_2 x + Z(\lambda_1,\lambda_2,\cdots,\lambda_k) \quad (5-19)$$

由式(5-19)可以看出，对于给定状态变量 $(\lambda_1,\lambda_2,\cdots,\lambda_k)$，随机过程 y 是正态随机变量，其均值和标准差分别为 $b_1 + b_2 x$ 和 σ_z，因此随机变量 y 的概率密度函数和似然函数分别为

$$f(y) = \frac{1}{\sigma_z \cdot \sqrt{2\pi}} \cdot \exp\left[-\frac{1}{2\sigma_z^2}(y-b_1-b_2 x)^2\right] \quad (5-20)$$

$$L(b_1,b_2,\theta_1,\theta_2,\cdots,\theta_l,\sigma_z) = \prod_{i=1}^{n}\left\{\frac{1}{\sigma_z\sqrt{2\pi}} \cdot \exp\left[-\frac{1}{2\sigma_z^2}(y_i-b_1-b_2 x_i)^2\right]\right\} \quad (5-21)$$

式中，n 为子样大小。

式(5-21)的自然对数表达式为

$$\ln L = -n \cdot \ln\sigma_z - \frac{n}{2} \cdot \ln(2\pi) - \frac{1}{2\sigma_z^2} \cdot \sum_{i=1}^{n}(y_i-b_1-b_2 x_i)^2 \quad (5-22)$$

根据极大似然原理，由式(5-22)可导出下列似然方程组：

$$\frac{\partial(\ln L)}{\partial b_1} = \sum_{i=1}^{n} y_i - nb_1 - b_2\sum_{i=1}^{n} x_i = 0 \quad (5-23)$$

$$\frac{\partial(\ln L)}{\partial b_2} = \sum_{i=1}^{n} x_i y_i - b_1\sum_{i=1}^{n} x_i - b_2\sum_{i=1}^{n} x_i^2 = 0 \quad (5-24)$$

$$\frac{\partial(\ln L)}{\partial\sigma_z} = n \cdot \sigma_z^2 - \sum_{i=1}^{n}(y_i-b_1-b_2 x_i)^2 = 0 \quad (5-25)$$

联立式(5-23)~式(5-25)，得

$$b_1 = \bar{y} - b_2\bar{x} \quad (5-26)$$

$$b_2 = \frac{L_{xy}}{L_{xx}} \quad (5-27)$$

$$\sigma_z = \sqrt{\frac{Q}{n}} \quad (5-28)$$

式中，

$$\bar{x} = \frac{1}{n} \cdot \sum_{i=1}^{n} x_i \quad (5-29)$$

$$\bar{y} = \frac{1}{n}\sum_{i=1}^{n} y_i \quad (5-30)$$

$$Q = \sum_{i=1}^{n}(y_i-b_1-b_2 x_i)^2 \quad (5-31)$$

$$L_{xx} = \sum_{i=1}^{n} x_i^2 - \frac{1}{n} \cdot \left(\sum_{i=1}^{n} x_i\right)^2 \quad (5-32)$$

$$L_{xy} = \sum_{i=1}^{n} x_i y_i - \frac{1}{n} \cdot \left(\sum_{i=1}^{n} x_i\right)\left(\sum_{i=1}^{n} y_i\right) \qquad (5-33)$$

由式(5-26)~式(5-28)可以看出,待定常数 b_1、b_2 和 σ_z 均为待定常数 $\theta_1,\theta_2,\cdots,\theta_l$ 的函数,需要先确定 $\theta_1,\theta_2,\cdots,\theta_l$ 的解,再确定待定常数 b_1、b_2 和 σ_z 的值。通过数值求解方程(5-31)的极小值,可以确定 $\theta_1,\theta_2,\cdots,\theta_l$ 值;最后,再根据式(5-26)~式(5-28),可得到 b_1、b_2 和 σ_z 的值。

5.2.2 疲劳/裂纹扩展性能可靠性模型

由于材料的疲劳性能 $S-N$ 曲线的形状有很大的差异,特别是铝合金材料,即使是同类型材料的 $S-N$ 曲线也常常差别很大。因此,寻求统一的 $S-N$ 曲线的近似表达式困难很大。目前,广泛使用的 $S-N$ 曲线的经验公式有以下 4 种。

(1)幂函数表达式

$$S_a^m N = C \qquad (5-34)$$

式中,m 和 C 是两个常数,与材料性质、试样形式和加载方式等有关,由试验确定。

式(5-34)表示在给定应力比 r 或平均应力 S_m 的条件下,应力幅 S_a 与寿命 N 之间的幂函数关系。式(5-34)也常用于表达 S_{max} 与 N 之间的关系,即

$$S_{max}^m N = C \qquad (5-35)$$

(2)指数函数表达式

$$e^{mS_{max}} N = C \qquad (5-36)$$

式中,e 是自然对数的底;m 和 C 同样是由试验确定的两个材料常数。

式(5-36)表示在给定应力比 r 或平均应力 S_m 的条件下,最大应力 S_{max} 与寿命 N 之间的指数函数关系。

(3)三参数幂函数表达式

$$(S_{max} - S_0)^m N = C \qquad (5-37)$$

或

$$S_{max} = S_\infty \left(1 + \frac{A}{N^a}\right) \qquad (5-38)$$

式中,S_0,m,C,A,α 和 S_∞ 均为材料常数,且它们之间存在以下关系:$C = (A \cdot S_\infty)^{1/a}$,$m = 1/\alpha$,$S_0 = S_\infty$。$S_0$ 和 S_∞ 相当于 $N \to \infty$ 时的疲劳强度 S_{max},可近似代表疲劳极限。

(4)四参数幂函数表达式

$$\left(\frac{S_u - S_0}{S_{max} - S_0}\right) = 10^{C(\lg N)^m} \qquad (5-39)$$

式中,S_0,m,C 和 S_u 均为材料常数,其中,m 为形状参数,S_0 为拟合疲劳极限,S_u 为拟合屈服极限。

式(5-39)具有如下物理性质:当 $N=1$ 时,$S_{max} = S_u$;当 $N = \infty$ 时,$S_{max} = S_0$;疲劳寿命 N 随疲劳应力 S_{max} 变大而缩短,S_{max} 越大,N 越短。

　　幂函数式(5-34)、式(5-35)和指数函数表达式(5-36)只限于表示中等寿命区 S-N 曲线,而三参数幂函数表达式(5-37)和式(5-38)可表示中、长寿命区 S-N 曲线,并且后者有 3 个待定常数,拟合精度要比前面三式高;四参数幂函数表达式(5-39)则可以表示全寿命范围 S-N 曲线,并且它有 4 个待定常数,可以更精确地拟合各数据点,显然,具有较大优越性。

　　采用上述的定量方程随机化方法,可以确定式(5-37)中 C,m,S_0 和 σ_z 的值。根据式(2-66),可知对数安全疲劳寿命 $y_p = \mu + u_p \sigma$ 的估计量 $\hat{y}_p$:

$$\hat{y}_p = \bar{y} + u_p \hat{k} \sigma_z \tag{5-40}$$

将式(5-37)代入式(5-40),得

$$\ln N_p = \ln C - m \cdot \ln(S_{\max} - S_0) + u_p \cdot \hat{k} \sigma_z \tag{5-41}$$

　　式(5-41)变换后变为

$$N_p \cdot (S_{\max} - S_0)^m = C \cdot \exp\left[u_p \hat{k} \sigma_z\right] \tag{5-42}$$

　　式(5-42)即为定量方程随机化方法确定的可靠度为 p 对应的疲劳性能 S-N 曲线。当可靠度 $p = 50\%$ 时,式(5-42)退化为式(5-37)。

　　需要指出的是,根据式(5-40),由小子样数据确定的正态随机变量 y 的 p 分位值估计值 $\hat{y}_p$ 与母体真值存在偏差,因此需要分析小子样统计结果的置信度。置信度与子样大小(样本容量)密切相关,子样越大,相同置信区间所包含的置信度越高(统计分析的估计值的置信度越高),或同样置信度所对应的置信区间越小(即估计值更接近母体真值);反之亦然。在大子样情况下,统计分析的估计值接近于母体真值,而无需考虑置信度问题。

　　由式(2-126)可知,可靠度为 p、置信度为 γ 对应的对数疲劳裂纹扩展寿命的单侧置信下限 $\hat{y}_{p\gamma}$ 为

$$\hat{y}_{p\gamma} = (\bar{y} + u_p \hat{k} \sigma_z) - t_\gamma \sigma_z \sqrt{\frac{1}{n} + u_p^2 (\hat{k}^2 - 1)} \tag{5-43}$$

　　将式(5-37)代入式(5-43),变换后得

$$N_{p\gamma} \cdot (S_{\max} - S_0)^m = C \cdot \exp\left\{\sigma_z \cdot \left[\hat{k} u_p - t_\gamma \sqrt{\frac{1}{n} + u_p^2 (\hat{k}^2 - 1)}\right]\right\} \tag{5-44}$$

　　式(5-44)称为可靠度为 p、置信度为 γ 对应的疲劳性能 S-N 曲线。当置信度 $\gamma = 50\%$ 时,式(5-44)退化为式(5-42);当可靠度 $p = 50\%$、置信度 $\gamma = 50\%$ 时,式(5-44)进一步退化为式(5-37)。

　　通常情况下,疲劳裂纹扩展速率是应力强度因子 ΔK、应力比 r、材料厚度、环境等因素的非负函数,表达式如下。

Paris-Erdogan 公式:

$$\frac{\mathrm{d}a}{\mathrm{d}N} = C(\Delta K)^n \tag{5-45}$$

Trantina-Johnson 公式:

$$\frac{\mathrm{d}a}{\mathrm{d}N} = C(\Delta K - \Delta K_{\mathrm{th}})^n \tag{5-46}$$

Walker 公式:

$$\frac{\mathrm{d}a}{\mathrm{d}N} = C(\Delta K)^n (1 - r)^m \tag{5-47}$$

Forman 公式：

$$\frac{\mathrm{d}a}{\mathrm{d}N} = C\frac{(\Delta K)^n}{(1-r)K_{\mathrm{C}} - \Delta K} \tag{5-48}$$

广义 Forman 公式：

$$\frac{\mathrm{d}a}{\mathrm{d}N} = C\left[\left(\frac{1-f_0}{1-r}\right)\Delta K\right]^{m_1} \frac{\left(1-\dfrac{\Delta K_{\mathrm{th}}}{\Delta K}\right)^{m_2}}{\left[1-\dfrac{\Delta K}{(1-r)K_{\mathrm{C}}}\right]^{m_3}} \tag{5-49}$$

其中，

$$f_0 = \begin{cases} \max(r, a_0 + a_1 r + a_2 r^2 + a_3 r^3) & r \geqslant 0 \\ a_1 r + a_2 r^2 & -2 \leqslant r < 0 \end{cases}$$

$$a_0 = (0.825 - 0.34\alpha_0 + 0.05\alpha_0^2)\left[\cos\left(\frac{\pi S_{\max}}{2\sigma_0}\right)\right]^{1/\alpha_0}$$

$$a_1 = (0.415 - 0.071\alpha_0)\frac{S_{\max}}{\sigma_0}$$

$$a_2 = 1 \quad u_0 \quad u_1 \quad u_3$$

$$a_3 = 2a_0 + a_1 - 1$$

$$\sigma_0 = \frac{\sigma_{\mathrm{s}} + \sigma_{\mathrm{b}}}{2}$$

式中，$\mathrm{d}a/\mathrm{d}N$ 表示裂纹扩展速率；C，n，m，m_1，m_2 和 m_3 为材料常数；ΔK 为应力强度因子；r 为应力比；ΔK_{th} 为断裂门槛值；K_{C} 为材料的平面应力断裂韧性，随厚度而变化，但对于常用的薄板厚度（如 $1.0 \sim 2.5$ mm），K_{C} 可近似认为只与材料有关；f_0 是疲劳裂纹张开函数；α_0 为约束因子，对于平面应力状态，$\alpha_0 = 1$，对于平面应变状态，$\alpha_0 = 3$；σ_0 为流动应力；σ_{s} 为材料的屈服极限；σ_{b} 为材料的强度极限。

在上述裂纹扩展速率模型中，Paris 模型，即式（5-45），能够有效表征在指定应力比加载下的稳定（线性）扩展区内的裂纹扩展性能，但不能描述全范围扩展区内的裂纹扩展性能；Trantina-Johnson 模型，即式（5-46）是 Paris 函数的修正模型，考虑了断裂门槛值的影响，可以表征近门槛区和稳定扩展区内的裂纹扩展性能，但没有考虑应力比效应；Walker 模型，即式（5-47），同样是 Paris 修正模型，考虑了应力比效应的影响，可以表征不同应力比加载下的稳定扩展区的裂纹扩展性能，但不能描述近门槛区的裂纹扩展性能；Forman 模型，即式（5-48），可以表征不同应力比加载下的稳定扩展区和快速扩展区内的裂纹扩展性能，而不适用于近门槛区内的裂纹扩展性能；广义 Forman 模型，即式（5-49），考虑了断裂门槛值、平面应力状态下的断裂韧性和应力比的影响，可以表征全范围内的裂纹扩展性能，具有较高的拟合精度，但模型需要大量试验数据确定待定的 4 个参数，这限制了 Forman 模型在工程上的应用。

同样地，采用式（5-42）和式（5-44）的类似推导方法与步骤，由式（5-45）和式（5-49），可分别导出疲劳裂纹随机扩展的概率表达式。

概率 Paris-Erdogan 模型：

$$\left(\frac{\mathrm{d}a}{\mathrm{d}N}\right)_p = C \cdot (\Delta K)^m \cdot \exp\left[u_p \hat{k}\sigma_z\right] \tag{5-50}$$

$$\left(\frac{\mathrm{d}a}{\mathrm{d}N}\right)_{p\gamma}=C\cdot(\Delta K)^m\cdot\exp\left\{\sigma_z\cdot\left[\hat{k}u_p+t_\gamma\sqrt{\frac{1}{n}+u_p^2(\hat{k}^2-1)}\right]\right\}\qquad(5-51)$$

概率广义 Forman 模型：

$$\left(\frac{\mathrm{d}a}{\mathrm{d}N}\right)_p=C\left[\left(\frac{1-f_0}{1-r}\right)\Delta K\right]^{m_1}\frac{\left(1-\frac{\Delta K_{\mathrm{th}}}{\Delta K}\right)^{m_2}}{\left[1-\frac{\Delta K}{(1-r)K_{\mathrm{C}}}\right]^{m_3}}\cdot\exp\left[u_p\hat{k}\sigma_z\right]\qquad(5-52)$$

$$\left(\frac{\mathrm{d}a}{\mathrm{d}N}\right)_{p\gamma}=C\left[\left(\frac{1-f_0}{1-r}\right)\Delta K\right]^{m_1}\frac{\left(1-\frac{\Delta K_{\mathrm{th}}}{\Delta K}\right)^{m_2}}{\left[1-\frac{\Delta K}{(1-r)K_{\mathrm{c}}}\right]^{m_3}}\cdot\exp\left\{\sigma_z\cdot\left[\hat{k}u_p+t_\gamma\sqrt{\frac{1}{n}+u_p^2(\hat{k}^2-1)}\right]\right\}$$

$$(5-53)$$

例 5-1　现有 6 个直升机桨叶根部连接件，连接件由耳片、螺栓和桨叶大梁组成，耳片和螺栓材料为 40CrNiMoA 合金钢，桨叶大梁为 LD_2 铝合金。疲劳试验在 MTS880/500kN 疲劳试验机上进行，试验环境为大气室温，加载频率为 10 Hz，加载应力比 $r=0.1$。全部 6 个试样随机取样，依次分别进行最大应力为 352 MPa、387 MPa、423 MPa、458 MPa、493 MPa 和 528 MPa 的恒幅载荷疲劳试验，试验结果如图 5-26 所示。根据式（5-26）～式（5-33），由图 5-26 中数据，获得 $S-N$ 曲线参数：

$$m=3.72,\quad C=5.39\times10^{13},\quad S_0=217,\quad \sigma_z=0.15$$

查统计用表，可得

$$u_{0.99}=-2.326,\quad t_{0.95}(v=5)=0.727,\quad \hat{k}(n=6)=1.051$$

根据式（5-44）可知，可靠度分别为 50% 和 99%，置信度为 50% 对应的概率疲劳 $S-N$ 曲线为

$$N=5.39\times10^{13}\cdot(S-217.0)^{-3.72}$$
$$N=3.08\times10^{13}\cdot(S-217.0)^{-3.72}$$

且可靠度分别为 50% 和 99%，置信度为 95% 对应的概率疲劳 $S-N$ 曲线为

$$N=4.49\times10^{13}\cdot(S-217.0)^{-3.72}$$
$$N=2.70\times10^{13}\cdot(S-217.0)^{-3.72}$$

上述概率疲劳 $S-N$ 曲线如图 5-26 所示。由图可知，计算曲线与试验数据吻合良好，概率曲线趋势也很理想。

例 5-2　3 个 40CrNiMo 合金钢材料的 CT 试样用于测定材料的裂纹扩展速率，试样厚度为 15 mm，宽度为 80 mm。试验在 MTS880/50 kN 疲劳试验机上进行，试验环境为大气室温，加载频率为 20Hz，加载应力比 $r=0.1$，试验结果如图 5-27 所示。同样地，根据式（5-26）～式（5-33），由图 5-27 中数据，获得概率 $\mathrm{d}a/\mathrm{d}N-\Delta K$ 曲线参数：

$$m=2.9471,\quad C=1.556\times10^{-4},\quad \sigma_z=0.1313$$

同样，查统计用表，可得

$$u_{0.99}=-2.326,\quad t_{0.95}(v=5)=0.816,\quad \hat{k}(n=6)=1.086$$

根据式（5-40）可知，可靠度分别为 50% 和 99%，置信度为 50% 对应的概率 $\mathrm{d}a/\mathrm{d}N-\Delta K$ 曲线为

$$\mathrm{d}a/\mathrm{d}N=1.556\times10^{-4}\cdot(\Delta K)^{2.9471}$$

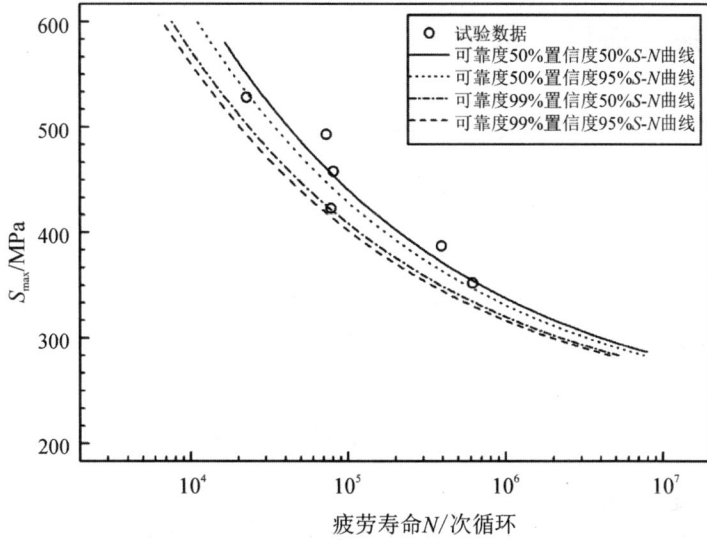

图 5 - 26　疲劳试验数据与概率 S - N 曲线

$$da/dN = 1.761 \times 10^{-4} \cdot (\Delta K)^{2.9471}$$

且可靠度分别为 50％ 和 99％,置信度为 95％ 对应的概率 $da/dN - \Delta K$ 曲线为

$$da/dN = 2.112 \times 10^{-4} \cdot (\Delta K)^{2.9471}$$

$$da/dN = 2.336 \times 10^{-4} \cdot (\Delta K)^{2.9471}$$

上述概率 $da/dN - \Delta K$ 曲线如图 5 - 27 所示,同样可以发现,计算曲线与试验数据吻合良好。应该指出的是,高置信度对应的分析结果更保守,对工程设计更安全。

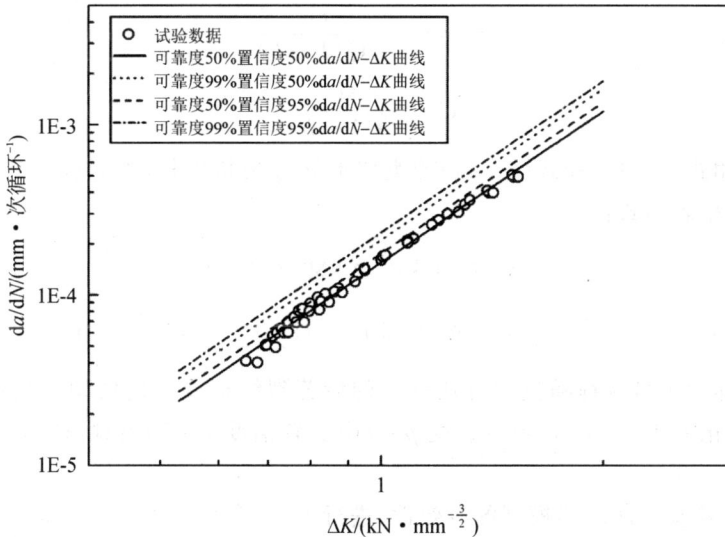

图 5 - 27　试验数据与概率 $da/dN - \Delta K$ 曲线

5.2.3　谱载疲劳裂纹扩展随机模型

用于表述复杂谱载下裂纹扩展的最简单模型为

$$\frac{\mathrm{d}a}{\mathrm{d}t} = C(\Delta K)^m \tag{5-54}$$

其中,

$$\Delta K = \Delta S \sqrt{\pi a} \beta(a) \tag{5-55}$$

式中,$\beta(a)$ 为应力强度因子形状修正系数;ΔS 表示疲劳应力变程。

式(5-55)可以近似写成裂纹长度 a 的幂级数形式:

$$\Delta K = \Delta S \sum_{i=1}^{\infty} c_i a^{b_i} \tag{5-56}$$

式中,c_i 和 b_i 为待定常数。

对于小裂纹,式(5-56)可以进一步近似,只保留一阶项,代入式(5-54),得

$$\frac{\mathrm{d}a}{\mathrm{d}t} = C(S c_1 a^{b_1})^m = Q a^b \tag{5-57}$$

式中,$Q = C(S c_1)^m$ 和 $b = b_1 m$ 均为依赖于载荷谱、材料性能和结构形状的待定常数。

式(5-57)描述裂纹扩展速率,特别是小裂纹扩展速率,具有合理的精度。对式(5-57)分离变量并积分,可得到复杂谱载下疲劳裂纹扩展 $a-t$ 曲线表达式:

$$t - \tau_0 = C a^m \tag{5-58}$$

式中,

$$m = 1 - b$$

$$\tau_0 = t_0 - \frac{a_0^{1-b}}{Q(1-b)}$$

$$C = \frac{1}{Q(1-b)}$$

同样地,采用式(5-42)和式(5-44)的类似推导方法与步骤,由式(5-58)可导出疲劳裂纹随机扩展的概率表达式:

$$t_p = \tau_0 + C a^m \cdot \exp[u_p \hat{k} \sigma_z] \tag{5-59}$$

$$t_{p\gamma} = \tau_0 + C a^m \cdot \exp\left\{ \sigma_z \cdot \left[\hat{k} u_p - t_\gamma \sqrt{\frac{1}{n} + u_p^2(\hat{k}^2 - 1)} \right] \right\} \tag{5-60}$$

式(5-60)即为定量方程随机化方法确定的疲劳裂纹扩展随机模型。当置信度 $\gamma = 50\%$ 时,式(5-60)退化为式(5-59);当可靠度 $p = 50\%$、置信度 $\gamma = 50\%$ 时,式(5-60)进一步退化为式(5-58)。

例 5-3　为检验上面所述模型的有效性,进行了 13 个 LY12 铝合金试样(见图 5-28)在谱载(见图 5-29)下的疲劳裂纹扩展试验,试验在 MTS-880-500KN 疲劳试验机上进行,加载频率为 15 Hz,试验环境为大气室温。试验过程中,采用光学显微镜定时测定疲劳裂纹长度,并记录加载循环数,试验观测结果如图 5-30 所示。根据式(5-26)~式(5-33),结合图 5-30 中数据,可得谱载下疲劳裂纹扩展随机模型参数:

$$m = 0.297\,1, \quad C = 4\,124.5, \quad \tau_0 = 0.0, \quad \sigma_z = 0.187\,6$$

由统计用表,可以查得

$$u_{0.99} = -2.326, \quad t_{0.95}(v = 12) = 0.695, \quad \hat{k}(n = 13) = 1.021$$

按式(5-60),可得可靠度分别为 50% 和 99%,置信度为 50% 对应的概率疲劳裂纹扩展 $a-t$ 曲线:

$$t = 4\,124.5 \times a^{0.297\,1}$$

$$t = 2\,725.5 \times a^{0.297\,1}$$

且可靠度分别为 50% 和 99%,置信度为 95% 对应的概率疲劳裂纹扩展 $a-t$ 曲线为

$$t = 2\,666.0 \times a^{0.297\,1}$$

$$t = 2\,484.0 \times a^{0.297\,1}$$

上述概率疲劳裂纹扩展 $a-t$ 曲线如图 5-30 所示。由图可知计算曲线与试验数据吻合良好,概率曲线趋势很理想。由此可见,式(5-60)能合理地表征疲劳裂纹扩展的物理特性与唯象数值规律。更重要的是,定量方程随机化方法能简便确定随机模型参数。

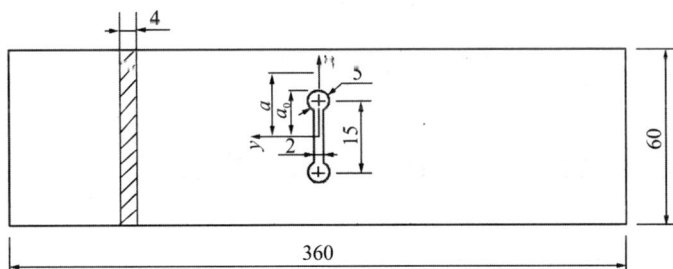

图 5-28　试样图(单位:mm)

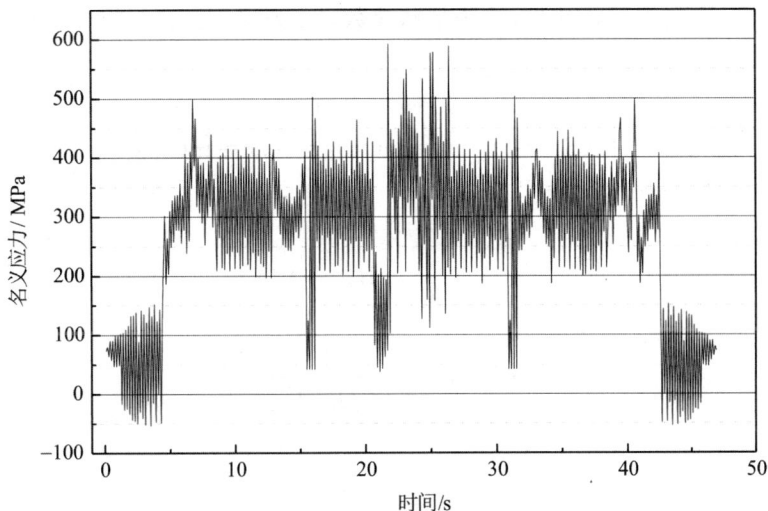

图 5-29　名义应力谱

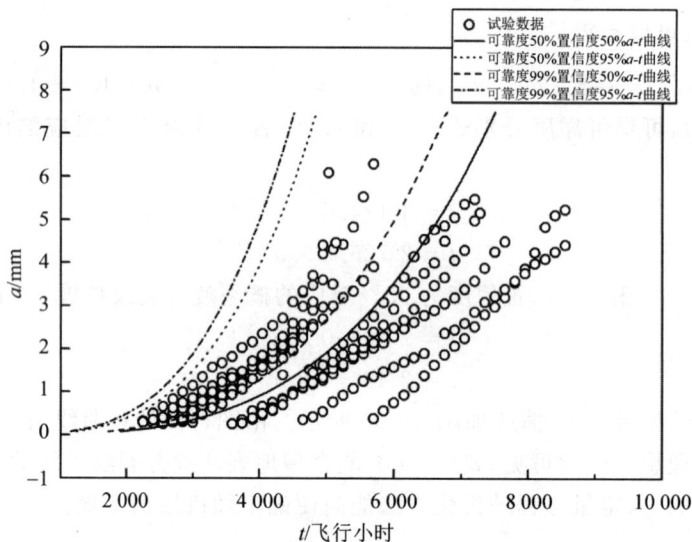

图 5 - 30　试验数据与概率曲线

5.2.4　四参数全范围 S - N 曲线可靠性模型

四参数全范围 S - N 曲线的幂函数表达式为

$$\left(\frac{S_u - S_0}{S - S_0}\right) = 10^{C(\lg N)^m} \qquad (5 - 61)$$

式中，S_0、m、C 和 S_u 均为材料常数，m 为形状参数，S_0 为拟合疲劳极限，S_u 为拟合强度极限。

式(5 - 61)取两次对数后变为

$$y = b_1 + b_2 x \qquad (5 - 62)$$

式中，$y = \ln\left[\lg(S_u - S_0) - \lg(S - S_0)\right]$；$b_1 = \ln C$；$b_2 = m$；$x = \ln(\lg N)$。

根据线性回归原理，由式(5 - 62)可导出

$$b_1 = \bar{y} - b_2 \bar{x} \qquad (5 - 63)$$

$$b_2 = \frac{L_{xy}}{L_{xx}} \qquad (5 - 64)$$

$$r(S_u, S_0) = \frac{L_{xy}}{\sqrt{L_{xx} L_{yy}}} \qquad (5 - 65)$$

式中，

$$\bar{x} = \frac{1}{n} \cdot \sum_{i=1}^{n} x_i$$

$$\bar{y} = \frac{1}{n} \sum_{i=1}^{n} y_i$$

$$L_{xx} = \sum_{i=1}^{n} x_i^2 - \frac{1}{n} \cdot \left(\sum_{i=1}^{n} x_i\right)^2$$

$$L_{xy} = \sum_{i=1}^{n} x_i y_i - \frac{1}{n} \cdot \left(\sum_{i=1}^{n} x_i\right) \left(\sum_{i=1}^{n} y_i\right)$$

由式(5-63)和式(5-64)得到的 b_1 与 b_2,均为待定常数 S_u 和 S_0 的二元函数,需要先通过优化线性相关系数 $r(S_u, S_0)$(即使 $r(S_u, S_0)$ 的绝对值最大),获得 S_u 和 S_0 的解,再由式(5-63)和式(5-64)确定待定常数 b_1 和 b_2。具体的求解步骤如下:

① 确定 S_u 和 S_0 的取值范围:

$$S_u \in (S_{umax}, \sigma_{0.2}], \quad S_0 \in [0, S_{0min})$$

式中,$S_{0min} = \min\{S_1, S_2, \cdots, S_n\}$;$S_{umax} = \max\{S_1, S_2, \cdots, S_n\}$,其中 $S_i (i=1, 2, \cdots, n)$ 为疲劳试验应力;$\sigma_{0.2}$ 为材料屈服极限;

② 给定一组 S_u 和 S_0 的初始值,并分别给定 S_u 和 S_0 的取值步长 Δ_1 和 Δ_2,按式(5-65)计算线性相关系数的平方 $r^2(S_u, S_0)$,寻找 $r^2(S_u, S_0)$ 的最大值对应的 S_u 和 S_0 值;

③ 再由上面求解 S_u 和 S_0 值,按式(5-63)和式(5-64),确定 b_1 与 b_2。

事实上,强度极限 S_u 为一随机变量,由式(5-61)可知,指定疲劳寿命 N 下,疲劳强度 S 也为一随机变量。可以证明,疲劳强度 S 的发生概率与强度极限 S_u 的发生概率等同,即

$$S_p = 10^{-C(\lg N)^m} (S_{up} - S_0) + S_0 \tag{5-66}$$

该式为四参数全范围 S-N 曲线的概率表达式。

如前所述,强度极限 S_u 通常服从双参数威布尔分布,即

$$F_{S_u}(x) = P[S_u \leqslant x] = 1 - \exp\left[-\left(\frac{x}{N_a}\right)^b\right] \tag{5-67}$$

式中,b 为形状参数;N_a 为特征参数。

由式(5-61)和式(5-67)可导出指定疲劳寿命 N 下疲劳强度 S 概率分布函数:

$$\begin{aligned} F_S(x) &= P[S \leqslant x] = P\left[10^{-C(\lg N)^m} (S_u - S_0) + S_0 \leqslant x\right] \\ &= P\left\{S_u \leqslant 10^{C(\lg N)^m} (x - S_0) + S_0\right\} \\ &= 1 - \exp\left\{-\left[\frac{10^{C(\lg N)^m} (x - S_0) + S_0}{N_a}\right]^b\right\} \end{aligned} \tag{5-68}$$

由式(5-68)可以看出,指定疲劳寿命下疲劳强度 S 遵循三参数威布尔分布。

例 5-4 采用取自纤维体积含量 V_f 为 68.3% 的 S2/5208 玻璃纤维树脂复合材料单层板,进行应力比 $r = 0.1$ 的恒幅疲劳试验,加载频率为 3 Hz,疲劳试验数据见表 5-4 和图 5-31。采用前面叙述的参数估计方法,可以得到四参数全范围 S-N 曲线(见图 5-31)。

$$\left(\frac{1795.92}{S - 236.63}\right) = 10^{5.10 \times 10^{-2} \times (\lg N)^{1.74}} \tag{5-69}$$

表 5-4 S2/5208 玻璃纤维树脂复合材料单层板的拉-拉疲劳试验数据

试样号	S_{max}/MPa	N/次循环	试样号	S_{max}/MPa	N/次循环
1	2 082.54	1	15	758.54	7 290
2	2 048.07	1	16	758.54	6 750
3	2 020.48	1	17	586.15	74 250
4	1 979.11	1	18	586.15	67 490

试样号	S_{max}/MPa	N/次循环	试样号	S_{max}/MPa	N/次循环
5	1 330.90	153	19	586.15	36 210
6	1 289.52	267	20	586.15	49 800
7	1 296.42	319	21	482.71	138 180
8	1 344.69	436	22	482.71	93 880
9	965.42	1 630	23	482.71	224 630
10	965.42	1 330	24	482.71	55 780
11	965.42	1 760	25	379.27	1 122 310
12	965.42	1 220	26	379.27	213 960
13	758.54	10 200	27	379.27	464 810
14	758.54	9 000	28	379.27	211 800

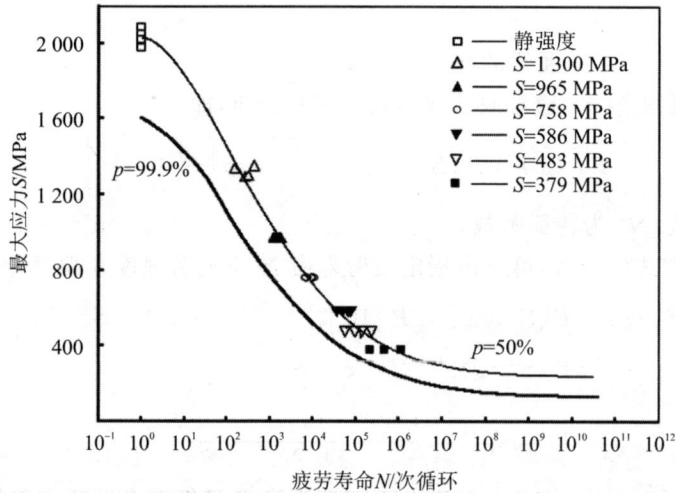

图 5 - 31 四参数全范围 S - N 曲线(应力比 r = 0.1)

由式(5 - 69)可以计算出疲劳应力水平为 965.42 MPa,758.54 MPa,586.15 MPa,482.71 MPa 和 379.27 MPa 对应的疲劳寿命分别是 869 次循环、4 147 次循环、21 139 次循环、75 870 次循环和 457 457 次循环;又由表 5 - 4 可知,上述疲劳应力水平对应的试验寿命的平均值分别为 1 485 次循环、6 285 次循环、56 938 次循环、128 118 次循环和 503 220 次循环。由此可以计算出相同应力水平下的疲劳寿命理论估算值与试验值之间的相对离差分别为 41%,34%,63%,41% 和 9%。

根据式(5 - 68)可以获得可靠度 p = 99.9% 对应的全范围 S - N 曲线(见图 5 - 31):

$$\left(\frac{1\ 568.20}{S - 236.63}\right) = 10^{0.051 \times (\lg N)^{1.74}} \tag{5 - 70}$$

从图 5 - 31 中可以看出,四参数全范围 S - N 曲线理论值与试验数据吻合良好,概率曲线的趋势也较理想,表明上述模型能较合理地表征疲劳性能的物理特性及试验数据规律。

5.2.5　不完全试验数据的疲劳性能可靠性

疲劳试验中可能得到完全寿命,也可能得到不完全寿命。在一组试样的疲劳寿命试验中,往往会遇到这种情况:其中一部分试样在试验段发生破坏获得疲劳寿命;而另一部分试样,或者由于非试验段(如夹持段)先破坏,或者由于载荷水平较低在已加载相当次数后仍未破坏,为避免周期太长而截止试验,或者是必须成对或成组安装试验中的最后一个或几个试样,它们的疲劳寿命得不到确切的数值,只知道大于已加载的次数。通常把这类寿命(已加载的环次数)称为不完全寿命,包含不完全寿命的疲劳试验称为不完全寿命试验。

设在同一载荷条件下,对 n 个试样进行了疲劳试验,获得 n 个寿命数据 $t_1,t_2,\cdots,t_n$,其中 r 个是完全寿命,将它们排列在前,即 $t_1,t_2,\cdots,t_r$,另外 $n-r$ 个是不完全寿命,将它们排列在后,即 $t_{r+1},t_{r+2},\cdots,t_n$。由于疲劳寿命 $x=\lg t$ 符合对数正态分布 $N(\mu,\sigma)$,其中,μ 和 σ 分别为母体平均数及标准差,则完全寿命的概率密度函数和不完全寿命的分布函数分别为

$$f(x_i;\mu,\sigma)=\frac{1}{\sigma\sqrt{2\pi}}\mathrm{e}^{-\frac{(x_i-\mu)^2}{2\sigma^2}}\quad(i=1,2,\cdots,r)\tag{5-71}$$

$$F(x_i;\mu,\sigma)=\frac{1}{\sigma\sqrt{2\pi}}\int_{x_i}^{\infty}\exp\left[-\frac{(x-\mu)^2}{2\sigma^2}\right]\mathrm{d}x\quad(i=r+1,\cdots,n)\tag{5-72}$$

且似然函数为

$$L(\mu,\sigma)=\prod_{i=1}^{r}f(x_i;\mu,\sigma)\cdot\prod_{i=1}^{n-r}[F(x_i;\mu,\sigma)]=$$

$$\prod_{i=1}^{r}\frac{1}{\sqrt{2\pi}\sigma}\exp\left[-\frac{1}{2}\left(\frac{x_i-\mu}{\sigma}\right)^2\right]\cdot\prod_{i=r+1}^{n}\frac{1}{\sqrt{2\pi}\sigma}\int_{x_i}^{\infty}\exp\left[-\frac{(x-\mu)^2}{2\sigma^2}\right]\mathrm{d}x\tag{5-73}$$

令 $y=\dfrac{x-\mu}{\sigma}$,$\Phi(x)=\displaystyle\int_x^{\infty}\mathrm{e}^{-\frac{(x-\mu)^2}{2\sigma^2}}\mathrm{d}x$,则式(5-73)可写为

$$L(\mu,\sigma)=\prod_{i=1}^{r}\frac{1}{\sqrt{2\pi}\sigma}\exp\left[-\frac{1}{2}y_i^2\right]\cdot\prod_{i=r+1}^{n}\frac{1}{\sqrt{2\pi}\sigma}\Phi(x_i)\tag{5-74}$$

因此,对数似然函数为

$$\ln L(\mu,\sigma)=-\frac{n}{2}(2\ln\sigma+\ln2+\ln\pi)-\frac{1}{2}\sum_{i=1}^{r}y_i^2+\sum_{i=r+1}^{n}\ln\Phi(x_i)\tag{5-75}$$

根据极大似然原理,可得

$$\frac{\partial\ln L}{\partial\mu}=\frac{1}{\sigma}\sum_{i=1}^{r}y_i+\sum_{i=r+1}^{n}\frac{\displaystyle\int_{x_i}^{\infty}\mathrm{e}^{-\frac{(x-\mu)^2}{2\sigma^2}}\cdot\frac{x-\mu}{\sigma^2}\mathrm{d}x}{\Phi(x_i)}=0\tag{5-76}$$

$$\frac{\partial\ln L}{\partial\sigma}=-\frac{n}{\sigma}+\frac{1}{\sigma}\sum_{i=1}^{r}y_i^2+\sum_{i=r+1}^{n}\frac{\displaystyle\int_{x_i}^{\infty}\mathrm{e}^{-\frac{(x-\mu)^2}{2\sigma^2}}\cdot\left(\frac{x-\mu}{\sigma}\right)^2\mathrm{d}x}{\sigma\Phi(x_i)}=0\tag{5-77}$$

通过数值求解上述方程,可以得到母体分布参数估计值 $\hat{\mu}$ 和 $\hat{\sigma}$,于是,由式(3-77)可知可

靠度为 p 的疲劳寿命为

$$t_p = 10^{(\hat{\mu} + u_p \hat{\sigma})} \tag{5-78}$$

根据式(2-126)可以得到可靠度为 p、置信度为 γ 对应的疲劳寿命：

$$t_{p\gamma} = 10^{\left\{ \hat{\mu} + \hat{\sigma} \left[u_p - t_\gamma \sqrt{\frac{1}{n\beta^2} + u_p^2 \left(1 - \frac{1}{\beta^2}\right)} \right] \right\}} \tag{5-79}$$

不完全数据的极大似然估计方法还可应用于测定疲劳性能可靠性 $S-N$ 曲线。设在若干不同疲劳应力水平下进行了单点疲劳试验，获得 n 个试验数据集 $(S_i, N_i)(i=1,2,\cdots,n)$，其中 r 个是完全寿命 $N_i(i=1,2,\cdots,r)$，另外 $n-r$ 个是不完全寿命 $N_i(i=1,2,\cdots,n-r)$。

根据式(5-34)，可知 $S-N$ 曲线表达式：

$$S^m N = C \tag{5-80}$$

对式(5-80)取对数，得

$$\lg N = \lg C - m \cdot \lg S \tag{5-81}$$

令 $a = \lg C, b = -m, x = \lg S, y = \lg N$，则式(5-81)变为

$$y = a + b \cdot x \tag{5-82}$$

又由于对数疲劳寿命服从正态分布 $N(a+bx, \sigma^2)$，因此完全寿命概率密度和不完全寿命出现的概率分别为

$$f(x_i, y_i; a, b, \sigma) = \frac{1}{\sigma \sqrt{2\pi}} e^{-\frac{(y_i - a - bx_i)^2}{2\sigma^2}} \quad (i = 1, 2, \cdots, r) \tag{5-83}$$

$$F(x_i, y_i; a, b, \sigma) = \frac{1}{\sigma \sqrt{2\pi}} \int_{y_i}^{\infty} \exp\left[-\frac{(y - a - bx_i)^2}{2\sigma^2} \right] dy \quad (i = r+1, \cdots, n) \tag{5-84}$$

且似然函数为

$$L(a, b, \sigma) = \prod_{i=1}^{r} f(x_i, y_i; a, b, \sigma) \cdot \prod_{i=r+1}^{n} F(x_i, y_i; a, b, \sigma) =$$

$$\prod_{i=1}^{r} \frac{1}{\sqrt{2\pi}\sigma} \exp\left[-\frac{(y_i - a - bx_i)^2}{2\sigma^2} \right] \cdot \prod_{i=r+1}^{n} \frac{1}{\sqrt{2\pi}\sigma} \int_{y_i}^{\infty} \exp\left[-\frac{(y - a - bx_i)^2}{2\sigma^2} \right] dy \tag{5-85}$$

令 $z = \dfrac{y - a - bx}{\sigma}$，$\Phi(y) = \displaystyle\int_{y}^{\infty} e^{-\frac{(y-a-bx)^2}{2\sigma^2}} dy$，则对数似然函数为

$$\ln L(a, b, \sigma) = -\frac{n}{2}(2\ln\sigma + \ln 2 + \ln\pi) - \frac{1}{2}\sum_{i=1}^{r} z_i^2 + \sum_{i=r+1}^{n} \ln\Phi(y_i) \tag{5-86}$$

根据极大似然原理，有

$$\frac{\partial \ln L}{\partial a} = \frac{1}{\sigma}\sum_{i=1}^{r} z_i + \sum_{i=r+1}^{n} \frac{\displaystyle\int_{y_i}^{\infty} e^{-\frac{(y-a-bx_i)^2}{2\sigma^2}} \cdot \left(\frac{y - a - bx_i}{\sigma^2} \right) dy}{\Phi(y_i)} \tag{5-87}$$

$$\frac{\partial \ln L}{\partial b} = \frac{1}{\sigma} \sum_{i=1}^{r} x_i z_i + \sum_{i=r+1}^{n} \frac{x_i \cdot \int_{y_i}^{\infty} e^{-\frac{(y-a-bx_i)^2}{2\sigma^2}} \cdot \left(\frac{y-a-bx_i}{\sigma^2}\right) dy}{\Phi(y_i)} \tag{5-88}$$

$$\frac{\partial \ln L}{\partial \sigma} = -\frac{n}{\sigma} + \frac{1}{\sigma} \sum_{i=1}^{r} z_i^2 + \sum_{i=r+1}^{n} \frac{\int_{y_i}^{\infty} e^{-\frac{(y-a-bx_i)^2}{2\sigma^2}} \cdot \left(\frac{y-a-bx_i}{\sigma}\right)^2 dy}{\sigma \Phi(y_i)} \tag{5-89}$$

通过数值求解上述方程组，可以得到 $S-N$ 曲线参数估计值 $\hat{a}, \hat{b}$ 和 $\hat{\sigma}$，于是，根据式(5-34)和式(2-66)可分别得到疲劳性能 $S-N$ 曲线和 $p-S-N$ 曲线：

$$N = 10^{\hat{a}} S^{\hat{b}} \tag{5-90}$$

$$N_p = 10^{(\hat{a}+u_p\hat{\sigma})} S^{\hat{b}} \tag{5-91}$$

根据式(2-126)可以得到可靠度为 p、置信度为 γ 的疲劳性能 $S-N$ 曲线：

$$N_{p\gamma} = CS^m \cdot 10^{\left\{\hat{\sigma}\left[u_p - t_\gamma \sqrt{\frac{1}{n\beta^2} + u_p^2\left(1-\frac{1}{\beta^2}\right)}\right]\right\}} \tag{5-92}$$

例 5-5　某直升机复合材料主桨叶在相同的载荷水平下进行疲劳试验，试验数据为单纯随机截尾寿命数据(见表 5-5)。将试验数据代入式(5-76)和式(5-77)，并通过数值求解，得

$$\hat{\mu} = 6.389\,0, \quad \hat{\sigma} = 0.502\,0$$

查数理统计用表，可以获得

$$u_{0.99} = -2.326, \quad t_{0.95}(v=9) = 1.833\,1, \quad \beta(n=10) = 1.028\,0$$

根据式(5-79)，可以获得置信度为 50%、可靠度分别为 50%和 99%对应的疲劳寿命为 $2.449\,1 \times 10^6$ 次循环和 $1.664\,6 \times 10^5$ 次循环，置信度为 95%、可靠度分别为 50%和 99%对应的疲劳寿命为 $1.276\,1 \times 10^6$ 次循环和 $4.467\,9 \times 10^4$ 次循环。

表 5-5　主桨叶翼型段寿命数据

序　号	疲劳寿命/次循环	坏否(×—坏；○—未坏)
1	411 077	×
2	599 484	×
3	1 000 238	○
4	1 119 746	×
5	1 203 120	○
6	1 402 256	×
7	1 500 000	○
8	1 956 600	○
9	3 002 242	○
10	3 191 866	○

例 5-6　某直升机复合材料尾桨叶疲劳试验的不完全 $S-N$ 试验数据见表 5-6 和图 5-32。将表 5-6 所列试验数据代入式(5-87)~式(5-89)，并进行数值求解，可得

$$\hat{a} = 35.6113, \quad \hat{b} = -11.3260, \quad \hat{\sigma} = 0.1544$$

同样,查统计用表,可得

$$u_{0.99} = -2.3260, \quad t_{0.95}(v=5) = 2.0150, \quad \beta(n=6) = 1.0510$$

由式(5-92)可以获得置信度为50%、可靠度分别为50%和99%对应的 $S-N$ 曲线:

$$N = 10^{35.61} \cdot S^{-11.33}$$
$$N = 10^{35.25} \cdot S^{-11.33}$$

且置信度为95%、可靠度分别为50%和99%对应的 $S-N$ 曲线为

$$N = 10^{35.49} \cdot S^{-11.33}$$
$$N = 10^{35.0} \cdot S^{-11.33}$$

上述概率疲劳 $S-N$ 曲线如图5-32所示,由图可以看出,计算曲线趋势和形状与试验数据吻合良好。

表5-6 直升机尾桨叶 $S-N$ 原始数据

试样号	合力矩 $M/(\mathrm{N \cdot m})$	N/次循环	坏否(×—坏;○—未坏)
1	454.09	199 454	○
2	413.11	713 518	○
3	415.14	803 388	○
4	396.38	152 200 0	○
5	395.04	144 950 8	×
6	412.47	545 900	×

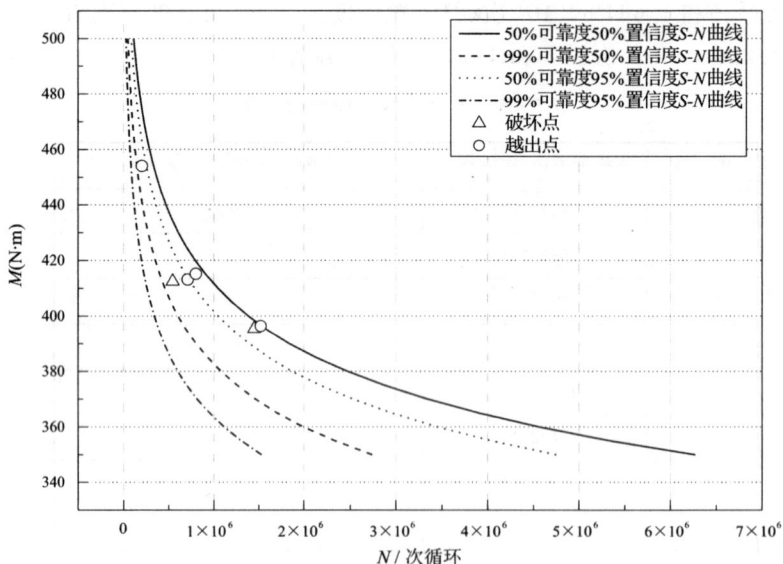

图5-32 尾桨叶 $p-S-N$ 曲线

5.2.6　疲劳/断裂强度概率分布

如 5.2.2 小节所述,在给定的应力比 r 下,对某一种材料进行疲劳试验,可以测定一条 $S-N$ 曲线;当改变应力比 r 时,材料的 $S-N$ 曲线也发生变化;如给出若干个应力比,即可测定该材料对应于不同应力比 r 的 $S-N$ 曲线簇,对不同应力比 r 下的 $S-N$ 曲线簇,如在 $N=10^7$ 次循环处做一垂直线,该线与各 $S-N$ 曲线交点的纵坐标 S_{max},表示在指定寿命 10^7 次循环时,各应力比下的疲劳强度。由每一应力比 r 及其对应的 S_{max},计算出 S_a 和 S_m。以 S_a 为纵坐标,S_m 为横坐标,可绘出等寿命疲劳曲线。目前,已有很多公式或作图法,用来表达等寿命曲线。

Goodman 直线:

$$\frac{S_a}{S_{-1}} | \frac{S_m}{\sigma_b} = 1 \tag{5-93}$$

修正 Goodman 直线:

$$\frac{S_a}{S_{-1}} + \frac{S_m}{\sigma_s} = 1 \tag{5-94}$$

式中,σ_b 为材料的拉伸强度极限;σ_s 为材料的拉伸屈服极限;S_{-1} 为对称循环载荷下材料疲劳极限。

Gerber 抛物线方程:

$$\frac{S_a}{S_{-1}} + \left(\frac{S_m}{\sigma_b}\right)^2 = 1 \tag{5-95}$$

Soderberg 直线方程:

$$\frac{S_a}{S_{-1}} + \frac{S_m}{\sigma_s} = 1 \tag{5-96}$$

Shieliasan 折线方程:

$$\frac{S_a}{S_{-1}} + \left[\left(\frac{2}{S_0} - \frac{1}{S_{-1}}\right)S_m\right] = 1 \tag{5-97}$$

式中,S_0 为脉动循环载荷下材料疲劳极限。

Bagci 四次方程:

$$\frac{S_a}{S_{-1}} + \left(\frac{S_m}{\sigma_s}\right)^4 = 1 \tag{5-98}$$

在上述等寿命曲线中,Goodman 曲线,即式(5-93),不仅适用于脆性材料,对于大量塑性或延性材料的表征结果也偏于安全;修正 Goodman 曲线,即式(5-94),采用屈服极限替代强度极限,模型的表征结果对于大部分材料偏于保守;Gerber 曲线,即式(5-95),适用于塑性或延性材料,但其自身二次非线性的函数形式限制了使用;Soderberg 直线,即式(5-96),对大多数情况偏于保守;Shieliasan 折线,即式(5-97),与数据吻合较好,但它必须在已知脉动循环疲劳极限的情况下才能使用;Bagci 曲线,即式(5-98),同样受限于非线性的函数形式,并且模型的表征结果对于大部分材料偏于危险。

研究表明,材料疲劳等寿命曲线幂指数是随材料而变化的参数。材料不同,其疲劳等寿命曲线幂指数也不同,也可能不等同于上述 6 种等寿命曲线幂指数,因此,等寿命曲线模型可写为更为普遍的形式,以适合于更多材料,即

$$\frac{S_a}{S_{-1}}+\left(\frac{S_m}{\sigma_b}\right)^m=1 \tag{5-99}$$

式中,S_{-1},σ_b 和 m 为材料常数,由疲劳试验数据拟合得到;σ_b 为材料的拟合拉伸强度极限;S_{-1} 为材料的拟合对称循环载荷下的疲劳极限。式(5-99)称为广义疲劳等寿命曲线,能合理地表征等寿命下疲劳强度均值 S_m 与幅值 S_a 之间的关系。

与式(5-99)类似,可得断裂等寿命曲线:

$$\frac{\Delta K_{th}}{\Delta K_{-1}}+\left(\frac{K_{mth}}{K_{IC}}\right)^m=1 \tag{5-100}$$

式中,m 为材料常数;K_{IC} 为材料断裂韧性;ΔK_{-1} 为对称循环加载下的断裂门槛值。

采用式(5-42)和式(5-44)的类似推导方法与步骤,再由式(5-88)和式(5-100)可分别导出疲劳和断裂等寿命曲线的概率公式:

$$(S_m)_{p\gamma}=\frac{\sigma_b}{S_{-1}^{\frac{1}{m}}}\cdot(S_{-1}-S_a)^{\frac{1}{m}}\cdot\exp\left\{\sigma_z\cdot\left[\hat{k}u_p-t_\gamma\sqrt{\frac{1}{n}+u_p^2(\hat{k}^2-1)}\right]\right\} \tag{5-101}$$

$$(K_{mth})_{p\gamma}=\frac{K_{IC}}{\Delta K_{-1}^{\frac{1}{m}}}\cdot(\Delta K_{-1}-\Delta K_{th})^{\frac{1}{m}}\cdot\exp\left\{\sigma_z\cdot\left[\hat{k}u_p-t_\gamma\sqrt{\frac{1}{n}+u_p^2(\hat{k}^2-1)}\right]\right\}$$

$$\tag{5-102}$$

运用概率论方法可以证明,在同一条等寿命曲线上,指定疲劳强度(或断裂门槛值)均值下疲劳强度(或断裂门槛值)幅值的概率,等于指定疲劳强度(或断裂门槛值)幅值下疲劳强度(或断裂门槛值)均值的概率。因此,由式(5-101)和式(5-102)可以导出指定疲劳强度(或断裂门槛值)均值下疲劳强度(或断裂门槛值)幅值的概率分布,也可得到指定疲劳强度(或断裂门槛值)幅值下疲劳强度(或断裂门槛值)均值的概率分布。

按式(5-34),可知给定应力比或应力幅值下的疲劳 $S-N$ 曲线公式:

$$S_m\cdot N^{m_1}=C \tag{5-103}$$

式(5-103)的对数表达式为

$$y=a_0+b_0x \tag{5-104}$$

式中,

$$y=\ln S_m,\quad x=\ln N,\quad a_0=\frac{1}{m_1}\ln C,\quad b_0=-\frac{1}{m_1} \tag{5-105}$$

由于对数疲劳寿命 x 遵循正态分布 $N(\mu_x,\sigma_x^2)$,因此,由式(5-104)可知,随机变量 y 也遵循正态分布 $N(\mu_y,\sigma_y^2)$,且

$$\mu_y=a_0+b_0\mu_x \tag{5-106}$$

$$\sigma_y=b_0\sigma_x \tag{5-107}$$

同理,式(5-99)的对数表达式可写为

$$z=a+by \tag{5-108}$$

式中,

$$y=\ln S_m,\quad z=\ln(S_{-1}-S_a),\quad a=\ln S_{-1}-m\ln\sigma_b,\quad b=m \tag{5-109}$$

由式(5-108)可知,随机变量 z 服从正态分布 $N(\mu_z, \sigma_z^2)$,且

$$\mu_z = a + b\mu_y \tag{5-110}$$

$$\sigma_z = b\sigma_y \tag{5-111}$$

根据概率论知识,随机变量 y 和 z 的联合概率密度函数可写为

$$f(y, z) =$$

$$\frac{1}{2\pi\sigma_y\sigma_z\sqrt{1-r^2}}\exp\left\{\frac{-1}{2(1-r^2)}\left[\left(\frac{y-\mu_y}{\sigma_y}\right)^2 - \frac{2r(y-\mu_y)(z-\mu_z)}{\sigma_y\sigma_z} + \left(\frac{z-\mu_z}{\sigma_z}\right)^2\right]\right\} \tag{5-112}$$

式中,r 为线性相关系数,由下式确定

$$r = \frac{L_{YZ}}{\sqrt{L_{YY}L_{ZZ}}} = \frac{\sum\limits_{i=1}^{n}y_iz_i - \frac{1}{n}\left(\sum\limits_{i=1}^{n}y_i\right)\left(\sum\limits_{i=1}^{n}z_i\right)}{\sqrt{\left[\sum\limits_{i=1}^{n}y_i^2 - \frac{1}{n}\left(\sum\limits_{i=1}^{n}y_i\right)^2\right]\left[\sum\limits_{i=1}^{n}z_i^2 - \frac{1}{n}\left(\sum\limits_{i=1}^{n}z_i\right)^2\right]}} \tag{5-113}$$

变换式(5-105)和式(5-109),可得

$$S_a = S_{-1} - \exp(z) \tag{5-114}$$

$$S_m = \exp(y) \tag{5-115}$$

根据式(5-114)式(5-115),可得到变量变换的 Jacobi 行列式函数:

$$J = \begin{vmatrix} \dfrac{\partial y}{\partial S_a} & \dfrac{\partial y}{\partial S_m} \\ \dfrac{\partial z}{\partial S_a} & \dfrac{\partial z}{\partial S_m} \end{vmatrix} = \begin{vmatrix} 0 & \dfrac{1}{S_m} \\ \dfrac{-1}{S_{-1}-S_a} & 0 \end{vmatrix} = \frac{1}{S_m(S_{-1}-S_a)} \tag{5-116}$$

再根据概率论知识,由式(5-95)和式(5-99)可推导二维疲劳强度(S_a, S_m)的联合概率密度函数:

$$g(S_a, S_m) = f[y, z] \cdot |J| = \frac{1}{2\pi\sigma_y\sigma_z S_m(S_{-1}-S_a)\sqrt{1-r^2}} \times$$

$$\exp\left\{\frac{-1}{2(1-r^2)}\left[\left(\frac{\ln S_m - \mu_y}{\sigma_y}\right)^2 - \frac{2r(\ln S_m - \mu_y)(\ln(S_{-1}-S_a)-\mu_z)}{\sigma_y\sigma_z} + \left(\frac{\ln(S_{-1}-S_a)-\mu_z}{\sigma_z}\right)^2\right]\right\} \tag{5-117}$$

将式(5-106)、式(5-107)、式(5-110)和式(5-111)代入式(5-117),得

$$g(S_a, S_m) = \frac{1}{2\pi b_0^2 b\sigma_x^2 S_m(S_{-1}-S_a)\sqrt{1-r^2}} \times \exp\left\{\frac{-1}{2(1-r^2)}\left[\left(\frac{\ln S_m - a_0 - b_0\mu_x}{b_0\sigma_x}\right)^2\right.\right.$$

$$- \frac{2r(\ln S_m - a_0 - b_0\mu_x)(\ln(S_{-1}-S_a)-a-a_0b-b_0b\mu_x)}{b_0^2 b\sigma_x^2} +$$

$$\left.\left.\left(\frac{\ln(S_{-1}-S_a)-a-a_0b-b_0b\mu_x}{b_0b\sigma_x}\right)^2\right]\right\} \tag{5-118}$$

同样地,可推导二维断裂门槛值$(\Delta K_{th}, K_{mth})$的联合概率密度函数:

$$g(\Delta K_{th}, K_{mth}) = \frac{1}{2\pi b_0^2 b\sigma_x^2 K_{mth}(\Delta K_{-1} - \Delta K_{th})\sqrt{1-r^2}} \times$$

$$\exp\left\{\frac{-1}{2(1-r^2)}\left[\left(\frac{\ln K_{mth}-a_0-b_0\mu_x}{b_0\sigma_x}\right)^2\right.\right.$$

$$\left.-\frac{2r(\ln K_{mth}-a_0-b_0\mu_x)(\ln(\Delta K_{-1}-\Delta K_{th})-a-a_0b-b_0b\mu_x)}{b_0^2b\sigma_x^2}+\right.$$

$$\left.\left.\left(\frac{\ln(\Delta K_{-1}-\Delta K_{th})-a-a_0b-b_0b\mu_x}{b_0b\sigma_x}\right)^2\right]\right\}$$

$$(5-119)$$

例 5 - 7　在 AMSKR1478 - 10 高频疲劳试验机上,用升降法进行厚度为 5 mm,材料为 LY11CS 铝合金的光滑直升机尾桨叶片的疲劳试验,测定疲劳寿命 $N=10^7$ 次循环对应的疲劳强度,加载频率为 130 Hz,试验环境为大气室温,试验结果见图 5 - 33~图 5 - 35 以及表 5 - 7。

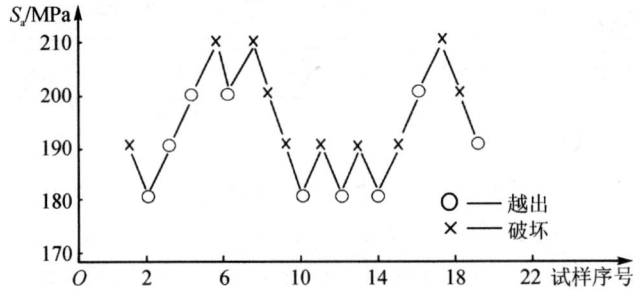

图 5 - 33　平均应力 $S_m=58$ MPa 下的升降法试验

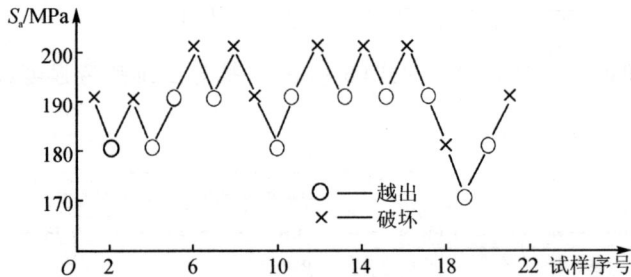

图 5 - 34　平均应力 $S_m=69$ MPa 下的升降法试验

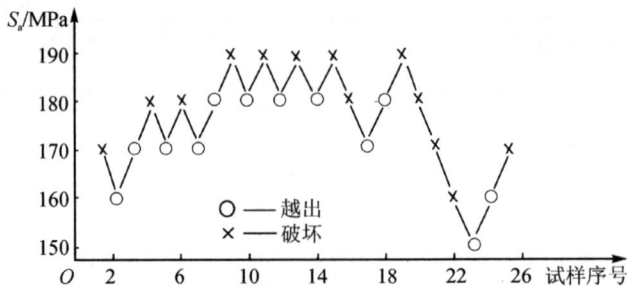

图 5 - 35　平均应力 $S_m=82$ MPa 下的升降法试验

表 5 - 7 二维升降法试验结果

S_m/MPa	S_{ai}/MPa	对子数	平均值/MPa
58	205	3	194.0
	195	3	
	185	4	
69	195	5	188.6
	185	5	
	175	1	
82	185	5	175.8
	175	4	
	165	2	
	155	1	

根据式(5 - 99),采用表 5 - 7 所列试验数据,拟合得到的疲劳等寿命曲线为

$$\frac{S_a}{197.8} + \left(\frac{S_m}{126.5}\right)^{5.07} = 1 \tag{5-120}$$

由式(5 - 109)和式(5 - 120),可以算出

$$a = -19.25$$
$$b = 5.07$$

由表 5 - 7 中数据和式(5 - 120)中参数 $S_{-1} = 197.8$ MPa,可以分别计算随机变量 $z = \ln(S_{-1} - S_a)$ 在指定平均应力 $S_m = 82$ MPa 下的子样分布均值与标准差:

$$\mu_z = 3.0$$
$$\sigma_z = 0.4403$$

根据式(5 - 110)和式(5 - 111),可以分别获得随机变量 $y = \ln S_m$ 在指定疲劳强度幅值 $S_a = 175.83$ MPa 下的子样分布均值与标准差:

$$\mu_y = 4.4$$
$$\sigma_y = 0.087$$

将上述分布参数估计值代入式(5 - 118),可得到二维疲劳强度(S_a, S_m)的联合概率密度函数:

$$g(S_a, S_m) = \frac{38.6}{S_m(197.8 - S_a)} \times \exp\left(-43.2 \times \left\{\left(\frac{\ln S_m - 4.4}{0.087}\right)^2\right.\right.$$

$$\left.\left. -51.9 \times (\ln S_m - 4.4)\left[\ln(197.8 - S_a) - 3.0\right] + \left(\frac{\ln(197.8 - S_a) - 3.0}{0.4403}\right)^2\right\}\right)$$

$$(5-121)$$

根据式(5 - 121)作图,由图 5 - 36 可见,二维疲劳强度(S_a, S_m)的联合概率密度看上去像一凸起的圆丘,它在(S_a, S_m)坐标平面上的投影则为等寿命曲线形状(见图 5 - 37),其侧视图为对数正态分布的概率密度曲线形状(见图 5 - 38)。由此可见,式(5 - 118)能合理表征二维

疲劳强度(S_a,S_m)的分布特性,并且参数估计非常简便。

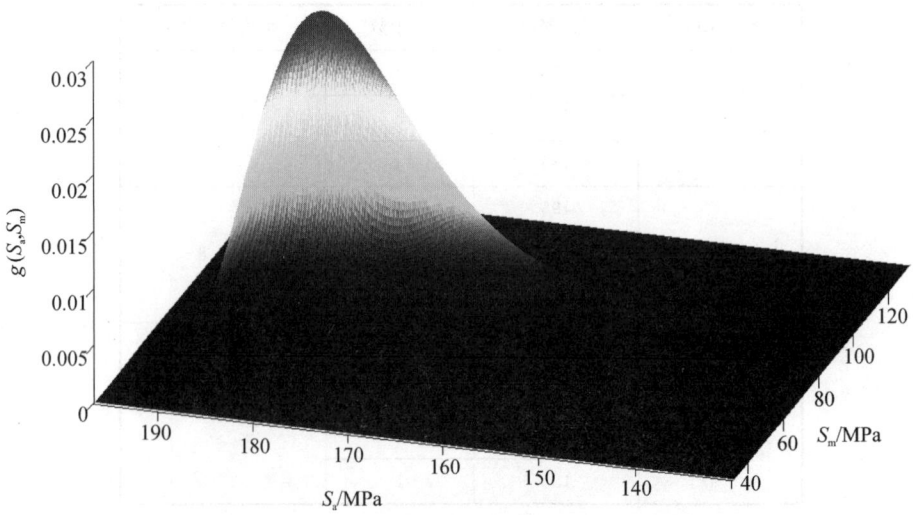

图 5-36　二维疲劳强度联合概率密度

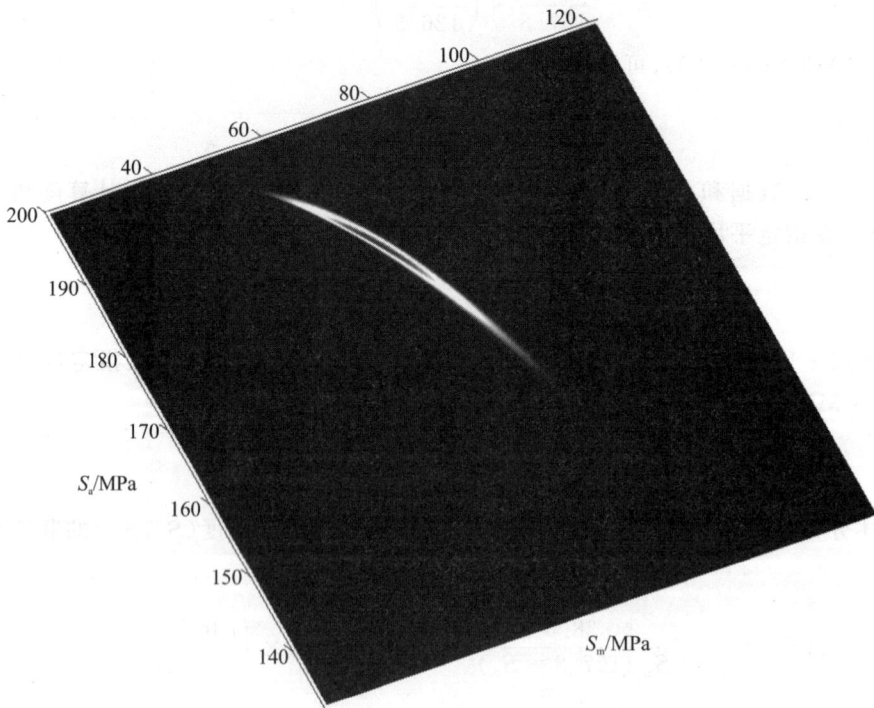

图 5-37　二维疲劳强度联合概率密度曲面的投影图

　　例 5-8　采用 LY11CS 铝合金和 40CrNiMoA 合金钢制作的标准紧凑拉伸(CT)试样,进行二维断裂门槛值试验,两种材料 CT 试样的尺寸相同,厚度均为 25 mm,宽度均为 50 mm。全部试验在 MTS-880-100kN 疲劳试验机上进行,加载频率为 15 Hz,试验环境为大气室温,试验结果如表 5-8 所列。

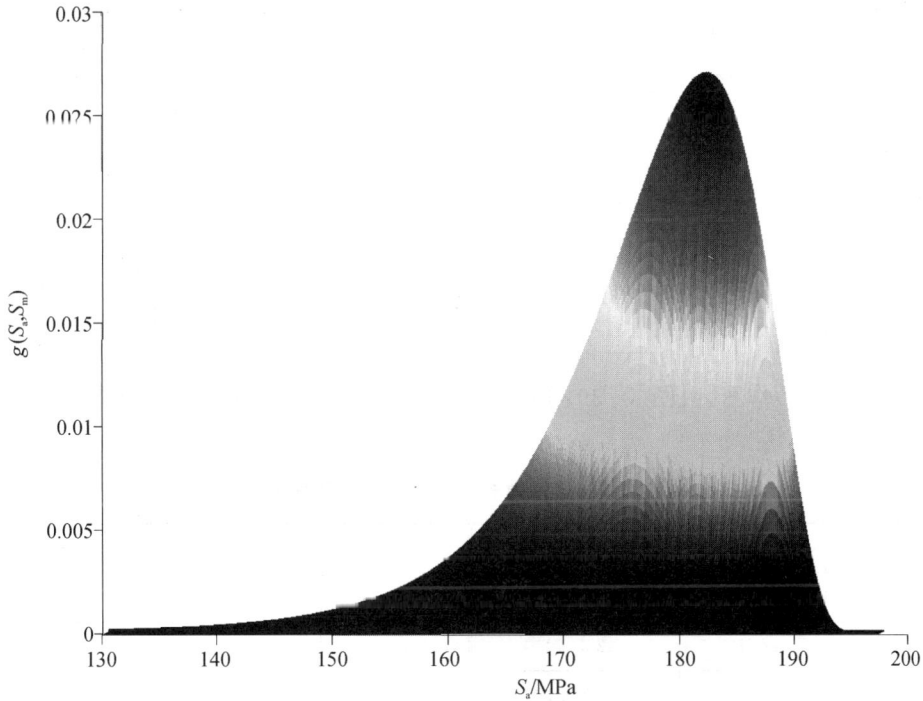

图 5 - 38　二维疲劳强度联合概率密度曲面的侧视图

表 5 - 8　二维断裂门槛值 ΔK_{th} 试验结果(单位:MPa · mm$^{1/2}$)

试样号	LY11CS 铝合金			40CrNiMoA 合金钢		
	$K_{mth}=210$	$K_{mth}=247$	$K_{mth}=306$	$K_{mth}=584$	$K_{mth}=707$	$K_{mth}=920$
1	66.29	60.72	53.33	181.42	164.23	145.95
2	68.71	61.25	53.34	188.04	166.21	145.98
3	71.46	61.88	55.68	195.57	168.13	152.38
4	74.83	66.31	57.89	204.79	181.17	158.43
5		66.92	61.07	183.94		167.13
6		63.21		182.36		
7		66.13		184.21		
8		70.64		189.34		
9		71.09		192.77		
平均值	70.32	65.46	56.26	192.46	179.15	153.98

　　采用前述升降法试验类似计算与分析步骤,可得到断裂等寿命曲线和二维断裂门槛值联合概率密度函数的参数估计结果(见表 5 - 9),将参数估计值代入式(5 - 119),可分别获得 LY11CS 铝合金和 40CrNiMoA 合金钢二维断裂门槛值(ΔK_{th}, K_{mth})的联合概率密度函数:

$$g(\Delta K_{th}, K_{mth}) = \frac{101.95}{K_{mth}(86.12 - \Delta K_{th})} \times \exp\left(-104.29 \times \left\{\left(\frac{\ln K_{mth} - 5.6}{0.1155}\right)^2\right.\right.$$

$$\left.\left. -88.50 \times (\ln K_{mth} - 5.6)\left[\ln(86.12 - \Delta K_{th}) - 3.2\right] + \left[\frac{\ln(86.12 - \Delta K_{th}) - 3.2}{0.1952}\right]^2\right\}\right)$$

$$(5-122)$$

$$g(\Delta K_{th}, K_{mth}) = \frac{64.60}{K_{mth}(235.71 - \Delta K_{th})} \times \exp\left(-45.58 \times \left\{\left(\frac{\ln K_{mth} - 6.55}{0.1296}\right)^2\right.\right.$$

$$\left.\left. -84.57 \times (\ln K_{mth} - 6.55)\left[\ln(235.71 - \Delta K_{th}) - 4.02\right] + \left[\frac{\ln(235.71 - \Delta K_{th}) - 4.02}{0.1815}\right]^2\right\}\right)$$

$$(5-123)$$

根据式(5-123)作图,由图 5-39 可见,式(5-119)能合理描述了二维断裂门槛值(ΔK_{th}, K_{mth})的分布特性。

表 5-9　二维断裂门槛值计算参数结果

计算参数	LY11CS	40CrNiMoA	计算参数	LY11CS	40CrNiMoA
m	1.69	1.40	b	1.69	1.4
ΔK_{-1}	86.12	235.71	μ_z	3.2	4.02
K_{IC}	573.53	1 960.12	σ_z	0.195 2	0.181 5
r	0.997 6	0.994 5	μ_y	5.6	6.55
a	-6.28	-5.15	σ_y	0.115 5	0.129 6

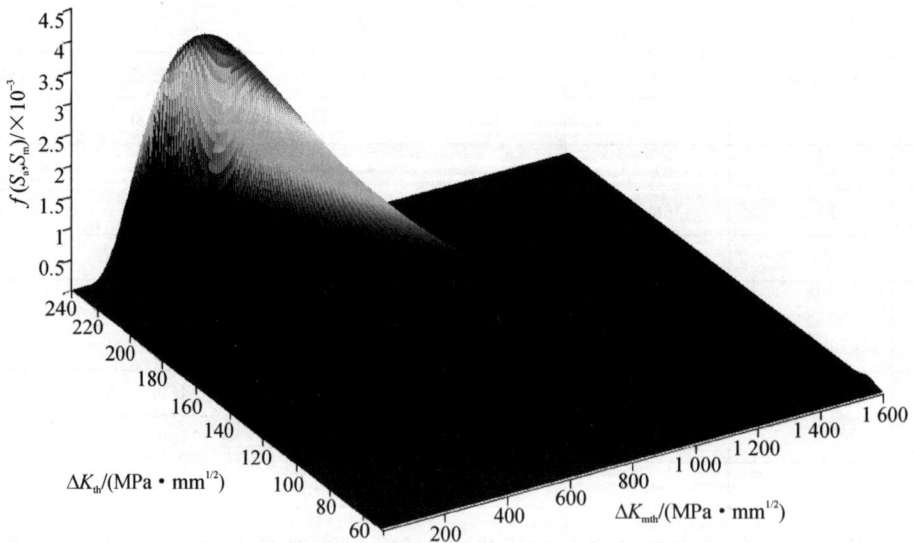

图 5-39　二维断裂门槛值联合概率密度

5.3　无限寿命设计方法

5.3.1　概率方法

当构件承受的应力水平较低且应力循环数很高时(如传动轴、振动元件等),属高周疲劳问题,对构件可进行无限寿命设计,其安全性由应力控制。当构件在高应力水平作用下工作状态处于低周疲劳占主导地位时(如飞机结构、重型机械部件等),则应进行有限寿命设计,其安全性由寿命控制。

按照疲劳可靠性观点,"无限寿命设计"是指构件以一定的可靠度和置信度,在无限长(理论上)的使用期间不出现疲劳裂纹,或者已存在的裂纹不再扩展。这种设计原则适用于比较平稳的低应力水平,并且循环次数很高的情况,以便将疲劳应力控制在疲劳极限以下,或将应力强度因子变程控制在疲劳裂纹扩展门槛值以下。当应力水平较高或变化较大时,则不宜采用此种设计。

进行无限寿命设计时,通常采用应力-强度干涉模型,美国波音飞机公司最先采用一维应力-强度干涉模型对直升机动部件进行可靠性评定。此处,一维应力-强度指的是:对施加于构件上的疲劳应力和构件对疲劳的抗力(疲劳强度),只考虑其幅值的随机变化,而将均值视为恒定值,且疲劳应力和疲劳强度保持相同的平均应力。

设疲劳应力和疲劳极限为两个互相独立的正态变量 X_1 和 X_2,其正态概率密度函数(见图 5-40)分别为

$$f(x_1)=\frac{1}{\sigma_1\sqrt{2\pi}}e^{-\frac{(x_1-\mu_1)^2}{2\sigma_1^2}}, \quad g(x_2)=\frac{1}{\sigma_2\sqrt{2\pi}}e^{-\frac{(x_2-\mu_2)^2}{2\sigma_2^2}}$$

式中,σ_1 和 σ_2 分别表示疲劳应力和疲劳极限的母体标准差,并假定疲劳应力母体平均值 μ_1 小于疲劳极限母体平均值 μ_2。

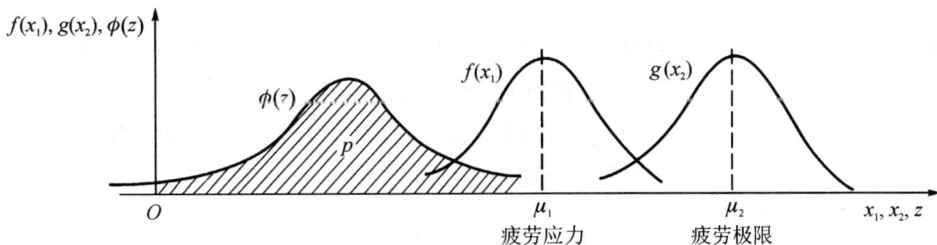

图 5-40　一维应力-强度干涉模型

构件的可靠度 p 等于 X_2 大于 X_1 的概率:
$$p=P(X_2>X_1)=P(X_2-X_1>0)$$
令 $\zeta=X_2-X_1$,于是,上式可写成
$$p=P(\zeta>0) \tag{5-124}$$

根据概率统计理论可知,ζ 仍为一正态变量,其母体平均值和标准差分别为

$$\mu = \mu_2 - \mu_1, \quad \sigma = \sqrt{\sigma_2^2 + \sigma_1^2} \tag{5-125}$$

ζ 的概率密度函数(见图 5-40)为

$$\phi(z) = \frac{1}{\sqrt{\sigma_2^2 + \sigma_1^2}\ \sqrt{2\pi}} \exp\left\{ - \frac{[z - (\mu_2 - \mu_1)]^2}{2(\sigma_2^2 + \sigma_1^2)} \right\} \tag{5-126}$$

式中,$z = x_2 - x_1$。

已知 ζ 的概率密度函数后,根据式(5-124)即可求出可靠度:

$$p = P(\zeta > 0) = \int_0^\infty \varphi(z)\mathrm{d}z \tag{5-127}$$

可见,p 等于纵坐标轴以右曲线 $\varphi(z)$ 与横坐标轴所包围的面积(图 5-40 中阴影面积)。

由于 $z_p = 0$,故

$$u_p = \frac{z_p - \mu}{\sigma} = -\frac{\mu}{\sigma}$$

即

$$-u_p = \frac{\mu_2 - \mu_1}{\sqrt{\sigma_1^2 + \sigma_2^2}} \tag{5-128}$$

式(5-128)称为"联接方程"或"耦合方程",它以概率方法综合考虑了疲劳应力、疲劳极限和可靠度之间的关系。实际应用中,母体参数 μ_1、μ_2、σ_1、σ_2 均以具有一定置信度 γ 的估计量代替。当满足公式(5-128)时,可保证构件以可靠度 p 和置信度 γ 在无限长的使用期间不出现疲劳裂纹。此处所谓"无限长",只在理论上有意义,实际上,很多意外的损伤如冲撞、腐蚀、磨损、冲蚀(erosion)、微动磨擦(fretting)等均未计及,因此,仍必须进行定期的检查和维修。

本小节所述干涉模型也可推广用于含裂纹构件的无限寿命设计,即期望构件以一定的可靠度在无限长的使用期间初始裂纹不继续扩展,此时,μ_1 和 σ_1 分别表示应力强度因子变程 ΔK 的母体平均值和标准差,μ_2 和 σ_2 分别表示疲劳裂纹扩展门槛值 ΔK_{th} 的母体平均值和标准差。

5.3.2　应力-强度干涉模型

上面所述无限寿命设计的概率方法,仅适用于疲劳应力和疲劳强度均服从正态分布的情况。倘若应力和强度二者中有一个遵循其他分布,或它们为二维随机变量,则该模型不再适用,而必须采用普遍形式的应力-强度干涉模型进行可靠性设计。如已知疲劳应力幅值 s_a 与疲劳强度幅值 S_a 的一维概率密度函数分别为 $f(s_a)$ 和 $g(S_a)$(见图 5-41),则对应任一应力幅值 s_a,S_a 小于 s_a 的概率为

$$F(s_a) = P(S_a < s_a) = \int_0^{s_a} g(S_a)\mathrm{d}S_a \tag{5-129}$$

因为应力幅值恒为非负值,所以积分下限取零。分布函数 $F(s_a)$ 如图 5-41 中阴影面积所示,作为随机变量的应力幅值 s_a 发生的概率是 $f(s_a)\mathrm{d}s_a$,由于 $F(s_a)$ 为 s_a 的单调函数,亦为一随机变量,$F(s_a)$ 发生的概率也是 $f(s_a)\mathrm{d}s_a$,两者的乘积即构件破坏率 f 的微分 $\mathrm{d}f$:

$$\mathrm{d}f = F(s_a)f(s_a)\mathrm{d}s_a$$

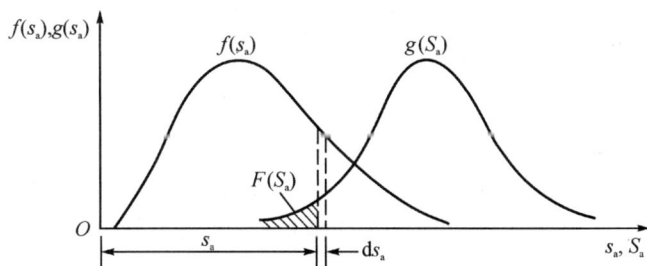

图 5 - 41　一维应力-强度干涉模型

对上式积分,则得构件的破坏率 f:

$$f = \int_0^{(s_a)\max} F(s_a) f(s_a) \mathrm{d}s_a$$

构件的可靠度 p 为

$$p = 1 - f = 1 - \int_0^{(s_a)\max} F(s_a) f(s_a) \mathrm{d}s_a$$

将式(5-129)代入上式,可得

$$p = 1 - \int_0^{(s_a)\max} \left[\int_0^{s_a} g(S_a) \mathrm{d}S_a \right] f(s_a) \mathrm{d}s_a \qquad (5-130)$$

该式称作一维应力-强度干涉模型。

若疲劳应力(s_a, s_m)与疲劳强度(S_a, S_m)都是二维随机变量,且它们的概率密度函数分别为 $f(s_a, s_m)$ 和 $g(S_a, S_m)$,则仿照一维应力-强度干涉模型的建立过程,疲劳强度(S_a, S_m)小于疲劳应力(s_a, s_m)的概率为

$$F(s_a, s_m) = P\left[(S_a, S_m) < (s_a, s_m) \right]$$

即

$$F(s_a, s_m) = \int_{(s_m)\min}^{s_m} \int_0^{s_a} g(S_a, S_m) \mathrm{d}S_a \mathrm{d}S_m \qquad (5-131)$$

作为随机变量的疲劳应力(s_a, s_m)发生的概率为 $f(s_a, s_m) \mathrm{d}s_a \mathrm{d}s_m$,也是 $F(s_a, s_m)$ 发生的概率。$F(s_a, s_m)$ 与其发生的概率之乘积即构件破坏率 f 的微分 $\mathrm{d}f$:

$$\mathrm{d}f = F(s_a, s_m) f(s_a, s_m) \mathrm{d}s_a \mathrm{d}s_m$$

对上式积分,则得构件的破坏率 f:

$$f = \int_{(s_m)\min}^{(s_m)\max} \int_0^{(s_a)\max} F(s_a, s_m) f(s_a, s_m) \mathrm{d}s_a \mathrm{d}s_m$$

构件的可靠度 p 为

$$p = 1 - f = 1 - \int_{(s_m)\min}^{(s_m)\max} \int_0^{(s_a)\max} F(s_a, s_m) f(s_a, s_m) \mathrm{d}s_a \mathrm{d}s_m$$

将式(5-114)代入上式,则得二维应力-强度干涉模型:

$$p = 1 - \int_{(s_m)\min}^{(s_m)\max} \int_0^{(s_a)\max} \left[\int_{(s_m)\min}^{s_m} \int_0^{s_a} g(S_a, S_m) \mathrm{d}S_a \mathrm{d}S_m \right] f(s_a, s_m) \mathrm{d}s_a \mathrm{d}s_m \qquad (5-132)$$

当给定足够高的可靠度时,如 $p = 99.99\%$, 99.999% 等,相当于将破坏率 f 控制在万分之一以下,这样,可显著降低构件疲劳裂纹出现的可能性。

5.3.3　断裂干涉模型

当含裂纹或含初始缺陷构件承受稳态随机应力循环时，为保证其安全工作，需要将应力强度因子变程控制在疲劳裂纹扩展门槛值以下，以防止裂纹继续扩展。为此，建立断裂干涉模型，其原理和方法与应力-强度干涉模型建立过程相似，断裂干涉模型可用于无限寿命损伤容限设计。

根据断裂力学知识，应力强度因子均值 K_m 和变程 ΔK 分别表示为

$$K_m = X(s_m) \cdot Y(a)$$

$$\Delta K = [X(s_{max}) - X(s_{min})] \cdot Y(a) = \Delta X \cdot Y(a)$$

按照概率统计理论，可以由疲劳应力的概率分布，导出给定裂纹长度 a 下的应力强度因子均值 K_m 和变程 ΔK 的概率分布；也可根据其统计特征直接建立 K_m 和 ΔK 的概率密度函数。如已知应力强度因子变程 ΔK 和疲劳裂纹扩展门槛值 ΔK_{th} 的一维概率密度函数分别为 $f(\Delta K)$ 和 $g(\Delta K_{th})$，则对应任一 ΔK，ΔK_{th} 小于 ΔK 的概率为

$$F(\Delta K) = P(\Delta K_{th} < \Delta K) = \int_0^{\Delta K} g(\Delta K_{th}) d\Delta K_{th} \tag{5-133}$$

$F(\Delta K)$ 为随机变量 ΔK 的单调函数，其发生的概率是 $f(\Delta K)d\Delta K$，由此可得构件破坏率 f 的微分 df：

$$df = F(\Delta K)f(\Delta K)d\Delta K$$

对上式积分，可得构件裂纹继续扩展的概率，即破坏率 f：

$$f = \int_0^{(\Delta K)max} F(\Delta K)f(\Delta K)d\Delta K$$

构件裂纹不扩展概率，即可靠度为

$$p = 1 - f = 1 - \int_0^{(\Delta K)max} F(\Delta K)f(\Delta K)d\Delta K$$

将式(5-133)代入上式，得

$$p = 1 - \int_0^{(\Delta K)max} \left[\int_0^{\Delta K} g(\Delta K_{th}) d\Delta K_{th} \right] f(\Delta K)d\Delta K \tag{5-134}$$

此即一维断裂干涉模型。

现将式(5-134)推广到二维情况，设应力强度因子变程和均值的概率密度函数为 $f(\Delta K, K_m)$，疲劳裂纹扩展门槛值及其均值的概率密度函数为 $g(\Delta K_{th}, K_{mth})$，于是，可写出二维断裂干涉模型：

$$p = 1 - \int_{(K_m)min}^{(K_m)max} \int_0^{(\Delta K)max} \left[\int_{(K_m)min}^{K_m} \int_0^{\Delta K} g(\Delta K_{th}, K_{mth}) d\Delta K_{th} dK_{mth} \right]$$
$$\times f(\Delta K, K_m)d\Delta K dK_m \tag{5-135}$$

根据式(5-134)或式(5-135)，不仅可求出已知裂纹长度 a 不扩展的可靠度 p，而且可计算在给定可靠度 p 下不扩展的裂纹最大尺寸 a。

5.4　缩减系数法

疲劳强度缩减系数 r 定义为安全疲劳强度 $\hat{S}_p$ 与中值试验疲劳强度 $[S_{50}]$ 的比值：

$$r = \frac{\hat{S}_p}{[S_{50}]} \qquad (5-136)$$

式中，$[S_{50}]$ 为具有 50％可靠度的中值试验疲劳强度估计量。

假设对数疲劳强度 $x=\lg S$ 服从正态分布 $N(\mu, \sigma_0)$，在已知母体标准差 $\sigma = \sigma_0$（σ_0 为某一常数）的情况下，按式（2-66），对数安全疲劳强度 $x_p = \mu + u_p \sigma$ 的估计量 $\hat{x}_p$ 可表示为

$$\hat{x}_p = \hat{\mu} + u_p \sigma_0 \qquad (5-137)$$

式中，$\hat{\mu}$ 为母体平均值估计量。

当用对数疲劳强度 $\lg S$ 的子样平均值 $\bar{x}$ 作为估计量时，可能大于 μ，也可能小于 μ。为安全起见，对母体平均值估计量 $\hat{\mu}$ 赋予一定的置信度，使估计出的 $\hat{\mu}$ 尽可能小于真值 μ。为此将 $\hat{\mu}$ 写成以下形式：

$$\hat{\mu} = \bar{x} - C \qquad (5-138)$$

式中，C 为一正的待定常数。

下面是寻求常数 C，使得随机变量 $(\bar{X} - C)$ 小于 μ 的概率为 γ，即

$$P(\bar{X} - C < \mu) = \gamma$$

此处 γ 表示置信度。当满足上式时，以置信度 γ 估计出的 $\hat{\mu}$ 值不超过 μ。

由统计理论可知，$\bar{X}$ 按正态分布 $N(\mu; \sigma/\sqrt{n})$，且随机变量 $\eta = \bar{X} - C$ 也遵循正态分布，其母体平均值为 $\mu - C$，标准差仍为 $\sigma/\sqrt{n}$。$\bar{X} - C$ 的概率密度曲线如图 5-42 所示，图中 u_γ 为与置信度 γ 相关的标准正态偏量。当给定 γ 时，u_γ 值可从标准正态数值表查得。由图 5-42 可知，μ 和 $(\mu - C)$ 存在以下关系：

$$\mu = \mu - C + u_\gamma \frac{\sigma}{\sqrt{n}}$$

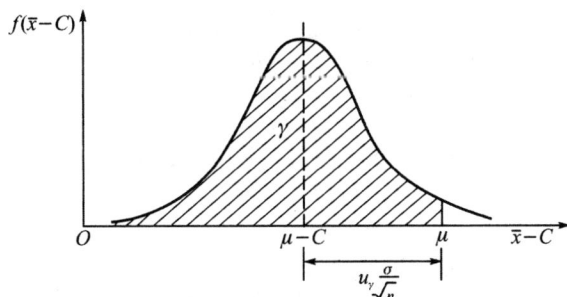

图 5-42　$\bar{X} - C$ 的正态概率密度曲线

根据上式，即可求出 C 值：

$$C = u_\gamma \frac{\sigma}{\sqrt{n}}$$

将 C 值代入式(5 - 138),则母体平均值估计量为

$$\hat{\mu} = \bar{x} - u_\gamma \frac{\sigma}{\sqrt{n}} \tag{5 - 139}$$

再将式(5 - 139)代入式(5 - 138),并取 $\sigma = \sigma_0$,可得对数安全疲劳强度估计量:

$$\hat{x}_p = \bar{x} - u_\gamma \frac{\sigma_0}{\sqrt{n}} + u_p \sigma_0 \tag{5 - 140}$$

式(5 - 140)可写为

$$\lg \hat{S}_p = \lg [S_{50}] - u_\gamma \frac{\sigma_0}{\sqrt{n}} + u_p \sigma_0$$

移项后可得

$$\lg \frac{\hat{S}_p}{[S_{50}]} = \left(u_p - \frac{u_\gamma}{\sqrt{n}} \right) \sigma_0$$

根据式(5 - 136),得到

$$r = 10^{\left(u_p - \frac{u_\gamma}{\sqrt{n}} \right) \sigma_0} \tag{5 - 141}$$

在未知母体标准差的情况下,根据公式(2 - 126),可知对数安全疲劳强度 $x_p = \mu + u_p \sigma$ 的估计量 $\hat{x}_p$:

$$\hat{x}_p = (\bar{x} + u_p \hat{k}s) - t_\gamma s \sqrt{\frac{1}{n} + u_p{}^2 (\hat{k}^2 - 1)} \tag{5 - 142}$$

移项后,可得

$$\lg \frac{\hat{S}_p}{[S_{50}]} = (\bar{x} + u_p \hat{k}s) - t_\gamma s \sqrt{\frac{1}{n} + u_p{}^2 (\hat{k}^2 - 1)}$$

$$r = \frac{\hat{S}_p}{[S_{50}]} = 10^{u_p \hat{k}s - t_\gamma s \sqrt{1/n + u_p{}^2 (\hat{k}^2 - 1)}} \tag{5 - 143}$$

假定疲劳强度遵循正态分布 $N(\mu, \sigma_0)$,在已知母体标准差 $\sigma = \sigma_0$(σ_0 为某一常数)的情况下,由式(5 - 140)可得安全疲劳强度估计值 $\hat{x}_p$:

$$\hat{x}_p = \bar{x} - u_\gamma \frac{\sigma_0}{\sqrt{n}} + u_p \sigma_0$$

上式可写为

$$\hat{S}_p = [S_{50}] - u_\gamma \frac{\sigma_0}{\sqrt{n}} + u_p \sigma_0$$

移项后,可得

$$\frac{\hat{S}_p}{[S_{50}]} = 1 + \left(u_p - \frac{u_\gamma}{\sqrt{n}} \right) \frac{\sigma_0}{[S_{50}]} \tag{5 - 144}$$

根据变异系数定义,可知

$$C_v = \frac{\sigma_0}{[S_{50}]}$$

将上式代入式(5-144),并按式(5-136)定义,得

$$r = 1 + C_v\left(u_p - \frac{u_\gamma}{\sqrt{n}}\right) \qquad (5-145)$$

同样地,在未知母体标准差的情况下,根据公式(2-126)可知安全疲劳强度 $x_p = \mu + u_p\sigma$ 的估计量 $\hat{x}_p$:

$$\hat{x}_p = (\bar{x} + u_p\hat{k}s) - t_\gamma s\sqrt{\frac{1}{n} + u_p^2(\hat{k}^2 - 1)} \qquad (5-146)$$

移项后,可得

$$r = 1 + u_p\hat{k}C_v - t_\gamma C_v\sqrt{\frac{1}{n} + u_p^2(\hat{k}^2 - 1)} \qquad (5-147)$$

5.5　分散系数法

对于有限寿命设计,确定安全寿命的测试方法至少需要 5~6 个或更多的试样,对于小型试样尚且容易实现,但对于全尺寸结构不可能提供如此多的试样,有时甚至只有一两个试样,无法进行子样标准差 s 的计算,母体标准差 σ 常常根据长期实践经验获得。而产品使用寿命往往又要由全尺寸试样的疲劳试验结果给出,因此,以高可靠度根据极小子样(1~2 个试样)确定结构使用的安全寿命确是十分重要的问题。为解决这一问题,目前广泛采用的是“分散系数法”,在全寿命分散系数公式的建立过程中,通常假定对数裂纹形成寿命和对数裂纹扩展寿命均遵循正态分布 $N(\mu;\sigma)$,但二者的母体标准差大小则不相同。

无论裂纹形成寿命,还是裂纹扩展寿命的分散系数 L_f 都定义为中值试验寿命 $[N_{50}]$ 与安全寿命 $\hat{N}_p$ 的比值,即

$$L_f = \frac{[N_{50}]}{\hat{N}_p} \qquad (5-148)$$

或写成

$$\hat{N}_p = \frac{[N_{50}]}{L_f} \qquad (5-149)$$

式中,$[N_{50}]$ 为具有 50% 可靠度的中值试验寿命估计量。

当对数疲劳寿命遵循正态分布时,子样平均值即母体中值估计量。令 $\bar{x}$ 表示由 n 个试验结果得到的对数疲劳寿命 $\lg N_i$ 的子样平均值,$[N_{50}]$ 表示中值试验寿命,则

$$\bar{x} = \frac{1}{n}\sum_{i=1}^{n}\lg N_i$$

$$\lg[N_{50}] = \frac{1}{n}\sum_{i=1}^{n}\lg N_i$$

上式两端取反对数,则有

$$[N_{50}] = \sqrt[n]{N_1 \times N_2 \times \cdots \times N_n}$$

可见,中值试验寿命 $[N_{50}]$ 为一组试样试验寿命的几何平均值,对于单一试样即本身寿命。

在已知母体标准差 $\sigma = \sigma_0$（σ_0 为某一常数）的情况下，由式（5-140）可得安全对数寿命估计值 $\hat{x}_p$：

$$\hat{x}_p = \bar{x} - u_\gamma \frac{\sigma_0}{\sqrt{n}} + u_p \sigma_0 \tag{5-150}$$

式（5-133）可写为

$$\lg \hat{N}_p = \lg[N_{50}] - u_\gamma \frac{\sigma_0}{\sqrt{n}} + u_p \sigma_0$$

移项后可得

$$\lg \frac{[N_{50}]}{\hat{N}_p} = \left(\frac{u_\gamma}{\sqrt{n}} - u_p\right)\sigma_0$$

根据式（5-148），得

$$L_f = 10^{\left(\frac{u_\gamma}{\sqrt{n}} - u_p\right)\sigma_0} \tag{5-151}$$

在谱载作用下，当根据少量全尺寸结构疲劳试验测定中值裂纹形成寿命 $[N_{50}]$ 时，按照式（5-149），可得任一可靠度 p 和置信度 γ 的安全裂纹形成寿命：

$$\hat{N}_p = \frac{[N_{50}]}{10^{\left(\frac{u_\gamma}{\sqrt{n}} - u_p\right)\sigma_0}} \tag{5-152}$$

根据我国具体情况，对于不同形式的金属结构，对数裂纹形成寿命的标准差 σ_0 建议取

$$\sigma_0 = 0.16 \sim 0.20$$

当 $\sigma_0 = 0.17$ 时，分散系数 L_f 计算结果列于表 5-10 中。表 5-10 中的计算结果表明，从经济角度考虑使用两个试样比较合理。因为当试样个数 n 由 1 变化到 2 时，分散系数大幅降低，而此后分散系数变化则较小。

表 5-10　疲劳裂纹形成寿命分散系数

试件个数 n	1	2	3	4
$u_p = 3.09(p = 99.9)\%$ $u_\gamma = 1.282(\gamma = 90)\%$	5.5	4.8	4.5	4.3

在谱载作用下，当根据少量全尺寸结构疲劳试验测定中值裂纹扩展寿命 $[N_{50}^*]$ 时，同样按照式（5-149），可得任一可靠度 p 和置信度 γ 的安全裂纹扩展寿命：

$$\hat{N}_p^* = \frac{[N_{50}^*]}{10^{\left(\frac{u_\gamma}{\sqrt{n}} - u_p\right)\sigma_0^*}} \tag{5-153}$$

式中，σ_0^* 为对数裂纹扩展寿命的标准差。鉴于裂纹扩展寿命分散性较小，对一般金属结构建议取

$$\sigma_0^* = 0.07 \sim 0.10$$

当 $\sigma_0^* = 0.09$ 时，分散系数计算结果列于表 5-11 中。表 5-10 和表 5-11 给出了全寿命分散系数，可用于疲劳可靠性设计。

表 5 – 11 疲劳裂纹扩展寿命分散系数

试件个数 n	1	2	3	4
$u_p = 3.09(p = 99.9)\%$ $u_\gamma = 1.282(\gamma = 90)\%$	2.5	2.3	2.2	2.2

当利用两个相同构件(如飞机左右两个机翼)在同一谱载下进行试验时,若其中之一先行破坏而另一个寿命未知即终止试验,则可采用不完全寿命的分散系数确定安全使用寿命。设已知先破坏的构件对数疲劳寿命为 $x_1 = \lg N_1$,另一未知的构件对数疲劳寿命为 $x_2 = \lg N_2$,显然 $x_2 > x_1$。根据可靠度估计量公式

$$p = 1 - \frac{i}{n+1}$$

可得 x_1 的可靠度估计量为 $\hat{p}_1 = 2/3$,x_2 的可靠度估计量为 $\hat{p}_2 = 1/3$。因为 x_1 和 x_2 来自同一正态母体 $N(\mu; \sigma_0)$,所以

$$x_1 = \mu + u_1 \sigma_0$$
$$x_2 = \mu + u_2 \sigma_0$$

上述二式联立消去 μ,可得

$$x_2 = x_1 + (u_2 - u_1)\sigma_0$$

对数中值试验寿命:

$$\lg[N_{50}] = \frac{1}{2}(x_1 + x_2) = x_1 + \frac{1}{2}(u_2 - u_1)\sigma_0$$

根据式(5 – 142)和式(5 – 143),有

$$\hat{N}_p = \frac{[N_{50}]}{L_f} = \frac{10^{x_1 + \frac{1}{2}(u_2 - u_1)\sigma_0}}{10^{\left(\frac{u_\gamma}{\sqrt{2}} - u_p\right)\sigma_0}}$$

$$\lg \hat{N}_p = \lg N_1 + \frac{1}{2}(u_2 - u_1)\sigma_0 - \left(\frac{u_\gamma}{\sqrt{2}} - u_p\right)\sigma_0$$

由上式即可导出两个构件承受相同谱载荷,且其中之一先行破坏即终止试验时的分散系数 L_i:

$$L_i = \frac{N_1}{\hat{N}_p} = 10^{\left(\frac{u_\gamma}{\sqrt{2}} - u_p\right)\sigma_0 - \frac{1}{2}(u_2 - u_1)\sigma_0}$$

由正态分布数值表可查得 $u_1 = -0.4308(p = 2/3)$,$u_2 = 0.4308(p = 1/3)$,于是,上式变为

$$L_i = 10^{\left(\frac{u_\gamma}{\sqrt{2}} - u_p - 0.4308\right)\sigma_0} \tag{5 – 154}$$

对于裂纹形成寿命,可取 $\sigma_0 = 0.17$,当可靠度为 99.9%,置信度为 90% 时,$L_i \approx 4$。对于裂纹扩展寿命,可取 $\sigma_0^* = 0.09$,当可靠度为 99.9%,置信度为 90% 时,$L_i \approx 2$。不完全寿命的分散系数 L_i 可用于飞机整体结构疲劳试验设计。

在未知母体标准差的情况下,根据公式(2 – 126)可知对数安全寿命 $x_p = \mu + u_p \sigma$ 的估计量 $\hat{x}_p$:

$$\hat{x}_p = (\bar{x} + u_p \hat{k}s) - t_\gamma s \sqrt{\frac{1}{n} + u_p{}^2 (\hat{k}^2 - 1)} \tag{5-155}$$

式中，$\bar{x}$ 为子样平均值；p 为可靠度；γ 表示置信度。

将式(5-155)代入分散系数定义公式(5-151)，得

$$L_f = \frac{[N_{50}]}{\hat{N}_p} = 10^{t_\gamma s \sqrt{1/n + u_p{}^2 (\hat{k}^2 - 1)} - u_p \hat{k}s} \tag{5-156}$$

值得注意的是，分散系数法不仅可用于依据全尺寸结构试验数据确定安全寿命，即根据小子样或极小子样(1～2个试样)全尺寸试验结果，利用分散系数确定结构使用安全寿命，还适用于依据材料疲劳性能与载荷谱理论估算结构安全寿命，即根据中值载荷谱和中值广义疲劳(或断裂)$S-N$ 曲面，采用 Miner 累积损伤理论，估算结构中值疲劳寿命，再由分散系数确定安全寿命。

5.6　经济寿命耐久性模型

由于疲劳过程包括裂纹形成与扩展两个过程，因此，必须采用安全寿命与损伤容限相结合的途径，评定结构使用寿命，即安全寿命用于定寿，损伤容限保障安全。

设安全疲劳裂纹形成与扩展寿命分别为 T_p 和 T_p^*，则结构首翻期 T_1 应满足条件：

$$T_p = T_p^* \tag{5-157}$$

当 $T_p < T_p^*$ 时，意味着结构无须进行检修。

如上所述，任一部件安全疲劳裂纹形成与扩展寿命 T_p 和 T_p^* 与可靠度 p_i 的关系可写为

$$p = f(T_p) \tag{5-158}$$

$$p^* = g(T_p^*) \tag{5-159}$$

部件裂纹形成寿命的破坏率$(1-p)$表示出现工程裂纹的概率；裂纹扩展寿命的破坏率$(1-p^*)$表示由工程裂纹扩展到临界裂纹或完全断裂的概率。当此二事件都发生时，该部件才会破坏，其破坏率为$(1-p)(1-p^*)$，因此其可靠度为

$$R = 1 - (1-p)(1-p^*) \tag{5-160}$$

将式(5-158)和式(5-159)代入式(5-160)，得

$$R = f(T_p) + g(T_p^*) - f(T_p) \cdot g(T_p^*) \tag{5-161}$$

将式(5-157)代入式(5-144)，可得部件首翻期 T_1：

$$R = f(T_1) + g(T_1) - f(T_1) \cdot g(T_1) \tag{5-162}$$

式(5-162)即为确定部件首翻期的耐久性数学模型，该模型还可扩展应用于含有多个部件的结构，在此过程中，只须建立各部件安全寿命与整个结构可靠度之间关系。

考虑一有 m 个关键部件组成的结构，如果其中某一部件破坏将导致整体结构失效，则此种结构可视作由 m 个部件组成的串联系统。对于整体结构，其可靠度 R 等于所有部件可靠度的乘积：

$$R = \prod_{i=1}^{m} [1 - (1-p_i)(1-p_i^*)] \tag{5-163}$$

将式(5-158)和式(5-159)代入式(5-146),可得

$$R = \prod_{i=1}^{m} \left[f_i(T_{pi}) + g_i(T_{pi}^*) - f_i(T_{pi}) \cdot g_i(T_{pi}^*) \right] \tag{5-164}$$

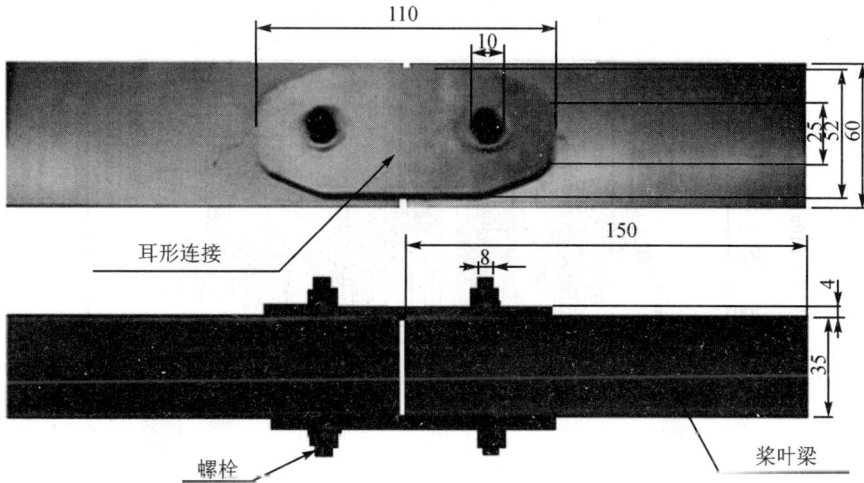

图 5-43　直升机桨叶根部连接件（单位:mm）

例 5-9　图 5-43 所示为直升机桨叶根部连接件,其由耳片、螺栓和桨叶大梁组成。耳片和螺栓材料为 40CrNiMoA 合金钢,桨叶大梁则为 LD_2 铝合金。根据工程经验,连接件耳片首先失效,因此,评定耳片使用寿命至关重要。又知耳片材料 40CrNiMoA 合金钢机械性能:杨氏模量 $E = 204$ GPa,泊松比 $\nu = 0.3$,强度极限 $\sigma_b = 1\,080$ MPa,屈服极限 $\sigma_{0.2} = 880$ MPa,断裂韧性 $K_{IC} = 4\,691$ MPa $\sqrt{mm}$,断裂门槛值 $\Delta K_{th} = 342$ MPa $\sqrt{mm}$,疲劳极限平均值 $S_0 = 75.4$ MPa,对数疲劳裂纹形成与扩展寿命的母体标准差 $\sigma_0 = \sigma_0^* = 0.2$,广义疲劳 $S-N$ 曲面和 da/dN ΔK 曲线分别为

$$N = 33\,497 \times \left(\frac{14.32}{1080.0 - S_m} S_a - 1 \right)^{-1.2402} \tag{5-165}$$

$$\frac{da}{dN} = 3.62 \times 10^{-9.0} \times \left[\left(\frac{1-f}{1-r} \right) \Delta K \right]^{1.715} \times \frac{\left(1 - \frac{342.0}{\Delta K} \right)^{2.314}}{\left[1 - \frac{\Delta K}{4691.0 \times (1-r)} \right]^{0.285}}$$

$$\tag{5-166}$$

根据实测载荷谱,采用有限元法,计算得到耳片的名义应力谱如图 5-44 所示,名义应力谱对应的飞行时间为 1 个飞行小时。根据图 5-44 所示的名义应力谱和广义疲劳 $S-N$ 曲面公式(5-165),采用 Miner 累积损伤理论,可获得疲劳裂纹形成寿命,再依据分散系数公式(5-152),可确定安全疲劳裂纹形成寿命。

耳片疲劳裂纹扩展模式可近似为有限宽板孔边的单边穿透裂纹(见图 5-45),其形状修正函数为

$$\beta(a) = (0.707 - 0.18\lambda + 6.55\lambda^2 - 10.54\lambda^3 + 6.85\lambda^4) \times \left[\frac{\pi\phi}{2W} + \frac{1}{\pi}\left(\frac{\phi}{\varphi + a}\right)\sqrt{\lambda} \right] \times$$

$$\sqrt{\sec\left(\frac{\pi}{2} \cdot \frac{\phi + a}{W - a}\right) \cdot \sec\left(\frac{\pi\phi}{2W}\right)} \qquad (5-167)$$

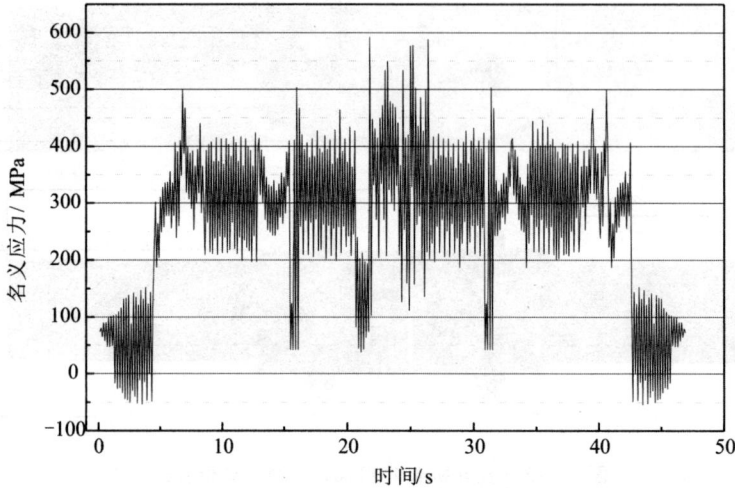

图 5-44 名义应力谱

其中，

$$\lambda = \frac{\phi}{\phi + 2a}$$

根据断裂韧性 K_{IC}，估算出耳片的临界裂纹长度为 12.0 mm，并由工程实际获得宏观可检的初始裂纹长度为 1.25 mm。将式（5-167）代入式（5-166），并积分，可得疲劳裂纹扩展 $S-N$ 曲面公式：

$$N = \frac{10^{9.0} \cdot (2s_a)^{2..314}}{3.62\left[(1-f)(s_a + s_m)\right]^{1.715}} \int_{1.25}^{12.0} \frac{\left[2s_a\beta(a) - \Delta K_{th}\right]^{2.314}}{\left[\beta(a)\right]^{0.599}\left[1 - \dfrac{s_a + s_m}{K_{IC}}\beta(a)\right]^{0.285}} da$$

$$(5-168)$$

同样地，根据图 5-44 所示的名义应力谱和广义断裂 $S-N$ 曲面公式（5-168），采用 Miner 累积损伤理论，可获得疲劳裂纹扩展寿命，再依据分散系数公式（5-153），可确定安全疲劳裂纹扩展寿命。为保证耳片安全，给定 0.999 999 的高可靠度，即 $R = 0.999\,999$，那么，由式（5-160），得

$$0.999\,999 = 1 - (1-p)(1-p^*) \qquad (5-169)$$

根据式（5-169），可建立安全疲劳裂纹形成与扩展寿命关系曲线（见图 5-46），由图 5-46 中曲线可确定耳片首翻期 $T_1 = 200$ 飞行小时。

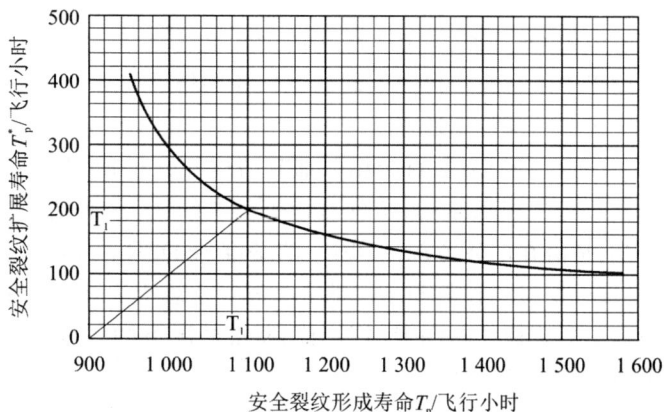

图 5-46　安全疲劳裂纹形成与扩展寿命曲线

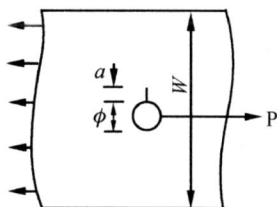

图 5-45　耳片裂纹扩展模型

5.7　细节疲劳额定值方法

细节疲劳额定值(DFR)是结构细节本身固有的疲劳性能特征和疲劳品质的度量,与使用载荷无关。DFR 定义为:在 95% 可靠度和 95% 置信度下,当应力比 $r = 0.06$ 时,零构件能承受 10^5 次应力循环的最大名义应力值(疲劳强度),它主要由试验和使用经验数据为依据确定,其上限为 DFR_{cutoff},下限为 DFR_0。

DFR 法建立在应力疲劳的基础上,其名义应力处于 $S-N$ 曲线的中等寿命区($10^4 \sim 10^6$ 循环数),适用于承受低载的构件。它与局部应力应变法不同,后者建立在应变疲劳的基础上,多用于高载、大应变占主导地位的情况。DFR 法与静强度设计结合一起,只要控制名义应力小于 DFR,即可满足疲劳强度的要求,这是一种行之有效的设计方法。该法由美国波音公司首创,用于运输机机体结构疲劳可靠性设计。

对于运输机等民用飞机,由于地-空-地(GAG)应力循环造成的损伤是结构主要疲劳损伤,因此,有必要先将所有使用载荷循环均当量成地-空-地(GAG)应力循环。利用广义 $S-N$ 曲面公式,根据 Miner 理论可以计算出地-空-地(GAG)循环损伤比和当量地-空-地循环数。地-空-地循环损伤比是指地-空-地应力循环造成的疲劳损伤与全部使用载荷造成的总损伤的比值;当量地-空-地循环数是指全部使用载荷造成的总损伤所相当的地-空-地应力循环的次数。

地-空-地循环损伤比与当量地-空-地循环数关系如下:

$$当量地\text{-}空\text{-}地循环数 = \frac{1}{地\text{-}空\text{-}地损伤比} \tag{5-170}$$

根据损伤当量公式(5-153)进行损伤当量折算,可以得到一个应力比为 0.06 的应力循环 S_{max}^0,该应力循环造成的损伤与地-空-地应力循环在当量地-空-地循环数下造成的损伤相等,因此,可以得到结构细节疲劳额定值 DFR 设计准则:

$$S_{max}^0 < DFR \tag{5-171}$$

式中,DFR 值可利用结构细节的广义 $S-N$ 曲线和等寿命曲线,或广义 $S-N$ 曲面确定。

　　结构件 DFR 许用值被限制在 DFR_{cutoff} 和 DFR_0 之间(见图 5 - 47),DFR_{cutoff} 为结构件允许使用的最大 DFR 值,是基本结构的设计限制,反映了保护层脱落引起的轻微腐蚀或者制造和修理过程中正常操作可能引起的划伤和擦伤后构件的疲劳品质,适用于应力集中系数较小的不含连接孔的部位。通常情况下,DFR_{cutoff} 相当于应力集中系数小于 1.5 的缺口试件的疲劳性能。DFR_0 为具有数百个相似细节结构件允许使用的最小 DFR 值,适用于像机翼壁板、机身壁板、蒙皮-桁条结构、蒙皮对缝等基本结构,这些结构中包含大量名义上相同的紧固件连接,它们是潜在的疲劳源。DFR_0 的基准值 DFR_{base} 是规定的典型结构对应的最基本的 DFR 值,通常根据材料种类和结构细节类型等信息查表获得,DFR_{base} 与各种修正系数相结合,可分析确定一个结构件的 DFR_0 许用值,基准情况下的各种修正系数均为 1.0,表 5 - 12 中给出了修正系数的定义。

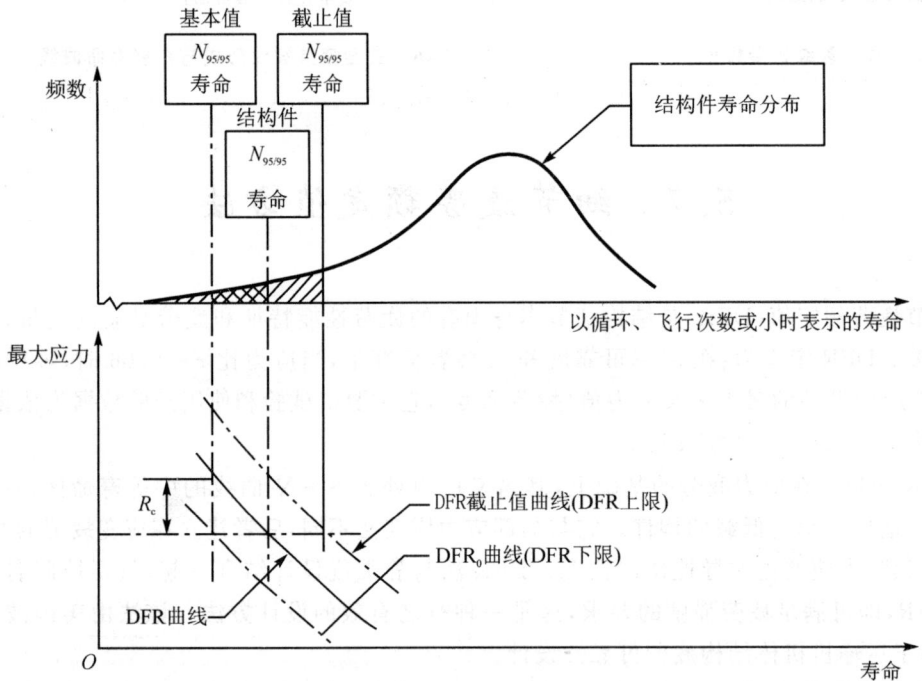

图 5 - 47　DFR 定义之间的关系

表 5 - 12　修正系数

用　途	系　数	定　义
有机械紧固件的结构	A	孔充填系数:用于考虑所选用的紧固件与 DFR_{base} 中的基准紧固件关于孔充填效果的差异
	B	合金和表面处理系数:用于考虑转配细节处所选用材料的情况。诸如半成品种类、合金、热处理和表面制造情况等参数需要加以考虑。应该注意,仅适用于有紧固件的细节;对于无紧固件的细节,采用粗糙度系数 F 代替系数 B
	C	埋头深度系数:用于修正结构中紧固件埋头深度的情况。因为挤压载荷是由孔的柱形段传递的,因此,这一系数随载荷传递和埋头深度的不同而变化
	D	材料叠层系数:用于修正名义上是低载荷、厚结构的情况
	E	螺栓夹紧系数:用于考虑所选用紧固件和基准紧固件两者提供夹紧情况的差异

用　途	系数	定　义
无紧固件的结构	F	粗糙度,用于考虑无紧固件的细节(如缺口和圆角)所选用材料的情况
所有结构	U	凸台有效系数:用于评定凸台的有效性。对于对称凸台情况,通常允许充分利用凸台材料$\left(U=\dfrac{t_p}{t}\right)$,其中 t_p 为凸台厚度,t 为非凸台位置厚度(见图 5 - 48);对于偏心凸台情况,诸如搭接接缝,由于弯曲的结果,附加的材料并不完全有效$\left(U<\dfrac{t_p}{t}\right)$(见图 5 - 48)

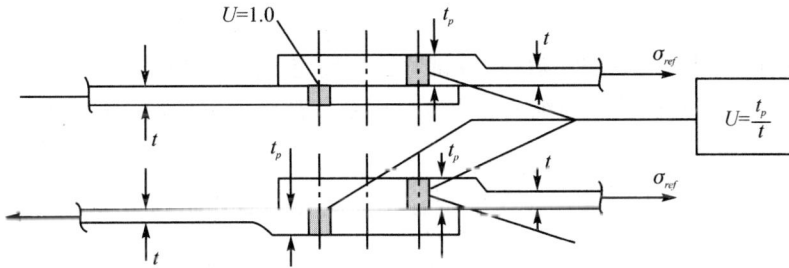

图 5 - 48　凸台尺寸示意

对于只有少量相似应力集中或相似紧固件连接的结构件,DFR 许用值由 DFR_0 乘以构件疲劳额定系数 R_c 获得,构件疲劳额定系数 R_c 用于考虑结构中相似关键细节数的多少对 DFR 值影响的差异。构件疲劳额定系数 R_c 可由表 5 - 13 查得,也可以根据下式计算得到。

$$R_c = \left(\frac{250}{n_d}\right)^{\frac{\lg \eta}{b}} \tag{5-172}$$

式中,η 和 m 分别为 S-N 曲线斜度参数和形状参数(即 S　N 曲线在双对数坐标系中的斜率),$\eta = 10^{-\frac{1}{m}}$;b 为疲劳寿命威布尔分布形状参数;n_d 为试件或构件所含相似关键细节数。

表 5 - 13　构件疲劳额定系数

试件或构件中含有的相似关键细节数 n_d	构件疲劳额定系数 R_C			
	铝,$\eta = 2.0$,$b = 4.0$	钛,$\eta = 2.0$,$b = 3.0$	钢,$\eta = 1.8$,$b = 3.0$,$\sigma_b \leqslant 1\,655$ MPa	钢,$\eta = 1.8$,$b = 2.2$,$\sigma_b > 1\,655$ MPa
基本结构件>100	1.00	1.00	1.00	1.00
51~100	1.10	1.13	1.11	1.16
21~50	1.17	1.23	1.19	1.27
11~20	1.24	1.33	1.27	1.39
5~10	1.31	1.43	1.36	1.51
1~4	1.44	1.63	1.51	1.76

DFR 许用值所用的基本参数主要靠试验室简单试样的等幅循环试验数据确定,也可采用大壁板和全机疲劳试验中获得的数据作为补充,并尽可能使用外场机队数据,同时,修正系数

A、B、C、D、E、F、U 和 R_c 也应恰当地选取。根据基本许用值 DFR_0 和构件疲劳额定系数 R_c,确定试件的 DFR。值得注意的是,结构件上的危险细节越少,R_c 值越高,亦即 DFR 越高;相反,对于具有数百个危险细节的基本结构,$R_c=1.0$,即试件 DFR 和基本许用值 DFR_0 相等。结构件 DFR 的确定流程可归纳为以下几点:

① 根据外场使用或试验数据,获得基本许用值 DFR_0,再由 $DFR=DFR_0 \times R_c$,计算 DFR 许用值。

② 根据公式 $DFR=DFR_0 \times R_c=(DFR_{base} \times A \times B \times C \times D \times E \times U) \times R_c$,估算 DFR 参考值。

③ 间接取自试验数据或者根据飞机设计手册中数据,确定 DFR 值。对于具有类似的紧固件载荷传递系数、类似的紧固件与壁板的装配关系,以及具有相似偏心距的结构件,其 DFR 可以利用修正系数进行修正。对于有显著差异的细节,必须采用 DFR 公式进行计算。当设计的某些结构细节稍不同于依据外场使用或试验数据确定 DFR 的原结构时,可用修正系数估算更改后的 DFR,但是,对试验过的细节和更改后的细节都必须采用同样的分析方法和假设,更改后细节的 DFR 为

$$\frac{DFR_{更改}}{DFR_{试验}} = \frac{(A \times B \times C \times D \times E \times U)_{更改}}{(A \times B \times C \times D \times E \times U)_{试验}} \qquad (5-173)$$

上述方法适用于估算紧固件、装配工艺或材料等稍有差异的情况,因此,每一种情况的 DFR_{base} 必须相同,即两种结构形式在危险部位处的载荷传递、挤压应力与拉伸应力比、材料厚度与紧固件直径比,以及偏心率等参数均相同。但是,当修正系数乘积 $(A \times B \times C \times D \times E \times U)$ 有过大改变(例如 2:1 时),这一方法的置信度就降低了。

④ 采用表 5-14 所示公式计算 DFR,不论采用什么方法获得 DFR,其最大值都不得超过 DFR_{cutoff}。

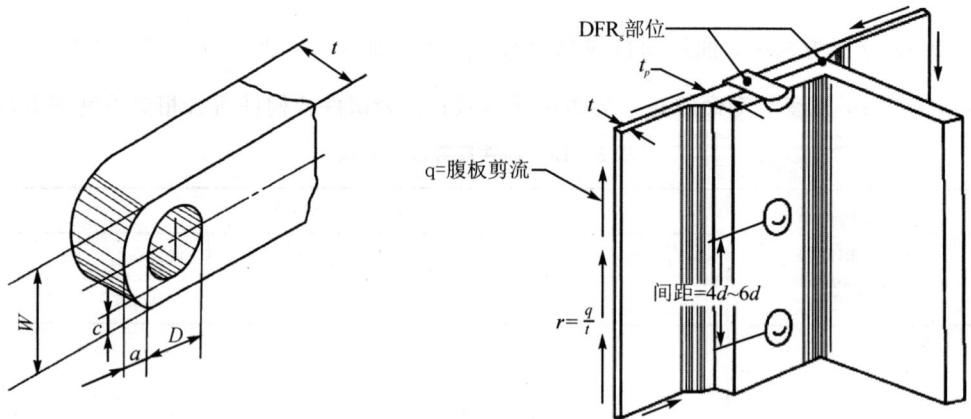

(a) 耳片尺寸参数示意　　　　　　　　(b) 屈曲腹板连接示意

图 5-49　耳片尺寸及屈曲腹板连接示意

表 5 - 14　DFR 计算公式

典型结构	典型细节	应用于	许用值DFR$_0$	许用值 DFR
拉伸结构	无紧固件细节	无缺口的基本材料	DFR$_{cutoff}$	—
		开孔	DFR$_{base}$×U	DFR＝DFR$_{base}$×U×R_c
		缺口、圆角和其他应力集中	DFR$_{base}$×F	DFR＝DFR$_{base}$×K×F×R_c 式中，F 为粗糙度系数；R_c 为构件疲劳额定系数；K 为材料常数，铝合金的 K＝1.0，钛合金的 K＝1.6，高强度钢(σ_b>1 655 MPa)的 K＝1.9，中等强度钢(σ_b≤1 655 MPa)的 K＝2.2
	有紧固件细节	无载荷传递	DFR$_{base}$×$ABCDEU$	DFR＝DFR$_{base}$×A×B×C×D×E×U×R_c
		有载荷传递	DFR$_{base}$×$ABCDEU$	DFR＝DFR$_{base}$×A×B×C×D×E×U×R_c 式中，铝合金的 DFR$_{base}$＝121×1.0×φ，其中 φ 为载荷传递系数；钛合金的 DFR$_{base}$＝121×1.6×φ；高强度钢(σ_b>1 655 MPa)的 DFR$_{base}$＝121×1.9×φ；中等强度钢(σ_b≤1 655 MPa)的 DFR$_{base}$＝121×2.2×φ
		耳片	DFR$_{base}$×$BL_tL_sL_dL_\theta$	DFR＝DFR$_{base}$×K×B×L_t×L_d×L_s×L_θ×R_c 式中，K 为材料常数；B 为合金和表面处理系数；L_t 为耳片厚度系数；L_d 为耳片形状系数；L_s 为耳片尺寸系数；L_θ 为而偏斜载荷系数，由给定的加载方向角 θ 确定。DFR$_{base}$ 可通过查 DFR$_{base}$－W/D 关系图得到，其中，$\frac{W}{D}=1+\frac{2+c}{D}$，$W$ 为耳片宽度，D 为圆孔直径，c 为角度 90°(对称)和 82°(不对称)的应力面处的孔边距(见图 5 - 49(a))。
剪切结构	肋腹板梁腹板	剪应力比拉应力高的结构	DFR$_{base}$×$ABCDEU$	对于腹板与缘条单剪连接及腹板与缘条双剪连接(插入件)，DFR$_S$ 为 $$DFR_S＝DFR_{Sbase}×A×B×C×D×E×U×R_c$$ 式中，DFR$_S$ 和 DFR$_{Sbase}$ 中的下标 S 表示确定额定值时所用的参考应力是剪应力；铝合金的 DFR$_{Sbase}$＝121×1.0×φ；钛合金的 DFR$_{Sbase}$＝121×1.6×φ；高强度钢(σ_b>1 655 MPa)的 DFR$_{Sbase}$＝121×1.9×φ；中等强度钢(σ_b≤1655 MPa)的 DFR$_{Sbase}$＝121×2.2×φ。 对于屈曲腹板连接，DFR$_S$ 和 DFR$_{Sbase}$(见图 5 - 49(b))分别为 $$DFR_S＝DFR_{Sbase}×K×U×R_c$$ $$DFR_{Sbase}=\frac{100}{0.9+0.23×\frac{\tau}{\tau_{cr}}}$$ 式中，铝合金 7075 的 K＝0.8；铝合金 LC4 的 K＝0.76；铝合金 2024 的 K＝0.76；铝合金 LY12 的 K＝0.95；钛合金的 K＝1.6；U＝t_p/t，且 U<1.25

典型结构	典型细节	应用于	许用值DFR₀	许用值 DFR
双向受载结构	无紧固件和有紧固件细节	搭接件、圆筒		对双向受载的筒形件,将双向的平均应力和交变应力转换成当量的单轴应力,然后按转换后的单轴应力进行疲劳检查。当量单轴应力的参考应力取原双向应力中交变应力较高的方向的应力。对于双向受载接头,其许用值 DFR$_{bi}$ 为 $$DFR_{bi}=DFR\times\psi$$ 式中,DFR$_{bi}$ 中的下标 bi 表示双向受载;ψ 为修正系数,DFR 和 ψ 分别由表 5 – 15 和图 5 – 50 确定

表 5 – 15 双向受载接头 DFR 的确定

情况	各向应力相对大小			DFR 参考应力 σ_{ref}	DFR	确定修正系数时所用的参数
	σ_x	σ_y	τ			
Ⅰ	最大	绝对值最小	—	σ_x	假设 $\sigma_y=0$,按表 5 – 14 中拉伸结构规定确定	$\omega=\dfrac{|\sigma_y|}{\sigma_x}$
Ⅱ	最大	—	绝对值最小	σ_x	假设 $\tau=0$,按表 5 – 14 中拉伸结构规定确定	$\omega=\dfrac{\tau}{\sigma_x}$
Ⅲ	—	—	最大	τ	假设 $\sigma_x=\sigma_y=0$,按表 5 – 14 中剪切结构规定确定	$\omega=\dfrac{|\sigma_y|}{\tau}$
Ⅳ	—	最大	—	σ_y	假设 $\sigma_x=\tau=0$,按表 5 – 14 中拉伸结构规定确定	$\omega=\dfrac{\tau}{\sigma_y}$

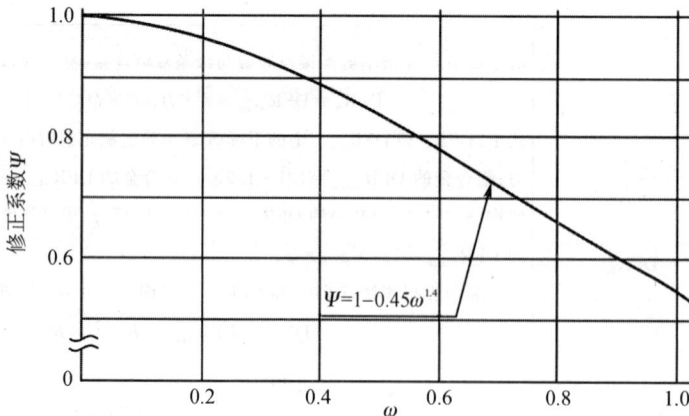

图 5 – 50 双向受载接头许用值的修正系数

根据式(5 – 34)可知,平均应力为常数的 $S-N$ 曲线在双对数坐标系中为直线(见图 5 – 51),即

$$\lg N =A+B\lg S_a \tag{5-174}$$

式中，$A = \lg C$；$B = m$，为 $S\text{-}N$ 曲线在双对数坐标系中的斜率，对于同类材料，其斜率的统计值是相同的。式(5-157)称为标准 $S\text{-}N$ 曲线，适用于特征寿命在 $10^4 \sim 10^6$ 次循环之间的恒幅疲劳试验数据；当循环数低于 5 000 次循环，或最大应力超过 50% 极限拉伸强度时，标准 $S\text{-}N$ 曲线无效。不同可靠度的 $S\text{-}N$ 曲线在双对数坐标纸上是平行的。

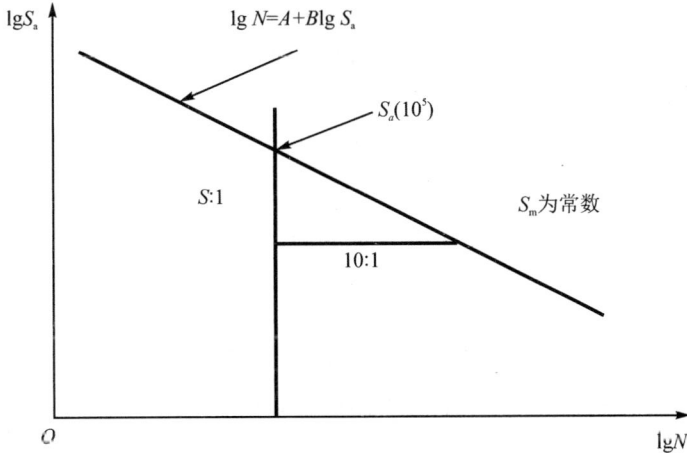

图 5-51　标准 $S\text{-}N$ 曲线

又由式(5-93)可知，等寿命曲线是一簇直线，且与横坐标轴交于 S_{m0}(见图 5-52)。任何负的平均剪切应力假设为正值；对于耳片这样的危险净截面细节，负应力均假设为零；对于受拉压载荷的连接件细节的处理，需要参照设计手册的方法进行(如压应力对表 5-12 中修正系数的影响，部分螺栓形式下结构承受压应力时，系数 A 不能用或取特定值)。

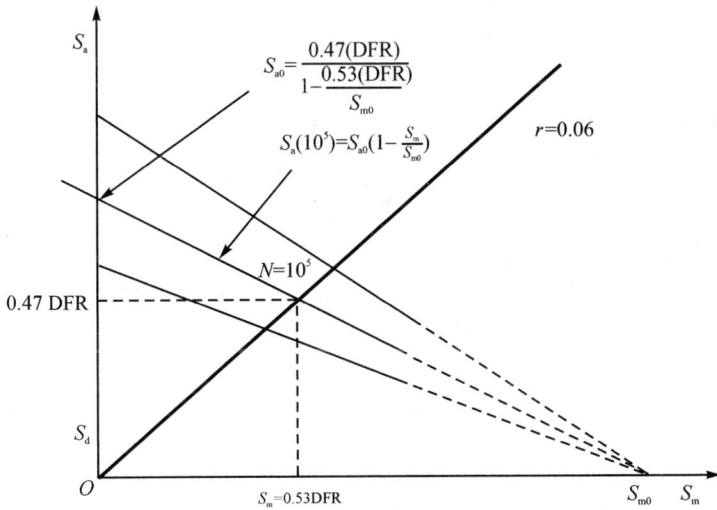

图 5-52　等寿命曲线

应力比 $r = 0.06$ 的直线和 $N = 10^5$ 的等寿命线交点处有

$$\begin{cases} S_{\max} = S_{\mathrm{m}} + S_{\mathrm{a}} = \mathrm{DFR} \\ r = \dfrac{S_{\min}}{S_{\max}} = \dfrac{S_{\mathrm{m}} - S_{\mathrm{a}}}{S_{\mathrm{m}} + S_{\mathrm{a}}} = 0.06 \end{cases} \tag{5-175}$$

求解式(5-175),可得

$$S_{\mathrm{m}} = 0.53\mathrm{DFR}$$

$$S_{\mathrm{a}} = 0.47\mathrm{DFR}$$

将上式代入式(5-174),可得

$$\lg 10^5 = A + B\lg(0.47\mathrm{DFR}) \tag{5-176}$$

即

$$A = \lg 10^5 - B\lg(0.47\mathrm{DFR}) \tag{5-177}$$

于是,将式(5-177)代入式(5-174),得

$$\lg N = \lg \frac{10^5}{(0.47\mathrm{DFR})^B} + \lg(S_{\mathrm{aD}})^B \tag{5-178}$$

式中,S_{aD} 为 $S_{\mathrm{m}} = 0.53\mathrm{DFR}$ 的 $S\text{-}N$ 曲线上的应力幅值。

再由式(5-93),可知

$$\frac{S_{\mathrm{a}}}{S_{-1}} + \frac{S_{\mathrm{m}}}{S_{\mathrm{m0}}} = 1 \tag{5-179}$$

将应力比 $r = 0.06$ 下的 $S_{\mathrm{m}} = 0.53\mathrm{DFR}$ 和 $S_{\mathrm{a}} = S_{\mathrm{aD}}$ 代入式(5-179)中,得到

$$\frac{S_{\mathrm{aD}}}{S_{-1}} + \frac{0.53\mathrm{DFR}}{S_{\mathrm{m0}}} = 1 \tag{5-180}$$

联立式(5-179)和式(5-180),消去 S_{-1},可得

$$\frac{S_{\mathrm{aD}}}{S_{\mathrm{a}}} = \frac{S_{\mathrm{m0}} - 0.53\mathrm{DFR}}{S_{\mathrm{m0}} - S_{\mathrm{m}}} \tag{5-181}$$

即

$$S_{\mathrm{aD}} = \frac{S_{\mathrm{m0}} - 0.53\mathrm{DFR}}{S_{\mathrm{m0}} - S_{\mathrm{m}}} S_{\mathrm{a}} \tag{5-182}$$

将式(5-182)代入式(5-178),得

$$\lg N = \lg \frac{10^5}{(0.47\mathrm{DFR})^B} + \lg \left(\frac{S_{\mathrm{m0}} - 0.53\mathrm{DFR}}{S_{\mathrm{m0}} - S_{\mathrm{m}}} S_{\mathrm{a}} \right)^B \tag{5-183}$$

或

$$N = 10^5 Y^B \tag{5-184}$$

其中,

$$Y = \frac{S_{\mathrm{m0}} - 0.53\mathrm{DFR}}{0.47(S_{\mathrm{m0}} - S_{\mathrm{m}})\mathrm{DFR}} S_{\mathrm{a}} \tag{5-185}$$

通过适当的变换,即可得到 DFR 与其他疲劳参量之间的关系式(见表 5-16)。

表 5 - 16　标准 $S - N$ 曲线

$S_{max},r,$DFR$,N$ 之间的关系	$S_a,S_m,$DFR$,N$ 之间的关系
$S_{max} = \dfrac{0.94 S_{m0} \cdot X \cdot DFR}{(1-r)(S_{m0} - 0.53DFR) + 0.47 \cdot X \cdot (1+r)DFR}$	$S_a = \dfrac{0.47(S_{m0} - S_m)X \cdot DFR}{S_{m0} - 0.53DFR}$
$r = \dfrac{DFR\left[0.94\dfrac{S_{m0}}{S_{max}}X - (0.47X - 0.53)\right] - S_{m0}}{DFR(0.47X + 0.53) - S_{m0}}$	$S_m = S_{m0} - \dfrac{(S_{m0} - 0.53DFR)S_a}{0.47DFR \cdot X}$
$DFR = \dfrac{S_{m0}(1-r)}{0.94\dfrac{S_{m0}}{S_{max}}X - (0.47X - 0.53) - r(0.47X + 0.53)}$	$DFR = \dfrac{S_{m0} \cdot S_a}{0.47X(S_{m0} - S_m) + 0.53S_a}$
$N = 10^{\left(5 - \frac{\lg Z}{\lg \eta}\right)}$	$N = 10^{\left(5 - \frac{\lg Y}{\lg \eta}\right)}$

$$\eta = 10^{-\frac{1}{B}} = 10^{-\frac{1}{m}}$$

$$X = \eta^{(5 - \lg N)}$$

$$Y = \frac{(S_{m0} - 0.53DFR)S_a}{0.47DFR(S_{m0} - S_m)}$$

$$Z = \frac{(1-r)(S_{m0} - 0.53DFR)S_{max}}{DFR\left[0.94 S_{m0} - 0.47(1+r)S_{max}\right]}$$

几个特征参数值		
铝合金	$b = 4.0$	$\eta = 2.0$	$S_{m0} = 310$ MPa
钛合金	$b = 3.0$	$\eta = 2.0$	$S_{m0} = 620$ MPa
中强钢	$b = 3.0$	$\eta = 1.8$	$S_{m0} = 930$ MPa
高强钢	$b = 2.2$	$\eta = 1.8$	$S_{m0} = 1\,240$ MPa

通过式(5 - 184),可计算得到细节处在各级载荷作用下的疲劳寿命 N_i,再由线性累计损伤理论,可得到细节处的寿命 T。

$$T = \frac{1000}{\sum\limits_{i=1}^{M} \dfrac{n_i}{N_i}} \tag{5 - 186}$$

式中,n_i 为载荷谱中某级载荷的循环次数;N_i 为载荷谱中某级载荷作用下该细节的寿命;M 为载荷谱的总载荷级数。

习　　题

习题 5 - 1　什么是疲劳现象、疲劳应力? 宏观疲劳断口有什么特征? 微观疲劳断口有什么特征?

习题 5 - 2　定义如下术语:疲劳寿命曲线、高周疲劳、低周疲劳、疲劳强度、疲劳极限、条件持久极限。

习题 5 - 3　说明如下常用术语的定义:应力循环、对称循环、非对称循环、平均应力、应力幅值、应力变程、应力比 R。

习题 5 - 4　说明循环应力-应变曲线与常规应力—应变曲线有何不同,并说明什么是循环应变硬化和循环应变软化。

习题 5 - 5　采用雨流法对图 5 - 53 所示的应力-时间历程进行计数。

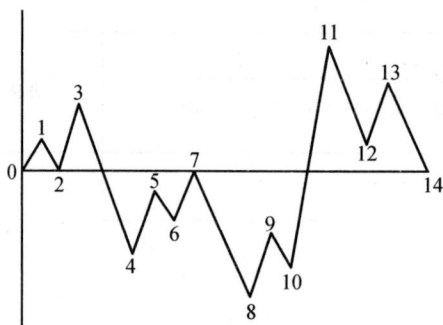

图 5 - 53

习题 5 - 6　某材料设计所用的 $S - N$ 曲线(已经考虑各种影响因素和安全系数)如图 5 - 54 所示。今有一根承受轴向载荷的矩形截面杆,受如下的载荷谱作用:每个载荷块由三个水平的载荷循环组成,载荷水平分别为 44 500 N、26 700 N 和 4 400 N,其循环数分别为 1 000、19 600 和 10^7 次循环,共有 100 个载荷块,试确定该杆的横截面面积。

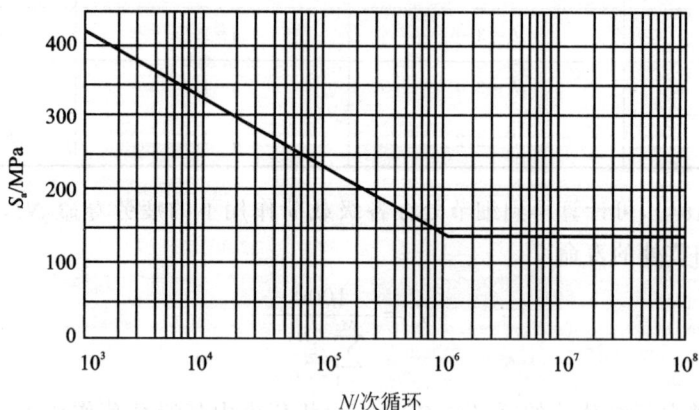

图 5 - 54

习题 5 - 7　已知某发动机零件的疲劳应力和疲劳强度均符合正态分布,疲劳应力 $s \sim N(350, 40)$ MPa,疲劳强度 $S \sim N(820, 80)$ MPa。求可靠度 $p = 90\%$ 对应的零件安全系数 n。现假设由于材料的热处理不当,使疲劳强度的标准离差增至 150 MPa,当可靠度仍须保持 $p = 90\%$ 时,安全系数 n 为多少?

习题 5 - 8　试证明一维干涉模型的可靠度小于干涉区面积(见图 5 - 55)大小。

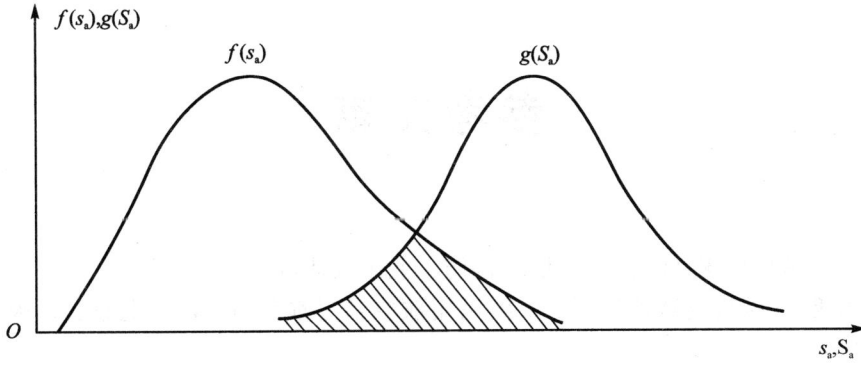

图 5 - 55

参考文献

[1] 高镇同. 疲劳应用统计学[M]. 北京:国防工业出版社,1986.

[2] 中国民用航空局航空器适航司. 中国民用航空器适航管理[M]. 北京:中国民航出版社,1994.

[3] 中国航空科学技术研究院. 飞机结构可靠性分析与设计指南[M]. 西安:西北工业大学出版社,1995.

[4] 高镇同,熊峻江. 疲劳可靠性[M]. 北京:北京航空航天大学出版社,2000.

[5] 王少萍. 工程可靠性[M]. 北京:北京航空航天大学出版社,2000.

[6] 郑晓玲. 民机结构耐久性与损伤容限设计手册[M]. 北京:航空工业出版社,2003.

[7] 熊峻江. 飞行器结构疲劳与寿命设计[M]. 北京:北京航空航天大学出版社,2004.

[8] 熊峻江. 疲劳断裂可靠性工程学[M]. 北京:国防工业出版社,2008.

[9] 闫楚良. 飞机结构经济寿命设计与可靠性评定[M]. 北京:航空工业出版社,2011.

[10] 熊峻江,高镇同,费斌军,等. 疲劳/断裂加速试验载荷谱编制的损伤当量折算方法[J]. 机械强度,1995,17(4):39-42.

[11] 熊峻江,高镇同,傅惠民. 疲劳对比试验的可靠寿命假设检验[J]. 实验力学,1995. 10(2):120-124.

[12] 熊峻江,黄新宇,高镇同,等. 极大似然法对比试验研究及其试验数据处理[J]. 航空学报,1996,17(5):28-31.

[13] 熊峻江,黄新宇,高镇同,等. 结构可靠性定寿模型及其在航空动力结构中的应用[J]. 航空动力学报,1996,11(4):352-354.

[14] 熊峻江,黄新宇,高镇同,等. 稳态循环载荷下结构疲劳可靠性分析技术[J]. 强度与环境,1996,23(4):16-20.

[15] 熊峻江,高镇同,干伟民,等. 稳态循环应力下结构断裂可靠性设计方法[J]. 固体力学学报,1996,17(3):235-238.

[16] 熊峻江,高镇同. 高置信度的典型任务实测载荷谱最少观测次数[J]. 机械强度,1996,18(1):18-20.

[17] 熊峻江,高镇同. 雨流-回线法及二维疲劳载荷分布假设检验[J]. 航空学报,1996,17(3):297-301.

[18] 熊峻江,高镇同. 实测载荷谱数据处理系统[J]. 北京航空航天大学学报,1996,22(4):438-441.

[19] 熊峻江,高镇同. 极大似然法测定的 P-S-N 曲线的置信度[J]. 北京航空航天大学学报,1996,22(6):687-691.

[20] Xiong J J,Gao Z T. Probability distribution of fatigue damage and statistical moment of fatigue life[J]. Science in China Series E-Technological Sciences,1997,40(3):279-284.

[21] 熊峻江,高镇同,阎楚良,等. 飞机结构疲劳加速谱编制及损伤概率分布[J]. 航空学报, 1997,18(1)：1-5.

[22] 熊峻江,高镇同. 稳态循环载荷作用下疲劳/断裂可靠性寿命估算[J]. 应用力学学报, 1997,14(3)：14-18.

[23] 熊峻江,刘文珽,高镇同. 疲劳裂纹扩展速率实验数据的可靠性分析模型[J]. 强度与环境,1997,24(4)：6-10.

[24] 熊峻江. 可靠性设计中的疲劳裂纹扩展随机模型[J]. 应用力学学报,1998,15(4)：82-86.

[25] 熊峻江,武哲,高镇同. 不完全疲劳寿命数据可靠性分析的秩统计方法及其应用[J]. 航空学报,1998,19(2)：216-219.

[26] Xiong J J, Wu Z, Gao Z T. Randomization method of deterministic equation for probability fracture mechanics[J]. Chinese Journal of Aeronautics, 1999，12(3)：148-153

[27] Xiong J J,Wu Z,Gao Z T. γ- p-Sa-Sm-N surface theory and two-dimensional reliability Miner rule for fatigue reliability-based design[J]. Applied Mathematics and Mechanics-English Edition,1999,20(7)：757-763.

[28] Xiong J J, Gao Z T, Liu X B, Sun X F. On stochastic bifurcation behaviour of atom movement at the tip of crack in fatigue damage system[J]. Acta Physica Sinica, 2000, 49(1)：49-53

[29] 熊峻江,刘宝成,邹尚武,等. 不完全疲劳寿命置信度分析方法[J]. 北京航空航天大学学报,2000,25(4)：420-423.

[30] 熊峻江. 复合材料全寿命范围 S-N 曲线方程与 E-N 曲线方程[J]. 复合材料学报,2000, 17(1)：103-107.

[31] 熊峻江,刘洪天,寇长河,等. 复合材料可靠性设计的小子样系数法[J]. 复合材料学报, 2001，18(30)：111-118.

[32] 熊峻江,郭爱民,张莹. 断裂筛选原理及其试验研究[J]. 北京科技大学学报, 2001, 23 (增刊)：106-108.

[33] Xiong J J,Shenoi R A,Gao Z T. Small sample theory for reliability design[J]. The Journal of Strain Analysis for Engineering Design,2002,37(1)：87-92.

[34] Xiong J J,Wu Z,Gao Z T. Generalized fatigue constant life curve and two-dimensional probability distribution of fatigue limit[J]. Applied Mathematics and Mechanics-English Edition,2002,23(10)：1188-1193.

[35] 熊峻江,刘宝成,高宏. 系统安全性分析与设计方法研究[J]. 北京航空航天大学学报, 2002，28(2)：141-143.

[36] 熊峻江. 高镇同. 广义断裂等寿命曲线与二维门槛值概率分布[J]. 北京航空航天大学学报,2002,28(3)：350-353.

[37] 邱华勇,熊峻江,李慧涌. 利用秩统计方法确定不完全 S-N 数据的 p-S-N 曲线[J]. 强度与环境, 2003, 30(2)：37-42.

[38] Xiong J J,Shenoi R A. Two new practical models for estimating reliability-based fatigue strength of composites [J]. Journal Composite Materials, 2004, 38 (14)：

1187-1209.

[39] 熊峻江，王甲峰，袁立，等. 余度设计中的系统可靠性最优分配模型[J]. 航空学报，2004，25(1)：45-48.

[40] Xiong J J，Shenoi R A. A reliability-based data treatment system for actual load history [J]. Fatigue & Fracture of Engineering Materials & Structures，2005，28：875-889.

[41] Xiong J J，Shenoi R A. Single-point likelihood method to determine a generalized S-N surface[J]. Proceedings of the Institution of Mechanical Engineers Part C-Journal of Mechanical Engineering Science，2006，220(10)：1519-1529.

[42] Xiong J J. A nonlinear fracture differential kinetic model to depict chaotic atom motions at a fatigue crack tip based on the differentiable manifold methodology[J]. Chaos Solitons & Fractals，2006，29：1240-1255.

[43] Xiong J J，Shenoi R A. A practical randomization approach of deterministic equation to determine probabilistic fatigue and fracture behaviours based on small experimental data sets[J]. International Journal of Fracture，2007，145(4)：273-283.

[44] Xiong J J，Shenoi R A，Zhang Y. Effect of the mean strength on the endurance limit or threshold value of the crack growth curve and two-dimensional joint probability distribution[J]. The Journal of Strain Analysis for Engineering Design，2008，43(4)：243-257.

[45] Luo C Y，Xiong J J，Shenoi R A. A Reliability-based approach to assess fatigue behaviour based on small incomplete data sets[J]. Advanced Materials Research，2008，44-46：871-878.

[46] Xiong J J，Shenoi R A. A load history generation approach for full-scale accelerated fatigue tests[J]. Engineering Fracture Mechanics，2008，75(10)：3226-3243.

[47] Xiong J J，Shenoi R A. A durability model incorporating safe life methodology and damage tolerance approach to assess first inspection and maintenance period for structures[J]. Reliability Engineering & System Safety，2009，94(8)：1251-1258.

[48] 晏青，熊峻江，邱涛. 基于可靠度与置信度的双可靠性指标的安全系数方法研究[J]. 北京科技大学学报，2011，33(6)：766-770.

[49] 刘晓明，万少杰，熊峻江，等. 民机飞行载荷谱编制方法[J]. 北京航空航天大学学报，2013，39(5)：621-625.

[50] LV Z Y，Xiong J J，Tong L，et al. A practical approach for evaluating safe fatigue life of hydraulic actuator in helicopter based on a nominal force concept and minimal datasets [J]. Aerospace Science and Technology，2017，62：158-164.

[51] 陈迪，李钰，张亦波，等. 双剪连接件及双耳连接耳片疲劳寿命估算的逐次累计求和算法 [J]. 北京航空航天大学学报，2019，45(6)：1175-1184.

[52] 李钰，陈迪，张亦波，等. 谱载下密封角盒螺栓及长桁端头疲劳寿命估算的逐次累计求和算法[J]. 工程力学，2020，37(4)：217-226.

[53] 张亦波，陈迪，成正强，等. 铝合金薄板冲击后疲劳试验与谱载寿命[J]. 航空学报，2022，43(1)：381-394.